KB144322

어머니
나무를
찾아서

어머니 나무를 찾아서

Finding the Mother Tree

숲 속의
우드 와이드 웹

수잔 시마드

김다히 옮김

사이언스
SCIENCE
BOOKS 북스

내 딸들,

해나와 나바에게

그러나 인간은 자연의 일부이고,

인간의 자연에 대한 전쟁은

자연으로 하여금

인간에 대한 전쟁을 피할 수 없게 만든다.

―레이철 카슨

[당신의 어머니 나무를 만나게 되기를]

2019년 봄 『어머니 나무를 찾아서』 집필을 마쳤고 2021년 5월 북아메리카와 영국에서 책이 출간되었다. 그사이 코로나19 대유행, 기후 변화로 심각해진 허리케인, 홍수, 가뭄 등의 자연 재해, 러시아의 우크라이나 침공을 비롯한 다양한 범지구적 변화로 세계 질서가 흔들렸다. 숲의 연결망에 대한 연구를 수행했던 브리티시 컬럼비아에서는 최근 몇 년간 더위와 가뭄으로 나무들이 약해지고 산불이 일어났다. 산불과 벌채는 브리티시 컬럼비아의 다른 모든 활동을 합한 것보다 6배나 많은 온실 기체를 배출했다. 상황은 점점 심각해지고 있다. 2023년 3월 20일 기후 변화에 관한 정부 간 협의체(IPCC)는 2030년대 초에 지구의 기온 상승이 섭씨 1.5도를 초과할 것으로 예상되는 "역사상 위중한(critical) 순간"에 인류가 도달했으며, 그로 인한 재앙과도 같은 기후 변화를 경고했다.

좋은 소식도 있다. 디스토피아적 미래를 피하기 위해 무엇을 해야 하는지 알고 있다는 것이다. 화석 연료를 재생 에너지로 대체해야 한다는 것을 우리는 알고 있다. 육지와 수생 생태계가 더는 훼손되지 않도록 보호해야 한다는 것을 우리는 알고 있다. 그리고 손상당한 생태계를 치유해야 생태계가 온실 기체를 흡수하는 힘을 되찾고 생물 다양성을 위한 서식지를 다시 제공할 수 있도록 도울 수 있다는 것도 알고 있다. 천연 자원 개발에 기반한 경제에서 자원 절약과 관리에 기반한 경제로의 전환을 위한 금융 메커니즘이 급부상하고 있다. 그 첫 단계는 재생 탄소 경제를 구축해 자연 기반 솔루션으로 탄소 저장고를 보호하고 확대하는 이들에게 혜택이 돌아가게 하는 것이다. 동시에 환경을 오염시키는 이들에게 세금을 부과함으로써 온실 기체 비용을 부담하게 해야 한다. 인류는 빠르게 시장의 전환점에 가까이 가고 있다. 가령 숲은 목재 공급원으로서의 가치보다 탄소 흡수원으로서의 가치로 더 높은 평가를 받는 시기가 머지않아 올 것이다. 일부에서는 목재가 시멘트나 철 같은 탄소 집약적 소재로 간단히 대체될 것이라고 주장하지만, 친환경적 사고가 확산되고 소비 패턴이 변화하면 시장이 그 방향으로 가지는 않을 것이다. 탄소 시장 자체는 과도기적 경제 체제이므로, 시간이 흐르면 자연과 인간의 권리의 가치가 동등하게 법으로 보장받는 환경적, 사회적 정의에 기반한 경제로 진화해야 한다.

자연이 숲을 통해 제공하는 솔루션이 무엇인지 알아내기 위해 동료들과 나는 2015년 다가올 300년 동안의 어머니 나무 프로젝트(The Mother Tree Project)를 시작했다. 900킬로미터에 걸친 기후 구배를 포괄

하는 브리티시 컬럼비아 주의 9개 기후 지역에서 어머니 나무를 모두 절단하는 대신 보존하면 탄소 저장량, 생물 다양성, 삼림 재생력이 어떻게 달라지는지 알아보았다. 연구 결과에 따르면 어머니 나무를 많이 보존할수록 숲 바닥의 취약성이 지켜질 뿐만 아니라 지상과 지하의 탄소 저장고도 보호된다. 나무의 자연적 재생이 촉진되고 묘목이 서리 피해를 덜 입으며 화재 위험도 감소한다. 나무가 빽빽한 곳에서 묘목 성장률은 다소 감소하지만 묘목의 정착과 생존이 늘어나는 것에 비하면 소소한 기회 비용이다. 숲 하층부 식물 군집도 보호된다. 벌채지에 비해 오래된 나무를 많이 보존한 숲은 노숙림에 의존하는 관목, 초본, 이끼, 지의류를 위한 더 나은 서식지를 제공하고 유해종의 침입을 완화한다. 형평을 따져 보면, 이 프로젝트는 어머니 나무를 보호하면서 산림을 관리하면 탄소 흡수원, 생물 다양성, 삼림 재생 능력도 보호할 수 있음을 보여 준다. 이처럼 자연 기반 솔루션을 적용하면 숲을 보호하고 가꾸고 치유하기 위한 현실적인 경로를 찾아볼 수 있다.

내 책으로 말미암아 한국의 독자들도 어머니 나무들을 발견하고 돌보고 싶게 된다면 얼마나 좋을까! 여러분도 어머니 나무를 찾는 모험에 동참하면 좋겠다. 숲에서 가장 큰 나무를 찾았다면 그 나무가 바로 어머니 나무이다. 어머니 나무는 숲을 기른다. 어머니 나무는 숲을 되살아나게 한다. 이 책을 실마리 삼아 숲 속을 나아가다 여러분의 어머니 나무를 만나게 되기를 바란다.

행운을 빌며, 수잔 시마드

일러두기

나는 균근(mycorrhiza)의 복수형으로 영국식 철자 'mycorrhizas'를 쓰는데,

더 자연스럽게 느껴지고 독자들이 기억하고 말할 때 쉬울 것 같아서이다.

물론 'mycorrhizae'도 특히 북아메리카 지역에서 자주 쓰이며 두 복수형 모두

바른 용례이다.

종 이름은 라틴 어 학명과 일반명을 섞어 썼다. 나무나 식물은 주로

종 수준의 일반명을 사용했지만, 진균(fungus)은 대개 속명만 사용했다.

신원 보호를 위해 일부 인물의 이름은 바꾸어 적었다.

옮긴이 일러두기

생물 종의 학명과 우리말 이름은 「국가 생물 종 목록」, 「국가 표준 식물 목록」,

「국가 표준 재배 식물 목록」, 「국가 표준 버섯 목록」을 참고했다.

여기에 등재되지 않은 것은 국립 생물 자원관, 국립 수목원 등의 국가 기관 누리집,

《한국산림과학회지》등의 학회지를 참고했고, 저자와 전문가의 도움을 받았다.

서문

[인연]

우리 집안은 대대로 숲에서 나무를 베는 일로 먹고살았다. 가족의 사활이 이처럼 소박한 작업에 달려 있었다.

임업은 내가 물려받은 유산이다.

나 또한 남 못지않게 꽤 나무를 베어 보았다.

지구 생명체 중 죽지도 썩어 없어지지 않는 것은 단 하나도 없다. 죽음과 부패에서 새 생명이 시작되고 바로 그 탄생으로부터 새로운 죽음이 찾아온다. 이러한 삶의 소용돌이는 씨를 뿌리고, 모종(seedling)을 심고, 묘목(sapling)을 지키고, 순환의 일부가 되라고 내게 일러 주었다. 숲은 그 자체로 토양 형성, 종의 이동, 해양 순환 등 더 규모가 큰 순환의 일부이다. 숲은 깨끗한 공기, 순수한 물, 좋은 먹을거리의 원천이다. 자연과 주고받는 데 반드시 필요한 지혜가 있다. 무언의 동의, 그리고 균형에 대한 추구라는 지혜가.

자연은 놀랍도록 아낌없이 준다.

대체 무엇이 숲을 작동하게 하는지, 또 숲이 어떻게 흙, 불, 물과 이어져 있는지에 대한 수수께끼를 풀어 가며 나는 과학자가 되었다. 숲을 관찰했고 숲의 소리를 들었다. 호기심이 이끄는 길을 따랐고 내 가족, 내 사람들의 이야기를 들었고 학자들로부터 배웠다. 차근차근 수수께끼를 하나씩 풀어 가며 자연계를 치유하기 위해 필요한 것들을 찾아내는 정탐꾼이 되기 위해 내 모든 것을 쏟아부었다.

임업의 새 세대에 활동하는 최초의 여성에 속하는 행운을 누렸지만 임업 현장은 내가 자라며 배우고 알게 된 바와 사뭇 달랐다. 대신 나무가 모조리 베여 나간 광활한 풍경, 자연의 복잡함을 박탈당한 토양, 끈질기고 지독한 물질들, 오래된 나무를 잃고 기댈 곳 없이 내팽개쳐진 연약한 어린 나무들, 또 내게는 너무나 심각하게 부적절하게 느껴지는 업계의 논리가 눈에 들어왔다. 임업은 일찍이 생태계의 일부에 대한 전쟁을 선포했다. 잎이 많은 식물, 활엽수, 갉아 먹고 모으고 바글거리는 생명체들은 환금성 작물의 경쟁자 내지 기생충 취급을 받았다. 하지만 내가 알아낸 바에 따르면 이들이야말로 지구의 치유를 위해 반드시 필요하다. 나의 존재와 우주에 대한 감각의 핵심인 숲이라는 총체는 이러한 분열 때문에 고통을 받고 있었고 그로 인해 다른 생명체들도 모두 아파했다.

우리가 어디서부터 그토록 잘못된 길을 가게 되었는지 알아내기 위해, 또 조상들이 좀 더 부드러운 손길로 나무를 베던 시대에 내가 보았듯 토양 자체가 지닌 자가 치유 장치를 활용하도록 두면 땅이 왜 스스로 치유하는지에 대한 미스터리를 해결하기 위해 나는 과학 탐험의 길을 떠났다. 그 여정에서 나의 연구와 개인사는 묘하게, 가끔은 섬뜩할 만큼 너무도 정교하게 발을 맞추며 전개되었다. 마치 내가 연구하는 생태계의 각 부분처럼 서로 긴밀히 얽힌 것처럼.

나무들은 이내 놀라운 비밀을 드러냈다. 나는 나무들이 땅속 경로 체계로 연결되어 거미줄처럼 얽힌 채 서로에게 의존하고 있음을 발견했다. 나무들은 땅속 경로를 매개로 더는 부인할 수 없는, 예로부터 내려온 복잡함과 지혜를 감지하고, 인연을 맺고, 상호 작용을 한다. 실험을 수백 번 했고 한 가지 발견은 다음 발견으로 이어졌다. 과학 탐구 과정에서 나는 나무와 나무 사이의 의사 소통과 숲이라는 사회를 만들어 내는 관계에 대한 새로운 사실들을 밝혀냈다. 초창기에는 내 연구의 근거를 두고 논란이 상당히 뜨거웠다. 하지만 현대 과학은 엄정하며 논문은 동료 연구자들의 심사를 거친 후 출판된다. 과학은 동화도, 상상의 나래도, 마법 같은 유니콘도, 할리우드 영화 속 허구도 아니다.

앞서 말한 과학적 발견은 우리 숲의 생존을 위협하는 다양한 삼림 관리 관행에 도전하고 있는데, 특히 자연이 지구 온난화에 적응하기 위해 고전하고 있는 상황에서 더욱 그러하다.

나의 의문은 우리 숲의 미래에 대해 진심으로 우려하는 입장에서 비롯했다. 하지만 계속 실마리를 모아 가다 보니, 숲에 단순히 나무가 모여 있는 것 이상의 의미가 있다는 생각이 들었고, 과연 그런지 알아내고 싶은 강한 호기심이 생겨났다.

진실을 찾아가는 과정에서 나무들은 나에게 그들이 얼마나 민감하며 잘 반응하는지, 그들이 서로 어떻게 연결되어 있으며 대화하는지 보여 주었다. 조상에게 물려받은 일 때문에 숲과의 인연이 시작되었고 그 후에도 숲은 어릴 적 살던 집이 있던 곳, 위안을 주는 곳, 캐나다 서부에서 경험한 모험의 장소가 되어 주었다. 숲과의 인연은 자라나 숲의 지혜에 대한 더 총체적인 이해가 되었고, 나아가 숲의 지혜에 대한 우리의 존경을 다시금 회복할 방법, 자연과의 관계를 치유할 방법에 대한 탐색으로 이어졌다.

숨겨진 지하의 진균 네트워크를 통해 나무들이 메시지를 주고받는다는 사실을 조사하던 중, 최초의 실마리 하나가 등장했다. 대화가 오가는 비밀스러운 길을 따라가다가 나는 땅속의 진균 네트워크가 숲 바닥을 **온통** 뒤덮고 모든 나무를 연결하고 있음을 알게 되었다. 거점 나무들과 진균이 만들어 낸 연결점들이 별자리처럼 이어져 있었다. 이내 드러난 간략한 지도를 통해 놀랍게도 어린 나무를 되살려내는 진균 연결 고리의 원천이 가장 크고 오래된 나무들임을 알 수 있었다. 게다가 크고 오래된 나무들은 모든 이웃을 연결한다. 그들은 어린 나무는 물론이고 늙은 나무와도 이어져 있으며, 축삭, 시냅스, 마디(node) 등으로 구성된 정글에서 중추적 연결 고리 역할을 한다. 이러한 패턴에서 가장 놀라운 면모들을 알아낼 수 있었던 여정으로 여러분을 안내하고 싶다. 숲은 인간의 뇌와 비슷한 점이 있다. 숲속에서는 늙은 나무와 젊은 나무가 화학적 신호를 내보내며 서로를 인지하고, 서로 소통하고, 서로에게 반응한다. 인간의 신경 전달 물질과 똑같은 화학 물질을 사용하고, 이

온이 연쇄적으로 진균의 막(membrane)을 통과하며 만들어 내는 신호를 통해서 말이다.

나이든 나무는 어떤 묘목이 자신의 친족인지 아닌지 구별할 줄 안다.

오래된 나무들은 어린 나무들을 양육하고 인간이 아이들을 기르는 것과 똑같이 어린 나무에 음식과 물을 준다. 이것만으로도 잠시 하던 일을 멈추고 심호흡을 하면서 숲의 사회적 본성에 대해, 또 숲의 사회적 본성이 진화에 얼마나 중요한지에 대해 깊이 생각해 보기에 충분하다. 진균 네트워크는 나무들을 건강하게 하려고 짜여진 것 같다. 이뿐만이 아니다. 오래된 나무들은 자식 나무들을 엄마처럼 보살피고 있다.

어머니 나무.

숲의 의사 소통, 보호, 감각의 중심에 있는 장엄한 허브(hub), 어머니 나무가 죽는 날이 오면 어머니 나무는 무엇이 득이 되고 해가 되는지, 누가 친구이고 적인지, 끝없이 변하는 환경에 어떻게 적응하고 살아남을지에 대해 알고 있는 바를 친족과 후손 나무에 나누어주며 대대로 이어질 지혜를 물려준다. 이것은 바로 모든 부모가 하는 일이다.

어머니 나무는 어떻게 전화만큼 빠르게 경고 신호, 인식 메시지, 또 안전 관련 보고를 전송할 수 있을까? 어머니 나무들은 어떻게 고통과 질병을 겪으며 서로 도울까? 왜 그들은 인간과 비슷한 행동을 하고 시민 사회의 일원처럼 행동하는 것일까?

평생을 숲의 탐정으로 보내고 나자 숲에 대한 나의 인식은 송두리째 바뀌었다. 새로운 사실이 드러날 때마다 나는 숲속에 더 깊이 파묻히게 된다. 과학적 근거는 무시할 수 없다. 숲은 지혜와 감성, 치유의 능력을 타고났다.

이 책은 어떻게 하면 인간이 나무를 살릴 수 있는가에 대한 책이 아니다.

이 책은 나무가 어떻게 인간을 구원할 수 있는가에 대한 책이다.

차례

1장

[숲속의 유령]

나는 6월의 눈 속에 꽁꽁 얼어붙은 채 회색곰이 사는 동네에 혼자 있었다. 스무 살 풋내기였던 나는 캐나다 서부 지역의 험준한 릴루엣(Lillooet) 산맥에 있는 벌목 회사에서 계절직으로 일하고 있었다.

숲은 그늘지고 쥐 죽은 듯 고요했다. 내가 서 있던 곳에는 귀신들이 드글대고 있었다. 어떤 유령은 정확히 내 쪽을 향해 둥둥 떠 있었다. 소리를 지르려고 입을 벌렸지만 소리가 전혀 나오지 않았다. 애써 이성을 소환하려던 찰나 가슴이 철렁했다. 그리고 나자 웃음이 나왔다.

유령인 줄 알았는데 그냥 주변을 뒹굴던 자욱한 안개였다. 안개가 덩굴처럼 나무줄기를 에워싸고 있었다. 귀신 따위는 없었고 우리 업계에서 쓰는 단단한 목재만 있었다. 나무는 그냥 나무일 뿐이었다. 그래도 여전히 캐나다의 숲에는 늘 귀신이 떠도는 것 같다는 생각이 든다. 특히 그 지역에서 땅을 지키거나 정복했고 나무를 베고 불태우고 기른 내 조상들의 혼령이 떠도는 것 같았다.

숲은 항상 기억하고 있는 것 같다.

심지어 우리의 과오를 잊어 주었으면 싶을 때에도.

이미 오후 서너 시쯤이었다. 안개가 나무에 윤기를 입히며 로키전나무(subalpine fir) 무리 사이를 살금살금 기어 나왔다. 빛을 굴절시키는 물방울이 온 세상을 머금고 있었다. 옥색 바늘잎이 만든 플리스 같은 나뭇가지 위로 에메랄드빛 새순이 터져 나왔다. 겨울이 고생을 시켰지만 아랑곳하지 않고 길어진 낮과 따뜻해진 날씨를 활기차게 맞이하며 생명을 솟구쳐 올리는 꽃봉오리의 경이로움과 끈기란. 지난 수년간 화창한 여름날이 오면 원시엽을 펼치도록 코딩되어 있는 새싹들. 나는 깃털 같은 바늘잎들을 만져 보며 그 부드러움에 마음이 누그러졌다. 잎의 기공(이산화탄소를 빨아들이고 빨아들인 이산화탄소를 물과 합성해 당과 순수한 산소를 만들어 내는 아주 작은 구멍)은 신선한 마실 공기를 뿜어 주었다.

우뚝 솟은 나무들에 편안히 기대어 열심히 일하는 나이가 찬 나무들은 열 살쯤 된 묘목들이었고, 그보다도 더 어린 모종들이 주변에 기댄 채 추운 날의 가족처럼 옹기종기 모여 있었다. 오래되고 주름진 전나무(fir)들이 나머지 나무들을 보호하며 첨탑처럼 하늘로 뻗어 있었다. 내 어머니, 아버지, 할머니들, 할아버지들이 나를 보호해 준 방법대로 말이다. 누가 알겠는가? 내가 늘 말썽을 부렸던 것을 생각해 보면 나도 묘목처럼 꽤 손이 가는 아이였을 것 같다. 열두 살 때, 얼마나 멀리 갈 수 있는지 알아보겠다며 슈스왑(Shuswap) 강 쪽으로 기대어 물속에 가지를 드리우고 있던 나무에 기어 올라갔다. 물러서려 했지만 미끄러지는 바람에 물살에 빠졌다. 내가 급류 속으로 사라지기 직전에 헨리 할아버지(Grampa Henry)가 손으로 만든 강 보트로 뛰어내려서는 내 셔츠 목깃을 잡아챘다.

이곳 산간 지역에서는 눈이 1년 중 9개월 동안 무덤보다도 더 깊이 쌓인다. 나무들은 나보다 몇 수나 더 위라서 나를 망가뜨리고도 남는 극한의 내륙 기후에서도 번성할 수 있는 DNA를 구축했다. 나는 연약한 자손들 위를 맴돌아 준 나이든 나무의 큰 가지를 두드리며 고마움을 전했고 구부러진 나뭇가지 속에 떨어져 있던 방울 열매(cone)를 포근히 안았다.

임도를 내려오는 동안 모자를 당겨 귀를 덮고, 눈을 뚫고 더 깊은 숲속으로 헤치고 들어갔다. 어두워지기 전까지 불과 몇 시간밖에 남지 않았지만 나는 갓길을 싹 치운 톱들이 만들어 낸 사상자인 잘린 통나무 옆에 멈춰 섰다. 나무가 잘린 옅고 둥그런 면에서 속눈썹만큼 가느다란 나이테가 보였다. 통통하게 물이 찬 봄철 세포인 연노란 춘재를 태양이 높이 비추고 가뭄이 자리를 잡는 8월에 생겨난 짙은 갈색 추재가 둘러싸고 있었다. 연필로 10년 단위를 표시하며 나이테 고리를 세어 보았다. 200년 정도 된 나무였다. 이 숲속에 우리 가족이 살아온 햇수보다 2배가 넘는 시간을 살았던 나무. 나무들은 생육과 동면 주기 변화를 어떻게 헤쳐나갔을까, 어찌 나무의 일생을 우리 가족이 짧은 시간 동안 견뎌 온 즐거움과 어려움에 비할 수 있을까? 비가 많이 내린 해에 자랐거나 이웃 나무가 바람에 넘어져서 볕이 잘 든 해에 자란 나이테 고리는 좀 더 굵었다. 가뭄 동안, 추운 여름, 아니면 다른 스트레스 때문에 더디게 자라서 생긴 나이테 고리는 거의 보이지도 않을 만큼 가늘었다. 이 나무들은 우리 가족이 살아온 식민주의, 세계 대전, 그리고 수상이 열두어 번 바뀌는 시대를 무척 무색하게 만드는 급변하는 기후, 숨 막히는 경쟁, 초토화하는 화재, 병충해, 또는 바람의 방해를 견디고 살아남았다. 나무는 내 조상들의 조상이었다.

1966년 브리티시 컬럼비아 시카무스(Sicamous) 근처 슈스왑 호수에서 캠핑하던 중. 왼쪽부터 오른쪽으로 켈리(Kelly, 세 살), 로빈(Robyn, 일곱 살), 엄마 엘렌 준(Ellen June, 스물아홉 살), 나(다섯 살). 캐나다 횡단 도로에서 일어난 낙석 사고를 가까스로 피한 우리는 1962년식 포드 메테오(Ford Meteor)를 타고 캠핑장에 도착했다. 산에서 돌이 날아오더니 그대로 차창을 통과해 엄마 무릎 위에 떨어졌다.

다람쥐 한 마리가 나무 그루터기 바닥에 씨앗을 모아 둔 곳에서 멀찍이 물러서라며 내게 경고하면서 통나무를 따라 재잘대며 달려갔다. 나는 벌목 회사 최초의 여직원이었는데, 거칠고 위험한 축인 벌목 업계가 간혹 찾아오는 여학생들에게 막 그 문을 열기 시작한 참이었다. 몇 주 전 첫 출근 날, 정부 규정에 따라 묘목을 심었는지 확인하기 위해 상사인 테드(Ted)와 함께 나무를 죄다 베어 낸 면적 30헥타르 상당의 벌채지에 가 보았다. 나무를 어떻게 심어야 하고 어떻게 심으면 안 되는지 알고 있던 테드는 수월하게 일 처리를 했고 직원들도 최선을 다해 일했다. 테드는 내가 J자로 구부러진 뿌리와 플러그에 깊이 심어 기른 묘목 뿌리를 구별하지 못해서 당황해도 잘 참아 주었지만, 나는 열심히 보고 들었다. 얼마 지나지 않아 수확한 나무를 대체하기 위해 묘목을 심은 조림지 식재 평가 작업을 맡게 되었다. 일을 그르치려던 생각은 아니었다.

오늘 가 볼 조림지가 이 오래된 숲 너머에서 나를 기다리고 있었다. 회사에서는 지난 봄, 넓은 필지에 있던 벨벳처럼 부드러운 오래된 로키 전나무를 베어 내고 가시 같은 바늘잎이 달린 가문비나무 종류(spruce, 가문비나무속에 속하는 나무를 총칭하며 이후 가문비나무로 표기했다. ─ 옮긴이) 묘목을 심었다. 내가 맡은 작업은 새로 심은 묘목들이 잘 자라고 있는지 확인하는 일이었다. 길이 다 희미해져 임도를 따라 벌채지로 갈 수 없게 된 지 오래였다. 덕분에 길을 돌아 옅은 안개에 싸인 이 아름다운 숲 근처를 지나갈 수 있게 되어 좋았지만, 싼 지 얼마 되지 않은 회색곰 똥이 어마어마하게 쌓인 무더기 앞에 멈춰서고 말았다.

여전히 안개는 나무에 드리워져 있었고, 맹세컨대 멀리서 무언가 미

엄마와 아빠가 어린 시절 자란 브리티시 컬럼비아 주 동네에서 널리 볼 수 있는 온대 우림.

어머니 나무를 찾아서

끄러지듯 지나가는 모습이 보였다. 더 열심히 쳐다보았다. 내가 본 것은 가지에서 흔들리는 모습 때문에 '할아버지 턱수염'이라고도 불리는 지의류(lichen)가 만들어 낸 연두색 띠였다. 오래된 나무에서 특히 잘 자라는 오래된 지의류. 나는 곰 귀신을 쫓아내려고 에어 혼(air horn, 압축 기체로 소리를 내는 경적. — 옮긴이) 버튼을 마구 눌렀다. 곰을 무서워하는 것은 엄마로부터의 내림인데, 엄마가 어렸을 때 엄마의 할아버지, 그러니까 나의 증조부인 찰스 퍼거슨(Charles Ferguson)이 현관에서 어머니를 공격하기 직전이던 곰을 총으로 쏘아 죽였다고 했다. 찰스는 20세기 초입에 브리티시 컬럼비아 주 컬럼비아 분지 소재 애로(Arrow) 호수 이노너클린(Inonoaklin) 계곡가에 있는 벽지인 에지우드(Edgewood) 지역을 개척한 분이었다. 도끼와 말로 증조부와 아내인 엘렌(Ellen)은 시나이크스트 네이션(Sinixt Nation) 지역 (캐나다 헌법은 유럽 인 도래 이전부터 캐나다에 살고 있던 이들 중 퍼스트 네이션(First Nations), 이누이트(Inuit), 메티스(Métis)를 토착민(indigenous people), 원주민(aboriginal people) 등으로 인정한다. 이 책에서는 통틀어서 선주민이라고 번역했다. 퍼스트 네이션은 600개가 넘는 민족으로 이루어져 있으며 각각 자치 정부와 보호 구역이 있다. — 옮긴이) 땅을 개척하고 건초를 기르고 소떼를 칠 땅을 개간했다. 찰스는 곰과 씨름을 하고 그가 기르던 닭을 죽이려던 늑대를 쏴 죽였다고 했다. 찰스와 엘렌은 아이비스(Ivis), 제럴드(Gerald), 그리고 우리 할머니인 위니(Winnie), 이렇게 세 아이를 길렀다.

나는 늘 푸른 안개를 들이마시며 이끼와 버섯이 덮인 통나무 위로 기어 올라갔다. 어떤 통나무에는 흐르는 강물처럼 조그만 애주름버섯

(Mycena)이 줄지어 돋아 있었는데, 넓게 펼쳐진 뿌리를 따라 퍼져 나가는 것 같았다. 뿌리는 점점 줄어들어 끝에 와서는 썩은 가느다란 가닥만 남아 있었다. 나는 뿌리와 진균이 숲의 건강, 즉 숨겨져 있거나 간과된 요소들을 합친 크고 작은 것들의 조화와 어떤 관련이 있는지 궁금했다. 어린 시절 부모님이 뒷마당에 심은 포플러 종류(cottonwood, 사시나무속에 속하는 나무들의 총칭. 이후 포플러로 표기했다. ― 옮긴이)와 버드나무 종류(willow, 버드나무속에 속하는 나무들의 총칭. 이후 버드나무로 표기했다. ― 옮긴이)의 거대한 뿌리 때문에 우리 집 지하실 토대가 갈라지고 개집이 기울고 집 근처 보도가 부풀어 오르는 것을 감탄하며 지켜본 이래로 나는 나무뿌리에 푹 빠져 있었다. 어린 시절 살던 집의 느낌을 재현해 보고자 자그마한 땅에 심은 나무 때문에 생긴 예상치 못한 문제를 해결할 방안을 찾느라 엄마와 아빠는 걱정스레 의논했다. 나는 매해 봄 나무 그루터기 주변을 에워싼 버섯이 만들어 내는 둥그런 후광 한가운데, 솜털 보송한 씨앗에서 수많은 새싹이 돋는 것을 감탄하며 지켜보았다. 그런데 열한 살 때 시에서 수도관을 통해 거품 나는 물을 우리 집 옆 강으로 뿜어낸 이후, 강기슭을 따라 서 있던 포플러가 폐수 때문에 죽는 것을 보자 끔찍이도 무서웠다. 처음에는 나무갓(crown, 수관(樹冠). 나무의 윗부분. ― 옮긴이) 꼭대기 쪽 잎이 줄어들더니, 나무 몸통에 난 고랑에서 검은색 돌기(canker)가 생겼고, 이듬해 봄에는 그 거대하던 나무들이 죽어 버렸다. 온통 노란빛으로 뒤덮인 곳에서 돋던 새싹도 더는 돋지 않았다. 시장님에게 편지를 썼지만 답장은 없었다.

조그만 버섯 하나를 집어 들었다. 애주름버섯의 갓은 엘프가 쓰는 고깔모자처럼 종 모양이었는데, 꼭대기는 짙은 갈색이고 가장자리로 갈수록 색이 연해져서 반투명한 노란색 갓 끄트머리로 갓 아래에 있는 주름살과 연약한 줄기가 비칠 정도였다. 대, 즉 버섯의 줄기는 나무 껍질에 뿌리를 내리고 통나무가 썩도록 돕고 있었다. 애주름버섯은 워낙 연약해서 통나무를 통째로 썩게 할 수 없을 것 같은 모양새를 하고 있다. 하지만 나는 애주름버섯이 통나무를 썩게 한다는 것을 알고 있었다. 어린 시절에 본 강둑에서 죽어 쓰러진 포플러들의 얇고 갈라지는 껍질을 따라 버섯이 돋았다. 몇 해가 지나자 썩어서 스펀지 비슷한 섬유 조직이 되어 버린 나무는 땅속으로 완전히 사라져 버렸다. 이 진균들은 산과 효소를 배출하고, 자신의 세포를 활용해서 나무의 에너지와 영양분을 빨아들이고 나무를 썩혀 없애는 방법을 진화시켰다. 나는 통나무에서 일어나 신발 징이 퇴적 부식층(duff) 깊숙이 닿도록 발을 딛고는 경사면에서 균형을 잡으려고 전나무 묘목을 한 뭉치 잡았다. 묘목들이 햇볕과 눈 녹은 물로부터 나오는 습기를 균형 있게 취할 수 있는 장소를 이미 찾아낸 터였다.

몇 해 전 뿌리를 제대로 내린 묘목 근처로 비단그물버섯(*Suillus*) 하나가 자리하고 있었다. 비단그물버섯은 노랗고 구멍 난 연한 부분과 땅속으로 사라진 살집 좋은 줄기 위로 갈색이 돌고 비늘이 돋은 넓적한 갓을 쓰고 있었다. 비가 쏟아지면 버섯은 숲 바닥(forest floor) 깊숙이 가지를 뻗고 있는 진균 줄기가 만드는 빽빽한 연결망에서 튀어나왔다. 뿌리와 기는 줄기가 만들어 내는 거대하고 복잡한 체계에서 열매를 맺는 딸기처럼. 흙 속의 실에서 힘을 받으면 진균의 갓은 갈색 반점이 난 줄기

팬케이크버섯(*Suillus brevipes*, 비단그물버섯속에 속하는 버섯. — 옮긴이).

를 끌어안고 있던 레이스 베일의 흔적을 위로 절반쯤까지 남기며 우산처럼 펼쳐진다. 나는 진균의 열매가 되지 않았다면 주로 땅속에서 살고 있었을 버섯을 땄다. 버섯의 갓 아랫부분은 포자를 뿜어내는 해시계 같았다. 타원형 모양 구멍마다 폭죽이 불꽃을 내뿜듯이 포자를 내뱉도록 만들어진 작디작은 줄기가 있었다. 포자는 진균의 '씨앗'에 해당하는데 결합, 재결합, 돌연변이를 통해 다양하며 변화하는 환경 조건에 적응한 새로운 유전 물질을 생산하는 DNA로 가득 차 있다. 버섯을 따서 생긴 알록달록한 빈 공간 주변에는 계피 같은 갈색 후광이 흩뿌려져 있었다. 다른 포자들은 날아다니는 곤충의 다리에 들러붙어 하늘로 올라갔을 수도 있고 다람쥐의 저녁밥이 되었을 수도 있다.

버섯 줄기 잔해를 아직 붙들고 있는 조그만 구덩이 아래로는 가느다란 노란 실이 뻗어 있었다. 이런 실오라기가 꼬여서 복잡한 가지를 치는 진균 균사체(mycelium)의 베일, 즉 토양을 구성하는 수십억 유기물과 무기물 입자 위를 덮는 망을 구성한다. 줄기에는 내가 버섯을 거칠게 뜯어내기 전까지 망의 일부였던 균사가 끊어진 채 붙어 있었다. 버섯은 숲 바닥에 짜 놓은 두꺼운 레이스 식탁보처럼 깊이 있고 정교한 존재가 가시적으로 드러난 끄트머리 부분이다. 남겨진 균사는 바닥에 떨어진 바늘잎, 봉오리, 잔가지 따위가 쌓여 있는 낙엽층 틈바구니를 구르며 무기질 자원을 찾고, 휘감고, 흡수하고 있었다. 이 비단그물버섯도 애주름버섯처럼 나무나 낙엽 등을 썩게 하는 부패균에 해당하는지 아니면 다른 역할을 하는지 궁금했다. 나는 애주름버섯과 비단그물버섯도 주머니에 집어넣었다.

잘라 낸 나무 대신 모종을 심은 벌채지는 아직 보이지도 않았다. 짙은 구름이 몰려들었고 나는 조끼에서 노란색 비옷을 꺼냈다. 숲을 헤치고 다니느라 해져 버린 비옷은 비를 제대로 막지 못했다. 트럭에서 한 걸음씩 멀어질수록 위험한 기운이 더해졌고 해 질 녘까지도 도로를 타지 못할 것 같은 불길한 예감이 들었다. 하지만 나는 고생스러워도 밀고 나가는 성품을 위니 할머니(Grannie Winnie)로부터 물려받았다. 할머니가 10대였던 1930년대 초, 나의 증조모 엘렌은 독감을 이겨 내지 못했다. 결국 이웃들이 꽁꽁 언 골짜기를 넘어 가슴까지 올라오는 눈을 헤치고 퍼거슨 집안 사람들이 잘 있나 보러 왔을 때 가족은 눈 속에 갇혀서 침대에 앓아누워 있었고, 엘렌은 방 안에 누운 채 죽어 있었다.

장화가 미끄러졌고 묘목 한 그루를 꽉 움켜쥐었지만 나무가 손에서 빠져나가는 바람에 비탈 아래로 뒹굴고 말았다. 묘목을 뭉개며 구르다 결국 들쭉날쭉한 뿌리가 여전히 문어같이 붙어 있던 축축하게 젖은 통나무에 기대 멈출 수 있었다. 어린 나무는 열 몇 살쯤 되어 보였는데, 비스듬한 나선형을 그리며 1년에 하나씩 생기는 가지 개수가 15개 정도였다. 비구름이 내린 보슬비 때문에 청바지가 축축해졌다. 빗방울이 꾀죄죄한 겉옷 방수 천에 방울방울 맺혔다.

이 일을 하려면 약해질 틈 따위는 없었기에 나는 사내아이들의 세계에서 내가 기억하는 한 강건한 겉모습을 구축하며 살아왔다. 남동생인 켈리만큼, 또 르블랑(Leblanc), 가뇽(Gangon), 트람블레이(Tremblay) 등 퀘벡식 이름을 가진 아이들만큼 잘하고 싶었다. 그래서 섭씨 -20도 날씨에 이웃집 아이들과 길거리 아이스하키를 배웠다. 나는 노리는 사람이 적던 골리(goalie, 아이스하키에서 골문을 지키는 최종 수비수. — 옮긴이)를 맡았다. 아이들이 내 무릎으로 숏을 세게 날렸지만 나는 멍들고 엉망이 된 다리를 청바지로 가리고 다녔다. 위니 할머니가 힘이 닿는 한 열심히 일했던 것처럼 말이다. 할머니는 할머니의 어머니를 잃은 후 오래 지나지 않아 전속력으로 말을 달리며 이노너클린 계곡을 누비는 일을 다시 시작했고, 개척 마을 농가 사람들에게 우편물이며 밀가루를 날라 주었다.

나는 손에 쥐고 있던 뿌리 한 움큼을 쳐다보았다. 뿌리에 붙은 번들번들한 부식토를 보니 닭똥 퇴비가 생각났다. 부식토는 숲 바닥에 있는 썩고 기름진 검정 흙인데, 떨어진 바늘잎과 죽어 가는 식물이 쌓여 있는 낙엽층 아래, 또 기반암이 풍화되어 생긴 무기질 흙(mineral soil) 위

1934년경 브리티시 컬럼비아 주 에지우드
의 퍼거슨 농장에서 위니프리드 베아트리스
퍼거슨(위니 할머니). 할머니의 엄마가 돌아가
신 지 얼마 되지 않은 때 스무 살이었던 할머
니는 계속 닭을 기르고 우유를 짜고 건초를
뒤집었다. 또 바람처럼 말을 달렸고 사과나
무에서 나온 곰을 쐈다. 할머니는 당신의 엄
마 이야기를 거의 하시지 않았는데, 내커스
프(Nakusp) 둔치에서 마지막으로 산책하며
여든여섯 살의 할머니는 나를 보고 울면서
이야기했다. "엄마가 보고 싶어."

에 끼어 있다. 부식토는 부패한 식물의 산물이다. 부식토는 죽은 식물,
벌레, 들쥐가 묻혀 있는 자연이 만든 퇴비이다. 나무들은 부식토 위도
아래도 아니라 부식토에 뿌리내리기를 무척 좋아하는데, 부식토에서
풍성한 양분을 얻을 수 있기 때문이다.

하지만 이 뿌리 끝도 크리스마스트리 조명처럼 노랗게 빛나고 있었
고 뿌리가 끝나는 부분에도 같은 색의 균사체가 거미줄처럼 붙어 있었
다. 이 줄줄이 이어진 균사체의 실 색깔은 비단그물버섯 줄기로부터 토
양으로 뻗어 들어가던 균사체의 색과 꽤 비슷해 보였다. 또 주머니에서
아까 딴 버섯을 꺼내 보았다. 한 손에는 노란색 거미줄로 이어지는 뿌리
끄트머리를 들고, 반대편 손으로는 끊어진 균사체가 붙어 있는 비단그

물버섯을 잡았다. 꼼꼼히 살펴봐도 그 둘을 구별할 수 없었다.

혹시 비단그물버섯은 뿌리의 친구일까? 애주름버섯처럼 죽은 것들을 분해하는 자가 아니라? 나는 항상 본능적으로 생명체들이 전하는 이야기를 듣고 있었다. 대개 중요한 단서들은 대단할 것이라고 생각하지만, 세상은 우리에게 중요한 단서들은 아름답고 또 자그맣다는 것을 일깨우기를 즐긴다. 나는 숲 바닥을 파 보기 시작했다. 노란 균사체가 미세한 토양 입자를 빠짐없이 덮고 있는 것 같았다. 내 손바닥 아래로 수백 킬로미터 길이의 실이 이어진 듯이. 살아가는 모습은 다양해도 진균이 가지를 쳐서 만든 가는 실과 진균이 낳은 버섯 열매를 통칭해 균사(hyphae)라고 하는데, 균사는 마치 토양에 있는 거대한 균사체의 극히 일부인 것 같다.

조끼 뒷주머니에 있던 물병을 꺼내 남은 뿌리 끝에서 흙덩이를 씻어 냈다. 이렇게나 풍성하게 진균이 다발처럼 붙어 있는 모습은 처음 보았다. 이토록 선명한 노랑, 그리고 하양, 분홍빛 진균이 붙어 있는 모습은 더더욱 생소했다. 각각의 뿌리 끝이 각자 다른 색깔로 덮여 있었고, 거미줄 같은 수염을 달고 있었다. 뿌리는 양분을 얻기 위해 먼 곳, 예측하지 못한 곳까지 다다라야 한다. 하지만 어떤 이유에서 진균이 만든 수많은 실이 뿌리 끝에 돋아 있을 뿐만 아니라 이처럼 선명한 빛깔을 띠게 된 것일까? 각기 다른 빛깔은 서로 다른 종류의 진균일까? 토양에서 각기 다른 작용을 했던 것일까?

나는 이 일과 사랑에 빠졌다. 곰이나 귀신에 대한 두려움보다도 더욱 강렬한 흥분이 일순간에 이 장엄한 숲속 빈터로 몰려 들어왔다. 나는 뜯어낸 묘목의 뿌리와 뿌리에 붙어 있던 선명한 빛의 진균 그물을 보호자 나무(guardian tree) 근처에 놓았다. 묘목은 나에게 숲속 지하 세계의 질감과 색조를 보여 주었다. 노란색, 흰색, 그리고 나와 함께 자란 야생 장미를 떠올리게 하는 탁한 분홍색까지, 묘목이 찾아낸 붙어서 자랄 토양은 마치 다채로운 빛을 띤 페이지가 겹겹이 쌓여 있는 책 같았고 매 페이지는 만물이 어떻게 양육되었는지에 대한 이야기를 펼치는 듯했다.

마침내 벌채지에 도착했을 때, 가랑비 사이로 들어오는 환한 빛 때문에 눈을 가늘게 떴다. 무슨 일이 벌어졌을지는 이미 예상했지만 그래도 여전히 가슴이 철렁했다. 모든 나무가 그루터기만 남은 채 잘려 있었다. 바람과 비에 깎이고, 마지막 남은 나무 껍질 조각마저 벗겨져 바닥에 떨어진 채로 나무의 흰 뼈가 땅 밖으로 튀어나와 있었다. 나는 죽임 당하고 버려진 나무들의 고통을 느끼며 잘린 가지 틈을 지나 조심스레 발걸음을 뗐다. 어린 시절 동네 언덕의 쓰레기 더미 아래에서 피어나던 꽃에서 쓰레기를 치워 주었을 때처럼 어린 나무를 가리고 있던 가지를 들어 올려 나무를 드러내 주었다. 이런 행동이 중요하다는 것을 나는 알고 있었다. 몇몇 작고 보드라운 전나무들이 부모의 그루터기 옆에서 고아가 되어 상실의 충격에서 회복하려 애쓰고 있었다. 벌채가 끝난 후에는 싹이 느리게 튼다는 점을 감안하면 어린 나무들의 회복은 고생스러울 것이다. 나는 가장 가까이 있던 어린 나무 끝에 달린 아주 작은 싹 눈을 만져 보았다.

흰 꽃이 핀 만병초(rhododendron)와 허클베리(huckleberry) 관목 또한 톱니가 지나간 자리 아래로 몸을 낮추고 있었다. 나는 나무를 잘라서 자유롭고 사람 손을 타지 않은 온전하던 장소를 깨끗이 밀어 버리는 목재 수확 작업에서 모종의 역할을 맡고 있었다. 동료들은 제재소가 계속 돌아가게끔 하기 위해, 또 가족을 먹여 살리기 위해 다음 벌채 계획을 세우고 있었다. 나 또한 벌채가 필요하다는 것은 이해했다. 하지만 골짜기가 통째로 없어지기 전까지 톱질이 멈추지 않을 것만 같았다.

나는 만병초와 허클베리 사이로 구부러진 줄을 지어선 묘목을 향해 걸어갔다. 수확한 오래된 전나무를 대체하기 위한 나무를 심는 작업을 한 직원들은 잎이 뾰족한 가문비나무 묘목을 꽂아 놓았는데 지금은 무릎 높이만큼 자라 있었다. 로키전나무를 베어 낸 자리에 대체할 나무로 더 많은 로키전나무를 심지 않는다니 좀 이상할 법도 하다. 하지만 가문비나무 목재가 더 값이 나간다. 결이 더 촘촘하고 잘 썩지 않으며 탐내는 이가 많은 고급 목재이기 때문이다. 다 자란 로키전나무 목재는 약하고 좀 부실하다.

정부에서는 또 나무를 심지 않아 헐벗은 채 남는 땅이 없도록 정원에 나무를 심듯이 묘목을 줄지어 심는 방식을 권장했다. 같은 간격을 두고 격자 모양을 이루도록 나무를 기르면 흩어지고 뭉쳐진 채 자란 나무보다 목재를 더 많이 얻을 수 있다는 이유에서였다. 적어도 이론상으로는 그랬다. 빈틈을 죄다 메우면 나무가 자연스럽게 자랄 때보다 더 많은 나무를 기를 수 있다고 판단한 것이다. 목재를 더 많이 수확할 수 있고 앞날의 기대 수익도 커지므로 구석구석 빽빽이 나무를 심어야 마땅하다고 느낀 듯했다. 그리고 줄을 맞춰 세우면 무엇이든 세기 편해진다는 논리였다. 같은 이유로 위니 할머니도 마당에 식물을 줄지어 심었지만,

할머니는 땅을 갈고 몇 년마다 작물을 바꾸어 가며 길렀다.

처음 확인해 본 가문비나무 묘목은 살아는 있었지만 바늘잎도 누렇고 겨우 살아만 있는 수준이었다. 홀쭉한 줄기는 처참했다. 이처럼 잔인한 지역에서 나무가 어떻게 살아남으라는 것인가? 새로 심은 묘목은 모두 고전하고 있었다. 새로 심은 작은 나무 전부가 말이다. 왜 새로 심은 나무들은 이토록 처참한 모양새를 하고 있었던 것일까? 반면 왜 오래된 숲에서 새싹을 틔우는 야생 전나무들은 너무도 찬란해 보이는 것일까? 나는 현장 수첩을 꺼내고 방수 표지에서 바늘잎을 털어 낸 다음 안경을 닦았다. 우리가 취한 것을 치유할 목적으로 나무를 다시 심는 것일 텐데 너무도 끔찍한 실패를 맛보는 중이었다. 지침을 어떻게 작성해야 할까? 처음부터 다시 시작하자고 회사에 말해 보고 싶었지만 회사에서는 비용 때문에 못마땅해 할 것 같았다. 반박에 대한 두려움에 굴복하고 다음과 같이 적었다. "양호. 단 이미 죽은 묘목은 교체할 것."

묘목을 가리고 있던 나무 껍질 조각을 집어 들고 튕겨서 덤불 속으로 던져 넣었다. 도화지로 대충 봉투 비슷한 것을 만들고 묘목에서 딴 노란 바늘잎을 담았다. 내 책상이 지도를 놓아 둔 탁자나 아저씨들이 목재 가격이며 벌채 비용을 협상하는 떠들썩한 사무실로부터 좀 떨어져 있는 움푹 들어간 벽 안쪽에 있음에 감사했다. 그들은 다음에는 어느 숲에서 벌채할지 정했고, 체육 대회 현수막을 달듯이 계약을 체결했다. 나는 아주 작은 내 공간에서 다른 이들에게서 떨어진 채 평화롭게 조림지의 문제에 대해 살펴볼 수 있었다. 무수한 문제들이 잎을 노랗게 변색시킬 수 있는 만큼 묘목이 겪는 증상에 관한 정보를 참고서에서 쉽게 찾을 수 있을지도 모르겠다.

건강한 묘목이 단 하나라도 있는지 찾았지만 소용 없었다. 무엇이 이 병을 촉발한 것일까? 정확히 진단하지 못하면 다시 새 묘목을 심어도 또 제대로 자라지 못할 것이다.

나는 문제를 얼버무리고 회사를 위한 쉬운 길을 택한 것을 후회했다. 조림지 상황은 엉망진창이었다. 테드는 이 현장이 산림 녹화에 관한 정부의 요구 사항을 충족하지 못했는지 알고 싶어 할 텐데, 요구 사항을 충족하지 못했음은 곧 재정적 손실을 뜻하기 때문이다. 테드는 최소한의 비용으로 기본적 재조림 규정을 충족시키는 데에 집중했지만 나는 무엇을 제안해야 할지조차 알 수 없었다. 나무를 심은 구덩이로부터 전나무 묘목을 하나 더 뽑아서 혹시 해답이 바늘잎이 아니라 뿌리에 있는 것은 아닐지에 대해 고민해 보았다. 전나무 묘목 뿌리는 늦여름인데도 여전히 습한 입상토(granular soil, 모래나 자갈이 많아 알갱이가 지는 흙. ─ 옮긴이) 속에 단단히 묻혀 있었다. 식재 작업은 완벽했다. 숲 바닥층은 제대로 긁혀 없어졌고, 나무를 심는 구덩이는 숲 바닥층 아래에 있는 축축한 무기질 흙층까지 뚫려 있었다. 지시대로, 규정집대로였다. 뿌리를 다시 구덩이 안에 넣은 후 다른 묘목을 살펴보았다. 또 다른 묘목도 살펴보았다. 모든 묘목은 삽으로 만든 기다란 구덩이에 틀림없고 정확하게 집어넣어 심은 다음 공극을 제거하기 위해 구덩이는 다시 메워져 있었다. 하지만 뿌리 플러그(root plug)는 마치 무덤으로 몰아넣어진 듯 방부 처리한 것 같았다. 단 하나의 뿌리도 뿌리가 얻어야 마땅한 것들을 얻고 있는 것 같지 않았다. 어떤 묘목의 뿌리도 땅에서 먹이를 찾기 위한 새 흰색 뿌리의 싹을 틔우지 못했다. 뿌리는 거칠고 검었으며 아무 방향으로도 뻗어 나가지 못했다. 묘목은 무언가에 굶주려 있었기 때문에 노란 바늘잎들을 떨구었다. 뿌리와 토양 간에는 철저한, 그리고 미칠 듯한 단절감이 있었다.

우연히도 그 근처에 씨에서 자란 건강한 로키전나무가 한 그루 있어서 그 나무를 뽑아서 두 나무를 비교해 보았다. 회사에서 심은 가문비나무는 흙에서 당근을 뽑듯이 뽑혔지만 건강한 전나무의 제멋대로 뻗어 나간 뿌리는 너무나 단단히 박혀 있었기에 양발에 단단히 힘을 주고 줄기 양쪽을 잡고 있는 힘껏 나무를 당겨야 했다. 뿌리는 결국 땅에서 뜯겨 나왔지만 이별하는 연인이 남긴 최후의 독설처럼 나를 비틀거리게 만들었다. 가장 깊은 뿌리 끝은 땅에서 떨어지기를 극구 거부했고, 의심할 여지없이 반항 중이었다. 내가 차지한 뜯어진 뿌리로부터 부식토와 흙 부스러기를 털어 내고 물병을 꺼내어 남은 흙덩어리도 씻었다. 뿌리 끝의 어떤 부분은 마치 바늘잎의 가느다란 끝 같았다.

나는 오래된 숲에서 보았던 것과 똑같은 밝은 노란색 균사가 뿌리 끝을 감싸고 있는 것을 보고 놀랐는데, 이 또한 아까 본 균사체, 즉 비단그물버섯에 속하는 팬케이크버섯 줄기에서 자라나던 진균 균사 망의 색깔과 똑같은 색을 띠고 있었다. 파낸 전나무 주변을 좀 더 파 보며 나는 흙으로 덮인 유기질 매트에 노란 실이 스며들면서 점점 더, 저 먼 곳까지 뻗어 나가는 균사체 네트워크를 형성하고 있다는 것을 알게 되었다.

그런데 이 가지를 치는 균사체의 정체는 무엇이며 어떤 역할을 하고 있었던 것일까? 흙을 헤매고 돌아다니며 영양소를 얻어서 묘목에게 전달하고 그 대가로 에너지를 취하는 이로운 균사일 수도 있다. 또는 뿌리를 감염시키고 좀먹어서 연약한 묘목이 누렇게 변하고 죽게 만드는 병원균일 수도 있다. 비단그물버섯은 때가 되면 포자를 퍼뜨리기 위해 땅속에 있는 천으로부터 튀어나오는 것일지도 모른다.

아니면 혹시 이 노란 실이 비단그물버섯과 전혀 관련이 없는 완전히 다른 종류의 진균인 것은 아닐까? 지구에는 100만 종 이상의 진균이 존재하는데, 식물 종 수의 약 6배에 해당하며 존재하는 진균 중 10퍼센트 정도만 확인되었다. 내 부족한 지식으로 이 노란 실이 무슨 종의 진균인지 식별해 낼 가능성은 무척 희박하게 느껴졌다. 만일 균사나 버섯이 아무런 단서도 품고 있지 않다면 이 지역에서 새로 심은 가문비나무가 잘 자라지 않는 또 다른 이유가 있을 수도 있다.

"양호."라고 적은 메모를 지우고 조림은 실패했다고 적었다. 같은 종류의 묘목을 전부 새로 이전과 같은 방법으로 심는 것, 그러니까 묘목장에서 묘목 트레이에 길러 대량 생산한 1년생 묘목을 삽으로 심는 방식이 회사가 가장 저렴한 비용으로 일을 처리할 수 있는 방식인 것 같았지만 비참한 결과가 반복되고 계속 나무를 새로 심어야 한다면 꼭 비용상 이점이 있는 것도 아니다. 숲을 재조성하기 위해서는 변화가 필요한데, 어떤 변화가 필요한 것일까?

로키전나무를 심으면 어떨까? 식재용 로키전나무는 취급하는 묘목장도 없고 나중에 돈이 되는 나무라는 인식도 없다. 좀 더 뿌리 체계가 큰 가문비나무 묘목을 심는 방법도 있을 것 같다. 하지만 만일 뿌리가 튼실한 새 묘목을 심는다고 해도 튼튼한 새 뿌리 끝이 돋지 않으면 뿌리는 또 죽고 말 것이다. 그렇다면 묘목을 심을 때 뿌리가 흙 속 노란 균사 거미줄에 닿도록 심으면 어떨까? 혹시 노란 거미줄이 내 묘목을 건강하게 지켜 주는 것은 아닐까? 하지만 규정에 따르면 뿌리는 부식토가 아니라 아래의 입상토 깊이 심으라고 되어 있다. 모래, 실트(silt, 모래보다 작고 점토보다는 큰 토양 입자. ― 옮긴이), 점토 알갱이가 늦여름에 물을 더 많이 함유하고 있기에 묘목의 생존 가능성이 커진다는 생각에서였다. 그리고 진균은 주로 부식토에 살고 있었다. 그들의 생각에 따르면 뿌리에 공급해야 하는 가장 중요한 자원은 물이므로 물만 있다면 묘목은 살아남을 수밖에 없다. 뿌리를 노란 균사에 닿도록 심으라고 규정을 개정할 가능성은 무척 낮은 것 같았다.

이곳, 숲속에 내가 말을 걸 수 있는 누군가가 있으면 얼마나 좋을까? 진균이 묘목의 믿음직한 조력자일 수도 있다는 생각이 점점 커지는 나와 이 문제를 토론할 수 있다면 얼마나 좋을까? 노란 진균은 나, 그리고 우리 모두가 어쩌다 놓쳐 버린 비장의 무기를 담고 있는 것일까?

만일 답을 찾지 못한다면 나는 벌채지로부터 학살지, 나무 뼈 묘지로 변해 가는 이곳에 대한 생각에서 벗어나지 못하게 되고 말 것이다. 새 숲이 아니라 만병초와 허클베리 덤불숲이 생겨나는 것도 날로 심각해지는 문제였고 조림지도 연달아 죽어 나가고 있었다. 이런 일이 벌어지도록 그냥 내버려 둘 수 없었다. 나는 가족들이 집 근처에서 나무를 베고 난 후 숲이 자연적으로 다시 자라는 것을 본 적이 있다. 그래서 목재를 수확한 후에도 숲이 스스로 회복할 수 있음을 알고 있었다. 아마도 나의 조부모들이 임분(林分, stand, 자라는 나무, 나무의 나이, 생육 상태가 비슷해 인접한 숲의 양상과 확실히 구별되는 숲. — 옮긴이)에서 나무를 몇 그루만 베어 근처에 있는 시더(cedar, 저자가 사는 북아메리카 북서부에서는 눈측백속(*Thuja*)에 속하는 투야 플리카타(*Thuja Plicata*)를 시더라고 부른다. — 옮긴이), 솔송나무(hemlock), 전나무가 쉽게 씨를 뿌리도록, 또 새 식물이 토양에 쉽게 연결되도록 틈을 열어 준 덕분일 것이다. 임분 가장자리를 찾기 위해 찡그려 보았지만 임분 가장자리는 너무 멀리 있었다. 벌채지는 거대했는데 벌채지 너비가 문제였을 수도 있다. 만일 뿌리가 튼튼했다면 나무들도 분명히 이 드넓은 공간에서 다시 살아날 수 있었을 것이다. 하지만 여태껏 나의 업무는 한때 우뚝 솟은 대성당처럼 나무가 울창하게 자라던 공간으로 되돌아갈 가능성이 거의 없는 조림지를 감독하는 일이었다.

바로 그때 그릉대는 소리가 들렸다. 몇 발짝 떨어진 푸른색, 자주색, 검은색 산딸기가 번갈아가며 나 있는 언덕배기에서 어미 곰이 산딸기를 따 먹고 있었다. 목덜미에 난 털끝이 은색인 걸 보니 분명히 회색곰이었다. 황갈색 새끼 곰은 곰돌이 푸만큼이나 조그마했지만 솜털이 보송보송한 귀는 엄청나게 컸고 어미에게 딱풀처럼 붙어 있었다. 부드러운 검정 눈, 반들거리는 코를 가진 새끼 곰이 마치 내 품속으로 달려와 안기고 싶다는 듯 나를 바라보았고, 나도 미소를 지었다. 하지만 잠시뿐이었다. 어미 곰이 으르렁 소리를 내었고 눈이 딱 마주치자 우리 둘 다 깜짝 놀랐다. 나는 꼼짝도 못 하고 서 있었고 어미 곰은 뒷발로 높이 섰다.

나는 외딴 곳에 깜짝 놀란 회색곰과 단둘이 있게 되었다. 에어 혼을 불어서 아아악 하는 소리를 내 보았지만 어미 회색곰은 더 뚫어지게 나를 쏘아보고 있었다. 똑바로 서 있어야 하나, 아니면 공처럼 동그랗게 웅크려야 하나? 둘 중 한 가지는 아메리카흑곰(black bear)을, 다른 방법은 회색곰을 상대하는 방법이었는데 왜 나는 설명을 좀 더 주의 깊게 듣지 않았던 것일까?

어미 곰은 고개를 흔들며 다시 네 발로 엎드려서는 입으로 허클베리 덤불을 뜯고 있었다. 어미는 새끼 곰을 조심스럽게 몰았고 곰 두 마리는 재빠르게 발걸음을 돌렸다. 곰들은 천천히 나무를 넘어뜨리며 관목 숲을 가로질러 갔고 나는 천천히 몸을 일으켰다. 어미 곰은 나뭇가지를 휘적거리며 새끼를 나무 위로 올려보냈다. 어미의 본능은 자식을 보호하는 것이었다.

나는 묘목과 개울을 뛰어넘고, 목이 잘린 나무의 해골 그루터기를 피하고, 헬레보루스(hellebore)와 분홍바늘꽃(fireweed) 싹을 밟으며 오래된 숲을 향해 내리막길을 내달렸다. 식물이 초록색 벽처럼 흐려졌다. 썩어 가는 통나무 위를 뛰어넘고 또 뛰어넘으니 허파가 산소를 붙드는 소리 외에는 아무런 소리도 들리지 않았다. 길 근처에 있는 나무 바로 옆에 회사 트럭이 구르다가 비틀대며 멈춘 듯 서 있는 것이 보였다.

차의 비닐 시트는 찢어진 채였고 수동식 변속기가 덜덜대며 떨렸다. 시동을 걸고 클러치를 넣고 가속 페달을 밟았다. 바퀴가 돌아갔지만 트럭은 움직이지 않았다. 후진 기어를 넣으니 바퀴는 더 깊이 박혔다. 나는 진흙 구렁에 박혀서 꼼짝도 못 하게 되었다.

무전을 보내 보았다. "여기는 수잔, 우드랜즈(Woodlands) 나와라 오버."

어떤 소리도 들리지 않았다.

어둠이 몰려들었고 마지막 부탁의 말을 무전으로 보냈다. 발을 한 번 휘두르기만 해도 곰은 쉽게 창문을 깨부술 수 있었다. 내 죽음에 대해 증언하려면 깨어 있어야 한다며 몇 시간이나 애써 보았지만 졸다 깨기를 반복하는 와중에 엄마의 탈출 기술에 대해 생각했다. 할아버지 할머니 댁에 가려고 모내시(Monashee) 산맥을 운전해서 넘어가기 전에 엄마가 나를 이불로 단단히 덮어 주었던 때를 상상했다. 나는 차멀미를 하곤 해서 엄마가 내 무릎 위에 솥을 올리고 금발 앞머리를 옆으로 넘겨주었다. "로빈, 수지, 켈리, 좀 자 두렴." 엄마는 이렇게 말했고 산길을 가르는 협곡 안팎으로 굽이치는 길을 달렸다. "조금만 있으면 위니 할머니랑 버트 할아버지 댁에 도착할 거야." 엄마에게 여름이란 학교에서 아이들을 가르치는 일과 결혼 생활로부터의 휴식을 의미했다. 언니, 나, 남동생 모두가 숲속을 마음껏 돌아다니고 부모님의 소리 없는 불화에서 떨어져 있을 수 있는 여름을 정말 좋아했다. 돈 때문에, 누가 무슨 일을 맡을지 때문에, 아니면 우리 때문에 부모님은 다투곤 했다. 특히 켈리는 집을 벗어날 때마다 정말 행복해했는데, 버트 할아버지를 쫓아서 허클베리를 따러 가거나 정부에서 지은 선창에서 할아버지랑 낚시하거나 곰들이 뒤져 놓은 쓰레기장으로 차를 타고 가기도 했다. 켈리는 눈이 휘둥그레져서 할아버지의 이야기를 듣곤 했다. 할아버지가 퍼거슨 목장에 크림을 사러 와서 할머니에게 사랑을 고백했던 이야기며 이른 봄 소가 새끼를 낳을 때 찰리 퍼거슨을 도와준 이야기, 가을의 도축 시기에 고기 배달차에 소와 돼지 내장을 가득 싣던 이야기 등.

1965년경 내커스프에 있는 위니 할머니와 버트 할아버지 댁에서. 왼쪽에서 오른쪽으로 나(다섯 살), 엄마(스물아홉 살), 켈리(세 살), 로빈(일곱 살), 그리고 아빠(서른 살). 우리 가족은 명절마다 내커스프에서 외할머니, 외할아버지와, 또는 메이블(Mable) 호수에서 할머니, 할아버지와 함께 시간을 보냈다.

어두워지기 시작한 즈음 잠에서 깼는데 고개가 아프고 어디 있는지도 확실히 모를 지경이었다. 차 앞 유리는 내가 뿜은 짙은 숨 때문에 흐려져 있었다. 재킷 소매로 유리에서 물기를 닦으면서 나는 혹시 짐승의 눈이 있는지 어둠 속을 쳐다보다가 손목시계를 보았다. 새벽 4시였다. 회색곰은 해 질 녘과 새벽에 제일 활발하다기에 다시 한번 잠근 문을 확인했다. 나뭇잎이 마치 슬금슬금 기어오는 유령처럼 바스락거렸다. 졸다가 누군가 미친 듯이 창문을 두드리는 바람에 소리를 지르며 잠에서 깼다. 어떤 남자가 뿌연 창문 너머에서 고함을 치고 있었고, 나는 벌목 회사에서 앨(AI)을 보내주었음에 안도했다. 앨의 보더 콜리 종 개 래스컬(Rascal)이 짖으며 뛰어올라서는 차 문을 긁어 댔다. 아직 내가 멀쩡하다는 것을 증명하려고 창문을 내렸다.

"너 괜찮으냐?" 앨은 목소리마저 신기할 지경으로 큰 키만큼 우렁찼다. 앨은 아직 어린 여자 임업인에게 어떻게 이야기하면 되는지 방법을 찾는 중이었고, 어떻게든 나를 남자들 틈에 끼워 주려고 애를 썼다. "여기 밖에는 칠흑처럼 컴컴했겠는걸."

"괜찮았어요." 나는 거짓말을 했다.

우리는 그날이 그냥 직장에서 보내는 별 일 없는 밤 시간인 척하는데 어느 정도는 성공한 것 같았다. 삐걱대는 문을 열자 래스컬이 예뻐해 달라며 문틈으로 몸을 구기고 들어왔다. 나는 앨과 래스컬이 퇴근길에 나를 집까지 태워다 주는 것이 정말 좋았다. 앨은 몸을 밖으로 기대며 쫓아오는 개들을 향해 짖는 소리를 내곤 했는데, 그럴 때마다 개들이 반대 방향으로 악을 쓰며 달리는 것을 보며 꽤 즐거워했다. 너무 재미있어 한 나머지 앨을 부추긴 모양이다. 앨은 심지어 더 크게 개 소리를 냈다.

나는 트럭 밖으로 팔다리를 뻗었고, 차를 진흙 구덩이에서 빼내려던 앨은 보온병에 담긴 커피를 내게 건네주었다. 앨이 시동을 걸자 개구리처럼 차갑던 엔진이 낮은 소리를 냈다. 차의 녹슨 후드 위에, 길에 줄지어 분홍 꽃을 피운 분홍바늘꽃 위에 이슬이 얼룩을 만들며 내렸다. 커피의 뜨거운 김 틈으로 그 모습을 바라보며 나는 혹시 우리가 이 타코 루이에(tacot rouillé, 똥차)를 포기해야 하는 것은 아닌지 고민했다. 하지만 트럭은 세 번째 시도를 시작한 참이었다. 앨이 가속 페달을 끝까지 밟자 바퀴가 제자리에서 돌았다.

"허브 잠궜니?" 앨이 물어보았다. 허브는 앞바퀴 중앙에 있는 회전판인데 앞 차축의 양 끝에 있었다. 수동으로 허브를 90도 돌리면 바퀴가 차축에 고정되고, 엔진에 의해 뒷바퀴와 앞바퀴에 토크 힘이 발생한다. 네 바퀴가 다 돌아가면 트럭은 무엇이든 뚫고 나갈 수 있다. 하지만 앞 허브가 잠긴 트럭에는 리놀륨에 올라탄 고양이만큼의 견인력밖에 없다. 앨이 차에서 뛰어나가서 허브를 돌리고 늪지에서 운전해 빠져나왔을 때 나는 거의 죽을 지경이었다. 웃으면서 앨은 내게 열쇠를 건넸다.

"세상에." 나는 손바닥으로 머리를 내리치며 말했다.

"걱정 마, 수잔. 그럴 수도 있어." 앨은 내가 너무 창피해하지 않도록 바닥을 보면서 말했다. "나도 그런 적도 있고."

나는 고개를 끄덕였다. 앨을 따라 골짜기 밖으로 나가며 고마운 마음이 솟아나 넘쳐흘렀다.

• • •

제재소로 돌아온 나는 놀림을 당할 것이라고 예상하면서, 또 놀림을 당해도 잘 대처할 수 있다고 스스로 속삭이면서 엉망인 꼴로 멋쩍게 사무실로 들어갔다. 아저씨들이 나를 흘긋 쳐다보긴 했지만 친절하게도 이내 다시 수다를 떨기 시작하면서 도로 건설, 배수로 설치, 벌채 구획 계획, 매목 조사 이야기를 마음 놓고 즐겼다. 마을 여인들과도, 제도 책상 옆에 붙여 놓은 핀업 걸 달력에 나오는 여자들과도 너무나 다른 나에 대해 그들이 어떻게 생각하는지 궁금했다. 하지만 그들은 대체로 자기 일을 했고 나를 내버려 두었다.

나는 테드가 고개를 들 때까지 문설주에 기대 있다가, 잠시 후 그와 이야기를 나누었다. 책상에는 식재 규정과 묘목 주문 서류가 쌓여 있었다. 그는 네 딸을 두었는데, 모두 아직 열 살도 되지 않았다. 테드는 바퀴 달린 의자에 기대 앉아 웃으며 말했다. "음, 고양이가 누구를 물어다 줬는지 좀 볼까." 안전하게 돌아와서 기쁘다는 뜻으로 한 말이라는 것을 알고 있었다. 모두 걱정하고 있었다. 그리고 더 중요한 사실은 회사에 "무사고 216일" 표지판이 달려 있었다는 것이다. 만약 내가 연속 무사고 기록을 깼다면 다들 두고두고 그 이야기를 했을 것이다. 퇴근하지 않겠느냐고 물어보는 테드에게 아직 할 일이 좀 더 있다고 대답했다.

영양 수준을 분석하기 위해 봉투에 넣어 둔 노란 바늘잎을 정부 연구소로 발송하기 전 식재 보고서를 작성했고 버섯에 대한 참고 자료를 찾기 위해 사무실에 문의했다. 벌목에 관한 자료는 무척 많았지만 생물학 책은 암탉 이빨만큼이나 구하기 어려웠다. 마을 도서관에 전화해 보았는데, 도서관 서고에 버섯에 대한 참고서가 있다는 것을 알게 되어 기뻤다. 5시 정각이 되자 테드와 아저씨들은 가족이 기다리는 집으로 돌아가기 전, 레이놀즈 펍 술집에 풋볼 경기를 보러 갈 채비를 했다.

"같이 갈래?" 그가 물어보았다. 껄껄대는 아저씨들과 어울려 노는 것은 진심으로 사양이었지만 물어봐 준 것만은 고마웠다. 감사하지만 문 닫기 전에 도서관에 가 봐야 한다고 말하자 그는 안심한 듯했다.

버섯에 관련된 책도 모았고 조림지에 대한 보고서도 제출했지만 내가 본 바에 대해서는 입을 다물고 숙제나 하기로 다짐했다. 나는 종종 변화하는 시대에 구색 맞추기용으로 남초 회사에서 일자리를 준 것은 아닌가 걱정하곤 했다. 그리고 버섯이며 뿌리 위에 붙은 분홍색, 노란색의 진균 덮개 등이 묘목의 성장에 미치는 영향에 대해 섣부른 생각을 제시하는 날에는 그대로 모든 것이 끝장날 것 같았다.

케빈(Kevin)은 나처럼 여름 동안 회사에서 일하게 된 학생이었는데, 기술자들이 훼손되지 않은 계곡에 길을 놓는 작업을 보조하기 위해 채용되었다. 크루저 조끼를 입던 중 케빈이 내 책상으로 다가왔다. 우리는 대학에서부터 친구였고 이처럼 숲 관련 일을 할 수 있다는 데에 감사하고 있었다. "우리 머그스엔저그스(Mugs'n'Jugs) 가자." 케빈이 제안했다. 머그스엔저그스와 레이놀즈는 동네 끝에서 반대편 끝에 있었기에 거기서는 나이든 아저씨들을 피할 수 있었다.

"좋아. 가자." 산림학을 전공하는 학생들과 어울리기는 쉬웠다. 나는 학생 4명과 회사 합숙소를 같이 썼는데, 우중충한 내 방 바닥에 싱글 매트리스를 놓고 지냈다. 다들 요리를 썩 잘하지 못해서 밤이면 으레 술집에 가곤 했다. 감사하게도 술집에서만은 안 좋은 일들에서 한숨 돌릴 수 있었다. 나는 처음으로 진지하게 사귀던 사람과 헤어진 상처로 여전히 아파하는 중이었다. 그 사람은 내가 학교를 그만두고 아이를 갖기를 원했지만, 나는 좀 더 중요한 인물이 되고 싶었고 내 시선 끝에는 더 큰 목표가 자리하고 있었다.

술집에서 케빈은 맥주 피처와 버거를 주문했고 나는 주크박스를 뒤지며 편하게 마음을 먹으라는 이글스 노래를 찾으며 주크박스 팔이 45번을 들어올리는 것을 보았다. 맥주가 나오자 케빈은 내게 한 잔을 따라 주었다.

"다음 주에 골드 브리지에 길을 내는 데로 파견 가게 됐어." 케빈이 말했다. "좀벌레(beetle) 때문에 병충해가 생겼다는 핑계로 로지폴소나무(lodgepole pine) 숲을 잘라 버릴까 봐 걱정이야."

"충분히 그럴 수도 있다고 봐." 우리 이야기를 듣는 사람이 없는지 확인하기 위해 주변을 둘러보았다. 다른 학생들이 근처 탁자에서 웃으며 맥주를 벌컥벌컥 마시고 다트를 던지려고 일어서고 있었다. 술집 인테리어는 산장같이 꾸며 놓았고 살짝 썩은 소나무 냄새도 났다. 이 동네는 회사가 중심인 마을이었다. 내가 불쑥 말했다. "어젯밤엔 빌어먹을 야외에서 죽을 뻔했지 뭐야."

"있잖아, 더 추운 날이 아니라서 다행이었어. 트럭이 멈춘 것도 잘된 일이야. 어두울 때 그런 길에서 운전했다가는 더 큰 일이 났을 수도 있으니까. 꼭 그 자리에 가만히 있으라고 말하려고 했는데 네 무전기가 망가진 것 같더라." 케빈이 콧수염에서 맥주 거품을 팔뚝으로 닦아내며 말했다. 숲에서의 삶을 선택한 이들에게 일제히 나눠 준 듯한 콧수염에서.

"제법 간이 쫄리더라고." 내가 고백했다. "그런데 앨의 다정한 면모를 알게 되긴 했어."

"다들 네가 안됐다고 생각했어. 하지만 너라면 안전하게 돌아올 방법을 찾아낼 거라고도 생각했지."

나는 미소를 지었다. 케빈이 나를 위로해 주고 있었다. 내가 존중받고 있다고, 나도 팀의 일원이라고 느끼게끔 해 주면서. 「뉴 키드 인 타운(New Kid in Town)」이 애절하게 주크박스에서 흘러나왔다. 결국 숲의 진흙이 나를 꽉 붙들고 지켜 주면서 귀신, 곰, 그리고 악몽으로부터 나를 구해 주었다.

나는 야생으로부터 났다. 나는 야생에서 왔다.

내 핏줄이 나무에 있는지, 아니면 내 핏줄에 나무가 있는지 잘 모르겠다. 바로 그때문에 묘목이 시들어 주검이 된 까닭을 알아내는 일은 내 몫이 되었다.

2장

[나무꾼들]

우리는 과학이란 꾸준히 발전하는 과정이며, 깔끔한 경로를 따라 진실이 드러나 제자리를 찾아간다고 생각한다. 하지만 내가 본 죽어 가는 작은 묘목의 미스터리는 나를 뒤로 나자빠지게 했는데, 왜냐하면 그 때문에 우리 가족이 대대로 어떻게 나무를 베었는지에 대해 계속 생각하게 되었기 때문이다. 어쨌든 묘목은 항상 뿌리를 내렸다.

매년 여름이면 우리는 브리티시 컬럼비아 주 중남부 모내시 산맥 메이블 호수 위의 수상 가옥에서 휴가를 보냈다. 메이블 호수는 몇백 년 된 투야 플리카타(western red cedar), 솔송나무, 몬티콜라잣나무(white pine), 미송(Douglas fir)이 우거진 임분으로 둘러싸여 있었다. 시마드 산은 호수로부터 1000미터가량 솟아 있었는데, 퀘벡 인 증조부모님 나폴레옹(Napoleon)과 마리아(Maria), 그들의 자녀인 헨리(나의 할아버지)와 헨리 할아버지의 형제인 윌프레드(Wilfred), 아델라드(Adélard), 그리고 다른 여섯 형제 자매들 이름을 따서 산 이름을 지었다.

어느 여름날 아침, 헨리 할아버지와 그 아들인 잭 삼촌이 해가 산 위로 떠오를 즈음 배를 타고 왔다. 나와 켈리는 침대에서 서로 밀치고 있었다. 윌프레드 할아버지는 근처에 있던 삼촌네 수상 가옥에 있었다. 엄마가 한눈을 파는 사이에 켈리를 밀쳤고 켈리는 나를 넘어뜨리려고 했지만 엄마가 우리끼리 싸우는 것을 싫어해서 소리를 내지 않고 싸웠다. 어머니 이름은 엘렌 준이었지만 다들 준이라고 불렀다. 그리고 엄마는 휴가 때의 이른 아침을 정말로 좋아했다. 딱 그때만 엄마가 온전히 편안해하는 모습을 본 것이 기억난다. 하지만 오늘 우리는 울부짖는 소리 때문에 깜짝 놀라서 부두와 호숫가를 연결하는 건널판으로 달려 나갔다. 켈리의 잠옷에는 카우보이 무늬가, 로빈과 내 잠옷에는 분홍색과 노란색 꽃무늬가 그려져 있었다.

월프레드 할아버지네 비글 직스(Jiggs)가 변소에 빠졌다.

할아버지가 삽을 집어 들고 고함을 질렀다. "타베르나크!(Tabernac! 제기랄!)" 아빠는 가래(spade)를 들고 할아버지 뒤를 따랐고, 윌프레드 할아버지도 호숫가를 달려갔다. 우리도 모두 서둘러 어른들을 따라갔다.

월프레드 할아버지가 문을 열어젖히자 고약한 냄새가 진동했고 파리 떼가 날아올랐다. 엄마는 웃음을 터뜨렸고 켈리는 너무나 흥분한 나머지 멈추지 못하고 연신 소리를 질러댔다. "직스가 변소에 빠졌어요! 직스가 변소에 빠졌어요!" 나는 아저씨들을 따라가서 나무 구멍으로 안쪽을 들여다보았다. 직스는 오물 구덩이에서 허우적거리다가 우리를 보자 더 큰 소리로 으르렁댔다. 좁은 구멍을 통해 닿기에는 직스는 구덩이 속에 너무 깊이 빠져 있었다. 남자 어른들은 변소 옆 땅을 파고 아래의 구덩이를 계속 넓혀서 직스에게 닿을 수 있을 때까지 구덩이를 크게 파야 했다. 전기톱 사고로 손가락이 반밖에 없는 잭 삼촌도 곡괭이를 들고 구조 작전에 참전했다. 켈리, 로빈, 그리고 나는 엄마와 함께 장외로 나서며 키득거렸다.

나는 길을 뛰어올라가 껍질이 흰 자작나무(birch) 밑동에서 부식토를 한 조각 퍼냈다. 그곳의 부식토가 제일 맛있었는데 이 풍성한 활엽

1920년경 브리티시 컬럼비아 주 허플(Hupel) 근처 시마드 농장에서 윌프레드와 헨리 시마드 형제. 홍연어(Sockeye salmon)는 슈스왑 강에서 산란했고 스플랫진 네이션(Splatsin Nation) 사람들의, 또 훗날에는 정착민들의 주요 식량 공급원이었다. 시마드 가족은 소와 돼지를 기를 목초지를 조성하기 위해 개척지 숲을 벌목했다. 남자들은 개간을 위해 관목이 우거진 습지를 불태웠는데, 불이 산으로 번지는 바람에 15킬로미터 밖에 있는 킹피셔 크리크(Kingfisher Creek)까지 숲이 모두 불타 버렸다.

2장　나무꾼들

1966년, 직스가 변소에 빠졌던 날 헨리 할아버지의 선상 가옥에서 켈리(네 살)와
나(여섯 살).

수가 달콤한 수액을 뿜어내는데다 매년 가을이면 양분이 가득한 잎을
잔뜩 떨구기 때문이었다. 자작나무 낙엽층에는 벌레가 잔뜩 꼬였다. 벌
레가 부식토와 그보다 더 아래에 있는 무기질 흙을 섞어 놓았지만 나는
대수롭지 않게 생각했다. 벌레가 많을수록 부식토는 더 진하고 맛도 좋
았다. 나는 길 줄 알게 된 이후로 항상 열심히 흙을 주워 먹곤 했다.

엄마는 내게 주기적으로 구충제를 먹여야 했다.

땅파기에 착수하기 전 할아버지는 우선 버섯부터 싹 치웠다. 그물
버섯(bolete), 광대버섯(*Amanita*), 곰보버섯(morel). 할아버지는 그중 제
일 값진 버섯인 주황색 내지 노란색 깔때기 모양의 꾀꼬리버섯을 자작
나무 아래에 잘 보관했다. 변소에서 냄새가 날아오는 와중에도 꾀꼬리
버섯 특유의 살구향이 느껴질 정도였다. 할아버지는 꿀색의 평평한 갓

이 달린 뽕나무버섯(*Armillaria*)을 땄는데, 뽕나무버섯 둘레에는 포자가 가루설탕처럼 흩뿌려져 있었다. 먹기에는 마땅치 않은 버섯이었지만 할아버지에게 껍질이 흰 자작나무 둘레에 떼지어 돋은 뽕나무버섯이란 그 근처의 뿌리가 부드러워서 부수기 쉬울 수 있다는 뜻이었다.

남자들은 땅을 파기 시작하며 잎사귀, 잔가지, 방울 열매, 깃털 등을 긁어모아 더미를 만들었다. 잡동사니를 쓸어 내니 바늘잎, 봉오리, 얇은 잔뿌리 등이 반쯤 썩어 엉긴 깔개가 드러났다. 이렇게 산산조각 난 숲 조각을 가리고 있던 것은 마치 상처 난 내 무릎을 덮은 거즈처럼 온갖 잔해 모음을 덮는 눈부신 노란색과 눈처럼 흰 진균 실이었다. 이 섬유질 퀼트 이불 구멍 틈 사이로 달팽이, 톡토기(springtail), 거미, 개미가 기어다녔다. 땅속까지 닿기 위해서 잭 삼촌은 도끼 머리 너비만큼 두꺼운 분해층을 곡괭이로 쪼갰다. 이 카펫 아래에 부식토가 반짝이고 있었다. 너무나 철저하게 분해된 나머지 부식토는 마치 엄마가 우리에게 핫초콜릿을 만들어 줄 때 다크 코코아, 설탕, 크림을 섞어서 만든 반죽 같았다. 나는 자작나무 양토를 열심히 씹었다. 우습겠지만 형제들도 부모님도 내가 흙을 먹는다고 놀린 적이 없었다. 엄마는 로빈과 켈리를 데리고 팬케이크를 먹으러 수상 가옥으로 돌아가겠다고 했다. 하지만 나는 이 재미난 세상의 구경거리를 놓칠 수 없었다. 아저씨들이 다시 또 흙 한 겹을 겉으로 드러나게 하자 한 켠으로 던져진 구멍 난 흙덩어리 틈에서 지네와 쥐며느리가 꿈틀댔다.

"사크레블르!(Sacrébleu! 육시럴!)" 할아버지가 욕을 했다. 부식토 층에 있던 가느다란 뿌리가 이제는 건초 꾸러미만큼 빽빽해졌다. 하지만

1925년 메이블 호수에서 시마드 수상 가옥 이동 중. 헨리 할아버지와 윌프레드 할아버지는 수상 가옥을 지었고 말, 트럭, 벌목 장비를 운반하기 위한 예인선과 바지선도 만들었다. 가을철에 날씨가 좋은 날, 호수가 꽁꽁 얼어붙기 직전에 형제들은 유목 막이(log booms, 휩쓸려서 떠내려오는 통나무를 막기 위한 시설. ─옮긴이)를 슈스왑 강 하구로 옮겨서 봄에 호수가 다시 녹으면 목재를 띄워 보낼 수 있도록 준비했다. 윌프레드 할아버지는 언젠가 이런 유명한 말을 했다. "날씨를 예측하려고 애쓰는 건 멍청이와 신출내기뿐이지."

할아버지는 내가 지금껏 알고 지낸 사람 중에 제일 강인했다. 언젠가 할아버지는 전기톱으로 시더를 자른 후 혼자서 나무를 넘어뜨리던 중에 나뭇가지에 귀 한쪽이 완전히 잘려 나갔다고 한다. 지혈하려고 머리를 셔츠로 감싼 할아버지는 나뭇가지 아래를 헤치며 떨어져 나간 귀를 찾았고, 귀를 발견한 후 30킬로미터 길을 운전해서 집으로 돌아왔다. 아빠와 잭 삼촌이 할아버지를 병원에 모셔 갔는데 병원에서 의사가 귀를 다시 꿰매 붙이는 데 1시간이 걸렸다고 했다.

직스는 지쳐서 겨우 낑낑거리고 있었다. 할아버지가 곡괭이를 집어

들더니 뿌리줄기 덩어리를 내려쳤다. 뿌리는 거의 뚫고 들어갈 수도 없었고 탁한 흰색, 회색, 갈색, 검은색 등의 빛깔들, 암갈색과 황토색의 따뜻한 색조를 띤 흙의 색조로 엮인 바구니를 이루고 있었다.

남자들이 지하 세계 안으로 땅을 깎으며 들어가는 동안 나는 달콤한 초콜릿 맛 부식토를 음미하고 있었다.

잭 삼촌과 아빠는 부식토 층을 뚫고 내려가 무기질 흙까지 통하는 길을 냈다. 지금까지 숲 바닥층 전체, 그러니까 낙엽층, 다음으로는 분해층과 부식토층이 변소 옆으로 삽날 2개 정도 폭을 지닌 공간에서 제거된 상태였다. 모래로 된 얇은 표백층이 반짝였는데, 너무 흰 나머지 눈처럼 보일 정도였다. 이 산간 지역 토양 대부분에 마치 폭우가 스며들어 모든 생명체를 씻어 낸 듯 보이는 표면층이 있다는 것을 나는 나중에 알게 되었다. 어쩌면 폭풍이 벌레의 피와 진균의 내장을 모두 씻어 낸 나머지 호숫가의 모래색이 너무 옅은 것일지도 모르겠다. 탈색된 듯한 이 무기물 알갱이 사이에서 뿌리 무리는 훨씬 더 조밀하게 얽힌 진균 덤불과 엮여 있었고, 다른 양분이 남아 있을 수도 있는 위쪽 토양층을 약하게 만들고 있었다.

삽 길이만큼 더 깊이 들어가자 흰색 대신 진홍색 토양층이 나타났다. 호수에서 바람이 몰아쳤다. 땅은 이미 넓게 열렸고 나는 오래 씹은 껌을 씹듯이 더 빠르게 달콤한 부식토를 씹었다. 마치 흙의 고동치는 혈관이 드러난 듯했고 내가 최초의 목격자였다. 넋을 놓고 새 토양층을 자세히 보기 위해 가까이 다가갔다. 흙 알갱이는 검고 끈끈한 기름이 덮인 녹슨 쇠 색깔이었다. 마치 피로 만들어진 것 같았다. 새로 나타난 이 흙

덩어리는 마치 심장을 통째로 보는 듯한 모습이었다.

일이 더 험해졌다. 아빠 팔뚝만 한 뿌리가 사방으로 튀었고 아빠는 삽으로 뿌리를 마구 내려쳤다. 아빠는 나를 쳐다보며 팔뚝이 가늘어서 소용이 없다는 듯 씩 웃었다. 덕분에 나도 웃었는데 왜냐하면 우리는 아빠를 말라깽이 피트(Pinny Pete)라고 놀렸기 때문이었다. 비록 뿌리의 공통된 직무는 땅에 나무를 붙이는 일이지만 흰 종이 같은 자작나무, 자주색 시더, 흑갈색 솔송나무를 비롯한 그 모든 뿌리는 자기만의 방식으로 집요하게 보였다. 거대한 나무들이 쓰러지지 않도록, 땅속 깊이 흐르는 물을 건드리면서 물이 느리게 흐르도록, 벌레들이 기어 돌아다닐 수 있도록 구멍을 내면서. 무기물에 접근할 수 있게끔 뿌리가 아래까지 깊이 내리도록 하면서. 변소 구멍이 무너지지 않게 하기 위해서. 구덩이를 계속 파 내려가는 작업을 미치도록 어렵게 만들면서.

숲의 나무 토대를 뚫는 작업을 하기 위해 어른들은 삽을 던지고 대신 도끼를 집어 들었다. 희고 검은 얼룩이 진 바위를 치울 때는 다시 가래를 사용했다. 크고 작은 돌들이 벽에 단단히 굳어 붙은 벽돌처럼 땅에 박혀 있었는데, 농구공만큼 큰 돌도 있었고 야구공만큼 작은 돌도 있었다. 아빠는 쇠지레를 가지러 선상 가옥으로 뛰어갔다. 남자 어른들은 교대로 단단히 박힌 큰 돌을 돌리고, 긁고, 살살 달래 가며 지레로 들어냈다. 나는 모래와 자갈이 섞인 흙이란 바위 알갱이를 갈고 쌓은 것임을 깨달았다. 가을비에 맞아 부서지고 여름에는 말라서 티끌처럼 된다. 겨울에 얼어붙고 갈라진 후 봄에는 녹는다. 수백만 년에 걸쳐 똑똑 떨어진 물로 침식된다.

직스는 흙덩어리 층 사이에 묻혀 있었다. 제일 위의 층은 떨어진 식물 부위들로, 아래쪽 층은 바위를 갈아서 된 흙으로 만들어져 있었다. 흙을 1미터 더 파내니, 진홍색 무기물 색이 노랗게 옅어졌다. 땅속 깊이 들어갈수록 흙색이 점차 연해졌는데, 마치 메이블 호수 위로 보이는 아침 하늘빛 같았다. 뿌리가 좀 더 성글어지고 암석이 더 많아졌다. 구덩이 깊이 절반쯤에 이르자 바위와 흙은 밝고 연한 회색 같았다. 직스가 지치고 메마른 소리를 냈다.

"괜찮아, 직스." 나는 직스를 내려다보며 소리를 질렀다. "조금만 참으면 해방이야!"

마사 할머니는 빗물을 받아서 마시려고 선상 가옥 둘레 이곳 저곳에 양동이를 놓아두었다. 나는 물이 가득한 양동이를 가지러 달려갔다. 양동이 손잡이에 밧줄을 매고 직스가 앞발을 걸치고 물을 마실 수 있는 곳까지 양동이를 내려 주었다.

또 1시간이 더 지나고 프랑스 어 욕이 난무한 다음에서야 4명이 어깨를 맞댄 채 커다랗게 된 구덩이에 허리를 걸치고 나란히 배를 깔고 엎드려 직스의 앞발을 잡을 수 있었다. "하나, 둘, 셋." 아저씨들이 소리쳤고, 분뇨 더미에서 직스를 끌어내자 직스는 비명을 질렀다. 직스는 벌벌 떨면서 밝은 색 뿌리로 이루어진 카펫을 발판 삼아 주황, 검정, 흰색 털에 얼룩이 지고 휴지가 엉켜붙은 채 나를 향해 눈을 깜박이며 살금살금으로 다가왔다. 꼬리를 칠 기운도 없어 보였다. 아저씨들은 움직이기조차 어려울 정도로 지쳐 휴식 차 담배를 꺼내 들었다. 나는 속삭였다. "아가, 이리 와." 조심스럽게 몇 발을 떼고 나서 우리는 목욕을 하러 호수로 뛰어들었다.

나중에 나는 호숫가에 앉아서 직스가 물어 오도록 물에 떠내려온 나무를 던져 주었다. 직스의 모험이 나에게 완전히 새로운 세계를 열어 주었다는 것을 직스도 몰랐고 나도 몰랐다. 토양을 구성하는 뿌리, 광물, 암석의 세계, 진균, 벌레, 또 지렁이, 그리고 흙과 개천과 나무 사이에서 흐르는 물과 양분과 탄소의 세계였다.

메이블 호수 위에 떠 있는 야영지에서 보낸 그 시절의 여름날 동안 나는 평생에 걸쳐 나무를 베며 살아간 나의 조상들, 아버지들과 아들들의 비밀이자 내 뼈에 새겨진 역사에 대해 배웠다. 나의 가족이 줄곧 벌목을 하며 지낸 내륙 우림은 파괴할 수 없을 것만 같았고 크고 오래된 나무들은 공동체의 수호자였다. 나무꾼들이 시간을 들여서 자를 나무 각각의 특성을 조심스럽게 측정하고 평가하는 것이 중요했다. 물길과 강을 통해 목재를 수송했기 때문에 벌목 규모는 작았고 속도도 느렸다. 하지만 트럭이 다니고 길이 나자 작업 규모가 폭발적으로 커졌다. 릴루엣 산맥의 목재 공장에서는 무엇을 그토록 크게 잘못한 것일까?

아빠는 숲에서 보낸 젊은 시절 이야기를 해 주기를 좋아했고 로빈, 켈리, 나는 특히 섬뜩한 이야기를 들을 때면 두 눈이 루니 동전(loonie, 1캐나다달러 동전. 지름 26.5밀리미터로 동전 뒷면에 아비속 캐나다 물새(loon)가 새겨져 있다. — 옮긴이)만큼 휘둥그레지곤 했다. 윌프레드 할아버지가 900킬로그램은 나가던 회색 짐말 프린스(Prince)가 끌던 몬티콜라잣나무 절단용 회전 초커에 손가락을 잃은 이야기를 들었을 때처럼 말이다. 윌프레드 할아버지의 비명 소리가 전기톱 소리보다 커지고 나서야 헨리 할아버지가 프린스를 멈춰 세웠다고 했다. 시더 통나무가 할아버지의 등에 휙 하고 떨어져서 할아버지가 여생 동안 허리가 약간 굽은 채살게 된 이야기도 들었다. 두 할아버지 다 어떻게 보면 운 좋은 사람들이었다. 남자들은 일상적으로 높은 나무에 걸려서 애매하게 축 늘어진, 위험천만한 죽은 나무 잔해, 말이 끌던 통나무에 깔리곤 했다. 거칠게밀려드는 통나무 틈에 짓이겨진 사람들도 있었고, 슈스왑 강에서 이동중에 물길에 낀 통나무를 부수려고 사용한 다이너마이트에 손이 날아

1950년경 더 첵스라 불리던 킹피셔 스쿠컴척(Skookumchuk) 급류에서 목재를 띄워 보내는 헨리 할아버지(흰색 모자), 할아버지의 형제인 윌프레드 시마드, 그리고 아들인 오디(Odie). 남자들이 도보로 통나무를 옮기고, 굴리고, 뛰어 건너야만 목재를 하류로 운반할 수 있었다. 이 작업은 무척 위험했다. 통나무가 급류에 끼면 다이너마이트로 통나무를 부숴야 했다. 나이가 들어 기억력이 감퇴한 후 헨리 할아버지는 더 첵스에서 거의 익사할 뻔했다. 하류로 이동하는 도중에 배 밖에 있는 모터가 멈췄는데 엔진에 시동을 다시 걸기 위해 줄 당기는 법을 기억해 내지 못했기 때문이었다. 마사 할머니는 할아버지가 무엇을 해야 하는지 기억해 낼 때까지 물가에서 고함을 질렀다. 할아버지는 급류에 휩쓸리기 직전에서야 정신이 들었다.

2장 나무꾼들

1898년경 메이블 호수에서 가로톱을 들고 스프링보드(springboard) 위에 서 있는 나무꾼들. 이 몬티콜라잣나무를 베어 넘어뜨리려면 성인 남성 두 사람이 하루나 이틀 꼬박 일해야 했을 것이다. 오래된 몬티콜라잣나무는 이 지역 혼합림에서 가장 값나가는 목재를 생산하는 종이었다. 오늘날에는 20세기 초반 아시아에서 들어온 몬티콜라잣나무녹병 때문에 몬티콜라잣나무는 숲에서 찾아볼 수 없다.

어머니 나무를 찾아서

1898년경, 메이블 호수에서 몬티콜라잣나무 통나무를 옮기는 중. 임분에서 가장 큰 나무는 몬티콜라 잣나무와 솔송나무였는데 가공하면 값비싼 재목으로 만들 수 있었다. 크고 분명한 줄기와 성근 하목 층은 이 원시림의 비축량이 충분하고 생산성도 매우 높았음을 보여 준다.

가 버린 사람들도 있었다.

직스가 변소에 빠진 그해 여름 어느 오후, 아빠는 로빈, 켈리, 나를 데리고 아빠가 어린 시절에 일하던 오래된 물길을 따라 버려진 편자나 초커를 찾는 보물찾기를 했다. 아빠는 바로 이곳이 헨리 할아버지와 윌 프레드 할아버지가 손으로 나무를 베고 자르고 가지치기하던 곳이라 고 말해 주었다. 방울 열매가 아주 많았고 이상한 벌레나 병균 때문에 작은 무리를 이루고 있던 미송과 몬티콜라잣나무, 가끔은 시더나 솔송 나무가 쓰러진 자리도 있었다. 우리 집안 남자들은 쉽게 손에 넣을 수 있는 값나가는 나무라면 종류를 따지지 않고 나무를 했다.

나무 한 그루를 손으로 베려면 하루 반나절 이상이 걸렸고, 한 뙈기 정도의 땅에서 나무를 베려면 일주일이 걸렸다. 할아버지는 노련한 사업가인 윌프레드 할아버지 못지않게 장난을 좋아했다. 두 할아버지 모두 발명가였다. 윌프레드 할아버지는 자기 집 2층 농장 가옥에 카트가 딸린 수동 엘리베이터를 만들었고 헨리 할아버지는 선상 가옥에 전기를 공급하기 위해 시마드 크리크에 수차를 지었다. 오래된 숲은 15층 건물만큼 높이 자랐고 할아버지는 제일 곧게 자란 나무를 정확히 집어내곤 했다. 할아버지 형제가 딛고 올라 서 있던 투박한 발판은 뿌리 근처의 불룩한 부분 위쪽에 둘레가 약간 좁은, 나무를 벨 부분까지 올려져 있었다. 그들은 나무와 지면의 기울기를 꼼꼼히 살핀 후 물길 방향으로 떨어지도록 나무를 자르는 계획을 세웠다.

땀을 흘리며 밀었다 당겼다 할 때마다 가로톱은 슬라이드 기타처럼 노래했다. 땅이 아래로 기운 쪽 줄기를 가로지르며 베는 톱컷(top cut)을 시작하자 톱밥이 털로 된 옷소매 위를 덮었다. 몸통, 즉 나무 줄기 깊이 3분의 1 지점 정도에 다다라 나무를 자른 곳에서 수액이 스며 나오는 동안 그들은 잠시 쉬며 훈제 연어 육포를 씹었다. 할아버지는 나무의 독특한 기울기를 곰곰이 살펴보며 외쳤다. "일 레 떵 바따르!(Il est un bâtard! 이런 빌어먹을 놈!)" 그리고 반쯤 잘린 검지손가락으로 이곳저곳을 가리키며 나무가 어떻게 적어도 서로 다른 두 방향으로 떨어질 수 있는지 주의를 주었다. 팔뚝이 아프도록 1시간쯤 더 톱질을 하면 언더컷(undercut, 나무를 잘라 넘기려는 방향으로 나무 아랫부분을 쐐기 모양으로 베는 작업 또는 그 결과물. ─ 옮긴이)에서 45도 방향으로 보텀컷(bottomcut, 언더컷 쐐기를 완성하기 위해 위에서 아래로 나무를 찍는 작업. ─ 옮긴이)을 할

차례이고, 두 절단면이 나무 한가운데에서 서로 만난다. 윌프레드 할아버지는 도끼 머리의 뒷부분으로 나무 껍질 바로 밑의 연한 부분에 만들어진 쐐기 모양 절단면을 두드리며 "몽 슈.(Mon chou, 우리 예쁜이.)"라고 감탄했다. 10대 시절 충치로 치아 대부분을 잃은 후 틀니를 끼고 지내는 그들의 입과 꼭 닮은 하품하는듯한 미소를 남기면서.

아래쪽에서 수구(face cut, 베어지는 쪽 밑둥에 만드는 쐐기 모양 절단면. ─ 옮긴이) 작업을 마무리하고 나서 남자들은 스트로베리 쇼트케이크를 먹고 물을 몇 드럼통씩 마셔 댔으며 담배를 말아서 나누어 피웠다. 크레이븐 에이(Craven A) 담배였다. 그러고 나서 다시 발판으로 올라가 톱컷에서 2.54센티미터쯤 위에서 반대편도 잘랐다. 계산을 조금이라도 잘못하면 통나무가 반대로 떨어져서 나무꾼들의 머리통을 날려 버릴 수도 있었다.

나무가 아주 약간 앞으로 기울고 나무 중심까지 이어진 온전한 섬유질이 겨우 몇 개만 남으면 그들은 톱을 내려놓았다. 할아버지는 무딘 도끼 끝으로 추구(back cut)에 금속 쐐기를 박아 넣으며 "사크라 망!(Sacrament! 이런 제길!)"이라고 중얼거렸다. 물관부가 부러졌다. 낮은 신음을 뱉으며 나무가 물길 방향으로 쓰러지면 나무꾼들은 "나무 넘어간다!(Timber!)"라고 외치고는 최대한 빠르게 오르막 쪽으로 달렸다. 나무가 허공을 가르고 휙 넘어가자 나무갓이 돛처럼 바람을 탔고, 이때 생긴 소용돌이 때문에 아래에 있던 양치식물이 옅은 색의 아랫도리를 드러내며 바람에 불려 앞으로 넘어졌다. 나뭇가지와 바늘잎이 소용돌이쳤다. 몇 초 후, 나무는 귀가 먹먹해질 만큼 큰 소리를 내며 바닥에 쓰러졌고 땅이 크게 흔들렸다. 뼈가 부러지듯 나뭇가지가 꺾였다. 새 둥지가 공기 흐름을 타고 깃털 구름을 만들며 땅까지 내려왔다.

헨리 할아버지와 윌프레드 할아버지는 벤 나무를 죽 따라가며 작업을 했고 도끼로 가지를 쳐냈다. 그들은 10미터 간격으로 통나무를 잘라서 프린스가 나무를 좀 더 편하게 물길로 실어가도록 했다. 이 작업을 하기 위해 남자들은 마치 송아지 둘레에 올가미를 감듯이 자른 나무 끝부분을 초커로 둘러쌌다. 하지만 그들의 '올가미'는 자기들 손목만큼이나 굵은 쇠사슬이었다. 작은 통나무의 경우 손으로 벼려 만든 사자 입만큼이나 크게 벌어지는 집게로 통나무 끝을 집었다. 초커나 집게는 휘플트리(whiffletree, 마구줄을 끄는 디귿 자 모양 막대. — 옮긴이)에 고정했다. 휘플트리는 묘목을 깎아 만든 막대로 만들었는데, 프린스의 꼬리 위에 걸어서 무게 중심을 기울이거나 균일하게 하기 위해 사용했다. 절단한 통나무를 1개씩 나무 그루터기에서부터 물길로 끌고 가며 프린스는 끙끙거리면서 코를 힝힝거렸다. 그리고 나서 형제들은 돌아가는 금속 갈고리가 달린 장대로 통나무를 하나씩 굴리면서 통나무를 물길 맨 위로 가져갔다. 작업이 끝나 나무가 물길 아래로 옮겨지면 그들은 서서 담배를 또 한 대 나누어 피웠다. 안전하고 문제없는 하루, 그리고 **또** 하루가 지나갔다. 우리 가족이 하던 나무꾼 일을 떠올려 보면 지금도 이런 이미지, 도돌이가 간간이 생각난다.

나는 자연이 회복력을 지니고 있으며 심지어 자연이 공격적으로 변할 때에도 지구가 나를 구해 주려고 돌아올 것이라고 굳게, 그리고 오래도록 믿고 있었다. 하지만 아빠의 어머니는 숲 일의 위험성에 대해 무척 민감할 정도로 잘 알고 있었기에 나처럼 생각하지 않는 것 같았다. 할머니는 20대 시절부터 다리를 절었는데, 감염 때문에 생긴 족하수(drop foot, 신경 손상 등으로 발 앞부분을 들어 올릴 수 없는 현상. ― 옮긴이)가 원인이었다. 할머니는 아들들이 더 자유롭고 더 안전하게 살기를 바랐다. 그래도 잭 삼촌은 계속 벌목 일을 했고, 할머니 걱정을 너무 많이 한 나머지 마흔 살이 될 때까지 집에서 살았다.

그렇지만 아빠는 어렸을 때 숲 일을 그만두었다. 아빠가 고작 열세 살, 그리고 잭 삼촌이 열다섯 살 때 일어난 사고가 계기였다고 한다. 아빠는 우리가 보물찾기를 하던 그날 사고 이야기를 자세히 들려주었다. 통나무 위에 앉아 있는 동안 해가 뉘엿뉘엿 넘어갔고, 바로 근처에는 우리가 신나게 땅에서 파낸 금속 초커가 쌓여 있었다. 아빠와 삼촌은 헨리 할아버지와 윌프레드 할아버지를 돕기 위해 고등학교를 중퇴했다. 아빠와 삼촌은 메이블 호수 위에 떠 있는 통나무 위에서 대기하면서 일정한 길이로 절단한 시더가 물길 벽을 치고 시마드 산을 따라 1킬로미터를 구불거리며 내려온 후 경주용 썰매처럼 달려들 때마다 물길을 떠내려오는 통나무를 생가죽으로 때리고 몰아서 호수 위에 있는 통나무 모으는 구역으로 보내는 일을 맡았다. 일단 통나무가 물에 닿으면 통나무 모으는 구역으로 통나무를 몰고 가는 일은 아빠와 삼촌의 몫이었다.

어느 봄비가 내리던 날 추위에 떨던 아빠는 겁에 질렸다. 끄트머리에 쇠창을 붙인 나무 장대를 손에 든 아빠는 발아래에서 구르는 통나무 위에서 균형을 잡으려고 애썼다. "나무 굴러온다!" 잭 삼촌이 소리를 질렀는데, 삼촌 또한 발아래에서 구르는 통나무 위에서 겨우 균형을 잡

헨리 할아버지가 쓰던 메이블 호수로 통하는 물길 중 한 물길 위에서 통나무가 쏟아져 내려오고 있다. 이 물길의 물은 나무하는 사람들의 선상 가옥에 전기를 공급하기 위해 할아버지가 수차를 지은 시마드 크리크 하구 근처로 흘러간다.

고 있었다. 파도가 덮치는 바람에 아빠는 탄력을 받던 중이었다. 시더 통나무가 마치 올림픽 스키 점프 선수처럼 물길 바닥에서 쏘아져 나와 평소보다 더 높게 아치를 그린 후 20미터 앞에 있는 물속에 꽂혀 들어가 끝없이 깊은 호수 속으로 빠져 들어갔다. 어디에서 통나무가 수면으로 날아오는 미사일처럼 다시 폭발할지 도저히 알 수 없었다.

시간이 멈췄다. 아빠는 우리에게 고등학교를 그만두기 전에 제2차 세계 대전에 대해 쓴 에세이가 갑자기 생각났다고 말해 주었다. "밤새도록 대포가 울렸다, 쾅, 쾅, 쾅 하면서……." 선생님은 500단어를 쓰라고 했지만 아빠는 어떻게 해야 그렇거나 많은 단어를 문장으로 만들어서

메이블 호수에 있던 통나무 모으는 곳에 서 있는 통나무를 물길로 모는 사람들. 윌프레드 할아버지(왼쪽에서 세 번째)이 4미터짜리 목재 모는 쇠갈고리 달린 장대를 들고 있다. 통나무를 돌리거나 균형을 잡기 좋도록 짧은 갈고리 장대 끝에는 U자 금속 고리와 뾰족한 못이 박혀 있었다. 작업은 위험했지만 통나무에서 떨어지는 나무 모는 사람은 계집애만도 못 한 겁쟁이라는 인식이 있었다. 짧은 미송 통나무는 나무 모으는 곳 앞쪽에 있었는데 톱질해서 목재로 만들었다. 나무 모으는 곳 뒤편에는 긴 시더를 두었는데, 시더는 전봇대용으로 팔렸다. 시더 통나무가 이문이 더 많이 남았지만 흐르는 강물에 막히기 십상이라 운반하기는 더 어려웠다.

군인의 공포를 묘사할 수 있을지 전혀 몰랐다고 했다. 아빠는 통나무가 솟아올라서 아빠를 가루로 만들 것이라고 확신했다.

"달리라고, 피트!" 잭 삼촌이 소리를 질렀다.

하지만 아빠는 달리지 못했다. 심지어 잭 삼촌이 호숫가 쪽으로 달려가며 아빠에게 날 따라와라, 조금이라도 통나무가 지나갈 법한 곳에서 당장 빠져나오라며 고함을 지를 때까지도. 아빠는 아무 소리도 듣지 못했다. 시간만 흘러갔다.

쾅! 통나무가 아빠 뒤편에서 하늘을 찌를 듯 20미터나 솟구쳤다가 획 하고 내려왔다. 수면 위아래로 움직이는 통나무를 통나무 모으는 곳으로 몰아가는 동안 아빠의 손에 떨림이 퍼져 나갔다. 가을이면 모아 둔 통나무를 할아버지의 배 풋풋(Putput)이 강 하류로 끌어갔다. 가장 큰 통나무는 제재소에 팔았고, 좀 더 지름이 작은 시더는 전신주용으로 쓰기 위해 벨 폴 컴퍼니(Bell Pole Company)로 보냈다.

아빠는 사고 이후 오래 지나지 않아 식품점 관리 일을 시작했고 직업 전선에 있는 내내 식품점을 관리했다. 하지만 숲은 늘 우리 삶의 핏줄 속에 있었다.

. . .

오래전 숲 바닥 위를 미끄러지듯 지나간 통나무가 남긴 흔적이 아직 있었다. 씨앗이 내리기 딱 좋은 곳이었다. 작은 씨는 모래알만 했고, 다른 씨는 오팔만큼 컸다. 투야 플리카타와 솔송나무의 씨는 사람 엄지손톱만 한 방울 열매에서 떨어졌다. 주먹만 한 크기의 미송 방울 열매에서는 씨가 더 많이 나왔다. 팔뚝만 한 몬티콜라잣나무 방울에서도 씨가 떨어졌다. 나무를 끌고 간 덕분에 땅이 갈린 곳에는 오래된 나무들로부터 떨어진 씨앗이 내려 빽빽한 묘목들로 자라났다. 묘목 뿌리 끄트머리는 흰색이었고 부식토와 물웅덩이에 닿아 있었다. 묘목은 강인했고 회복력을 지니도록 조상 대대로 유전자를 물려받았다. 숲의 모든 생물 종은 성장률에 따라 층층이 쌓여 있었다. 눈에 띄는 미송과 몬티콜라잣나무는 무기질 흙이 겉으로 드러나고 해가 제일 오랫동안 든 틈새 한가

1925년경 킹피셔 슈스왑 강에 놓인 통나무 위를 걷고 있는 스무 살 즈음의 마사 할머니.

운데에서 무리 위로 우뚝 솟아 있었다. 그리고 이미 오후에 보물찾기를 하던 때의 나만큼이나 키가 큰, 굽은 시더와 솔송나무가 부모 나무의 그늘에 느긋하게 기대고 있었다. 통나무를 끌고 간 자국 가운데에 자리한 어린 미송은 키가 아빠보다 2배나 더 컸다.

손으로 나무를 자르고, 말로 나무를 하고, 또 강물에 목재를 띄워 보낸 후에도 숲은 생기 있고 새로운 삶을 살아갈 여력을 지니고 있었다. 내가 알고 있던 바와 현재 우리 업계, 또 내가 하고 있는 일 사이에 엄청 난 변화가 있었음에 분명하다.

나는 우드랜즈 사무실 창문 밖을 바라보며 조림지에 대해 생각했 다. 다양한 개선책이 존재했다. 좀 더 지역에 잘 적응한 종자를 묘목장 에 심을 수도 있었으며, 묘목을 더 크게 기를 수도 있었고, 좀 더 꼼꼼하게 토양을 마련하거나 나무를 벤 후 좀 더 빠른 시일 내에 나무를 심을 수도, 숲과 경쟁 관계에 있는 관목 덤불을 제거할 수도 있다. 하지만 단서들을 살펴보면 정답은 토양에, 그리고 묘목 뿌리와 토양이 연결된 방식에 있는 것 같았다. 나는 잔뿌리가 돋고 진균이 흐르는 튼실한 묘목과 싹이 너무 작고 뿌리는 채 자라지도 못한 병든 묘목을 그려 보았다. 하지만 더 생각해 보려면 좀 기다려야만 했다. 왜냐하면 오늘은 레이(Ray)와 함께 릴루엣에서 20여 킬로미터 떨어진 곳에 있는 빙하 작용으로 형성된 볼더 크리크 계곡에 있는 200년 된 숲에서 작업을 하라는 업무를 배정받았기 때문이다.

바로 그날 나는 처형자 역할을 맡을 터였다.

레이와 나는 벌채할 곳의 경계를 표시하러 갔다. 레이는 나보다 나이가 훨씬 많지는 않았고 학생인 우리와 함께 회사 숙소에 살았다. 하지만 레이는 태평양 연안 급경사 지역에서 일한 경험이 있었다. 레이를 보면 우리 집안 남자들이 생각났다. 레이는 이미 숲에서 회색곰에게 공격을 당해 살점을 잃은 경험이 있었다. 회색곰이 레이의 엉덩이를 물고 들어 올리더니 측량 기사가 엽총으로 곰을 위협해 쫓아낼 때까지 레이를 질질 끌고 갔다고 한다.

우리는 굴착기가 덜컹대고 그레이더가 긁는 소리를 내며 새 운반로를 짓는 중인 장소를 지나 골짜기의 파인 부분에 부채꼴 모양으로 쌓인 비옥한 흙 위로 오래된 나무 몇 그루가 서 있던 곳 근처를 향해 갔다. 넓게 퍼진 나무갓과 거대한 회색 줄기를 지닌 엥겔만가문비나무였다. 레이는 나에게 지도를 스치듯 보여 주었다. 레이는 여성과 정보를 공유하는 것에 익숙하지 않았고 게다가 서두르는 중이었다. 그런데 언뜻 본 고도선에 따르면 경사면은 높은 능선을 향해 올라가고 있었고, 마멋들이 앉아 있곤 하는 바위가 많은 테일러스(talus, 바위 조각의 잔해가 많은 비탈길, 애추. — 옮긴이) 지대와의 접점에 이르면 숲이 점점 더 듬성듬성해졌다. 개울가를 따라 자라는 가문비나무들은 토양 포켓이 제멋대로 넓게 뻗는 뿌리를 지지할 수 있을 만큼 깊은 지대에서 미송에게 자리를 내어 주고 있었다. 숲은 엄청난 눈사태 경로로 인해 몇백 미터 지점마다 가로막혀 있었다. 눈사태가 지나가며 만든 길에는 장미처럼 가시가 돋은 땃두릅나무(devil's club)와 쁘띠 쁘앙 자수(petit point)처럼 레이스 같은 암개고사리(lady fern)가 허리 높이까지 자라고 있었다. 메이블 호수에도 이들과 같은 식물이 있었다는 것이 기억났다. 가슴 언저리에서 빙빙 돌던 들뜬 마음이 목구멍 속 불룩한 곳 아래에서 멈춰 버렸다. 나는 바다의 물보라처럼 아주 작고 흰 꽃들이 피어 있는 헐떡이풀(foam flower) 잔가지를 하나 꺾어 들었다.

레이는 빨간 색연필과 나침반으로 벌채할 장소의 항공 사진 지도에 완벽한 상자를 그려 넣고 돌돌 말더니 고무 밴드를 감았다.

"레이, 잠시 놓친 게 있는데." 나는 말했다. "다시 한번 보여 줄래?"

레이는 마지못해 지도를 다시 펼쳤다. 표정을 읽기 어려웠다.

"저 나무를 전부 다 자를 거야?" 나는 물어보았다. "제일 오래된 나무 몇 그루는 남겨 두면 안 될까?" 가지에서 지의류가 커튼처럼 드리워진 어마어마하게 큰 나무 한 그루를 가리켰다.

"너 혹시 환경주의자야?" 레이는 꼼꼼한 기술자였고 시류와도 직장과도 잘 맞는 사람이었다. 이 작업은 레이의 일이었고 그는 자신의 일을 사랑했으며 최대한 정확하게 일한 대가로 보수를 받는 사람이었다.

　서 있는 죽은 숲을 보았다. 이렇게 숭엄한 대지에서 작업을 하게 된 것에 감동했다. 심지어 나는 몇몇 나무를 어떻게 잘라야 할지 고민하는 것도 딱히 개의치 않았다. 하지만 한 방에 전체 지대를 모조리 없애 버린다면 숲의 회복을 도울 기반이 거의 남지 않을 것이다. 나무들은 무리를 지어 자란다. 가장 나이가 많고 큰 나무들, 그러니까 둘레 1미터, 높이 30미터쯤 되는 나무들은 물이 모이는 깊은 골짜기에서 자란다. 나이와 크기가 다양한 더 어린 나무들이 꼭 들꿩 새끼들이 어미 새에게 착 달라붙어 있는 것처럼 그 근처에서 자란다. 나무 껍질에 난 홈 속의 늑대이끼 다발은 겨울에 사슴이 쉽게 뜯어먹기 좋았다. 버펄로베리(buffaloberry)와 솝베리(soapberry) 관목이 바위틈에서 자라고 있었다. 밝은 빨간색 인디언페인트브러시(Indian paintbrush), 보라색 비단루피너스(silky lupine), 연분홍색 풍선난초(Calypso fairy slipper), 사탕 같은 줄무늬의 산호란(coralroot)이 나무줄기에서 넓게 뻗어 나온 뿌리를 따라 자라고 있었다. 벌채를 하고 나면 이 가운데 어떤 풀도 잘 자라지 못하게 될 것이다. 도대체 나는 여기서 무슨 짓을 하고 있는 것일까?

　레이의 계산에 따라 10미터마다 분홍 리본을 매달아 정사각형 모양을 표시했다. 나무꾼들은 분홍색 경계를 보고 어느 지점에서 벌채를 멈춰야 할지 알게 될 것이다. 경계 바깥에 있는 아주 오래된 나무들은 목숨을 건질 것이다.

　레이는 나에게 정확히 260도, 거의 정동 방향으로 선을 그으라고 했다. 기본적으로 눈사태가 만든 길 가장자리를 따라 선을 그리는 셈이었다. 레이는 내가 조끼 뒷주머니에서 미끄러운 50미터짜리 나일론 노끈을 감아 놓은 줄을 당기자 경계선을 가늠해 보았다. 레이는 나무꾼들을 위해서 더 많은 표지를 채워 넣으며 따라왔다.

나침반 눈금을 조정한 후 기준점으로 쓸 나무를 쳐다보았다. 사슬이 줄넘기 줄처럼 풀렸고, 사슬에 달린 50개의 걸쇠는 각 1미터 간격을 나타냈다. 나는 잡목 덤불과 나무 가족들 틈바구니를 코요테처럼 돌아다니면서 통나무 둘레에 사슬을 끼웠다.

"묶어!" 내가 50미터 선의 끝에 다다르자 레이가 소리쳤다. 레이가 잡고 있던 밧줄 끝을 당기면 나는 지점을 표시하기 위해 리본을 묶었다.

"표시!" 나도 소리를 지르며 대답했는데, 내 목소리가 아래에서 흐르는 물소리보다 더 크게 울렸다. 나는 "표시!"라고 소리 지르는 것이 정말 좋았다.

우리가 처음 작업한 사슬 길이가 정확했던 것에 만족하며 레이는 내가 가지에 분홍색 리본을 달던 곳을 향해 올라왔다. 다람쥐 한 마리가 걸터앉아 있던 곳에서 재잘거렸다 다람쥐가 파고 있던 곳을 손가락으로 파 보자 부드러운 조약돌이 느껴졌다. 숲 바닥 아래에 초콜릿 트러플처럼 생긴 진균 조각이 자리를 잡고 있었다. 흙 속에 꽤 깊이 꽂혀 있던 검은색 가닥을 잘라내고 진균을 칼로 캐냈다. 나는 캐낸 트러플을 주머니 속에 쑤셔 넣었다.

"저 큰 호박들 보이지?" 레이가 우리가 친 네모 경계 바깥에 있는 커다란 미송들을 가리키며 말했다. 그는 우리가 큰 미송들도 벌채 구획 안에 넣어야 한다고 생각했다. 근사한 나무라는 추가 보상에 상사들은 기뻐할 것이다.

나는 그 나무들이 벌목 허가 한계선으로부터 상당히 멀리 있다고 지적했다. 구획 밖에 있는 큰 미송을 구획 안에 넣는 것은 불법일 것이다. 크고 오래된 나무들은 빈 땅에 씨를 뿌리는 중요한 역할을 하는 데다 새들이 제일 앉기 좋아하는 장소이기도 했다. 근원부(neck of the roots, 지면 가까이에서 나무의 뿌리와 줄기가 만나는 부분. — 옮긴이) 아래에 곰이 굴을 파 놓은 것을 본 적도 있었다.

우리 둘 중 누구도 결정을 내릴 권위가 있는 상황은 아니었다. 나는 레이도 나무를 사랑한다는 것을 알고 있었다. 나무에 대한 사랑은 우리 모두가 이 직업을 택한 근본적인 이유였다. "이유 없이 이렇게 좋은 나무를 그냥 둘 수는 없지." 그는 곰곰이 생각하면서 말했다. "저 나무들은 베니어 제조 공장에 돌릴 수도 있겠네."

우리는 금단의 오래된 나무 중 한 그루를 향해 걸어갔다. 나무에게 도망가라고 소리를 지르고 싶었다. 가장 대단한 것을 차지하는 데 따르는 자부심과 유혹은 이해했다. 나무를 향한 골드러시 비슷한 느낌일까? 가장 잘생긴 나무가 제일 좋은 값을 받았다. 멋진 나무는 동네 사람들에게는 일자리를, 그리고 계속 돌아가는 제재소를 의미했다. 나는 이 나무의 몸통이 엄청나게 크다는 것을 확인했고 레이의 의중도 대충 파악했다. 일단 사냥을 시작하고 나면 중독되기 쉽다. 항상 제일 높은 곳에 있는 것을 차지하고 싶어지듯이. 시간이 한참 지나도 욕구는 결코 충족될 수 없다.

"전부 다 들통 날 텐데." 나는 우겨 보았다.

"어떻게?" 레이는 팔짱을 끼며 어리둥절한 표정을 지었다. 정부에서 우리의 구획 경계를 일일이 확인할 수는 없었다. 게다가 이 나무들은 구획 경계에 아주 가까이 있었기에 조작하기도 쉬웠다.

"이 나무들은 올빼미 서식지라고." 나는 학교에서 특이하게 건조림에 사는 불꽃올빼미(flammulated owl)에 대해서 들은 적은 있었지만 불꽃올빼미에 대해 썩 잘 알지는 못했다. 불꽃올빼미가 볼더 크리크에 사는지조차 전혀 몰랐지만 지푸라기라도 잡고 싶은 심정이었다.

"너 내년 여름에도 이 일을 하고 싶어? 나는 정말 하고 싶거든." 우리가 더 많은 나무를 찾아내면 회사에서 인정받을 수 있을 것이다. 레이는 나무가 짐을 싸서 도망이라도 간다는 듯 뒤를 흘끗 돌아보았다.

목청껏 소리를 지르고 싶었다. 대신 선을 다시 긋고 내 연약함을 통탄하며 속으로만 울었다. 웅장한 미송이 서 있던 수목 한계선(timberline) 지점에서 어깨가 꽉 조여 왔다. 어수리(cow parsnip)와 버드나무가 가림막처럼 드리워져 눈사태 경로를 흐릿하게 만들고 있었지만 바람 한 점 없었다. 나는 나무가 경계 안에 들어가도록 서둘러 분홍 리본을 매었다. 일주일 후, 그 나무는 목숨을 잃게 될 예정이었다. 가지가 잘리고, 줄기가 썰린 후 공공 용지 도로 가에 쌓여 트럭에 실리기를 기다리면서.

레이와 나는 경계선을 전부 다 다시 그렸다. 우리는 아주 오래된 나무 또 한 그루에 사형을 선고했다.

또 한 그루. 그리고 또 한 그루. 표시를 다 하고 난 즈음이면 눈사태 경로 가장자리에서 적어도 열 몇 그루나 되는 나이든 나무들을 훔친 셈이 될 것이었다. 쉬는 동안 레이는 초콜릿 칩 쿠키를 건네며 자기가 직접 만든 쿠키라고 말했다. 나는 쿠키를 거절하고 부츠와 무릎을 지지대 삼아 나일론 줄을 8자 모양으로 감았다. 어쩌면 회사를 설득해서 구획 가운데에 있는 나무 몇 그루를 살려서 씨를 퍼뜨리게끔 할 수도 있겠다는 제안을 던져 보았다. 나는 불쑥 말했다. "너도 이미 알고 있겠지만, 독일에서 씨를 퍼뜨리려고 간혹 큰 나무를 베지 않고 두기도 하듯이 말이야."

"우리는 이 근처에서만 벌채를 할 거야."

내가 자란 곳이 어디인지, 작은 땅뙈기에서 나무를 했고, 통나무를 바닥에 끌고 숲 바닥을 일구어서 미송 씨가 싹을 틔울 자리를 마련했다고 설명하려 하자 레이는 반박했다. 만약 외따로 있는 미송들을 베지 않고 둔다면 바람 때문에 나무가 쓰러질 것이며 침엽수를 좀먹는 나무좀(bark beetle)이 난입할 것이라고 했다. "게다가 회사 차원에서는 엄청난 비용 손실이 발생할 테고." 레이는 내가 이해하지 못하자 짜증을 내며 덧붙였다.

위풍당당했던 미송들이 그루터기로 전락한 모습, 우아한 모양새의 임분이 텅 빈 네모 땅으로 쪼개진 모습을 보면 명치를 한 대 맞은 느낌이 들 것이다. 사무실로 돌아와서 침울하게 벌채지 군집 식재 규정을 작성했다. 파인 땅에는 미송을 심고, 노두(outcrop, 기반암이나 지층 내부가 드러난 지대. — 옮긴이)에는 폰데로사소나무(ponderosa pine)를 심고, 개울을 따라서는 잎이 뾰족한 가문비나무를 심어서 자연적 양상을 모방하는 방향으로. 레이가 옳았다. 당연한 귀결이었는데, 회사에서는 오래된 나무 몇 그루를 베지 않고 둔 채 흐트러진 땅에 씨를 받겠다는 내 생각을 받아들이지 않을 것이다. 하지만 이 식재 구상안은 최소한 해당 부지에서 자연적으로 나타나는 종 다양성을 유지하게끔 해 줄 것이다.

테드는 우리는 그냥 소나무를 심을 것이라고 말했다.

"하지만 저 위에서는 로지폴소나무가 안 자라요." 나는 말했다.

"상관없어. 로지폴소나무가 더 빨리 자랄 거고 더 싸게 먹히니까."

지도가 놓인 책상 근처에 있던 여름 동안 일하는 다른 학생들이 재빠르게 움직였다. 근처 사무실에 있던 임업인들은 전화 수화기 위에 손을 대고 내게 논쟁을 시작할 배포가 있는지 신경을 바짝 곤두세우고 있었다. 벽에 걸려 있던 달력이 바닥에 떨어졌다.

나는 책상으로 돌아가서 식재 규정을 다시 작성했다. 심장이 말라 시들어 가고 있었다. 흙을 주워 먹던 어린아이에게 무슨 일이 생긴 것일까? 누가 복잡한 자연의 경이로움에 홀려서 뿌리를 꼬아 매듭을 만들었던가? 끔찍한 아름다움, 겹겹이 쌓인 흙, 비밀이 묻혀 있는 장소. 내 어린 시절이 나를 향해 소리치고 있었다. 숲은 하나로 **통합된 전체**라고.

3장

[바짝 마른]

나는 다리 사이에 자전거를 걸치고 선 채로 한참 물을 마셨다. 한낮의 태양이 마른 숲 위에 쨍쨍 내리쬐고 있었다. 100킬로미터를 달려왔더니 열기가 여름에 그은 피부에서 땀을 빨아들이고 있었다. 브리티시 컬럼비아 남서부 내륙 저지대 산맥 날씨는 엄청나게 건조하다. 동쪽으로 흐르는 태평양의 공기가 바다로부터 200킬로미터 떨어진 곳, 그리고 여기에서 서쪽으로 20킬로미터 떨어져 뻗어 있는 해변 산간 지역에 비를 거의 다 뿌리고 이곳 내륙 지역의 푸른 하늘에는 물 한 방울조차 떨구지 않기 때문이다. 이번 주말 나는 이곳의 경치에서 순수한 자유를 느낄 수 있었다. 오래된 미송을 두고 레이와 벌인 신경전도 생각 밖으로 사라졌고 식재 규정과 관련한 테드의 결정에 실망했던 일도 묻어 두게 되었다.

남동생 켈리가 속한 카우보이며 말들 틈바구니에서 로데오 경기에 참가하는 것을 보러 가는 길이었다. 두어 달 전, 엄마 집에 갔다가 훌쩍이던 켈리와 우연히 마주친 게 마지막이었다. 켈리가 앨버타에 있는 편자공 학교에 가 있는 동안 배럴 레이싱(barrel racing, 말을 타고 승마 경기장 안에 놓인 큰 물통을 이용해 정해진 경로를 따라 달리는 경주. ― 옮긴이) 선수인 여자 친구가 켈리를 차고 다른 남자에게 가 버렸기 때문이었다. 켈리는 구석에 새 편자용 화덕과 모루가 짐칸에 실린 자기의 황동색 트럭에 기댄 채였고 켈리와 내가 서 있던 곳은 어두웠다. 켈리는 슬픔을 삼키려 고개를 떨궜지만 울음을 참지 못했고 나도 함께 울었다.

골짜기로부터 세이지와 잔디로 덮인 구멍을 통해 몇 킬로미터 아래에서 강이 흐르는 것을 내려다보았다. 그런 울퉁불퉁하고 무릎까지 올라오는 다년생 식물들이 그 메마른 토양에서 자리를 잡을 수 있는 유일한 식물이었다. 나무가 저 아래에서 살아남으려면 물이 너무 많이 필요했다. 하지만 이 위쪽 지역에는 나무들이 풀 틈에서 듬성듬성 자리 잡고 성근 숲 지대를 형성하기에 딱 필요한 만큼의 물은 있었다.

산불 때문인 듯 오후의 아지랑이가 피어오르고 있었지만 여전히 6킬로미터쯤 더 떨어져 있는 계곡이 다음 산등성이까지 수천 미터 솟아오르는 것이 보일 정도로 날씨가 맑았다. 고도가 높아질수록 강우량도 늘어났고 이리저리 갈라진 좁은 골짜기는 이내 물줄기를 따라 구불구불한 선을 이루며 자라난 나무들로 가득 찼다. 골짜기 위의 나무들은 결국 완만한 언덕 위로 쏟아지듯 퍼져 나갔고, 이어진 땅을 숲이 가득 덮고 있었다. 산속 높은 곳까지 숲은 계속 이어졌는데, 나무들이 차갑고 젖은 흙을 피하기 위해 또 다시 작은 흙 언덕(hummock) 위에 뭉쳐 있었다. 나무가 완전히 줄어들고 숲 대신 옅은 초록색 고산 초원이 나타날 때까지.

나는 자전거를 내려놓고 그늘을 찾아 작은 미송 숲을 헤치면서, 소량의 물이 느리게 흘러 모이는 움푹 파인 지대(depression)에 있던 폰데로사소나무가 쳐 둔 양산 아래를 지나 풀숲으로 잠시 걸어 들어갔다. 폰데로사소나무가 홀로 자라고 있는 언덕에는 기다란 바늘잎이 귀한 물을 아끼기 위해 성근 무리를 이루고 있었다. 바로 그 덕분에 폰데로사소나무는 이 지역에서 자라는 수종 중 가뭄을 제일 잘 견딘다는 특징이 있다. 내가 본 폰데로사소나무는 특히나 어려운 상황에 처해 있었는데, 그곳에서는 심지어 뿌리가 깊은 번치그래스(bunchgrass)마저 갈색으로 변했고 물 손실을 최소화하기 위해 오그라들어 있었다. 소나무에게 마지막 물 한 방울을 나누어 주려고 물병을 거꾸로 들다가 내 행동에 웃음이 나왔다. 이런 때에는 나무의 원뿌리(taproot)만이 나무를 살릴 수 있다.

오래된 미송이 만든 작은 숲이 얕은 골짜기를 차지한 곳으로 곧장 걸어갔다. 퍼프볼버섯이 내 얼굴로 갈색 포자 구름을 날려 보냈다. 메뚜기들이 다리를 딸깍거렸다. 켈리와 나는 퍼프볼 수프를 만들려고 버섯을 따곤 했다. 버섯을 하나 땄더니 받침대(fulcrum)에서 균사가 흘러내리고 있었다. 그 버섯은 켈리에게 줄 생각이었다. 버섯 따기는 우리가 어린 시절 제일 좋아하던 놀이 중 하나였기 때문에 풀밭에서 버섯을 땄다고 하면 켈리도 기뻐할 것 같았다.

3장 바짝 마른

오래된 미송 나무갓이 풍성한 그늘을 드리우고 있었다. 오래된 미송들은 자연스럽게 생긴 물길에서 자라는데, 병 씻는 솔처럼 생긴 빽빽한 바늘잎이 물을 많이 먹기 때문이다. 적어도 바늘잎이 성글게 달린 폰데로사소나무에 비하면 미송이 물을 많이 먹는다. 이 때문에 미송은 자랄 수 있는 장소의 제한이 있다. 하지만 덕분에 미송은 소나무보다 키가 크고 더 빽빽하게 무리 지어 자란다. 하지만 미송과 폰데로사소나무 모두 가문비나무나 로키전나무에 비하면 물 손실을 최소화하는 능력이 뛰어나서 가뭄에 잘 적응하는 편이다. 미송과 폰데로사소나무는 가뭄에 적응하기 위해 아침에 이슬이 흠뻑 내리는 몇 시간 동안만 기공을 열

1982년 엔더비(Enderby)와 새먼 암(Salmon Arm) 중간에 있는 미송 아래에서 쉬는 중인 스무두 살의 나. 내 친구 진과 나는 1980년대 초반 주말이면 종종 내륙 지역 길을 따라 침낭만 챙기고 주머니에는 10달러만 넣고 여행을 하곤 했다. 그날 지갑을 잃어버리고 집에 왔더니 오토바이 운전자가 아빠에게 전화해서 고속도로 한쪽에서 면허증과 10달러가 들어 있는 내 지갑을 발견했다고 말했다.

어 둔다. 이처럼 이른 시간대에 나무는 열린 구멍을 통해 이산화탄소를 빨아들이고 당분을 만든다. 이 과정에서 뿌리로부터 빨아올린 물은 증산된다. 정오가 되면 기공을 닫고 그날 몫의 광합성과 증산 작용을 마감한다.

나는 오래된 미송이 드리운 널찍한 나무갓 아래에 앉아 사과를 먹었다. 묘목들이 나무갓 가장자리 바깥에 자리하고 있었는데, 땅이 서늘하고 습하다는 뜻이었다. 고랑이 난 갈색 나무 껍질은 열을 흡수하고 불로부터 나무를 보호해 주었다. 나무 껍질은 두껍기도 했는데, 껍질 아래에 있는 조직인 체관부에서 수분이 빠져나가는 것을 막기 위해서였다. 체관부는 광합성으로 만든 당분을 함유한 액체를 바늘잎에서부터 뿌리로 운반하는데, 관처럼 생긴 세포가 2.54센티미터 두께의 고리 모양을 이루고 있었다. 폰데로사소나무의 주황색 껍질도 대략 20년마다 한 번씩 숲을 쓸어 버리는 불로부터 양산 같은 나무갓을 드리우는 나무들을 보호하고 있었다.

물이라고는 거의 없는 곳에서도 이 묘목들이 행복하게 자라고 있었던 반면, 코스트(Coast) 산맥 서쪽 지역에 있는 내 묘목들은 물이 넉넉한 곳에서도 죽어 가고 있었다.

앉아 있는 내 실루엣만큼이나 높고 넓은 개미집이 근처에 있었는데, 개미집에서 기어 나온 개미를 보고 있자니 삐쭉하게 튀어나온 풀씨 까끄라기가 맨다리를 간지럽혔다. 숲 바닥에 떨어진 수백만 개의 미송 바늘잎을 옮기고 쌓고 비축하는 일개미 수천 마리 때문에 개미집이 흔들거렸다. 개미들이 갈색 부휴균(decay mushroom) 포자도 다리에, 배설

3장 바짝마른

87

물에 묻히고 집으로 돌아간 덕분에 바늘잎은 더 빠르게 오염되고 썩은 후 대치(thatch, 낙엽이나 늙은 풀이 쌓인 층. — 옮긴이)에 내려앉아 대치를 더욱 견고하고 안정되게 했다. 그리고 나무 그루터기나 벤 나무로 들어간 부휴균은 여름 가뭄 때문에 잘 안 될 수 있는 부패를 돕는 역할도 했다. 나는 메이블 호수의 부생 영양균인 느타리버섯(oyster mushroom)을 기억해 냈는데, 매끈하고 크림색을 띤 느타리버섯 갓이 죽은 자작나무 낙엽과 죽은 자작나무 통나무에 붙어 있었다. 병을 일으키는 뽕나무버섯 때문에 죽은 나무들이 있었다. 느타리버섯의 부패 기술은 너무나 효율이 좋아서 벌레도 죽여 소화시켜 그들에게 필요한 단백질 양을 채웠다. 버섯들은 버섯 뿌리만큼이나 다양했고 동시에 여러 가지 일을 하는 능력 또한 뛰어났다.

어찌된 일인지 이 바싹 마른 골짜기의 협곡과 땅이 꺼진 지대에 사는 미송과 폰데로사소나무 둘레에 섞여 자라는 유묘와 묘목은 괜찮게 지내는 것 같았다. 아직 깊이 내린 자기의 원뿌리가 주는 혜택을 받지 못하는 때인데도 말이다. 혹시 오래된 나무들이 뿌리접을 해서 어린 나무들에게 물을 보내 주며 돕는 것은 아닐까? 접이란 다른 나무들의 뿌리가 한 뿌리로 뭉쳐진 결합체로, 그 결과로 나무들은 공통의 체관부를 공유하게 된다. 마치 피부 이식 후 회복 중인 피부에서 정맥이 함께 자라나듯이 말이다.

당장 출발하지 않으면 켈리가 소 타는 행사를 못 볼 참이었다. 켈리가 소를 탄 이유는 참가비가 제일 싼 행사이기 때문이었고, 켈리는 항상 돈이 궁했다.

여전히 물에 대한 수수께끼에 대한 궁금증을 품은 채, 나는 자전거로 돌아갔다. 길 건너편에 있던 사시나무(aspen) 무리가 눈에 띄었는데, 줄기가 매끈하고 흰색이었다. 사시나무도 마찬가지로 좀더 습하고 얕은 골짜기 지대로부터 바위가 더 많은 비탈까지 퍼져 나와 있었다. 사시나무는 크고, 넓고, 흔들리는 잎을 지녔는데 분명 매일 물을 몇 갤런씩 뿜어내고 있을 것이다. 포풀루스 트레물로이데스(trembling aspen)는 뿌리의 공유망을 따라 땅속의 싹으로부터 같은 나무의 여러 줄기가 싹튼다는 점에서 독특하다. 나는 사시나무 숲이 소방관 부대처럼 협곡에 있는 물에 접근해 그들이 공유하는 뿌리 체계로 물을 경사 위까지 전해주고 있는 것은 아닌지 궁금했다. 사시나무 나무갓 아래서 들장미가 싹을 틔웠고 활짝 열린 연분홍색 꽃잎이 밝은 노란색 수술을 뿜내고 있었다. 켈리가 가장 좋아하는 꽃. 보랏빛 비단루피너스, 금빛 아르니카 코르디폴리아(heart-leaved arnica), 붉은떡쑥(rosy pussytoe)이 서로 엉켜서 그늘부터 양지까지 퍼져 있었다. 사시나무의 뿌리 체계에서 흙으로 물이 새어 나가서 풀에 도달한 것은 아닐까? 이런 방식으로 요란한 식물 군집이 꽤 얕고 건조한 토양에서도 살아남을 수 있는지도 모르겠다. 하지만 어떤 방식으로 오래된 사시나무에서 나온 물이 먼저 햇빛에 증발되기 전에 작은 꽃들로 흘러 들어갔는지 전혀 알 수 없었다.

구불구불한 폰데로사소나무 근처에 멈춰 서서 사과 속을 묻으려고 지의류가 껍질처럼 덮인 흙에 구멍을 팠다. 단단한 점토가 나무 뿌리와 풀의 뿌리줄기(rhizome)로 덮여 있었다. 뿌리줄기는 딸기의 기는줄기처럼 여기저기에 마디가 있고 땅속에서 기어가는 줄기이다. 비록 건조했지만, 무기물 덩어리는 풍성하게 퍼져 나간 흰색, 분홍색, 검은색 균사가 만들어 낸 판(fan, 균사가 부채꼴로 넓적하게 퍼져 나간 것으로 균사판이라고도 한다. ― 옮긴이)으로 가득 차 있었다. 어린 시절, 직스가 색색의 뿌리와 흙 구멍에 빠졌을 때 본 통통한 가닥보다는 가늘었다. 이른 봄 벌채지 아래에 있던 로키전나무 숲에서 본 두꺼운 노란색 매트보다는 더 얇았다. 해저의 산호와 닮아 분홍 산호 버섯(pink coral fungus)이라 불리는 붉은싸리버섯이 땅 위에 껍질을 이룬 지의류 무리 위로 삐져나와 있었다. 버섯의 위로 솟은 여린 가지를 더 자세히 들여다보려고 키가 겨우 2.54센티미터쯤 되는 아주 조그만 진균 나무를 집어 들었다. 그들도 분명 다른 진균 종의 주름살, 구멍, 주름만큼이나 효율적인 방식으로 포자를 생산하기 위한 풍성한 공간을 만들어 내고 있었다. 포자 수백만 개가 내 코에 몰려들어 재채기가 났다. 분홍색을 띤 진균의 섬유질이 바닥에서부터 흔들거렸다.

이 이상한 모양을 가진 버섯의 균사는 무슨 일을 하며, 어떻게 싸리버섯의 생존을 돕고 있는 것일까? 엄지손가락과 집게손가락 사이에 균사를 쥐고 문질러 보았다. 까칠까칠했다. 축축한 흙 알갱이가 균사체에 달라붙어 있었다. 균사는 흙 속 구멍의 미로에서 물을 끌어오는 역할을 하는지도 모른다. 이런 기후에서라면 여전히 땅속에 물이 있다 하더라도 죄다 시멘트만큼 강력하게 흙 알갱이에 달라붙을 것이다. 빽빽하지 않은 삼림 지대에서 나무는 파인 곳이나 얕은 골짜기에서만 자라고 물은 분명 나무가 발붙일 수 있는 장소에 제약을 가하고 있다. 이런 작은 버섯들이 스스로 살아갈 뿐만 아니라 나무에게 물이 필요하거나 겨울을 나기 위해 혹시 양분이 필요할 때 나무들을 돕는 것은 아닌지 궁금했다. 자전거를 타고 골짜기를 건너 저편에 있는 고도가 높은 숲으로 가 보면, 그곳에도 릴루엣 산맥에 있던 것 같은 비단그물버섯에 속하는 팬케이크버섯이 있을까? 물이 풍부한 지역에는 아마도 분홍색, 노란색, 하얀색 균사들이 수분 대신 양분을 나무로 전달하고 있을지도 모른다. 나는 싸리버섯을 퍼프볼버섯과 함께 주머니에 넣었다.

더욱 의문스러웠던 점은 과연 진흙을 휘덮고 있던 수많은 부드러운 균사가 큰 나무에서 뿌리가 얕은 풀로 물이 어떻게 이동했는지 설명할 수 있는가였다. 균사들, 땅속에 있는 거미줄같이 생긴 균사들이 나무와 식물들을 서로 이어 주면서 전체 공동체를 위해 절실히 필요한 수분을 잡아 두고 있는 것은 아닐까? 퍼프볼버섯과 싸리버섯도 상관이 있을까? 퍼프볼버섯과 싸리버섯은 아무 상관이 없을 수도 있다. 왜냐하면 널리 퍼져 있는 지혜에 따르면 나무는 생존을 위해 서로 경쟁만 하기 때문이다. 학교 산림학과에서 그렇게 배웠고, 바로 그 이유 때문에 내가 다녔던 목재 회사에서도 빠르게 자라는 나무를 충분한 간격을 두고 줄지어 심는 것을 좋아했다. 하지만 나무와 식물이 생존을 위해 서로를 필요로 하는 듯한 이 생태계에서 그런 관행은 말이 되지 않았다. 어느 극도로 건조한 계절, 나무들이 대처할 적응력을 지니지 못한 심각하게 건조한 환경에서 나무들은 맹렬한 열기에 굴복할 수도 있었다.

• • •

늘 그렇듯 아슬아슬하게 켈리가 참가하는 행사가 시작되는 로건 레이크 경기장에 도착했다. 로데오 경기장은 마을 한가운데에 있었는데,

마을은 희고 바싹 마른 전나무와 소나무 숲, 풀이 무성한 초원으로 덮여 있는, 빙하 작용으로 형성된 저고도 내륙 산지 안쪽에 자리 잡고 있었다. 이 동네에는 주로 목축업자, 벌목업자, 구리 광산 광부 등 겨우 몇천 명 정도가 살고 있었다. 압축된 표석 점토(till)와 지반을 밀고 올라온 용암(piston)으로 형성되어, 수백만 년 세월 동안 깎인 완만하고 소박한 산들은 그들에 둘러싸여 살아가는 굳건하고 근면한 사람들을 떠올리게 했다. 해가 먼지로 덮인 땅에 내리쬐어 대지를 덥히고 말과 소 냄새를 더 짙게 만들었다. 개들은 그늘에서 물 그릇 깊이까지 물을 마셨고, 아이들은 양어지 위에 드리운 차양 아래에서 놀았다. 카우보이, 카우걸 들은 마굿간과 경기장 사이에서 애팔루사, 쿼터호스, 얼룩말(paints) 등 자기네들의 놀라운 탈것을 이끌었다. 로데오 경기를 보려고 자리를 잡는 관중 틈에서 관람석 낮은 곳에 자리를 잡은 후 켈리의 갈색 펠트 카우보이 모자를 찾아 슈트(chute, 로데오에 참가하는 소를 가두어 두는 곳. — 옮긴이)를 훑어보았다.

카우보이들은 무더위에도 불구하고 셔츠의 어깨판(york)에 자수가 놓인 웨스턴 셔츠와 딱 붙는 주름진 청바지를 엘리자베스 여왕 시대 귀족들만큼이나 우아하게 차려입고 있었다. 햇빛을 피하려고 야구 모자를 푹 눌러 쓰면서 카우보이 모자가 있었으면 좋겠다고 생각했다. 입고 있던 티셔츠와 반바지로는 부족했다. 이런 산간 분지 지역은 지옥 한가운데보다도 더 더웠고 드러난 피부는 몇 분만 지나도 타 버릴 지경이었다.

그러고 나서 켈리를 발견했다.

켈리는 자기가 탈 소를 가둬 놓은 대회장 슈트 주변을 둘러싼 울타리 위에 걸터앉아 있었다. 소의 몸통이 간신히 들어갈 정도의 넓이인 슈트는 타원형 경기장의 반대편 끝에 있었는데, 한쪽 끝이 문으로 닫혀 있었다. 광대가 원형 경기장 안에 있었다. 소가 좀 진정하기를 기다리는 동안 청바지와 카우보이용 가죽 덧바지(chaps)를 입은 켈리의 다리가 팽팽히 긴장하고 있었다. 켈리는 씩 웃으며 소에게 말을 걸었다. 어찌나 집중했던지 켈리의 맑고 푸른 눈이 짙은 속눈썹 아래에 고정된 것처럼 보일 정도였고, 닳은 가죽 장갑 때문에 가뜩이나 큰 손이 더 커 보였다. "켈리"라고 적힌 그의 벨트는 우리가 여기 쿠거 컨트리에서 자란 것을 증명하듯 쿠거가 새겨진 은색 트로피 버튼으로 채워져 있었다. 바로 이곳에서 부모님은 우리에게 야영하는 법을 가르쳐 주었다. 어떻게 정원을 꾸리고 물고기를 잡는지도. 어떻게 카누를 타고 노를 저어서 켈리의 말 미코를 타러 가축 우리로 갈 수 있는지도. 바로 거기서 우리는 함께 야생에서 우리의 위치, 우리의 의미, 우리의 이성에 대해 배웠다. 나무 요새를 쌓고 총격전을 벌이면서, 메이블 호수의 시원한 빗속에서 긴 밧줄과 흔들리는 뗏목으로 그네를 만들면서 말이다. 어린 시절 켈리는 포플러 사이에 매달아 놓은 푸른 배럴 통 위에서 몇 시간이고 연습했다. 켈리가 상상 속에서 박차를 끼고 난동 피우는 소를 타듯 배럴 통을 타는 동안 로빈과 나는 있는 힘껏 줄을 단단히 걸고는 했다.

켈리는 제일 못된 소인 '단테의 지옥'을 뽑았다. 점수판에 단테의 통계가 나왔다. 단테를 타려던 카우보이 중 98퍼센트가 단테 때문에 떨어졌고, 단테는 돌기, 발차기, 떨어뜨리기, 구르기에서 45퍼센트 점수를 받았다. 소에게 50점이, 소의 움직임을 얼마나 매끄럽게 상대하고 방어

했는지에 따라 카우보이에게 50점이 돌아간다. 켈리가 울타리에서 대기하는 동안 단테가 슈트 벽을 쾅 하고 들이받았다. 대기석의 카우보이들이 목쉰 소리를 질러댔다. 광대가 문을 활짝 열 준비를 마치며 춤을 췄다. 켈리는 위를 올려다보며 관중을 훑어보았다. 단테를 뽑은 것은 양날의 검이었다. 고통스러운 8초의 시간이 채 지나기 전에 소에서 떨어지면 점수를 얻지 못하지만, 버티기만 한다면 잘 버틴 대가로 더 많은 점수를 딸 수 있었다.

단테의 가죽 위로 거품 나는 침이 흘러내렸는데, 갇혀 있어서 이미 짜증이 난 데다 사람이 많아서 짜증이 더 심해진 모양이었다. 나는 으레 잇몸에 박혀 있던 씹는담배 덩어리 때문에 늘어진 켈리의 아랫입술 아래 흉터를 그려 보았다. 켈리가 열한 살 때 주차해 둔 트럭을 자전거로 들이받는 바람에 생긴 상처였는데, 내 새 속도계가 어디까지 올라가는지 알아보려고 우리가 경주를 했기 때문이었다.

켈리는 관중석의 나를 보고 미소를 날렸다. 걱정 마. 잘 할 거니까.

나는 초조하게 싸리버섯을 손가락 틈에서 굴렸다.

소가 들썩이며 날뛰는 동안 아나운서는 스피커 너머로 재잘거렸다. 아나운서가 켈리를 떠오르는 신예 스타라고 소개하는 것을 들으며 자랑스러워서 몸이 굳었다. 켈리는 이미 브리티시 컬럼비아의 작은 마을인 체트윈드(Chetwynd), 퀘스넬(Quesnel), 클린턴(Clinton)에서는 소 위에서 잘 버티는 것으로 유명했다. 우승하면 돈이 따라왔는데, 카우보이들은 대개 돈이 꽤 궁했다. 이 소소한 대회에서 오늘의 챔피언은 500달러를 받았다. 켈리는 소가 요란하게 들이받는 소리에 귀를 막는 척하면서 광대와 장난을 쳤다. 얼굴을 희게 칠하고 입술이 붉은 광대는 노란색 체크무늬 카우보이 셔츠와 헐렁한 청바지를 입고 있었다.

"어이, 광대." 아나운서가 스피커 너머로 장난을 걸었다.

어릿광대가 옆 돌기를 했다. "뭐라고?" 광대가 소리를 질렀다.

"카우보이가 밥하는 곳이 어디게?"

광대는 어깨를 으쓱하고 태연히 슈트를 계속 바라봤다. "레인지 (range, 방목장. 조리대 레인지와 동음이의어. — 옮긴이)에서 하지."

괴로워 죽겠다는 증거라도 대려는 양 광대가 땅바닥에 쓰러지자 사람들은 웃으며 소리를 질렀다. 켈리는 슈트 가장자리에서 준비를 마치고 있었다. 소는 약간 진정되어 있었다.

"이봐, 광대. 다리가 셋 달린 개 이야기 들어 보았나? 다리가 셋인 개가 술집에 들어가서 바텐더에게 뭐라고 물어봤게?"

광대는 양손을 허리춤에 짚고 머리를 흔들었다. 개는 말을 할 수 없으니까.

"내 파(paw, 동물의 발. 부친과 동음이의어. — 옮긴이)를 쏜 자를 찾는 중이오."

광대는 손바닥으로 머리를 쾅쾅 쳤고 사람들은 법석을 떨다가 이내 갑자기 조용해졌다.

나는 엄마의 남동생인 웨인 삼촌을 언뜻 보았는데, 나보다 몇 줄 앞에 앉아 말없이 켈리를 지도하는 듯 켈리에게 집중하고 있었다. 켈리는 웨인 삼촌의 제자였고 웨인 삼촌은 켈리의 우상이었다. 두 사람 다 퍼거슨 집안에서 목장 계보를 잇는 카우보이로 태어났다. 의자에 앉아서 책을 읽을 바에야 말을 타고 목초지를 달리다 죽는 편이 낫다는 험한 일을 마다 않는 사내로.

나는 그들처럼 개성 강한 결을 타고나지는 않았지만 켈리에게 가장 소중한 것이 로데오임은 잘 알고 있었다. 내 핏줄에 숲이 있는 것처럼 켈리의 핏줄에는 로데오가 있었다.

단테는 갑자기 궁지에 몰렸음을 알아채고는 꼼짝도 않고 가만히 있었다.

켈리가 슈트 반대편 난간에 앉아 있던 심판을 향해 모자를 기울이고는 소의 몸통 앞쪽을 두르는 꼬인 밧줄 끝을 오른쪽 손목에 단단히 감고 소 위에 앉았다. 켈리의 장갑 손목에 늘어진 생가죽 술이 켈리의 팔 힘, 소의 완력과 대비되어 우아하게 보였다. 켈리가 고개를 끄덕이자 심판은 두꺼운 플랭크 스트랩(flank strap, 로데오 경기에서 소의 몸통 뒤편을 감는 줄. ─ 옮긴이)을 아래로 세게 당겨서 소의 사타구니 주변을 감고 있던 플랭크 스트랩을 단단히 조였다.

광대가 문을 휙 열자 소는 발차기를 하고 몸을 비틀고 흔들며 큰 소리를 지르면서 뛰쳐나왔다. 사람들이 일어서서 소리를 질렀다. 경기장이 흔들렸다. 모든 사람들이 내 동생 때문에 열광하고 있었다. 플랭크 스트랩이 제 역할을 하며 파고드는 바람에 소는 뒷발을 미친 듯이 찼다. 내 뒤에 있던 멀대 같은 카우보이가 소리를 질렀다. "잘 좀 타 봐, 이 망할 자식아!"

켈리는 왼손을 공중에 높이 들고 오른손으로는 밧줄을 잡고 단단히 매달렸다. 나는 괴로움을 삼켰다. 단테는 사지를 공중에 띄운 채 빙글 돌았고, 켈리는 소의 발길질에 맞추어 놀라울 정도로 정교하게 움직이며 버티고 있었다. 단테가 경기장 가장자리에 너무 가깝게 달려드는 바람에 판자를 뚫고 부술 것 같다고 생각했다. 켈리의 박차가 가죽을 긁자 소가 고함을 쳤다. 단테의 화를 돋우면 심판들이 켈리에게 점수를 더 준다는 것 정도는 나도 알았다. 켈리의 목 힘줄이 전부 불거졌다. 광대는 소를 다시 가운데로 몰기 위해 빨간 손수건을 흔들었다.

시계가 8초를 향해 똑딱똑딱 가는 동안 나는 하늘에다 주먹을 휘두르면서 목이 아프도록 고함을 질렀다. 하지만 예상치 못한 반전 한 번 때문에, 혹시 관중의 날카로운 비명 때문에 무슨 일이라도 생긴다면 켈리가 부서진 뼈 더미가 되어 버릴지도 모른다는 것도 알고 있었다.

시선을 돌려보았지만 결국에는 굳이 사나운 수소가 켈리를 내치는 것을 보고 말았다. 켈리가 날아올라 높이 솟았다가 끔찍하게 쿵 소리를 내며 어깨부터 떨어졌다. 머리에서 피가 솟구쳤다. 켈리는 아슬아슬하게 소가 지나가는 길에서 뛰어나왔다. 사람들은 신음하며 다시 자리에 주저앉았다. 카운트다운을 하던 시계가 7초를 가리키고 있었다. 웨인 삼촌이 "흐아아나니임 므아아압소사!"라며 소리를 질렀다.

광대가 체조 선수처럼 유연한 몸짓으로 소 앞으로 펄쩍 뛰어와 켈리가 비틀거리며 울타리로 가는 동안 소가 켈리 대신 자신을 쫓도록 유도했다. 카우보이가 말을 타고 단테 옆으로 말을 달려 플랭크 스트랩을 잡았다. 버클이 풀렸고 스트랩은 흙먼지 바닥에 떨어졌다. 단테는 마지막으로 뒷발을 세게 차고 경기장 주변을 빠르게 돌아다니다 점점 느리게 움직여서 결국은 카우보이가 모는 대로 우리 쪽으로 갔다.

3장 바짝마른

"여러분, 박수 한 번 주세요!" 아나운서가 외쳤다. 그가 "참가비 값은 했군요!"라고 소에서 떨어진 카우보이를 존중하는 관례적 맺음말을 하자 사람들이 박수를 쳤다. 다음 순서인 카우보이가 이미 대회장 슈트에 나와 있었다.

순회 경기에서 많은 사랑을 받는 캐프 로핑(calf roping, 말을 타고 줄을 던져 송아지를 빠르게 잡아 묶는 사람이 이기는 경기. ─ 옮긴이) 선수이자 꼼꼼한 목장 경영, 천재적 목장 판매 요령, 엄청난 주량으로 유명한 웨인 삼촌은 그 7초 동안 있었던 일들을 남자들이 목소리를 높여 낱낱이 이야기하는 동안 켈리 흉내를 내면서 팔을 흔들어 가며 카우보이들과 구시렁대고 있었다.

응급 처치 트레일러로 다가가자 금속 벽은 끓을 듯 뜨거웠고 의료진이 켈리의 오른팔을 관절에 끼우고 있었다. 켈리의 셔츠는 깨끗한 것 같았지만 공처럼 둥글게 구겨져 있었다. 의료진이 켈리의 어깨뼈를 제자리에 넣느라 끔찍하게 아플 수밖에 없을 텐데도 켈리는 똥 무더기에서 굴러다니는 돼지보다도 더 행복해 보였다. 배럴 레이싱 선수인 여자친구를 뺏겨서 괴로운 기미는 전혀 보이지 않았다. 켈리의 축 늘어진 팔 때문에 구역질이 나려고 했다. 여자아이 몇 명이 들어왔는데 딱 맞는 셔츠를 심지어 더 딱 붙는 청바지에 넣어서 입고 은색 징 박힌 벨트를 맨 채 바지 단은 화려하게 수놓은 카우보이 부츠 안에 넣은 차림이었다. 우리 가족은 어쩌다 이런 자랑거리를 놓치고 만 것일까? 무리 뒤편에 있던 부끄러움을 타는 듯한, 까마귀처럼 검은 머리에 초록색 보석 같은 눈을 가진 여자아이가 켈리의 관심을 끌었고 켈리는 그 아이에게 미소를 보내며 팬들에게 손을 흔들어 주었다.

의료진이 마지막으로 팔을 비틀었고, 위팔뼈머리가 어깨뼈 관절로 다시 밀려 들어가자 켈리는 신음을 꾹 눌러 참았다. 자기들도 목장 사람인만큼 이런 부류의 고통에 나보다 더 익숙한 여자아이들이 대단하다는 듯 더 가까이 몰려들었다. 하지만 나는 속이 울렁거려서 출입구 쪽으로 옮겨 섰다.

관심에 압도된 켈리가 나를 소리쳐 불렀다. "이봐, 수지, 이 더운 날에 여기까지 달려온 거야?" 켈리가 씩 웃었다. 검고 윤기 나는 머리의 소녀는 내가 켈리의 누나라는 것을 눈치챘음에 분명하다. 왜냐하면 다른 여자아이들은 다른 데로 갔지만 그 아이만은 뒤로 약간 물러나서 나와 켈리가 같이 있을 수 있게 시간과 공간을 내어 주었기 때문이다.

"응, 그런데 일찍 출발했거든." 나는 나무로 만든 진료대 위에 있던 켈리 옆에 기댔다.

"이번이 두 번째인데. 의사 말로는 점점 팔이 더 잘 빠질 거래."

"넌 잘 회복할 거야." 나는 켈리가 로데오를 그만두기를 바라지 않았다. 그는 궤도에 오르는 중이었다. 어린 시절 이후로 이만큼이나 생기 넘치고 활기찬 켈리를 본 적이 없었다.

켈리는 아픈 와중에서도 웃으며 내 말이 맞다는 것을 증명하기 위해 왼팔을 펴 보였다. "근데 누나도 장난 아니게 세(skookum) 보이거든. 켈리가 말했다.

정상적인 대화를 할 수 있어서 기분이 좋았다. 부모님의 결혼 생활이 파국에 이르렀을 때, 켈리는 나보다 훨씬 더 힘들어했다. 켈리는 나이도 더 어린데다 아빠와 엄마가 문제를 해결하지 못하고 둘 다 병원에 입원하게 된 시점에 형제 중 유일하게 부모님과 같이 살고 있었다. 엄마가 입원한 병동에 갔더니 엄마는 괜찮을 것이라며 나를 안심시키려 했다. 하지만 자신이 어쩌다가 병원에 들어가게 되었는지조차 헷갈리는 엄마를 보자 엄마의 상태가 좋아지고 있다는 생각이 전혀 들지 않았다. 아빠도 입원했다가 퇴원한 이후, 자기 집에서 벽을 보고 담배만 피워 댔다. 엄마 아빠에게 이 엉망인 상황을 좀 해결해 보라고 소리를 지르고 싶었지만 눈물만 났다. 켈리는 엄마 집에서 아빠 집으로, 다시 아빠 집에서 엄마 집으로 이사를 다녔다. 부모님이 회복하기 전후 시점에 계속 이 집 저 집을 전전하던 켈리에게는 고등학교를 졸업할 때까지만이라도 안정적으로 지낼 환경이 절실히 필요했다. 켈리는 아빠와 낚시를, 엄마와 스키를 타러 갔지만 부모님의 슬픔마저 뚫고 나갈 수는 없었다. 켈리는 짜증이 꽉 차서 별것도 아닌 일에 소리를 지르고 폭발하곤 했다. 켈리가 트럭을 손보던 동안 실수로 내가 차 경적을 울린 적이 있었는데, 켈리가 소리를 질러대며 무섭게 차고에서 뛰쳐나와 덤빈 적도 있었다. 그 와중에 로빈은 대학에서 이런 저런 공부를 하다가 여행을 가겠다며 1년간 휴학을 했다. 서로에게서 위안을 찾으려고도 해 보았지만, 돌아갈 집이 없던 성인이지만 아직 어렸던 우리는 뿔뿔이 흩어졌다.

하지만 로데오 경기장에 켈리와 함께 있자니 함께 야영할 곳을 만들고 오솔길을 따라 달리며 숲에서 놀던 예전으로 돌아간 듯했다.

검정 머리 소녀는 참을성 있게 근처에 서 있었고, 켈리는 소녀에게 이름을 물어보았다. 그 여자아이가 채 대답을 하기도 전에 웨인 삼촌이

1980년대 말 20대 중반 시절의 켈리, 포클랜드 스탬피드(Falkland Stampede) 경기장에서 열린 로데오 경기에서.

들이닥쳐 고함을 치는 바람에 트레일러가 흔들릴 지경이었다. "너 로데오에 나온 소 중에 제일로 못돼 처먹은 소를 뽑았더구나!" 웨인 삼촌이 상으로 받은 접시만큼 커다란 벨트 버클에는 롱혼(longhorn) 소가 자랑스럽게 새겨져 있었다.

"네, 그 자식 아주 뒷간 쥐보다 더 제대로 미쳤더만요." 켈리가 침 뱉는 통에 담배를 뱉으면서 말했다. "아주 그냥 끝내 주더라고요."

"아주 저세상 소 같지 않던, 수전(Susan)?" 웨인 삼촌이 굵은 목소리로 말했다. 삼촌은 늘 내 이름을 틀리게 불렀다. 나는 삼촌 말이 맞다며 고개를 끄덕였다. 웨인 삼촌이 여자아이를 쳐다보며 말했다. "안녕 셴 (Shen). 네 캐프 로핑 대회가 얼마 남지 않았지? 어서 네가 말 타는 걸 보고 싶구나. 아버지는 잘 지내시고? 아직 150 하우스에서 일하시려나?" 150 하우스는 오래된 골드러시 도로의 분기점에 있는 가게와 주유소가 딸린 휴게소였다.

"잘 지내세요." 웨인 삼촌이 자기 가족에 대해 알고 있어서 놀란 듯 여자아이가 대답했다. 웨인 삼촌은 모든 사람이 하는 일을 전부 다 아는 것을 사명으로 삼았다.

"라크 라 해시에 살던 친구가 있었는데, 150에서 별로 멀지 않더라." 달리 할 말이 없던 나도 한마디 거들었다. 또 다른 여자아이가 서성대다가 켈리에게 아스피린을 건네는 사이 셴은 출구 쪽으로 멀어져 갔고 켈리는 셴이 떠나는 모습을 지켜보았다. 내가 알기에는 켈리는 그 후 셴을 다시는 본 적이 없었다. 하지만 나는 그날 셴이 해 준 것들, 셴이 보여 준 숨김없는 존경, 인정, 호감의 표현에 항상 고마워할 것이다. 셴이 갑자기 자리를 뜨고 싶어 한 것은 내가 느낀 충동과 다를 바 없었다. 켈리는 나 같은 사람들이 훌쩍 사라져 버리는 것을 이해했다. 마치 켈리가 한 세기 늦게 태어난 양 급격한 변화에 매몰되어 버린 느낌을 받는 것을 내가 이해하듯이. 켈리에게 퍼프볼버섯을 보여 줄까 생각했지만 웨인 삼촌 앞에서 그를 부끄럽게 만들기는 싫어서 대신 켈리의 다치지 않은 이두박근에 가볍게 주먹을 날리며 작별 인사를 했다.

"어이." 켈리가 말했다. "날 보러 이 미친 땡볕에 자전거를 몰고 이렇게 멀리까지 와 주다니 감사."

"다음번에도 불러만 줘." 나도 웃으며 대답했다. "다음 로데오 경기는 언제야? 되면 갈게."

"오매크(Omak), 웨내치(Wanatchee), 풀먼(Pullman)인데, 전부 다 같은 주 주말이야." 켈리가 말했다.

"이런." 내가 대답했다. "노는 물이 다르네. 잘하고 와. 다음에 보자." 아직 할 이야기가 너무 많이 남아 있었지만 우리는 말을 잃었다.

켈리는 나를 향해 모자를 들어 보이고는 커다란 새 담배 덩어리를 입술 아래에 집어넣었다.

* * *

다시 내 폭스바겐 비틀 차로 돌아가려고 자전거를 타고 미송 숲속을 속도를 내서 달렸다. 기어 변속기가 옷걸이로 고정되어 있는 한 차는 꽤 잘 달렸다. 아침 일찍 우드랜즈 사무실에 가기로 되어 있었는데 부끄러워서 내 묘목의 수수께끼에 대해 어떻게 생각하는지 켈리에게 물어보지 못한 것을 후회했다. 켈리라면 오랫동안 신중하게 생각한 다음에 내가 생각조차 못한 답을 내놓았을 것이다. 같이 말을 타다가 고삐가 망가졌을 때 켈리가 포플러 채찍을 꼬아서 고쳐 주었을 때처럼 말이다. 나는 집 근처에 소나무가 자라는 평지에서 딸기가 나는 좋은 장소를 찾을 줄 알았다. 켈리는 목장에서 송아지를 받고 상처를 지질 줄 알았다. 켈리는 사물의 기본 질서를 이해한 다음, 몇 마디 말로 설명하면서 놀라운 무언가를 제시하는 방식으로 문제를 풀어 나갔다. 그러고 나서 켈리는 웃었고, 고요함이 뒤따랐다.

차를 향해 절반쯤 가다가 배가 너무 고프다는 생각이 들어서 미송

아래에 멈춰 서서 다람쥐가 나를 향해 조잘거리는 동안 치즈 샌드위치를 먹었다. 다람쥐는 검은 껍질을 뒤집어쓴 초콜릿색 트러플을 들고 벌새의 노래에 맞춰 버섯을 뜯어먹고 있었다. 다람쥐는 나무 아래 흙에서 트러플을 파냈다. 다람쥐의 발굴로 생긴 신선한 흙더미가 다람쥐가 판 굴 몇 개와 함께 줄을 짓고 있었다.

"안 나눠 줄 거야." 내가 말했다. "너한테는 트러플이 있잖아." 나는 서둘러 먹으며 짐 바구니에서 칼을 꺼내 다람쥐가 파 놓은 구멍 근처를 파 보려고 다람쥐를 휘이휘이 쫓아냈다. 다람쥐는 포자가 날아다니는 트러플을 계속 씹으며 똥 무더기를 향해 가면서 시끄럽게 지껄였다.

딱딱한 점토로 된 판을 파 보자 각각의 층이 넓게 퍼진 검은색 진균의 실로 덮여 있었다. 한 덩어리를 눈앞에 가까이 들고 보니 아주 작은 실들이 바로 흙 구멍 속으로 자라고 있는 것이 보였다. 칼로 흙 층을 뚫어보자 각 층이 진균 연결망으로 덮여 있음을 알 수 있었다. 마치 삶은 감자를 찔러 보듯 약한 부분을 찔러 가며 진흙을 헤집었더니 색이 짙고 둥근 트러플이 나를 노려보고 있었는데, 트러플의 검은 껍질은 갈라져 있었다. 뼛조각을 찾는 고고학 발굴 작업이라도 하는 듯 손가락이 덩이 버섯(tuber) 근처에 다 닿을 때까지 주변의 흙을 털어냈다.

구멍이 내 발만큼 커지니 트러플에서 뻗어 나온 진균의 타래가 드러났다. 두껍고 검은 탯줄처럼 생긴 진균의 타래는 뻣뻣하고 튼실했는데, 메이폴(maypole, 끈, 리본 등을 감아 장식한 높은 기둥. 축제 때 사람들이 메이폴 기둥 주변을 돌며 춤추고 즐긴다. — 옮긴이) 기둥 둘레의 리본처럼 많은 개개의 진균 실이 휘감겨 한데 뭉쳐진 타래를 이루고 있었다. 한 덩어리로 엮이기 전의 진균 실 가닥들 자체는 겹겹이 쌓인 진흙 판을 덮고 있던 검고 넓은 층으로부터 나온 것이었다. 줄에 진흙이 잔뜩 붙어 있어서 줄이 어디로 이어지고 있나 보기 위해 진흙을 더 뜯어내 보았다. 거의 15분을 작업한 후에야 진균 실타래를 따라 희끄무레하고 보랏빛 도는 뚱뚱한 미송 뿌리 끝 무더기까지 따라갈 수 있었다. 칼로 뿌리 끝을 쑤셔 보았는데, 뿌리 끝은 버섯처럼 부드러웠고 질감도 버섯과 비슷했다.

파낸 자리를 쳐다보니 마음이 소용돌이처럼 어지러워졌다. 줄이 진균으로 덮인 미송 뿌리 끝과 트러플을 연결하고 있었다. 뿌리 끝 역시 흙 구멍 위로 퍼져 나가는 진균 실의 근원이었다.

트러플, 줄, 퍼져 나간 균사, 그리고 뿌리 끝. 이 모두가 온전히 하나로 이어져 있었다.

진균이 이 건강한 나무의 뿌리 위에서 자라고 있었다. 게다가 진균은 땅속 버섯인 트러플 버섯을 틔웠다. 나무와 진균의 관계가 워낙 탄탄했기 때문에 진균이 열매를 맺을 수 있었다.

숨을 내쉬며 나는 계속 뒤를 밟았다. 뿌리 끝에 진균이 잔뜩 붙어 있었기 때문에 뿌리가 닿을 수 있는 물이 있다거나, 영양분 등 물에 녹을 수 있는 물질이 있다면 모두 진균을 뚫고 통과해야만 한다. 진균은 마치 뿌리와 땅속의 물을 이어 주는 연결자 역할을 하기 위한 모든 도구를 지닌 듯 보였다. 진균 밖으로 땅속의 기관이 온전히 흘러나왔다. 트러플, 줄, 결국은 다시 땅속 구멍으로 스며드는 매우 가는 균사를 기르는 실타래. 이런 구멍은 물이 아주 단단히 들어 있던 곳이기에 물 한 방울 정도의 양을 빨아들이기 위해서는 현미경으로 봐야 보이는 실이

100만 가닥은 필요할 정도이다. 퍼져 나간 균사 판이 토양의 구멍에서 물을 빨아들인 다음 줄을 구성하는 진균 타래로 물을 옮기고, 그후 진균 타래에 붙어 있는 미송 뿌리로 물을 전해 주었을 것이다.

하지만 진균은 왜 제 몫의 물을 나무뿌리에게 양보한 것일까? 혹시 열린 기공으로 물이 증산된다는 결함을 지닌 나무가 너무나 바싹 말라 버린 나머지 진공 청소기처럼, 목마른 아이가 빨대로 물을 마시듯이, 진균에 있던 물까지 다 빨아들여 버린 것은 아닐까? 이 절묘한 땅속의 버섯 체계는 분명 나무와 흙 속에 있는 귀한 물 사이를 연결해 주는 구명 밧줄 같았다.

30분 정도 즉흥적으로 고고학자 노릇을 하고 나니 재빨리 빠져 주어야 할 때가 왔다. 나는 트러플, 줄, 그리고 뿌리 끝을 샌드위치를 쌌던 종이 호일로 감쌌고, 내 보물을 낡은 빨간 짐바구니에 싣고 자전거에 올라타서는 여태껏 트러플을 즐기는 중이던 다람쥐에게 안녕 하고 손을 흔들었다. 페달을 열심히 밟으며 땅거미가 지던 즈음 내 폭스바겐 비틀 차에 도착해서 밧줄로 자전거를 차 위에 묶고 스웨트 셔츠를 입었다. 자전거 바퀴 하나를 차 앞에, 나머지 하나를 차 뒤에 매단 내 오래된 파란 비틀은 차 위에 나비가 앉은 듯한 모양새였다.

프레이저(Fraser) 강을 따라 난 구불구불한 길을 타고 릴루엣으로 향하며 너무 피곤해서 졸다가 길로 뛰어드는 사슴을 상상 속에서 보는 바람에 번뜩 잠을 깼고 자정 전에 회사 숙소에 도착했다. 나는 복도를 살금살금 걸어서 여름 동안 일하는 학생들(모두 젊은 남자였다.)이 잠들어 있는 비좁은 침실을 지나갔다. 쪽방 비슷한 내 침실(방에 딸린 옷장 같은 느낌이 들었다.)에서 도서관에서 빌려 온 버섯 책을 찾았다. 내 방은 엉망이었다. 아버지의 깔끔한 면을 닮았다면 좋았으리라 생각했다. 아하. 책은 청바지와 티셔츠 무더기 밑에 있었다.

책을 대강 넘겨보았다. 퍼프볼은 모래밭버섯속(*Pisolithus*)의 종이었고, 붉은싸리버섯은 국수버섯속(*Clavaria*)의 종이었다. 종이 호일에 싸 놓았던 보물을 풀어서 사진과 비교해 보았다. 내가 갖고 온 트러플은 전 생애를 땅속에서 사는 버섯인데, 전혀 다른 종류인 알버섯속(*Rhizopogon*)에 속하며 실제로는 가짜 트러플이었다. 피곤해서 눈이 흐려졌지만 진균 하나하나에 대한 설명을 읽자 보기 힘들 만큼 무척 가는 글씨로 인쇄된 모든 진균에 대한 설명 제일 아래 주석에 '균근균(mycorrhizal fungus)'이라는 단어가 등장했다.

용어집을 뒤져 보았다. 균근균은 식물과 사활을 건 소통 관계를 구축한다. 이와 같은 동반자 관계에 진입하지 않고서는 진균도 식물도 생존할 수 없다. 내가 찾은 유별난 버섯 세 종류 모두는 진균 중 균근균에 속하는 자실체였는데, 이들은 토양에서 수집한 물과 양분을 동반자 식물이 광합성을 통해 만들어 낸 당분과 교환한다.

양방향 교류. 공생.

졸음과 싸워 가며 그 단어들을 다시 읽어 보았다. 식물 입장에서는 뿌리를 더 기르는 것보다 진균의 생장에 투자하는 것이 더 효율적인데, 진균은 벽이 얇고 셀룰로스와 리그닌이 없기 때문에 훨씬 적은 에너지로도 만들 수 있기 때문이다. 균근균의 균사는 식물의 뿌리 세포들 틈에서 자라고, 균근균의 스펀지 같은 세포벽은 식물의 더 두꺼운 세포벽

3장 바짝 마른

에 단단히 붙어 있다. 진균의 세포는 마치 요리사의 머리를 덮는 머리망처럼 각각의 식물 세포 주변에 망을 이루며 자란다. 식물은 식물의 세포벽을 통해 광합성으로 만들어 낸 당분을 인접한 진균의 세포로 전달한다. 진균에게는 이처럼 당분을 함유한 음식이 필요한데, 토양 속으로 균사 망을 길러서 물과 영양소를 얻기 위해서이다. 이에 대한 보상으로 진균은 토양에서 추출한 자원을 진균과 식물의 세포벽이 단단히 붙어 있는 층을 통해 다시 식물로 전달하며, 광합성으로 생성한 당분이 양방향 시장 교환된다.

균근, 마이코라이저, 이 단어를 어떻게 외우면 좋을까? 진균의 균(마이코), 그리고 뿌리를 뜻하는 근(라이저). 마이코라이저는 진균의 뿌리였다. 발음은 마이, 코어, 라이즈, 어.

그렇구나. 토양에 관한 수업을 들을 때 교수님이 균근에 대해서 아주 짧게 언급하며 지나가듯 다루는 바람에 필기는 전혀 하지 못했다. 산림학이 아니라 농학 수업이었다. 과학자들은 최근에 균근균이 식용 작물 생장에 도움이 된다는 것을 발견했는데, 식물이 접근할 수 없는 희귀한 무기질, 영양분, 그리고 물에 진균이 접근할 수 있기 때문이다. 무기질과 영양분이 충만한 비료를 더하거나 땅에 물을 대면 인공적으로 문제를 해결할 수는 있으나 그렇게 하면 진균은 없어지고 만다. 식물이 스스로의 요구를 충족시키기 위해 진균에 에너지를 투자할 이유가 없는 경우, 식물은 자원의 흐름을 끊어 없애 버린다. 임업인들은 균근균이 나무에 엄청난 도움이 된다는 것을 딱히 감안하지 않았는데, 적어도 균근균에 대해 가르칠 정도로 중요하게 여기지는 않았다. 그렇지만 육묘장에서 자란 묘목에 진균 포자를 주입해서 진균 주입이 새순의 생장에 도움이 되는지 정도는 살펴보기도 했다. 하지만 결과에 일관성이 없었기에 건강한 균근을 배양하는 것보다 비료를 쏟아붓는 것이 훨씬 쉬운 해법이었다. 이런 인간적인 면에 피식 웃음이 나왔다. 우리는 늘 손쉬운 해결책을 추구한다.

조금만 노력을 기울인다면 고도로 공진화된 균근의 상호 관계를 고양하고 좀 더 지속 가능한 방식을 적용할 수 있을지도 모른다. 대신, 임업인들은 균근을 없는 셈 치거나 더 나쁜 방향으로는 묘목이 자라는 육묘장에 비료나 물을 대어 균근을 죽이고, 큰 나무를 상하거나 죽게 하는 진균인 병원균(pathogen)에만 집중했다. 뿌리나 줄기를 감염시키는 부류인 기생균 종들은 숲에 해를 입히거나 나무를 죽일 수도 있다. 병원성 진균은 단기간 내에 업계에 어마어마한 비용 소모를 일으킬 수 있었다. 산림학과 교수님들은 또 우리에게 죽은 생물을 분해하는 진균 종류인 부생균(saprophyte)에 대해 가르쳤는데, 부생균은 확실히 영양소 순환에 무척 중요하기 때문이었다. 만일 부생균이 없다면 쓰레기로 죽어 가는 인간의 마을이나 도시와 다름없이 숲은 쌓여 버린 폐기물로 숨이 막혀 죽어 갈 것이다.

하지만 병원균이나 부생균에 비하면 균근균은 단순히 중요하게 여겨지지 않았다. 하지만 균근균은 내 조림지에서 고통 받던 묘목의 삶과 죽음 사이에 빠져 있는 고리인 것 같았다. 뿌리가 헐벗은 묘목을 땅에 심는 것만으로는 충분치 않았다. 나무들도 그들에게 도움을 주는 진균과의 공생을 필요로 하는 것 같았다.

3장 바짝마른

바닥에 놓은 요에 앉아 등을 벽에 대고 기대서 선사 시대 것들처럼 생긴 내 버섯 3개를 뚫어지게 쳐다보았다. 이 버섯들은 식물에게 **도움을** 주는 균근균이었다. 내 버섯 책이 일러 준 바로는 그랬다. 책을 좀 더 읽어 보다 깜짝 놀랄 만한 구절을 또 하나 발견했다. 균근 공생이 약 4억 5000만~7억 년 전 고대 식물들을 해양에서 육지로 이주시키는 데 기여했다는 것이다. 진균이 있는 식물 군집에서는 진균의 도움으로 척박하고 식물이 살기 힘든 바위에서도 식물이 영양소를 충분히 얻을 수 있었기에 식물이 육지에 발을 붙이고 생존할 수 있게 되었다는 내용이었다. 저자들은 협력이 진화에 반드시 필요했다는 점을 시사하고 있었다.

그렇다면 임업인들은 왜 그토록 경쟁을 중시했던 것일까?

그 문단을 읽고 또 읽어 보았다. 벌채지에서 본 노란 모종의 헐벗은 뿌리는 그들이 병든 까닭에 대해 나에게 말해 주려 애쓰고 있었다. 구름처럼 포자를 날리던 싸리버섯, 펄럭이는 균사를 가진 퍼프볼버섯이 그 해답을 알고 있을 수도 있다. 로키전나무 뿌리 끝에 있던 노란 거미줄 망도 답을 알고 있는지도 모른다. 지난 주말 책을 훑어보고 팬케이크 버섯이 비단그물버섯에 속한다는 것을 확인했지만 팬케이크버섯이 균근균인지, 부생균인지, 병원균인지는 신경 쓰지 않았다. 비단그물버섯에 대한 설명을 다시 읽어 보았다.

비단그물버섯도 균근균이었다. 협력자, 매개자, **도움을 주는 자!**

어쩌면 토양에 존재하지 않던 진균이야말로 죽어 가던 내 모종에 대한 해답이었을 수 있다. 업계는 육묘장에서 모종을 기르고 심는 방법은 알아냈지만, 상호 협력 관계, 즉 균근 또한 길러야 한다는 점은 완전히 놓치고 있었다.

맥주를 찾으러 부엌을 서성이니 남자아이들이 캐나디안 몇 병을 갖고 가라고 놓아 둔 게 있었다. 고마웠다. 기체로 작동하는 냉장고가 맥주와 같이 있던 스테이크 더미며 베이컨을 차갑게 보관해 주었다. 그리고 치즈, 살라미, 아이스버그 양상추가 야채 칸에 들어 있었다. 이튿날 점심으로 싸 갈 흰 빵 몇 덩어리, 쿠키가 담겨 있는 금속 통이 아보라이트(Arborite, 부엌 조리대 상표명. ─ 옮긴이) 카운터 위에 줄지어 있었다. 남자들은 집을 깨끗하게 썼다. 켈리가 근처에 살아서 함께 이 문제에 대해 고민해 볼 수 있다면 얼마나 좋을까. 켈리는 아마 이미 윌리엄스 레이크(Williams Lake)로 돌아갔을 테고, 다친 것 때문에 일을 거의 못 할 것 같지만 내일 아침부터 말편자 박는 일을 시작할 것이다.

내 방 천장에 매달려 있던 깜빡이는 전등 주변에서 나방이 가루가 덮인 날개를 펄럭거렸다. 프레이저 강 강둑을 따라 칙칙폭폭 달리던 기차가 경적을 울렸는데, 매일 밤 골드러시 트레일을 달리는 기차 두 편 중 첫 번째 기차였다. 나는 그들의 근무 시간에 일하지 않아도 되어서 기뻤다. 침대에서 끈끈한 무릎 위에 낡아빠진 시트를 덮고 맥주를 홀짝이며 멍하니 맥주병 라벨을 벗겼다. 퍼프볼, 싸리버섯, 팬케이크버섯은 나무들을, 또 서로를 도울 수 있다. 그런데 어떻게? 맥주를 다 마시고 불을 껐다. 모든 근육이 아파오는 와중에 머리도 뒤틀리는 것 같았다.

죽어 가는 묘목에는 균근균이 없었는데, 곧 묘목이 충분한 영양을 공급받지 못함을 뜻했다. 건강한 묘목 뿌리 끝에는 알록달록한 진균이 거미줄처럼 덮여 있었고 묘목이 땅속의 물에 녹아 있는 영양소를 얻을 수 있도록 도움을 주고 있었다. 충격적이었다. 하지만 이야기에서 내가 빠뜨린 부분이 있었기에 오늘 본 나무 군집에 대해 생각해 보았다. 오래된 미송들은 매우 건조한 내륙 산맥 지역의 골짜기에 무리를 지어 모여 살고 있었다. 바늘잎이 부드러운 로키전나무들은 고도가 높은 산 위 언덕에 옹기종기 모여 서로를 붙들고 있었는데, 마치 냉랭하고 흠뻑 젖은 봄철 흙으로부터 도망치는 것 같았다. 이처럼 낮은 곳 또는 높은 곳에 무리 지어 자라면 어떤 면에서 나무의 생존에 도움이 될까? 어쩌면 진균은 가장 힘겨운 환경에서 공동의 목적, 즉 번성하기 위해 나무들을 모아들이면서 무리 짓는 역할을 했을 수도 있다.

한 가지 확신할 수 있었던 점은 내가 병든 조림지를 고칠 수 있는 중요한 무언가를 찾아냈다는 것이었다.

어쨌든 묘목이 토양에서 자원을 얻으려면 균근균이 대량 서식해야 한다. 만일 더 많은 근거를 확보하고 내가 원하는 방향을 밀어붙이려면, 모든 것을 바꾸라고 회사를 설득해야 할 것이다. 볼더 크리크의 새 벌채지에 다양한 종을 심자고 상사인 테드를 설득하지 못했던 것만 봐도 내게는 별로 승산이 없어 보였다. 만일 경쟁이 아닌 협력이 생존의 비결이라면, 어떻게 시험해 볼 수 있을까?

숙소 뒤편에 있는 가파른 산에서 불어 내려오는 산들바람이 들어오도록 침대 위편의 창틀을 누르고 깨진 창문을 들어 올렸다. 바람이 나무 향기와 개울 소리를 싣고 불어와 팔을 씻어 주었다. 켈리는 어깨가 아팠고, 목숨을 걸고 필사적으로 매달린 만큼 밧줄을 움켜쥔 손도 아팠을 것이다. 한계를 넘어서도록 몰아붙이면 어째서 더 강해지는 것일까? 고통은 어떻게 우리를 한데 묶어 주는 인연을 더 강하게 만드는 것일까? 나는 땅과 숲과 강이 한데 어울려 하루하루를 마칠 무렵 바람을 상쾌하게 만들어 주는, 밤에 우리가 차분해지도록 도와주는 그 풍부한 리듬이 정말로 좋았다. 오래된 숲이 깨끗하게 해 준 공기가 맴돌았고, 나는 불어 내려온 바람이 나를 씻어내도록 했다.

3장 바짝마른

4장

[나무로]

북아메리카 서부에서 제일 험준한 산속 숲 중 한 곳에서 내 스물두 번째 생일을 기념하겠다는 마음을 먹은 터였다. 겨우 1년이 지났지만 켈리는 어깨가 완전히 다 나아서 다시 로데오 순회를 다니고 있었다. 친구인 진이 오늘 나와 함께해 주었고, 우리는 75킬로미터에 달하는 스타인(Stein) 강의 첫 남쪽 지류인 스트리언 크리크(Stryen Creek) 위 고산 지대를 노리고 있었다. 스타인 강은 동쪽으로 흘러 브리티시 컬럼비아 주 리턴(Lytton)에서 거대한 프레이저 강으로 흘러 들어간다. 우리는 내가 다니던 회사가 있던 동네인 릴루엣에서 남쪽으로 겨우 60킬로미터 떨어진 곳에 있었는데, 릴루엣은 로키 산맥에 있는 프레이저 강 원류에서 남서쪽으로 1,000킬로미터 떨어진 곳으로, 프레이저 강의 종착지인 해안의 밴쿠버로부터는 북동 방향으로 300킬로미터 이상 떨어져 있었다.

나는 이 장소, 또 이곳의 신비한 기운에 이끌림을 느꼈다. 진과 나는 5월에 만났는데, 우리 둘 다 브리티시 컬럼비아 산림청에서 여름 동안 일하는 직장을 차지한 덕이었다. 나는 전에 일하던 벌채하고 도망가는 회사에서 휴직한 시점이었고, 진 또한 퀸 샬럿(Queen Charlotte) 제도(하이다 과이(Haida Gwaii)라고도 한다.)의 벌목 팀 일을 쉬고 있었다. 진은 우리가 대학에서 수업을 들을 때 내게 관심이 있었지만 내가 너무 조용해서 프랑스 어권에서 온 교환 학생인 줄 알았다고 했다. 우리 둘 다 운 좋게도 브리티시 컬럼비아 주에서 주관하는, 정부 생태계 분류 시스템을 활용한 남부 내륙 고원의 식물, 이끼, 지의류, 버섯, 토양, 암석, 조류, 동물 목록 작성을 보조하는 생태학자 팀에 합류하게 되었다. 일을 시작한 지 불과 몇 달 만에 우리는 이미 생물 종 수백여 가지에 대해 배웠다.

우리가 도착한 스타인 강 하구는 골짜기의 급류가 프레이저 강으로 흘러 들어가기 전에 스트리언 크리크와 접하는 곳이었다. 나는 향후 10년간의 스타인 강 유역 벌채 계획 때문에 불안했고, 이미 계곡 한쪽 끝에서 반대편 끝까지 모조리 벌채하는 것을 목격한 터였다. 나는 벌채지에 다시 나무들이 들어차도록 지침을 작성하며 벌목꾼 뒤를 쫓았지만, 작은 묘목을 심어 놓은 벌채지가 퍼져 나가는 모습을 보자 두려운 마음이 점점 더 커졌다. 사랑하는 임업의 실상을 보고 너무 화가 났기 때문이다. 이렇게 혼란스러운 와중에 나는 스타인 강 북쪽 지류인 텍사스 크리크(Texas Creek)에서 다음 주에 있을 시위에 참여할지 말지 고민하고 있었다. 발각되면 해고당할 각오를 해야 했다.

진이 자기의 비틀 차 후드 위에 지형도를 펼쳐 놓았다. 주 골짜기는

1983년 브리티시 컬럼비아 소재 릴루엣 근처 숲에서 일하는 스물네 살 때의 진. 허리에 맨 힙 체인은 재생 수목(regenerating trees) 수를 세기 위해 부지 사이의 거리를 측정하기 위한 도구였다. 집재장 가장자리에는 사시나무가, 오르막 비탈 쪽에는 미송이 있었다. 사진 속에 보이는 트럭이 내가 작고 노란 묘목을 평가할 때 진흙 수렁에 빠졌던 바로 그 트럭이다.

좁고, 바위가 많고, 강에서 가까웠고 수천 년 동안 북아메리카 선주민인 은라카퍼묵스(Nlaka'pamux, 응클러캐프머. 캐나다 선주민의 발음을 존중한 저자의 의도에 따라 표기했다. ─ 옮긴이) 사람들이 걸어서 닳은 구불구불한 길이 무늬처럼 아로새겨져 있었다. "거기서 그림 문자를 본 적이 있어." 진이 지도에서 폭포를 가리키면서 말했다. "그 사람들은 붉은 오커 흙(ochre, 페인트나 물감의 원료가 되는 황토. ─ 옮긴이)으로 그림 문자를 그려. 늑대와 곰도. 까마귀와 독수리도. 성년을 맞는 젊은이들이 그 폭포에 가서 노래를 부르며 춤을 추면 수호 정령이 새나 동물의 형태를 띠고 꿈속에 나타난다고 해. 젊은이들은 인내심, 힘, 위험에 맞설 면역을 얻고, 다른 형상으로 바뀔 수도 있어. 사슴이 되기도 하고. 사람이 사슴으로 변하면 부족원들이 잡아먹어도 되는데, 물에 뼈를 빠뜨리면 다시 사람으로 변신한다는 이야기가 있어."

"말도 안 돼." 경외감을 느끼며 나는 진을 쳐다보았다. "정말로 사슴이 사람이라고?"

"응. 코스트 세일리시(Coast Salish, 태평양 북서부 해안 지역에 거주하는 선주민들. — 옮긴이) 사람들은 나무에도 인간성이 있다고 생각해. 숲은 평화롭게 함께 살아가는 여러 나라로 이루어져 있고, 모든 나라가 이 지구에 공헌하며 살아간다고 가르친대."

"나무가 우리랑 비슷하다고? 그리고 나무가 선생님이라고?" 나는 물어보았다. 진은 어떻게 이런 것들을 알게 된 것일까?

진이 고개를 끄덕였다. "코스트 세일리시 사람들은 나무들이 공생 본능에 대해서도 가르쳐 준다고 해. 숲 바닥 아래에 나무들의 연대와 강인함을 지켜 주는 진균이 있다고."

얼마나 놀랐는지는 나 혼자만의 비밀로 간직하기로 했다. 하지만 내가 진균에 대해 추측했던 바가 이미 자연계와의 인연이 깊은 선주민들 안에 깊숙이 뿌리내리고 있다는 이야기를 듣게 된 것보다 더 마법 같은 생일 선물은 상상조차 할 수 없었다.

진이 가는 나일론 끈을 감아서 곰이 닿을 수 없는 나무 위 높은 곳까지 음식을 끌어올렸다. 우리는 포도주, 죽, 참치와 쌀을 넣은 캐서롤, 모닥불에 구울 초콜릿 케이크 한 봉지를 갖고 왔다. 나는 식물 안내서도 갖고 왔다. 하이킹 부츠 끈을 조이고 13.6킬로그램 남짓 되는 짐을 등에 짊어졌다. 어깨끈을 단단히 맸는데, 청테이프를 덧댄 어깨끈 때문에 이미 끔찍하게 아팠다. 또 허리끈도 조였다. 어두워지기 전까지 산 위에 도착해야 했다.

폰데로사소나무 몇 그루에서 멀지 않은 곳에 블루번치 휘트그래스(bluebunch wheatgrass)의 순이 있었다. 외줄오르기를 하는 손처럼 씨가 번갈아 가며 줄기 양쪽을 움켜쥐고 있었다. 깃털 같은 선당근(Queen Anne's lace)이 건조한 환경에 대처하기 위해 무릎 높이의 흩어진 다발을 이루며 자라고 있었다. 나무들 사이의 연결망에 대한 선주민들의 이야기를 듣다 보니 혹시 이 길을 따라 난 풀, 꽃, 덤불들도 균근이 아닐까 하는 궁금증이 생겼다. 예컨대 원래부터 균근의 성질이 없거나, 물을 대거나 비료를 준 농장에서 재배하는 작물들을 제외한 세상의 거의 모든 식물 종은 조력자 역할을 하는 진균이 생존에 충분한 물과 양분을 흡수하기를 요한다. 연한 청록색 껍질을 가진 번치그래스를 조금 뽑아 보았는데, 건강한 나무 묘목 뿌리에서 보았던 통통하고 알록달록한 진균이 있기를 바라며 눈을 가늘게 뜨고 보고 있으니 두꺼운 뿌리줄기 덩어리가 떨어졌다. 하지만 뿌리줄기도 헐벗은 것 같았고, 그냥 가느다란 수염뿌리가 걸레처럼 부스스하게 얽혀 있었다. 키가 큰 페스큐그래스(fescue grass) 다발도 확인해 보는데 털이 돋친 풀씨 까끄라기가 팔뚝을 간지럽혔다. 페스큐그래스 뿌리도 헐벗은 채였다. 뾰족한 준그래스(junegrass) 뿌리줄기도 마찬가지였다. 실망스러워서 길에다 풀을 던져 버렸다.

미송 몇 그루가 넓은 간격을 두고 자리한 곳까지 올라갔는데, 미송의 가지가 참나무(oak tree)처럼 장엄하게 퍼져 있었다. 숲의 이쪽 부분은 더 습했다. 파인그래스가 미송 나무갓 아래에서 두껍게 자라고 있었는데, 우리가 지나온 폰데로사소나무가 있던 곳에 있던 블루번치 휘트그래스보다 더 밝고, 초록색이 더 짙고, 더 풍성한 긴 잎을 지니고 있었다. 싹 한 뭉치를 꽉 쥐었는데 파인그래스의 불그스름한 줄기가 갑자기 떨어졌다. 꼭 뒤집어진 거북이처럼 나는 짐 위로 넘겨졌다. 이번에도 또 야위고 듬성듬성하고 수염뿌리 같고 헐벗은 뿌리 끝이었다. 전혀 균근 같지 않았다.

"도대체 뭘 하려고. 잔디라도 깎으려고?" 진이 씩 웃으며 말했다.

"균근을 찾는 중인데, 뿌리가 모조리 헐벗은 것 같아." 나는 말했다.

진이 외알 안경 크기에 금속 테두리가 있는 확대경을 건네주어 눈을 가늘게 뜨고 확대된 뿌리를 쳐다보았다. "뿌리가 좀 통통해 보이긴 한다." 내가 말했다. "하지만 미송에서 본 균근이 있는 뿌리끝 같지는 않아." 나는 갖고 온 식물 책에서 파인그래스에 대한 설명을 찾았다. 각주에는 파인그래스는 **수지상균근**(arbuscular mycorrhiza)이며, 수지상균근은 염료로 염색해서 현미경으로 봐야만 확인 가능하다고 나와 있었다.

미송 페이지를 찾았다. 각주에는 **외생균근**(ectomycorrhiza)이라고 나와 있었다.

싸우다 뽑힌 머리 뭉텅이 같은 풀뿌리를 손에 쥐고 바라보며 뿌리 끄트머리에서 자라고 있는 무언가가 보이면 좋겠다고 생각했다. 장담하건대 뿌리 끝이 통통하게 부푼 것같이 보이기는 했다.

"어쩐지 헷갈리더라니." 책을 훑어보며 진에게 앓는 소리를 했다. 풀의 수지상균근균은 뿌리 세포 안에서만 자란다. 풀의 수지상균근균은 보이지 않는다. 나무나 관목의 뿌리 세포 밖에서 튜크(tuque, 머리에 달라붙는 니트 모자, 비니. — 옮긴이)처럼 자라는 외생균근균과는 다르다. 해가 중천이었고 계속 가야 했는데, 그러지 않으면 어둠 속에서 길을 잃을 수도 있었다. 하지만 읽고 있던 내용을 믿을 수 없었다. "좀 징그러운걸. 수지상균근균은 풀의 세포벽을 완전히 뚫고 자라서 세포질이랑 세포소기관이 있는 내부까지 뚫고 들어간대. 피부를 뚫고 들어가서 내장까지 침범하는 것처럼 말이지."

"백선(ringworm)처럼?" 진이 물어보았다.

"정확히 그런 건 아니야. 균근균은 기생하지 않아. 대신 도움을 주지." 식물의 세포 안에서 진균이 참나무 모양으로 자란다고 설명하면서 말했다. "음, 균근균은 나무갓처럼 생긴 구불구불한 막을 형성해."

친애하는 왓슨이라도 된 양 손가락을 공중에 두고 진은 그래서 수지상균근이라는 이름이 붙었을 수도 있다고 말했다. "나무를 수목이라고도 하잖아." 진이 말했다 "그런데 왜 풀에 붙는 균근은 나무에 붙는 균근과 다른 걸까?"

나는 어깨를 으쓱했다. 책에 따르면 나무 모양인 막의 표면적이 엄청나게 넓어서 진균이 식물에 인과 물을 주고 당을 받아올 수 있다고 했다. 건조한 기후와 인이 부족한 토양에서 식물에 도움을 주기 좋도록.

뿌리를 파인그래스 풀숲 속에 던지고 우리는 장중한 미송 숲을 지나 고원을 따라 난 길이 평평해지는 데까지 갔다. 하층(understory)에 있는 이상하게 가시 돋친 가문비나무와 풀색 시트카오리나무(Sitka alder,

오리나무속에 속하는 나무. 이후 오리나무로 표기했다. ─ 옮긴이)를 제외하면 깡마른 로지폴소나무가 숲 전체를 온통 차지하고 있었다. 로지폴소나무는 줄기가 워낙 곧고 오두막(lodge) 천장을 떠받치는 기둥(pole)으로 쓰기에 무척 좋아서 로지폴소나무라는 이름이 붙었다. 로지폴소나무 몸통에는 가지가 없었고 높은 나무갓은 작고 빽빽했는데, 수줍은 듯 가까이 있는 이웃 나무들을 피하고 있었다.

새까맣게 탄 나무 조각을 집어 들었다. 석화된 듯이 굉장히 딱딱하지만 가벼워서 놀랐다. 아마도 방울 열매를 열고 이 덤불을 만든 씨를 뿌린 불의 흔적일 것이다. 로지폴소나무의 방울 열매는 비늘을 닫아 두는 수지가 녹기 시작해야만 열린다. 이런 산속의 숲은 100년마다 불에 타는데, 차갑지만 건조한 기후와 잦은 번개가 전체 임분을 연소시키고 숲 상층부(overstory)를 전소시키기 때문이다. 흩어진 오리나무는 산불이 내뿜은 질소 보충을 돕는다. 오리나무는 뿌리에 있는 질소 기체를 다시 식물과 나무들이 활용할 수 있는 형태로 변환시키는 특별한 공생 세균을 지지하며 질소를 보충한다. 지속적으로 불이 나지 않는다면 빛을 무척 좋아하는 소나무는 100년 안에 자연적으로 죽어 없어질 것이고 그늘에서도 잘 자라는 가문비나무가 결국은 숲 지붕(canopy)을 지배하게 될 것이다. 자연 천이(natural succession, 특정 공간에서 시간의 흐름에 따른 식물 군집의 변화. ─ 옮긴이)가 이 높은 곳에 있었다.

살찐 허클베리가 파인그래스 틈의 덤불에서 잘 자라고 있었고 여기서도 뿌리 끝을 점검해 보았지만 결국 메마른 뿌리 끝밖에 보지 못했다. 허클베리에게 도움을 주는 균근이 형성하는 또 다른 부류인 에리코이드(ericoid, 진달랫과의 식물들) 균근은 식물의 세포 안에서 코일을 형성하는 진균인데, 엄마가 옛날에 내 머리를 곱슬거리게 말아 줄 때 쓰던 핀 컬을 연상시켰다. 더 멀리까지 가 보니 잎은 반투명하고 윗부분은 두건을 쓴 듯한 유령 같은, 광이 나는 흰색 식물이 관목 사이를 찌르는 번쩍이는 검처럼 서 있었다. 몇 분 더 책을 들여다보고 자체에 엽록소가 없어서 초록색 식물에 기생하는 수정난풀(ghost pipe plant)이라는 것을 알아냈다. 그리고 수정난풀도 수정난풀 균근(monotropoid mycorrhiaza)이라는 자신만의 특별한 종류에 속하는 균근이었다. 우리는 웃다가 아직도 또 다른 유형의 균근이 있다는 사실에 신음해 가며 가까스로 감탄도 했다. 균근에는 얼마나 많은 종류가 있는 걸까? 수정난풀 균근은 외생균근과 비슷했는데, 두 종류 모두 뿌리 끝의 바깥 편에 진균이 덮여 있다는 점이 비슷했다. 하지만 수정난풀 균근도 식물의 세포 내에서 자라는데, 이런 면에서는 수지상균근이나 에리코이드 균근과 비슷했기에 어느 쪽에도 속하지 않는 유형으로 분류된 것 같다. 수정난풀의 균근도 나무뿌리에서 자라면서 나무의 탄소를 훔친다.

진이 놀렸다. "그런데 진균이라니 프랑스 사람들이 주로 먹는 것 아닌가? 환각 효과가 있다는 버섯도 먹는다며? 혹시 너도 어디 홀린 거 아니야?" 진은 포도주병이 점점 무거워지는 것에 대해 한마디 했지만 나만큼이나 활짝 웃고 있었다.

고도 1,000미터, 거리로 10킬로미터를 지나 첫 번째 낙석 지대에 도착했다. 스코울레리아나버드나무(Scouler's willow)와 슬라이더오리나무(slider alder)가 산비탈 아래로 가득 드리워져 곰이 살기 좋은 서식지를 이루고 있었다. 높이 치솟은 아레트(arête, 빙하 침식 작용으로 생긴 뾰족한 산등성이. — 옮긴이) 위로 해가 많이도 내리쬐고 있었다. 비탈 바닥에는 광부의 오두막이 있었는데 시끌벅적한 생쥐, 들쥐, 다람쥐가 그곳을 집으로 삼고 있었다. 하나뿐인 방은 소나무 기둥들을 못 박아 만들었고, 넓지 않은 구역을 치워서 정원을 만들어 놓았는데 아마 감자나 당근을 기르기 위한 것 같았다. 혹시 죽은 사람을 묻기 위해서 아닐까. 스멀거리는 느낌이 들고 섬뜩했지만 배가 너무 많이 고팠다. "척척 만든 치즈 샌드위치다." 샌드위치를 건네며 진이 말했다. 우리는 치즈와 호밀 흑빵으로 오래 가는 샌드위치를 몇 초 만에 만들어 내는 기술을 완성한 터였다. 숲 가장자리에서 우리를 향해 기어오는 수정난풀 때문인지 이곳이 무척 으스스하다는 생각을 마침 하고 있었는데, 진이 똑 부러지게 말했다. "혹시 옛날에 금을 캐던 광부들이 여기서 죽어 나간 건 아닐까?"

진에게는 내가 꾹 참고 하지 않으려던 말을 꼭 집어 말하는 재주가 있었다.

다시 가파른 언덕 열두어 개 너머를 향해 출발했다. 지그재그로 난 산길에서는 폭포의 안개가 우리 위로 촉촉하게 내렸고, 털이 긴 이끼가 바위 위에 드리워 있었다. 너른 간격을 두고 자란 빼빼 마른 어린 로지폴소나무가 서서히 더 오래된 로키전나무와 엥겔만가문비나무로 바뀌었다. 오후 서너 시에는 산 높은 곳에 걸린 골짜기에서 마지막 가파른 언덕길을 따라가자 개울물이 절벽 아래로 큰 소리를 내며 흘러내리고 있던 평평한 지대가 나타났다. 폭포 꼭대기에서 양팔을 벌리고 우리 위로 빠르게 흘러가는 시원한 공기와 아래에 있는 암벽을 느껴보았다. 진이 쌍안경을 꺼내고 말했다. "봐." 고산이 불과 몇 시간 거리에 있었다.

풍경을 샅샅이 살펴보았다. 우리가 있던 곳으로부터 몇천 미터 위에 있던 눈 덮인 바윗덩어리 쪽으로 눈부신 목초지가 미끄러지듯 퍼져 나갔다. 눈과 거센 바람으로 나무갓이 가늘어진 길쭉한 로키전나무가 점차 줄어들어서 고원의 바위 사이에는 아무것도 남아 있지 않았다. 개울 가까이에서는 좁은 땅에 로키전나무와 엥겔만가문비나무가 더 빽빽하게 자라고 있었으며 나무를 무너뜨리는 눈, 몰아치는 벼락, 세찬 바람이 만들어 낸 틈에서 묘목들이 새로 자라나고 있었다.

"바로 저곳이 내가 생일을 보내고 싶은 장소야." 산마루를 가리키며 말했다.

울리는 소리를 내는 개울가에는 풀색 오리나무와 유연한 버드나무가 우거져 있었고, 개울가의 오솔길은 스산했다. 한동안 사람들이 지나다닌 흔적이 없는 듯했다. 빠르게 걸으려고 했지만 길이 따라 주지 않았다. 오물이 부츠에 들러붙었고 파인 곳에 발이 빠졌다. 10미터 남짓한 거리마다 통나무가 가던 길을 막아서 통나무 위로 기어서 건너가거나 꿈틀거리면서 통나무 아래로 지나가야 했고, 땃두릅나무 줄기가 팔을 할퀴었다. 모퉁이를 돌다가 진은 칠면조 고기 담는 접시 크기(지름 40센티미터 정도. ─옮긴이)의 곰 배설물을 보고 멈춰 섰다. "회색곰이야." 진이 말했다. "흑곰 똥은 이만큼 크지 않아."

곰의 대변이 허클베리와 풀로 반짝였다. 우리는 계속 소리를 지르며 오리나무와 버드나무 사이를 휘감고 다니다 대변을 또 발견했다. 심지

4장 나무로

어 더 크고 더 얼마 안 된 것이었다.

진이 대변을 만져 보았다. "차갑지만 부드럽네." 진이 중얼거렸다. "하루 정도 된 것 같아."

"나 무서워." 나는 말했다. 게다가 개울물 소리가 시끄러웠고 워낙 덤불이 우거져서 우리가 근처에 가도 곰이 우리를 볼 수 있을 것 같지는 않았다. 진은 이미 올해 여름 초에 나를 구했는데, 밴쿠버 섬 주변에 있는 웨스트 코스트 트레일의 수지엇(Tsusiat) 폭포에서 파도에 갇혀 바다에 휩쓸릴 위험에 처했던 것이다. 10미터나 되는 높은 절벽을 오를 힘이 없던 나를 진이 한쪽 팔 아래에 끼고, 짐까지 족히 70킬로그램 무게를 먼 꼭대기까지 끌어올려 주었다.

"좀 더 멀리 가 보자. 꼭 생일을 고산에서 보내야겠어." 내가 말했다. 하지만 다음 모퉁이에서 심장이 철렁했다. 진흙에 찍힌 흔적은 내 무릎 깊이만 했고 길이는 팔뚝만 했다. 발톱 자국, 깊은 홈이 발가락 자국 끝에서부터 손가락 길이만큼 길게 나 있었다.

"확실해. 회색곰이야." 진이 소리쳤다. "자국이 엄청나게 커. 그리고 저 나무 좀 봐."

난 지 오래지 않은 발톱 자국이 냇가에 줄지어 선 포플러에 새겨져 있었는데, 화살처럼 곧은 자국이었다. 똑바른 상처 5개가 나란히 새겨져 있었는데, 각각 1미터 길이였다. 새로 난 흰 자국을 따라서 마치 상처에서 흐르는 피처럼 투명한 수액이 새어 나왔다. 높이가 2미터쯤 되는 어수리가 너덜너덜해진 잎에서 독 있는 물질을 뿜으며 뿌리째 뽑혀 있었다. 진을 만난 후 처음으로 진이 두려워하는 모습을 보았다.

"어서!" 내가 소리쳤다. 우리는 광부의 오두막에 머물 수 있었다. 분명히 너무 오래 머물렀던 것이다. 비탈길을 향해 달리며 나는 에어 혼을 허리띠에서 끌렀고 무거운 짐이 우리를 마구 떠밀었다. 어깨끈을 조절할 여유도 없이 내달렸다. 이른 저녁 무렵 도착한 오두막은 내 기억보다더 금방이라도 무너질 것 같고 천장을 떠받치는 기둥 사이는 붕 떠 있고 창문이며 문은 다 해진 비닐로 덮여 있었다. 그래도 오두막이 텐트보다는 더 안전했다.

프라이팬에 케이크 믹스 가루와 물, 분유를 넣고 젓다가 반죽을 호일로 덮고 진의 휴대용 곤로에 반죽을 올려 구우면서, 프라이팬 가장자리의 반죽에서 거품이 나는 것을 보면서 웃으며 우리는 두려움을 떨쳐버렸다. 우리는 별이 반짝이는 하늘 아래에서 적포도주와 따뜻한 초콜릿 케이크 덩어리를 두고 이날을 기념했고, 달을 보고 울부짖는 늑대처럼 생일 축하 노래를 불렀다. 은라카퍼묵스 사람들은 인간이 늑대로 변신하면 용기와 힘을 찾게 된다고 했다.

우리는 모닥불 옆에서 밤늦도록 이야기를 나누었다. 나와 웨스트코스트 트레일 여행을 한 이후로 계속 진은 우울증으로 고생을 했다. 우리는 인생을 망가뜨릴 수 있는 슬픔과 두려움에 대해 이야기했는데, 부모님의 결혼 생활이 산산이 부서지고 내가 처음으로 변치 않은 우울함에 사로잡혔던 시절 너무나 친숙했던 감정이었다. 혼란스럽고 생각이 흐려졌다. 진은 가끔 자신이 병 때문에 시설에 들어가 지내는 자기 엄마 같다는 느낌을 받는다고 했다. 나는 잔을 다시 채웠고, 진한 포도주가 혈류를 통해 흐르며 별들을 반짝이게 했다. 우리는 버티기 위해 하는 소소한 일들, 우리가 공유하던 의식에 대해 이야기했다. 침대에서 나오기, 이 닦기 같은 사소한 일들, 우리가 이뤄낸 것의 파편을 줄줄이 읊으면서. 너무 지친 나머지 아무런 느낌이 들지 않을 때까지 가파른 산길을 자전거로 달리기. 너무나 햇빛이 밝게 비추는 날 능선을 따라 하이킹을 하면서 햇빛 때문에 어쩔 수 없이 미소 짓기. 진이 곁에 있어 주면 고생스러움도 견딜 만했다. 나는 그저 진이 괜찮기를 바랐다.

결국 물을 끼얹어 불을 끄고 오두막의 칠흑 같은 어둠 속으로 다시 돌아갔다. 희미한 헤드램프 빛 아래에서 우리는 로지폴 침상에 침낭을 깔았다. 그렇게 하면 추위로부터 스스로를 더 잘 지켜 낼 수 있는 듯, 나는 침낭 지퍼를 채우고 침낭 속 깊숙이 파고 들어갔다.

이튿날 아침, 내가 근처 개울에 씻으러 간 동안 진이 아침밥을 장만했다. 회색곰의 자취가 있는 것은 아닌지 나무를 살펴보았지만 고요하기만 했다. 풍성하게 늘어진 감초고사리(licorice fern)로 덮인 바위 벽 바닥의 부식토에서 약하고 검은 줄기를 지닌 공작고사리(maidenhair fern)가 무리를 지어 자라고 있었다. 나는 얼굴에 물을 끼얹었다. 암개고사리는 부식토가 있는 파인 땅에서 자라고 있었고, 아주 조그만 토끼고사리(oak fern)는 나무로 그늘진 높은 지대를 덮고 있었다. 모두들 다윈의 핀치새처럼 제게 딱 맞는 자리를 찾아냈다.

강렬한 썩는 냄새에 어쩔 줄 몰라 주변을 둘러보았다. 숲도 덤불도 움직이지 않고 가만히 있었다. 고사리들도 고요히 있었다. 숨겨 둔 물건에서 나는 냄새 같다고 생각했다. 회색곰이 밤사이에 끌고 온 썩은 고기 때문에 나는 냄새.

서둘러 오두막을 향해 가며 소리를 질렀다. "진, 여기서 빠져나가자!"

스카이라인 정상 위로 해가 흐릿하게 떠오를 즈음 우리는 황급히 짐을 들쳐 멨다. 웅덩이 옆에 난 길 위에 사슴 다리뼈가 나타났다.

목청껏 고함을 지르며 내리막길을 달렸다. 몇 분 뒤 우리는 안절부절못하며 로지폴소나무 산길을 지나갔는데, 빼빼 마른 가지에는 줄기가 없었고 어찌해서 나무 위로 겨우 올라간다 치더라도 나무 껍질이 잔뜩 갈라져 있어서 다리를 벨 것 같았다. 숨을 만한 곳들이 내 눈에 잘 들어왔다. 굽은 길 전부, 건널 수 있는 개울 전부, 또 낮게 깔린 나뭇가지 전부가 도망갈 길 노릇을 할 수 있었다. 끝없이 펼쳐진 소나무 지대를 지나자 길은 다시 더 키가 큰 미송이 사는 넓은 저지대로 통했다.

가지가 컸고 숲 아래에 부드러운 풀이 있어서 미송은 친절하고 안전하게 느껴졌다. 건조한 미송 숲은 회색곰이 가장 선호하는 서식지는 아니었다. 8월에 회색곰은 고도가 높은 숲이나 고원의 초원 지대를 선호하는데, 더 시원하기도 하고 열매가 익는 시기이기 때문이다. 나는 긴장을 풀고 진과 속도를 맞춰 성큼성큼 달리기 시작했다.

아래로, 아래로, 아래로, 짐의 무게가 느껴졌다. 오른쪽 어깨 끈에 대강 붙여 놓은 청테이프가 벗겨져서 그 부분을 만지작거리느라 나를 향해 손을 흔드는 풀과 꽃도 거의 눈에 들어오지 않았다. 진이 갑자기 소리쳤다. "회색곰이야!"

몇 미터 떨어진 곳에서 어미 곰과 새끼 곰 두 마리가 우리를 뚫어지게 쳐다보고 있었다. 에어 혼을 향해 손을 뻗어 보았지만 이미 어디엔가

4장 나무로

129

떨어뜨려 잃어버린 후였다.

곰들도 우리만큼 깜짝 놀랐다. 너무나 가까이 있었던 나머지 곰의 입에서 나는 썩은 고기 냄새가 느껴질 정도였다. 우리는 제일 가까운 나무를 향해 느리게 뒤로 물러섰다. 진은 짐을 내려놓고 큰 나뭇가지에 돋은 옹이를 발판 삼아 미송 위로 올라가기 시작했다. 어미 곰이 새끼들에게 꽥꽥 소리를 내는 동안 나는 근처에 있던 나무의 비늘 돋은 줄기를 꽉 잡았다. 머리를 공성 망치 삼아 얽힌 나뭇가지 틈을 헤집었다. 진은 내가 겨우 올라간 곳보다 족히 5미터는 더 높은 곳을 기어오르고 있었다. 나는 진의 속도를 따라가지 못해 걱정이었다. 낮은 곳에 있으면 회색 곰이 쉽게 나를 짓이겨 버릴 수 있었다. 얼굴과 팔에 난 찔리고 긁힌 상처에서 피가 마구 흘러나왔다. 두려움 때문에 내가 매달려 있던 나무가 흔들렸다. 진의 나무는 몸통이 워낙 커서 계속 위로 올라가 빠르게 나무갓까지 갈 수 있었다. 서두른 나머지 나는 짐을 던지는 것도 잊어버렸고 훨씬 작은 나무를 골랐다! 가능한 한 제일 높은 곳에 도착하자 나무가 앞뒤로 흔들렸고 혹시 지금 나무 바로 아래에서 돌아다니고 있는 어미 곰과 새끼 곰 위로 떨어질까 봐 겁이 났다.

나를 뚫어지게 바라보고 나서 어미 곰은 우리를 상대하는 동안 새끼들은 안전하게 비켜나 있도록 새끼들을 폰데로사소나무 두 그루 위로 올려 보냈다. 주황색 나무줄기에는 가지가 없었지만 새끼들은 가볍고 발톱도 날카로웠다. 새끼들이 나무 위로 올라가서 우리가 매달려 있던 곳보다 훨씬 높이 솟아 있는 나무갓 속에서 쉬는 동안 어미는 코를 킁킁대며 새끼들에게 지시했다. 어미는 우리를 향해 돌아서더니 좀 더 잘 보려고 뒷발로 섰다. 회색곰은 시력이 나쁘다고 알려져 있다. 어미 곰은 우리가 별볼일 없다고 단정하고는 나무 네 그루 사이를 오가며 길을 텄다. 나는 높은 나무 위에서 곰의 감시를 받으며 내 행운의 별에 감사를 드렸다. 발가락이 꼬인 나뭇가지 틈에 끼었고 손에서는 피가 났고, 나는 쉬고 싶어서 나무에 깊이 기댔다. 나무 껍질의 온기와 바늘잎의 달콤한 향기가 금세 나를 차분하게 해 주었다. 진이 내 눈에 들어왔고, 진은 새끼들 쪽으로 고개를 까딱했다. 짧은 금색 털에 둘러싸인 새끼 곰의 검은 눈이 우리를 유심히 바라보고 있었다. 진은 새끼 곰들을 보고 웃을 수밖에 없었다.

시간이 느리게 흘렀다. 허리가 좀 덜 아프도록 발의 무게 중심을 바꾸고 짐을 다시 멨는데, 여기 밤새도록 매달려 있어야 되나 걱정이 되었다. 다행히 산길을 가는 동안 탈수가 너무 심하게 와서 소변을 볼 필요조차 없었다. 어미 곰이 우리를 삼엄하게 감시하는 동안 새끼 곰들은 잠든 것임에 분명했다.

나도 잠이 들었으면 좋겠다고 생각했지만 멈출 수 없이 계속 떨렸다.

엄마 생각이 났다. 폰데로사소나무 껍질에서 퍼져 나온 바닐라향에 엄마의 부엌이 떠올랐기 때문이다. 어떻게 하면 이 위기에서 빠져나올 수 있을지 엄마에게 너무나 물어보고 싶었다.

진의 찬란한 나무는 내 나무처럼 떨리지 않았다. 의심의 여지없게 진이 나보다 더 용감했거나 아니면 진이 올라간 나무가 더 튼튼했다. 진정한 고목. 무리를 이끌고 지휘하는 위엄 있는 나무. 그 나무의 갓은 주변 다른 모든 나무의 나무갓보다도 더 깊고 더 위풍당당했다. 아래에

4장 나무로

1982년 스물두 살 때 스트리언 크리크에 있는 광부의 오두막에서 아침 식사 중.

있는 어린 나무들의 그늘이 되어 주는 나무. 여러 세기 동안 진화한 씨앗을 떨구는 나무. 고운 소리로 우는 새들이 올라앉고 둥지를 틀 거대한 가지를 펼치는 나무. 그리고 늑대이끼와 겨우살이가 뿌리내릴 틈을 찾을 곳이 되어 주는 나무. 다람쥐가 나중에 먹으려고 두엄 더미에 저장할 방울 열매를 찾아 나무줄기를 오르내리게 해 주는, 또 그런 다람쥐를 필요로 하는 나무. 가지가 굽은 곳에 버섯을 걸고 말려서 먹을 수 있게 해 주는 나무. 이 나무는 혼자서도 숲의 순환을 지원하며 다양성을 위한 발판 역할을 하고 있었다.

나는 팔로 나무 둥치를 더 단단히 감쌌다. 새끼 곰들이 잠자는 동안 어미 곰은 폰데로사소나무 아래에 자리를 잡고 안정을 취했다. 벌벌 떨던 것이 살짝 떨리는 정도로, 공포도 그냥 겁 정도로 줄어들었다. 나무의 안전한 품속에서 나는 서서히 나무 껍질에 접붙이듯 붙고 나무 속 한가운데, 안쪽까지 녹아드는 느낌을 받았다. 나뭇가지에 둘러싸인 내가 얼마나 차분해졌는지에 깜짝 놀랐다. 딱따구리가 근처에 있던 병든 나무를 두드리고 나무 껍질을 휘날리며 제 식구를 위해 새 구멍을 만드는 중이었다. 죽어 가는 이웃 나무에는 더 큰 구멍이 나 있었다. 그 구멍도 딱따구리 구멍 같았지만 나무가 썩어 가고 구멍 가장자리가 닳다 보니 다른 딱따구리 구멍보다 더 크고 거칠었다. 그런 구멍에 사는 딱따구리는 포식자로부터 안전하지 못할 것이다. 구멍 안에서 무언가가 움직였다. 부엉이의 흰 얼굴과 노란 눈이 나타났다. 부엉이가 고개를 돌리더니 부엉 소리를 냈는데, 딱따구리에게 말하는 것 같았고 아마 이게 다 무슨 난리인지 궁금했던 모양이다. 딱따구리와 부엉이는 서로 아는 사이 같았다. 이웃들은 둥지와 경고 신호를 공유하고 있었다. 오래된 나무들이 목격자였다.

지는 해의 불타는 듯한 노을이 숲 위로 밀려들었다. 진의 짐 가방에 남아 있는 생일 케이크로 생각이 옮아갔다. 어미 곰은 폰데로사소나무에서 건너와서는 짐 주변을 염탐하고 있었다.

어미 곰이 콧소리를 내며 명령을 했다. 사각사각. 새끼 곰들이 뛰어내려가더니 어미와 함께 덤불을 헤집으며 신나게 달렸고, 그 뒤를 따라 나뭇잎도 사각거리는 소리를 냈다.

그러고 나서는 침묵이었다. 내 무게에 눌린 나뭇가지가 아래로 늘어졌고 나뭇가지들이 내가 내려가 주기를 바라는 것 같다고 생각했다.

"간 것 같아?" 최대한 조용한 목소리로 진을 소환했다.

4장 나무로

"몰라, 그런데 나 배고파. 가야겠어." 진은 내려가기 시작했다. 나는 걱정된다며 아우성을 쳤지만 진은 충분히 지당하게도 영영 나무 위에서만 있을 수는 없다고 말했다.

나도 엉성한 자세로 나무에서 내려왔고, 진의 부츠가 땅을 밟은 직후 바닥에 도달했다. 진은 나의 긁힌 맨 팔을 쳐다봤지만 자기 팔에 난 벤 상처가 더 깊다는 것에 더 깊은 인상을 받은 듯했다. "곰들이 우리 피 냄새를 맡지 않아서 다행이야." 진이 짐 속을 살펴보며 말했다. 잇자국은 없었다. 짐 가방 옆에 달린, 코끼리 귀만큼 큰 주머니(진의 자랑거리였는데, 짐 부피를 2배는 더 키운 녀석이었다.) 중 하나를 열고 남은 케이크를 단숨에 먹어 치웠다. "곰은 초콜릿을 안 좋아하나 보네." 진은 골짜기에서 바위 떨어지는 소리를 들었다고 주장했는데 우리가 안전하다는 뜻이었다.

떠나는 우리를 바라보던 진의 나무는 무덤덤하고 차분했다. 내 나무를 바라보았는데, 주 줄기가 진의 나무 나무갓 아래에 안겨 있었다. 진의 나무가 내 나무의 부모 나무인지 궁금했는데, 왜냐하면 씨는 대개 근처에 떨어지고 거의 모든 씨가 반지름 100미터 내의 지면에 떨어지기 때문이다. 무거운 씨 몇 개 정도만 더 멀리 흩어지는데, 청설모, 다람쥐, 새가 씨를 날려서 개울이나 파인 곳을 건너기도 한다. 이상한 씨는 상승 기류를 타면 날개를 달고 계곡을 건너기도 한다. 하지만 씨는 대부분 나무갓 변두리에 떨어진다. 진의 오래된 나무는 내 나무의 부모 나무일 가능성이 있었다. 진의 나무가 내 나무, 그리고 우리 모두를 보호하는 것 같았다. 감사하는 마음으로 모자를 들어 나무에 인사했고, 더 배우기 위해 돌아오겠다고 속삭였다.

우리는 떠나면서 냄비를 쾅쾅 치고 회색곰에게 소리를 지르며 달렸다. 하지만 위험을 눈앞에 두고서도 나는 새로이 느끼게 된 평화로운 감각, 고목, 미송, 폰데로사소나무가 지닌 본능적이면서도 촉감으로 느껴지는 압도적 지혜에 둘러싸여 있었다. 나는 선주민들이 이미 매우 깊이 이해하고 있던 숲과의 인연을 실감했다. 레이와 내가 릴루엣 산맥에서 벌채할 곳을 정한 후 오래된 나무들이 잘려 나가는 것을 보고 나는 눈물을 흘렸고, 500년 된 나무에게 내린 사형 선고는 아직 내 마음을 떠돌며 죄책감을 들게 했다. 벌채의 효율성은 자연과 잔인하게 동떨어진 것처럼 느껴졌고, 우리가 더 고요하고, 더 온전하고, 더 영적이라고 생각하는 대상들을 무가치하게 만드는 처사였다.

하지만 나는 까닭이 있어서 진과 함께 이곳, 숲속에 있었다. 나무들이 우리를 구해 주었고, 우리 회사가 식물과 동물을 보호하면서도 나무를 수확하는 새로운 방법을 찾아내는 데 혹시 내가 도움이 될 수 있을지 궁금했다. 또 숲의 어머니들도 보호하면서. 어쩌면 우리가 업계의 선도자가 될 수 있지 않을까? 사람들이 목재와 종이를 필요로 하는 한 나무 베기는 멈추지 않을 것이므로 새로운 해법을 찾아야만 했다. 할아버지는 숲을 생기 있고 다시 살아날 수 있게 유지하면서 나무를 수확했고 어머니 나무들은 건드리지 않았다. 할아버지가 물질적으로 부유했던 적은 단 한 번도 없었지만, 숲속에서 충만한 평화를 누리며 필요한 만큼만 취했으며 간격을 띄워 두어서 나무들이 돌아올 수 있게끔 했다. 할아버지를 보고 자란 것은 내게 행운이었다. 어떻게 숲에서 집을 지을 나무, 종이를 만들 섬유질, 병을 앓을 때 고쳐 줄 약을 얻으면서도 숲을 지킬 수 있을까? 나는 이 책무를 이행하는 새로운 유형의 임업인이 되고 싶었다.

. . .

이듬해 여름 벌목 회사로 복귀해서 9월 말까지 직장에 다녔는데, 대학을 이미 졸업했기 때문이었다. 하지만 산에 이른 눈이 내리는 바람에 현장 업무가 중단되자 해고당했다. 식재 규정과 묘목 주문을 마무리하고 싶었지만 테드는 이듬해 봄에 다시 나를 고용하기로 약속했고 나는 새 일자리가 정규직이기를 바라고 있었다.

한 주 후, 북쪽으로 100킬로미터 떨어져 있는 도시이자 엄마가 살고 있던 캠룹스(Kamploops) 우체국 앞에서 테드와 마주쳤다. 인사를 건네며 내가 마무리하지 못하고 퇴직한 사무 일들을 어떻게 처리하고 있는지 물어보았더니 테드는 달아나고 싶어 하는 것 같았다. 초조한 듯 웃으며 테드는 회사가 겨울 동안 임업 지침 작성을 마무리하기 위해 레이를 고용했다고 말했다. 테드는 내 쪽 너머를 쳐다보았고 어떠한 이유도 말해 주지 않았다.

내가 잘못한 것이 있나? 스타인 밸리 시위 때문은 아닐 텐데, 왜냐하면 결국 시위에 가지 않았으니까. 나는 업계 내부에서부터 문제를 풀어 가는 것이 더 좋을 것이라고 스스로에게 말해 왔다. 업무 수행 때문도 아닐 것이다. 왜냐하면 내가 숲의 생태와 임학에 대해 레이를 포함한 다른 어떤 학생들보다 더 많이 배웠다는 것은 익히 알려져 있었기 때문이다. 내가 남자들과 잘 지내지 못했던 것일까?

테드가 이듬해 봄 전화를 걸어와 약속했던 조림 관련 계절직 일자리를 제안했지만, 나는 제안을 거절했다. 야생에서 일하는 다른 방법, 숲속의 어머니들이 지닌 신비로운 방식에 대해 좀 더 많은 식견을 줄 수 있으리라고 기대하는 방법을 찾고 싶었다.

그러려면 우선 나무를 독살하는 법부터 배워야 한다는 것을 그 시절에는 미처 몰랐다.

4장 나무로

5장

[흙 죽이기]

"수지, 나 무서워." 엄마가 소리쳤다. 우리는 낙석 지대를 건너 조심스레 걸음을 떼고 있었는데 머리 위로는 산양이나 잘 다닐 법한 가파른 벽이 있었고 바위가 연쇄 충돌 현장의 차량처럼 흩뿌려져 있었다. 뒤를 돌아보자 엄마가 엄청나게 큰 바위 위에 서서 넓은 바위틈 쪽으로 뒤로 미끄러지는 모습이 보였다.

바위를 뛰어넘고 엄마의 배낭 윗부분을 움켜쥐고는 엄마가 앞쪽으로 기어 올 수 있게 도왔다. 우리는 동쪽으로는 스타인 밸리, 서쪽으로는 릴루엣 호수를 사이에 둔 높은 분수계의 리지(Lizzie) 호수 고원에 있었다. 엄마는 모내시 산맥에서 자랐지만 돌산에 올라 본 적은 없어서 나는 자책하고 있었다. 겨울 동안 조림직 일자리에서 배제되어서 감정 정리가 되지 않은 상태였고, 엄마에게 내가 사랑하게 된 경치를 보여드리며 조언을 구하고 싶었다. 그런데 그 과정에서 엄마를 위험에 빠뜨려야만 했을까? 엄마는 팔이 부러질 뻔했다.

"우리 쉬었다 가요, 엄마." 내가 말했다. 엄마가 땀을 어찌나 많이 흘렸던지 오직 이번 여행을 위해 엄마가 들떠서 배낭에 난 구멍에 덧대 기운 가죽 조각에 땀 자국이 남을 정도였다. 내가 진의 배낭처럼 더 큰 등산 배낭을 사면서 엄마께 드린 배낭이었다. 엄마는 내가 꺼낸 트레일 믹스를 뒤져서 초콜릿을 찾았다. 잠시나마 엄마에게 위로가 될 수 있어 좋았다.

"웨스트 코스트 트레일에서 하이킹은 해 봤단다, 수지야." 엄마가 말했다. "하지만 볼링 공 벌판을 가로지르는 배낭 여행은 처음이구나."

"네, 등에 9킬로그램 나가는 짐을 지고 둥그런 돌 위에서 균형 잡기는 어렵죠." 균형 잡기가 얼마나 어려운지 알고 있다는 뜻으로 줄 타는 시늉을 하면서 말했다. "올라가면서 가방 위치를 바꿔야 하는데, 가방이 무게 중심을 잡아 주는 바닥짐인 셈이네요. 스키랑도 많이 비슷해요. 모굴(mogul, 눈을 쌓아 만든 작은 언덕. — 옮긴이) 사이를 휙휙 지나가듯이 바위 각도에 맞춰서 무게 중심을 계속 바꿔 보세요." 이혼 이후 엄마의 스키 실력은 상당해졌는데, 엄마는 매년 우리에게 동네 스키장 가족 입장권을 사 주었다. 첫날 줄을 잡고 스키를 타던 엄마는 방향을 틀 때마다 넘어졌지만 시즌 막바지에는 리프트를 타고 올라가서 눈을 지치고 내려왔다. 2년째에는 산에 있는 모굴 스키장에서 평행 스키를 탔는데, 10대인 아들딸만큼 스키를 잘 타고 말겠다는 의지가 대단했다. 엄마는 집에서 만든 빵과 쿠키로 점심을 듬뿍 챙겨 새끼 늑대들과 어미 늑대 무리처럼 떼를 지어 스키를 타던 스키장으로 친구들과 우리를 실어 날랐다.

"치프(Chief, 스타와머스 치프(Stawamus Chief) 산의 약칭. ─옮긴이)에서 스키를 타고 내려올 수 있다면 바위 돌밭을 건너서 하이킹도 할 수 있단다." 엄마는 흰등마멋에게 땅콩을 던져 주며 말했다. "난 저런 큼직한 마멋이 너무 좋더라." 마멋이 먹는 모습을 보고 엄마가 기뻐하면서 말했다. 계곡을 가로질러 빙하와 심한 눈사태가 만들어 낸 뾰족뾰족한 산 봉우리들이 튀어나와 있었다. 아래의 벌채지는 고도가 높은 곳의 로키전나무 삼림 지대, 그리고 고도가 낮은 곳의 미송 숲을 관통하는 띠처럼 펼쳐져 있었다. 나무가 잘려 나간 자리의 관목이 캐나다 추수 감사절 직전 주말인 이 10월 초, 주홍색으로 빛나고 있었다.

"저 예쁜 꽃은 무슨 꽃이니, 수지?" 엄마는 파슬리 같은 잎이 돋은 깡마른 줄기 위로 은빛 씨 무리가 이룬 머리를 가리켰다.

"토헤드 베이비(tow-head babies)요." 손바닥으로 씨 머리를 쓰다듬으며 나는 대답했다. 두 바윗돌 사이의 틈에 모인 부식토 덩이 위에서 햇빛에 반짝이며 토헤드 베이비가 몇 움큼 자라고 있었다.

"베이비 토헤드!" 엄마가 잘못 부른 이름이 훨씬 더 마음에 들었다. "네가 나를 여기 왜 데려왔는지 알겠구나, 수지. 여긴 정말 특별한 곳이야."

"저쪽으로 지나가면 좀 더 으스스해요." 돌을 쌓아 만든 길 표지를 따라가면 나타나는 큰 틈들을 가리키며 말했다.

"괜찮단다." 엄마가 말했다. "스타인에서 하이킹하는 것이 이번이 처음은 아니니까. 너도 알다시피." 엄마가 말했다. 버트 할아버지처럼 씩씩하고 위니 할머니처럼 고집이 세고 결의로 똘똘 뭉쳐 있던. 그 두 분의 조합이 어찌나 환상적이던지 로빈, 켈리, 나는 풀 네임인 허버트와 위니프리드를 합쳐서 '버티프리드'라는 별명을 만들었다.

"전에 이 근처에 와 보신 적 있으세요?" 나는 여전히 내가 부모보다 훨씬 아는 것이 많다고 생각하던 나이였다. 하지만 엄마는 늘 나를 감탄하게 만드는 분이셨다. 엄마는 유럽과 아시아를 여행했고, 아리스토텔레스, 촘스키, 셰익스피어, 도스토옙스키 책을 읽으셨다.

"스타인 강과 스트리언 크리크가 만나는 스타인 강 어귀에 있는 허락의 바위까지 친구들과 하이킹했어." 엄마가 스카프를 목에 감으면서 말했는데, 굵은 갈색 머리가 짧은 엄마는 볕에 타지 않으려고 조심했기 때문이었다. "허락의 바위는 정말 크고 바위 지지대가 물속으로 쑥 들어가 있는데, 거기서 은라카퍼묵스 여성들이 아이를 낳았어." 은라카퍼묵스 사람들은 아이들을 개천 물에 담그는 의식을 했고 허락의 바위는 바로 그들이 스타인 밸리에 들어가도 되는지 허락을 구하는 장소였다. 안전히 여행하기 위해서.

진과 나는 어쩌다 올여름에 하이킹을 할 때 허락의 바위를 놓친 것일까? 사물의 질서를 몰랐기 때문에 회색곰을 피하느라 나무로 쫓겨 올라가고 계곡에서 내몰린 것은 아닌지 섬뜩하고도 불안했다.

점심 즈음 우리는 바위 가장자리에 위에 텐트를 쳤다. 둥치 주변에서 자라는 더 어린 나무들의 부모 나무임에 분명한 로키전나무의 높은 곳에 음식을 걸었는데, 곰이 넘보지 못하고 포기하게 만들기 위해서였다. 아래로는 리지 호수가 초록색 벨벳에 싸인 보석처럼 빛나고 있었고 위로는 빙하에서 흘러나온 물이 작은 고원 호수들 때문에 구멍이 숭숭 난 채 자태를 뽐내고 있었다. 우리는 반들반들한 돌 위로 산을 오르고 못에 발을 살짝 담그며 오후 시간을 보냈다.

"바위에 돋은 지의류 좀 보세요, 엄마." 붉은 파이 모양의 딱딱한 면이 바깥으로 뻗어 나가는 희끄무레한 균사들과 맞닿아 있었다. 공생 관계. "'진균은 조류를 좋아해.'인가 봐요."

엄마는 내 농담에 입을 오므리더니 말했다. "지난주에 남자애들 화장실에서 치운 마른 토 비슷하게 생겼네." 엄마는 교사이자 초등학교 보충 수업 상담사로 학교에서 읽기, 쓰기, 수학 때문에 고생하는 아이들과 일했다.

나는 또 다른 지대에 감탄했는데, 바위 위에는 지의류로 덮인 더 깊은 부식토 층이 있었고, 부식토 층 가운데에서 화이트 마운틴 헤더 (white mountain heather)가 싹을 틔우고 있었다. 작은 꽃들이 가죽처럼 질기고 비늘 돋은 잎으로 덮인 짧고 구불거리는 줄기 위에 요정의 종처럼 달려 있었다. 헤더는 지의류로 덮인 흙무더기 속에서 행복한 것 같았다. 지의류 뿌리는 가근(rhizine)이라고도 하는데, 가근은 바위를 깨부수는 효소를 배출하고 지의류의 몸통은 유기 물질을 제공한다. 즉 지의류의 뿌리와 몸이 함께 부식토를 만들어서 식물이 뿌리내리고 자랄 수 있게 만드는 셈이다. 헤더 하나를 당겨 보니 지의류가 낳은 부식토에 단단히 뿌리내리고 있었다. 뿌리에도 진균이 그물처럼 붙어 있을까? 아니면 트러플이 있을까? 균근을 찾느라 이 오아시스를 망가뜨리고 싶지 않았

5장 흙 죽이기

기에 식물 안내서를 확인해 보기로 했다. 헤더는 코일 같은 에리코이드 균근과 공생 관계를 형성하는데, 에리코이드 균근은 내가 진과 스트리언 크리크에 갔을 때 허클베리에서 발견한 것과 같은 종류였다. 이런 지의류-진균들은 암석을 모래로 바꾸고 광물을 배출하며 다른 식물이 자랄 수 있는 토양을 느리게 만들어 낸다.

책을 소리 내어 읽자 엄마가 고개를 끄덕였다. "말이 되네. 일이 돌아가려면 식물 딱 하나가 필요하고, 그러고 나면 다른 식물들도 생겨나게 된다는 거지." 엄마는 다른 바윗돌 위에 더 두꺼운 유기물 층들을 만들어 낸 더 큰 초록색 섬을 가리켰다. 핑크 마운틴 헤더(pink mountain heather)와 시로미(crowberry)가 단단한 층에 뿌리를 내리고 있었다. 심지어 관목줄기가 돋은 곳도 있었다.

"난쟁이허클베리(dwarf huckleberry)예요." 지의류 부식토에서 자라나던 아주 작은 파란 열매가 잔뜩 붙은 짧은 줄기들을 가리키며 내가 말했다. 이 종은 고원에서만 자란다. 위니 할머니 댁에서 자라던 허클베리와는 달랐다. 엄마와 나는 이곳저곳을 돌아다니며 난쟁이허클베리 열매를 좀 땄다.

"위니 할머니라면 필요하다면 이런 곳에서도 정원을 가꿀 줄 아실 텐데." 내가 말했다.

엄마가 웃었다. 엄마의 엄마라면 거의 아무것도 없는 곳에서도 무언가를 길러낼 수 있었을 것이다. 할머니에게 필요한 것이라고는 그냥 씨, 퇴비, 물뿐이었다. "꼭 아이들에게 읽기를 가르치는 것 같네." 엄마가 말했다. "기초를 알려 주고 나면 조금씩 조금씩 아이들이 배워 나갈 거니까."

"엄마, 내가 원하던 자리에 레이가 가게 돼서 속이 뒤집혀요." 내가 불쑥 내뱉었다. "어쩌면 좋죠?"

엄마는 베리 따기를 멈추더니 나를 쳐다봤다. "다른 직장에 지원하렴, 수지." 엄마는 담담하게 말했다. "훌훌 털고 일어나. 회사에서 배운 것, 그 테드라는 사람에게 배운 것을 써먹고 뒤돌아보지 마."

"이해가 안 돼요. 잘못한 것도 없는데." 부당하다는 생각을 떨칠 수 없었다.

"어쩌면 그 사람들이 널 고용할 준비가 되지 않은 거겠지. 너라면 더 좋은 직장을 잡을 수 있을 거야."

엄마가 옳았다. 나는 왜 이렇게나 인내심이 부족할까? 엄마는 그렇지 않은데. 엄마는 학생들과 몇 달에 걸쳐서 알파벳의 소리를 쌓아 올릴 수 있는 분이셨다. 작은 것들이 모여 점점 커지는 방식으로 우리를 매일 돌보셨다. 그러고 보니 지의류, 이끼, 조류, 진균도 최선을 다해 꾸준히 토양을 쌓아 가면서 고요히 함께 일하며 살아가고 있었다. 사물들은, 사람도 마찬가지겠지만, 서로 함께 일하며 눈에 띄는 어떤 일이 일어나도록 역할을 하고 있었다. 엄마와 내가 이곳에 찾아온 방식처럼. 우리는 함께 발을 맞추기 위해 시간을 냈고 우리가 온전해질 때까지 매 순간이 우리를 더욱 긴밀하게 이어 주고 있었다. 풍요롭고 다채로운 사랑이 우리 둘 사이에 깊이 뿌리내리도록.

엄마는 쉬려고 몸을 펴며 고요히 미소를 지었다. 대공황기에 찢어지게 가난하게 태어난 엄마는 내 외할아버지가 전쟁에서 외상 후 스트레스 장애를 갖고 집에 돌아오는 것을 보았다. 선하지만 엄마와 안 맞는 남자와 결혼해 스물여섯 살에는 세 아이를 두었고, 서면 교육과 여름 계절 학기로 교사 자격을 얻었으며, 여성이 집에서 주부로 살기를 기대하던 시대에 종일제 근무를 하면서 가난하거나 학대당하거나 아니면 사회적 약자 처지에 있는 아이들에게 읽기를 가르쳤고, 죽을 만큼 끔찍한 두통을 앓았고, 모두의 뜻을 거스르며 이혼하고 나서는 거의 혼자 힘으로 우리 셋을 모두 대학에 보냈다. 엄마는 산전수전을 다 겪었지만 나에게는 인류 최초로 달에서 걸을 수도 있는 사람이었다.

· · ·

하이킹을 하고 집에 돌아오자마자 나는 해묵은 이력서를 손보고 벌목 회사에 취업 지원을 했다.

두 군데에서 면접 요청이 왔다. 첫 번째 면접에서는 엄청나게 큰 책상을 사이에 두고 와이어하우저(Weyerhaeuser)의 관리자 건너편에 앉게 되었는데, 그는 제재소를 작은 조림지 나무용으로 변경하기 위해 한시바삐 오래된 원시림의 나무를 모두 자르고 싶다고 했다. 두 번째 면접에서는 톨코 산업(Tolko Industries)에서 나온 사람이 최대한 기계화하려고 노력 중이라고 말했다. 나는 이 둘 중 어떤 회사에서도 입사 제안을 받지 못했다.

"산림청에 새로 온 조림 연구자가 있는데, 이름은 앨런 바이스(Alan Vyse)야. 그 사람에게 꼭 연락해 봐." 톨코에서 힘겹게 집에 돌아와 우리가 차고 세일에서 산 커다란 갈색 소파에 털썩 드러눕던 나에게 진이 말했다. 우리는 브리티시 컬럼비아 주 중남부의 펄프 공장 마을 캠룹스에서 아파트 하나를 빌려 같이 살고 있었는데, 주로 노동자가 사는 동네로 엄마도 같은 동네 5분 거리에 살았다. 진은 얼마 전 산림청에 1년 계약 직으로 취직해 건조한 미송 숲의 삼림 재생 문제를 연구하게 된 차였다.

"아니면 실업 수당을 탈 수도 있겠다." 근무한 기간을 주 단위로 세어 보며 부디 근무 기간의 합이 실업 급여 수령을 위한 마법의 숫자보다 크기만을 바라면서 내가 말했다.

"앨런은 강하지만 진짜 똑똑한 사람이야. 너는 좋은 인상을 줄 거고." 진이 부드럽게 말했다.

• • •

앨런의 사무실로 걸어 들어가자 그는 미소를 지으며 나와 악수했다. 뺨이 푹 꺼지고 최신식 운동화를 신은 것을 보니 달리기를 진지하게 하는 사람 같았다. 앨런은 오크 책상 가까이에 앉으라고 손짓했는데, 책상 한쪽에는 논문이 깔끔하게 쌓여 있었고 그의 앞에는 일부 완성된 원고들이 있었다. 숲, 나무, 새에 대한 책이 가득한 선반 옆에 있던 고리에는 앨런의 크루저 재킷, 우비, 쌍안경이 걸려 있었고, 아래에는 일할 때 신는 장화가 놓여 있었다. 베이지색 벽에 주차장 전망인 정부 사무실이었지만 그 방은 편안했고 중요한 담화가 오갈 것 같은 느낌이 들었다. 나는 내 티셔츠 앞에 달걀노른자를 흘린 자국을 쳐다보았다. 눈치챘을 수도 있지만 앨런은 아무 말도 하지 않았다. 중요한 인물 같은 표정을 지닌 사람이었지만 눈에는 친절함을 가득 담고 있었다. 그는 내가 숲에서 쌓은 경험, 내 관심사, 가족 배경, 장기 계획에 대해 물어보았다.

나는 어깨를 활짝 펴고 앨런에게 여름에 다녔던 회사 이야기며 산림청에서 생태계 분류 작업을 한 이야기를 했다. "이와 같이 업계 및 정부 부처 근무 경험이 있습니다." 겨우 스물세 살 치고는 경험이 다양하다고 앨런도 생각해 주기를 바라며 나는 말했다.

"연구 경험은 있나요?" 꾸밈없는 진실이 바로 내 머리 뒤에 있기라도 한 듯, 그는 탁한 초록색 눈동자로 나를 꿰뚫어보며 물어보았다. 앨런은 내 이력서에서 빠진 구멍을 꼭 집어냈다.

"없습니다. 하지만 학사 과정 중에 두어 수업의 강의 조교를 해 본 경험이 있고, 산림청에서 보조 연구원 일을 해 본 적도 있습니다." 목소리에 너무 힘이 들어가는 바람에 움찔하지 않으려고 신경 쓸 일까지 덤으로 얻었다.

"재생에 대해서는 어떤 것들을 알고 계시는지?" 그는 노란색 메모장에 무언가를 휘갈겨 적었다. 초록색 바지와 짙은 회갈색 셔츠를 입은 임업인들이 성큼성큼 지나갔는데, 그중 한 명은 삽을, 다른 사람은 불과 맞서 싸우기 위한 피스 탱크, 즉 손에 드는 펌프가 달린 등에 메는 물통을 나르고 있었다.

나는 그에게 릴루엣 산맥에서 본 노란 묘목, 그리고 조림지가 실패하는 까닭을 알고 싶어진 경위에 대해 말했다. 탐구를 마치기 위해 다시 벌목 회사로 복귀할 계획이 없다는 이야기는 꺼내지 않았다. 하지만 어설프게 다양한 식재 규정을 손보는 것만으로는 내가 지닌 의문을 절대 해소할 수 없다는 것을 알아냈다는 이야기는 했다. 너무 많은 것들이 동시에 변화하는 시기에 뿌리의 문제만을 따로 구분하기란 불가능하기 때문이었다. 나는 앨런에게 뿌리가 더 큰 묘목 주문하기, 퇴적 부식층에 나무 심기, 진균이 묘목에 닿기를 바라며 균근균을 지닌 다른 식물 근처에 나무 심기 등을 시도해 보았다고 말했다.

"문제를 해결하기 위해서는 실험을 설계하는 법을 알아야겠군요." 앨런이 설명했다. 그는 책장에서 낡은 통계학 교과서를 꺼냈고, 앨런의 애버딘 대학교 산림학 학사 학위 옆에 있던 토론토 대학교 산림 경제학 석사 학위 액자가 눈에 들어왔다. 앨런은 영국식 말씨를 썼지만 스코틀랜드 핏줄 같다는 생각이 들었다.

"대학에서 통계학 과목을 수강했습니다." 나는 말했다. 앨런의 책상에 놓인 금색 상패에 나무와 앨런의 이름이 새겨져 있던 장기 근속 우수 봉직자상을 바라보며 나는 내 경험이 너무나 부족하다는 느낌을 받았다. 앨런은 자신의 경우 학위 과정만으로는 실험 설계에 대한 준비가 되지 않아서 독학해야 했다는 이야기를 하며 나를 안심시켜 주었다.

앨런이 줄 수 있는 일자리는 없었지만 봄에 '자유 성장 조림지(free-to-grow plantation)'에 대해 연구할 계약직 일자리가 생길 수도 있으며, 자리가 나면 내게 전화하겠다고 확실하게 말했다.

'자유 성장'이 무엇을 의미하는지 나는 전혀 몰랐고 이제 진짜 막다른 곳에 다다른 것은 아닌지 고민하며 그곳을 떠났다. 자유 성장이란 주변의 식물을 전부 제거해서 침엽수 묘목이 침엽수가 아닌 식물과의 경쟁 없이 '자유롭게 성장'할 수 있게끔 하는 새로운 정부 정책이라는 것을 아직 몰랐다. 침엽수가 아닌 식물에는 모든 토착 식물도 포함되었는데, 이들은 근절해야 할 잡초 취급을 받았다. 더 집약적인 미국식 관행의 영향 아래 자라난 정책들은 숲을 점점 더 나무 농장 취급하는 경향이 두드러졌다. 그리고 여기서 나는 묘목이 허클베리, 오리나무, 버드나무 근처에서 자라야 한다는 소리를 하고 있다. 나도 참 어지간한 멍청이구나 하는 생각이 들었다. 왜 누렇게 뜬 작은 묘목 이야기를 해 버린 거지? 앨런은 나의 세상이 너무 좁고 내가 누렇게 뜬 어린 묘목에만 신경 쓴다고 생각할 텐데. 11월이니 봄까지는 아직 한참이 남았고, 혹시 앨런이 내가 자격을 갖추었다고 생각할지라도 봄까지는 나를 잊어버릴 것이다.

나는 수영장 인명 구조원 일자리에 지원했다. 모든 것에 실패한다 해도 실업 급여 자격은 충족시켰다. 비록 아빠는 내가 정부 돈을 받는 것을 딱히 좋아하지 않을 테지만. 결국 나는 숲에 대한 정부 보고서를 편집하는 사무직에 취업해 산간 오지에서 스키를 타면서 켈리에게 놀러갈 시간을 내지 않은 것을 후회했다. 어쨌든 켈리는 말편자를 달고 송아지를 받느라 바빴다.

앨런은 2월에 전화했다. 그는 나를 위해 고지대 벌채지의 잡초목 제거 효과를 조사하는 계약 프로젝트를 찾아주었다. 내가 관심을 갖고 있는 문제와 정확히 일치하지는 않지만 연구 기술을 쌓는 데는 도움이 될 것이다. 앨런이 실험 설계를 도와주고 연구 기간 동안 나를 지도해 주기로 했지만 나는 숲 일을 도와줄 사람을 구해야 했다.

믿을 수 없었다. 엄마에게 전화했는데, 엄마는 축하하기 위해 닭을 두 마리 굽겠다고 말했다. "어쩌면 네가 로빈을 취업시켜 줄 수도 있겠네." 엄마는 말하며, 당장 저녁 식사 준비를 시작하면서 냄비 소리를 요란하게 냈다. 로빈은 불규칙하게 대체 교사 일을 배정받았고 여름 동안 일자리가 필요했다.

정말 좋은 생각이었다. 소식을 전하려고 켈리에게 전화했더니 켈리는 "흐아남님 맙소사, 수지!"라며 마치 웨인 삼촌처럼 고함을 질렀다. "정말 좋은 소식이다!" 켈리는 윌리엄스 레이크는 북극곰 궁둥이보다 더 춥다고 말했지만, 편자 사업은 잘 되고 있다고 했다. 더 잘 된 일은 켈리에게 티파니(Tiffany)라는 새 여자 친구가 생겼다는 소식이었다.

• • •

로빈과 나는 실험지에서 제일 가까운 마을 블루 리버(Blue River)에 도착했다. 실험은 로키 산맥 바로 서쪽에 있는 카리부(Cariboo) 산맥 고지대의 엥겔만가문비나무와 로키전나무 숲을 대상으로 할 예정이었다. 블루 리버 마을은 100년 전에 모피 교역, 철도와 엘로헤드 고속도로 건설 지원을 계기로 갑자기 생겨났는데 정착지 때문에 그곳에 적어도 7,000년 동안 살았던 은라카퍼묵스 사람들은 쫓겨나게 되었다. 은라카퍼묵스 사람들은 블루 리버와 노스 톰슨(North Thompson) 강이 만나는 좁은 보호 구역으로 이주당했다.

나는 무엇을 하고 있었을까? 맡은 실험 때문에 식물을 죽여야만 하며, 이것이 또 하나의 단절을 만들어 냈다. 내 직무가 갑자기 내 모든 목표와 반대라고 느껴졌다.

300년 된 숲을 몇 년 전 벌채했는데, 햇빛을 막아 줄 숲 상층부의 숲 지붕이 없어서 흰 꽃을 피우는 만병초, 로도덴드론 멘지에시(false azalea), 검은 허클베리와 구스베리, 엘더베리와 라즈베리가 가득 자라나 있었다. 관목이 줄기를 뻗었고 잎, 꽃, 열매의 바다를 만들어 냈다.

풀도 매한가지였는데, 시트카쥐오줌풀(Sitka valerian), 페인트브러시(paintbrush), 은방울꽃(lily of the valley)이 걷잡을 수 없이 돋아 있었다. 뾰족한 바늘이 돋은 가문비나무 씨가 그 틈에서 싹을 틔웠고 이 자연적인 입목을 늘리기 위해 육묘장에서 기른 가문비나무 묘목을 나중에 더 심었다. 하지만 묘목을 심으면 한 해에 0.5센티미터밖에 자라지 못하기 때문에 앞날의 수확 기대치를 충족하기에는 한참 모자랐다. 많은 묘목이 이미 죽었고 벌채지는 '재조림 부족' 선고를 받았다.

이 문제를 해결하기 위해 회사의 임업인들은 제초제를 살포해 높게 자란 잡목을 죽이고 식재한 가시 돋친 가문비나무만 남겨서 가문비나무가 모든 빛, 물, 양분을 받게 하겠다는 계획을 세웠다. 몬산토(Monsanta)는 1970년대 초반 토착 식물을 독으로 죽이되 침엽수 묘목에는 영향을 주지 않는 제초제 글리포세이트(glyphosate), 일명 라운드업(Roundup)을 개발했다. 라운드업은 인기가 엄청나서 많은 사람들이 평상시에 자기 집 풀밭이나 정원에 사용할 정도였지만 위니 할머니만은 고집스럽게도 라운드업을 쓰지 않았다. 산림 조림 분야에서는 무성한 식물을 죽이면 묘목이 경쟁에서 자유로워질 것이고 그러면 회사들이 '자유 성장' 입목과 관련한 법적 의무 사항을 충족할 수 있다는 의미가 있었다. 맹렬하고 자유롭게 성장할 수 있도록, 그래서 100년이 지나면 또 벌채할 수 있도록, 전의 임분처럼 자연스럽게 자라도록 내버려 둔 것보다 훨씬 빠르게 자라도록. 자유 성장만 할 수 있다면 조림지는 잘 관리된 숲으로 여겨질 것이다.

앨런은 경쟁으로부터 숲 하부의 묘목을 '해방'하기 위해 제초제가

1987년경 메이블 호수에서 일하는 스물아홉 살의 로빈. 와이어하우저는 절단한 목재를 킹피셔 크리크 근처 우림에서부터 시마드 숲 도로를 따라 운반했다. 당시 로빈은 진과 함께 벌채 구획에서의 묘목 재생 관련 문제를 평가하는 작업을 했다.

자생 식물을 죽이는 효율성이 제초제 양에 따라 어떻게 달라지는지 검증하는 실험을 설계할 수 있도록 나를 도와주었다. 아마 묘목은 더 잘 생존하고 빠르게 자랄 것이며 그러므로 입목, 수고(樹高) 성장 기준과 자유 성장 정책 관련 규정을 충족할 것이다. 이것이 로빈과 내가 이 벌채지에서 완수하려는 작업이었다. 나는 불안했고 앨런 또한 새 자유 성장 정책을 썩 마음에 들어 하지 않았으나 잡목을 죽이면 조림지의 생산성이 개선되는지 검증하는 것이 앨런의 직무였다. 앨런은 이미 내게 이 정책은 잘못된 정책이라고 본다고 말했지만 변화의 필요성을 설득하기에 앞서 우리에게는 정부가 믿고 있는 바에서 비롯한 철저하고 신뢰할 수 있는 과학이 필요했다.

즉 차근차근히 서로 다른 분량의 제초제가 묘목과 식물 군집에 어떤 영향을 미치는지를 알아봐야 했다. 그리고 제초제 대신 절단기를 사용해야 하는지, 아니면 아무것도 하지 말아야 하는지를 비교해야 했다. 돈이 되지 않는 식물을 죽이는 것이 실제로 토착 식물들이 번성하도록 가만히 두는 것에 비해 더 건강하고 생산성이 뛰어난 자유 성장 조림지를 형성하는지를 살펴보기 위해서였다.

앨런의 도움을 받아 나는 헥타르당 1리터, 3리터, 6리터의 서로 다른 용량의 라운드업을 사용하는 조건과 수작업으로 절단 처리를 하는 조건을 합친 총 네 가지 잡목 제거 조건을 고안했다. 또 대조군으로 잡목 숲을 건드리지 않고 그냥 두는 조건을 추가했다. 어떤 조건이 최상의 결과를 도출하는지 확실히 검증하기 위해 이 다섯 가지 처리 조건을 10회씩 반복했다. 50개의 원형 지대를 무작위로 5개 조건에 배치해 반복 검증을 실시했다. 통계학자는 우리가 지도 위에 그린 실험 설계안에 승인 도장을 찍었다. 내 앞에 완전히 새로운 세계가 활짝 열렸다. 앨런의 지도로 내가 처음으로 실험을 설계했다! 비록 실험 목적은 정말 마음에 안 들었고 그 정반대로 해야 한다고 확신했지만 작고 노란 묘목의 수수께끼를 푸는 기술을 얻기 위해 한 발짝 더 다가갔다는 느낌이 들었다.

로빈과 나는 블루 리버의 공공 소유지에 야영지를 꾸리고 휴대용 텐트를 설치했다. 로빈의 텐트는 주황색, 내 텐트는 파란색이었는데 우리는 불 피우는 곳을 가운데 두고 반대편에 각자 텐트를 설치했다. 서로를 피해 있을 곳이 필요했는데, 실험은 몇 주 정도 걸릴 예정이고 우리는 똑같이 자기 영역에 대해 방어적인 구석을 타고났기 때문이었다. 내가 싸구려 모조품 가스 곤로를 둥글게 자른 나무 위에 놓았고, 로빈이 자기 냄비와 프라이팬을 피크닉 테이블 위에 두자 살림 공간이 완성되었다. 로빈은 위니 할머니 요리법대로 허클베리 파이를 만들어 주겠다고 했다. 로빈은 요리하는 것을 무척 좋아했고, 일하는 엄마를 둔 집안 장녀로서 요리를 배웠다. 할머니 파이의 비밀은 8월 중순, 허클베리가 흰색이 살짝 감도는 짙은 푸른색으로 익었을 때 낮은 관목에서 제일 달콤한 열매를 따는 것이었다. 버터를 많이 넣은 파이지를 써서 파이를 굽는 것도 비결이었다. 마을로 구불구불 통하는 길을 따라 채 30분도 안 되는 시간 동안 물통 2개를 채울 양의 베리를 땄다. 내가 불 위에 햄버거를 굽는 동안 로빈은 우리의 조그만 곤로에서 파이를 만들었다.

저녁을 먹고 나서 우리는 마을 이곳저곳을 돌아다녔다. 로빈은 지난 겨울 블루 리버 호텔에서 요리를 했다. 호텔 건물은 역사적으로 의미 있는 2층 목조 건물이었는데, 식당과 맥주집도 있고 위층에는 객실이 있었다. 호텔을 지나가면서 로빈이 말했다. "모두 내 파이를 정말 좋아했는데." 야영지로 길을 헤매며 돌아오고 나서 로빈은 넋을 놓고 소설을 읽었고 나는 베리를 더 따려고 돌아다녔다. 소나무 묘목 뿌리들을 뽑아 보았는데, 보라색과 분홍색 외생균근 꽃다발이 뿌리 끝에 붙어 있는 것을 보게 되어 기뻤다.

우리는 그 주 내내 실험을 준비했다. 앨런과 내가 스케치한 지도를 따라가며 로빈과 나는 나침반과 나일론 줄을 사용해 원형 지대 50군데의 중심점을 찾았다. 각 지대는 지름이 약 4미터로 테더볼(tetherball, 기둥에 매단 공을 라켓으로 치고받는 경기. ― 옮긴이) 경기장 정도 크기였다. 중심점이 각기 10미터씩 떨어져 있었기에 모든 것을 감안하면 우리의 격자판은 100미터 곱하기 50미터, 또는 0.5헥타르였다. 일단 여기까지 배치를 마무리했고 다음 주에는 각 처리 조건이 식물, 선류, 지의류, 버섯을 얼마나 효과적으로 죽이는지 알아보기 위해 각 지대 내에 어떤 식물, 선류, 지의류, 버섯류가 얼마나 많이 사는지를 측정했다.

며칠 후 우리는 실험장에 제초제를 뿌리기 위해 오전 5시에 출발했다. 마지막 모퉁이를 돌다가 나는 줄로 바리케이드를 쳐 둔 곳에서 급브레이크를 밟았다. 시위자 3명이 현수막을 흔들면서 우리가 제초제를 뿌리러 왔다며 시위를 하고 있었다. 한 날쌘 남자는 로빈이 블루 리버 호텔에서 일하던 시절부터 로빈과 알고 지낸 사이였다. 우리가 실험을 통해 제초제는 필요 없으며 앞으로도 제초제 사용을 지양하는 것이 바람직하다는 것을 보이고 싶다는 것을 그들이 마침내 받아들이기까지 우리는 활발하게 토론을 이어 갔다. 시위자들은 우리를 통과시켜 주었다.

마침내 내가 두려워하던 순간이 왔다. 나는 캠룹스에 있는 농업 용품점에서 처방 없이 살 수 있는 글리포세이트를 몇 리터 샀는데, 그냥 가게에 가면 아무나 글리포세이트를 살 수 있다니 불안했다. 하지만 정부소유지에 글리포세이트를 뿌리려면 적어도 허가 신청을 해야만 한다는 사실은 반가웠다. 로빈의 두려움은 못마땅함 때문에 다소 누그러진 듯했다. 나는 헥타르당 1리터 조건에 필요한 분홍색 액체의 양을 재서 파랗고 노란 배낭식 20리터 제초제 분무기에 넣고 적절하게 희석하기 위해 물을 넣었다. 로빈에게 나처럼 방독면과 비옷을 입으라고 알려 주었다. 나는 여전히 로빈의 동생이었지만 우리 사이의 서열이 어떻게 되는지, 그리고 누가 책임자인지가 일시적으로 뒤바뀌었다. 로빈은 평생 나를 책임지며 살았지만 지금 로빈이 중독되지 않도록 확인하는 일은 내 몫이었다.

로빈은 마스크를 쓰고 줄을 팽팽히 당겼다. 로빈은 고글을 통해 나를 정면으로 쳐다보았는데 대체 지금 무슨 짓을 하고 있는지 스스로 잘 알아 두라고 말하는 것 같았다. 로빈은 길고 검은 머리를 짙은 피부의 각진 얼굴 뒤로 넘겨서 퀘벡 사람 특유의 얇은 코를 드러내고 있었다. "이거 무겁다." 로빈이 이상한 사각 탱크를 들어 올리다 끙끙댔다. 등에 짊어진 탱크 무게는 11킬로그램쯤 되었고, 로빈은 손잡이 봉으로 이어지는 호스를 풀었다.

나는 로빈에게 엄마 집 마당에서 물로 연습한 것을 보여 주면서 제초제를 뿌려 가면서 레버를 펌프질하라고 했다.

식물 측정을 할 때 다루기 쉬웠던 통나무와 잡목이 갑자기 장애물 훈련장처럼 느껴졌다. 로빈의 안경이 뿌예졌고 로빈은 방독면 아래로 소리 죽여 비명 소리를 냈다. "아무것도 안 보여, 수지!" 시각 장애인 안내견마냥 나는 로빈을 첫 번째 지대까지 몰고 갔다.

로빈은 검은 봉을 휘두르며 꽃이 핀 만병초 위로 유독성 스프레이를 뿌리면서 느낌이 안 좋다고 불평했다. 로빈도 나만큼이나 이런 식물들을 죽이기 싫어했다. 게다가 비닐 우비를 입고 방독면을 쓴 와중에 독극물이 잔뜩 든 무거운 통까지 짊어지게 되자 로빈은 짜증이 났다.

로빈에게 시킨 일의 고통을 덜기 위해 나는 다음 10개 지대에 제초제 6리터를 뿌리는 일은 내가 맡겠다고 했다.

그날 일을 마치고 우리는 블루 리버 리전에 맥주를 마시러 갔다. 술집 벽에는 북슬북슬한 보라색 천이 덮여 있었고 동네 사람들이 플라스틱 술집 의자를 차지하고 있었다. 여자 점원이 우리에게 거품이 나지 않는 맥주를 갖다 주었고 로빈이 예의 바르게 맥주가 김이 좀 빠진 것 같다고 말하자 점원은 대답했다. "우리 가게에서 밀크셰이크는 안 판다우, 아가씨."

그 후로 3일 동안 제초제 조건에 따라 정확하게 제초제를 살포했다. A+. 이틀 정도 지난 후 우리는 절단기를 갖고 실험장으로 돌아가서 수작업 절단 처리 조건에 배정된 10개 지대에 수작업으로 절단 처리를 했고, 나머지 10개 지대는 대조군이므로 아무 처리도 하지 않고 두었다. 이제 각 처리 조건이 얼마나 효과적으로 식물을 죽이는지 측정하기 전까지 한 달만 기다리면 된다. 숲에서 실험하는 방법을 배우는 것은 너무 좋았지만 식물을 귀신으로 만드는 것은 정말 싫었다. 내가 이미 실수라고 생각하는 산림 관리 목적으로.

실험장으로 돌아와 보니 가장 고용량 제초제를 사용한 대지의 만병초, 로도덴드론 멘지에시, 허클베리는 시들고 죽어 있었다. 관목뿐만 아니라 다른 식물도 다 죽었고, 심지어 족도리풀(wild ginger)과 난초까지 다 죽었다. 지의류와 이끼는 갈색으로 변했고 버섯은 썩고 있었다. 일부 관목이 다시 잎을 틔우려 애쓰고 있었지만 새로 돋은 잎들은 노랗고 제대로 자라지 못했다. 가지에 달려 있을 때는 통통하던 열매들도 떨어져 있었다. 심지어 새들도 떨어진 열매를 먹지 않았다. 오직 가시 돋은 가문비나무 묘목만이 살아 있었는데, 가문비나무 묘목의 바늘잎도 마찬가지로 색이 흐려졌고 제대로 자라지 못했으며, 일부 바늘잎에서 분홍 액체가 뚝뚝 떨어지고 있었는데 의심의 여지없이 모두 다 갑자기 쏟아져 들어온 빛 때문에 충격을 입은 모양새였다. 중간 용량 제초제 조건의 대지에서도 제초 대상 식물은 대부분 죽었지만 일부 식물은 여전히 초록색이었는데, 제초제를 분사할 때 더 키 큰 식물의 잎 아래에 가려져 있었기 때문이었다. 가장 저용량 제초제 조건에서는 식물들이 대부분 아직 살아는 있었지만, 상해를 입고 고통당하고 있었다. 절단한 관목 줄기에서는 이미 싹이 새로 돋았고 묘목 위로 높이 솟아 있었다. 자유 성장 조림지를 형성하기 위한 최선의 처치는 독을 최고 용량으로 사용한 조건인 것으로 드러났다.

금방이라도 울음을 터뜨릴듯한 로빈이 어떻게 글리포세이트가 식물을 죽였는지 알고 싶어 하면서 말했다. "우리가 뭘 했는지는 알겠어. 그런데 무슨 일이 있었던 거지?" 로빈은 늘 감정적 고통에서 제일 큰 타격을 받았고, 부당함을 견디면서 부당함을 고치고 싶어 했다.

나는 내 발을 쳐다보았는데, 우리 둘 다 울어 버리면 너무 마음이 아플 것 같아서였다. 이 식물들은 내 편이었지 적이 아니었다. 정당화하기 위해 내가 이 일을 하는 이유들을 마음속으로 빠르게 되짚어 보았다. 나는 실험하는 법을 배우고 싶었다. 숲의 탐정이 되고 싶었다. 이 일은 대의를 위한 것이며 궁극적으로는 묘목을 살리기 위해 한 일이다. 나는 이것이 어리석은 관행이라고 주장할 증거를 얻을 것이며, 정부 측에 묘목의 성장을 돕는 다른 방안을 알아보라고 말할 수 있게 될 것이다. 나는 살려고 애쓰고 있던 팀블베리(thimbleberry) 한 포기를 보았는데 새로 드러난 창백한 묘목 위에 줄기를 걸치고 있었기에 줄기에 잎이 단 하나도 남아 있지 않았다. 팀블베리는 고작 노란 잎이 몇 개 달린 바늘꽂이를 겨우 돋게 하는 것 외에는 무엇도 할 수 없었다. 제초제는 새와 동물에게 해를 끼치지 않게 만들어졌는데, 독성 물질이 초본과 관목이 단백질 형성을 위해 생산하는 효소만 표적으로 삼기 때문이다.

하지만 버섯들은 쪼그라들었고 죽었다.

우리가 제일 좋아하던 꾀꼬리버섯도 떠나 버렸다.

설명은 못 하겠지만 묘목과 토양이 연결되지 못했던 것이 병든 묘목의 문제점이라고 직감했다. 묘목이 토양과 이어지려면 진균의 도움이 필요하다. 묘목이 토양과 연결되더라도 이런 고지대 묘목은 어쨌든 느리게 자라기 마련인데, 1년 중 9개월 동안 눈이 있는 지역이기 때문이다. 그리고 나는 우리가 하려던 일은 내가 묘목에 도움이 된다고 생각하는 진균이 붙어 사는 관목 등 식물을 죽이는 일이었다고 로빈에게 아직도 설명하지 못한 터였다. 회사들은 지역을 글리포세이트 범벅으로 뒤덮는 헬리콥터에 미쳐 가고 있었다. 어쩌면 우리 실험을 통해 이 계획이 기대대로만 되지 않는다는 것을 증명할 수도 있다.

로빈이 말했다. "이 난리통을 보면 계획이 심각하게 잘못됐다는 게 딱 보이지 않아?" 자유 성장이 엄청나게 좋은 것이라고 단언할 수 있는 사람은 거의 없을 것 같았다.

그날 밤 야영장에서 우리는 속이 너무 안 좋아서 저녁을 먹지 못했다. 나는 침낭에 바짝 붙어 웅크렸고, 로빈은 자기 텐트에서 말없이 있었다. 제초제 때문에 아팠는지 아니면 식물에게 저지른 일들이 후회스러워서 아팠는지, 무엇이 진짜 이유인지는 말하기 어려웠다.

앨런은 제초제를 가장 많이 사용한 조건에서 식물이 제일 잘 죽었다는 결과를 보고 고개를 저었다. 앨런은 위안 삼아 이 증거는 여전히 식물을 죽이는 계획이 묘목에 도움이 되는지에 대한 조사와는 아무런 상관이 없다고 했다. 이 증거는 고용량 제초제가 소위 잡초목을 제거했음을 증명할 뿐이었다. 후회할 시간이 없었다. 묘목과 이웃 식물 사이의 복잡한 관계에 대한 수수께끼를 풀기 위해 앞으로 해야 할 일이 여전히 많았다.

• • •

일단 나는 '잡초목 제거' 실험을 어떻게 수행해야 하는지 알게 되었고, 초록색 잎이 무성한 시트카오리나무, 긴 민잎이 돋는 스코울레리아나버드나무, 껍질이 흰 백자작나무(paper birch), 먼 뿌리에서 움이 돋는 사시나무, 빠르게 자라는 포플러를 죽이기 위한 제초제 용량과 수작업 절단 효과를 검증하기 위한 좀 더 규모가 큰 계약을 맺게 되었다. 보라색 꽃이 피는 분홍바늘꽃, 파인그래스 다발, 위에 흰 꽃이 피는 시트카쥐오줌풀을 모두 없애기 위해서. 누구나 탐내서 심어 둔 묘목, 그러니까 가시로 뒤덮인 가문비나무, 빼빼 마른 로지폴소나무, 부드러운 바늘잎을 가진 미송 묘목의 생장을 저해할 만한 다른 나무 등 토착 식물을 없애기 위해서. 앞서 말한 세 가지 침엽수 종, 또 특히 로지폴소나무는 지금 전 지역에 걸쳐 거의 모든 벌채지에 심고 있는 나무였는데 돈이 되고, 내구성이 좋고, 자라는 속도가 빠르기 때문이었다. 그리고 성가신 토착 나무나 토착 풀을 더 빨리 죽여 조속한 시일 내에 자유 성장이 보장된다면 조림지를 돌보는 회사의 의무 또한 더 빠르게 이행될 것이다.

자유 성장 정책을 받들어 모시다 보면 토착 식물과 활엽수에 대한 전면전까지 가게 된다. 로빈과 나는 원치 않았지만 이 지역에 새로 생긴 숲에 자라는 낙엽수, 관목, 풀, 고사리 등, 순진한 생명체들을 난도질하고 톱질하고 껍질을 도려내고 독살하는 전문가가 되었다. 이런 식물들이 새를 위한 둥지나 다람쥐를 위한 음식을 주고, 사슴이 숨을 곳이자 새끼 곰이 살 곳이 되어 주고, 토양에 양분을 더하고 침식을 막아 준다 해도 상관없었다. 그들은 그냥 없어져야 할 존재였다. 묘목에 자리를 내어주느라 모조리 자르고 불태운 초록색 잎이 무성한 오리나무가 토양에 질소를 더해 준다는 것도 알 바 아니었다. 또는 다발을 지어 자라는 파인그래스가 미송의 새싹을 위해 필요한 그늘을 준다는 것도 상관없었다. 파인그래스가 없다면 훤히 트인 벌채지에 내리쬐는 강한 열 때문에 미송 싹이 모두 타서 없어질 텐데도 말이다. 만병초가 된서리로부터 작고 가시가 많은 바늘잎을 가진 가문비나무 묘목을 보호한다는 것도 상관없었다. 조각난 나무갓 아래가 아니라 열린 공간에 있다면 된서리로 인한 피해는 훨씬 더 심했을 것이다.

아니다, 사고 자체는 분명하고 간단했다. **경쟁을 없애자.** 우선 토착 식물을 없애서 빛, 물, 양분을 풀어 놓으면 돈이 되는 침엽수들이 빛, 물, 양분을 양껏 흡수해서 세쿼이아(redwood)만큼 빠르게 자랄 것이다. 제로섬 게임이다. 승자가 독식하는 게임.

여기서 나는, 내가 믿지 않는 전쟁의 군인이 되어 있었다. 이 새로운 실험을 시작했을 때는 문제에 동참했다는 익숙한 죄책감이 나를 괴롭혔다. 하지만 나는 최후에 받을 보상을 위해 여기에 동참했다. 무엇이 심어 둔 묘목을 아프게 하는지에 대한 수수께끼를 풀 수 있는 과학자가 되는 법을 배우기 위해서였다.

• • •

"나 목 아파." 로빈이 말했다. 우리는 캠룹스에서 약 200킬로미터 남쪽에 있는 켈로나(Kelowna) 근처의 벨고 크리크(Belgo Creek)에 있는 오리나무에 제초제를 뿌린 후 호텔로 돌아가던 중이었다. 우리는 무더위를 피하고자 새벽 3시부터 나가 있었다. 정오쯤이면 너무 더워서 비닐 옷을 입으면 견디기 힘들었을 뿐만 아니라 제초제가 식물 잎을 죽이기도 전에 증발해 버릴 것 같았다.

"나도 아파." 내가 말했다.

"분사 작업 때문인 것 같아?"

"아닐 것 같아. 우린 여름 내내 분사를 했잖아. 열사병에 걸렸을지도 몰라."

의원의 의사는 친절했고 우리가 겁먹었다는 것을 파악했다. 그는 우리를 데리고 함께 진찰실로 들어갔다. "목구멍이 많이 빨갛네요." 의사가 로빈에게 말했다. "하지만 샘이 붓지는 않았어요. 최근에 무슨 일이 있었나요?"

내가 의사에게 우리가 글리포세이트를 뿌리는 일을 해 왔다고 말하자, 로빈은 나를 노려봤고 의사는 고개를 살짝 숙이며 "마스크는 쓰고 하셨어요?"라고 물어보았다.

5장 흙죽이기

내가 그렇다고 대답하자 의사는 마스크를 보여 달라고 했다. 나는 트럭에서 마스크를 하나 갖고 왔고 의사는 검은색 플라스틱 뚜껑을 돌려 열더니 휘파람을 불었다. "필터가 없군요." 의사가 말했다.

"뭐라고요?" 나는 필터가 있어야 마땅한 곳을 불안하게 바라보며 되물었다. 우리는 종일 글리포세이트 스프레이를 마셨던 것이다. 로빈은 카운터를 꽉 붙들었고 내 다리가 후들대기 시작했다.

"괜찮을 거예요. 그냥 목구멍이 화학 물질 때문에 탄 겁니다." 의사가 말했다. "밀크셰이크 드세요. 그러면 아침에는 좀 나아질 겁니다." 우리가 비틀대며 문을 나오는 동안 의사는 안심시키듯 로빈의 어깨를 두드리며 나를 향해 미소를 지어 주었지만, 나도 로빈만큼이나 기겁하고 있었다. 라지 사이즈 초콜릿 셰이크를 꿀꺽꿀꺽 삼키고 나니 목이 좀 시원해졌다. 아침이면 통증이 없어질 것이다.

8월 말이었고 이것이 마지막 실험이었다. 며칠 후면 로빈은 1학년 대체 교사 일 때문에 넬슨(Nelson)으로 떠날 것이다. 넬슨은 브리티시 컬럼비아 주 남동부의 작은 마을로 엄마가 자란 곳 근처였다. 또 로빈은 남자 친구인 빌(Bill)을 그리워하고 있었다. 로빈은 그날 나와 함께하던 일을 갑자기 그만두지는 않았지만 참을 만큼 참은 상태였다. 로빈도 나도 우리가 한 실수가 얼마나 심각했는지 결코 잊을 수 없을 것이다.

단 한 조건을 제외한 모든 처리 조건에서 침엽수의 성장이 개선되지 않았고 놀랄 일도 아니지만 토착 식물의 다양성은 감소했다. 자작나무의 경우, 자작나무를 죽이면 일부 미송의 성장은 개선되었으나 예상과는 반대로 미송은 더 많이 죽었다. 자작나무에 난도질을 하고 제초제를 뿌려서 뿌리가 압박을 받으면 자작나무는 토양 내에 자생하는 뽕나무 버섯 병원균을 이겨내지 못했다. 진균은 고통 받는 자작나무 뿌리를 감염시켰고, 감염병은 자작나무 뿌리에서 근처의 침엽수 뿌리로 옮겨 갔다. 반면 통제 지대에서 백자작나무를 건드리지 않고 침엽수와 섞여 계속 자라게 둔 경우 병원균은 토양 내에 계속 억눌려 있었다. 마치 병원균이 다른 토양 유기체와 항상성을 유지할 수 있는 환경을 자작나무가 조성하고 있는 것 같았다.

대체 이 놀음을 얼마나 더 계속해야 하는 것일까?

그때 내 운이 바뀌었다.

산림청에서 조림 관련 정규직 연구자 채용 공고가 났다. 나를 제외한 다른 지원자 4명은 모두 젊은 남자였다. 채용 과정이 철저하고 공정한지 확인하기 위해 과학자 여러 명이 주 청사 소재지에서 몰려왔고 취업이 결정되었을 때 나는 내 행운을 믿지 못했다. 앨런이 직속 상사가 될 예정이었다.

비로소 나는 내가 중요하다고 생각하는 질문을 자유롭게 할 수 있게 되었다. 또는 최소한 연구비 수여 기관에 중요성을 애써 설파할 만한 질문을 할 수 있게 되었다. 나는 숲의 성장 방식에 대한 내 생각을 바탕으로 문제를 풀기 위한 실험을 수행할 수 있었다. 숲의 생태를 훼손하고 문제를 악화시키는 것 같은 정책에 기초한 처리 조건만을 검증하는 것이 아니었다. 벌목 후 산림의 회복을 도울 수 있는 연구 수행 경험도 계속 쌓을 수 있게 되었다. 제초제 처리 조건을 검증하던 시절은 갔다. 이제 나는 정말로 묘목이 진균, 토양, 다른 풀과 나무로부터 무엇을 필요로 하는지 알아낼 수 있게 되었다.

나는 침엽수 묘목이 생존을 위해 토양의 균근균과 연결되어야 하는지 검증하기 위한 연구비를 받았다. 약간 응용해서 토착 식물이 묘목과 균근균 사이의 연결을 돕는지에 대한 조사도 더했는데, 다양한 종으로 구성된 공동체에 심은 묘목과 맨땅에 외따로 심은 묘목을 비교하는 연구를 제안했다. 내가 이 프로젝트에 착안하게 된 것과 성공적으로 연구비를 받은 것은 상당 부분 국경 남쪽의 임학계 동향 덕분이었다. 당시 미국 산림청은 기존 관행을 대폭 변경하던 중이었는데, 산림 단편화와 점박이올빼미(spotted owl) 등의 멸종 위험에 대한 대중의 우려, 또 진균, 수목, 야생 동물을 보호하는 생물 다양성 확보가 숲의 생산성에 중요하다는 과학자들의 인식에 기인한 것이었다.

생물 종은 자력으로만 번창할 수 있을까?

만일 묘목을 다른 종과 섞어 심으면 숲이 더 건강해질까? 나무를 무리 지어 다른 식물과 함께 심으면 나무의 성장이 개선될까, 아니면 체스판 격자처럼 간격을 두고 나무를 심어야 할까?

이 실험들은 또 왜 나이든 로키전나무는 높은 곳에서 자라고 위풍당당한 미송은 낮은 곳에서 무리를 지어 자라는지 정확히 알아내는 데 도움을 줄 것이다. 이 실험들은 침엽수 근처에서 자라는 토착 식물들이 토양과의 연결을 개선하는지 이해하도록 도와줄 것이다. 과연 침엽수가 활엽수나 관목 곁에서 자라면 뿌리 끝에 더 많은 색색의 균을 갖게 되는지도 알아낼 터였다.

나는 백자작나무를 실험 대상 종으로 선택했는데, 어린 시절부터 백자작나무가 풍성한 부식토를 만든다는 것을 알고 있었기 때문이다. 내가 흙을 주워 먹던 시절, 자작나무가 만든 부식토가 가장 맛있었던 만큼 부식토는 침엽수에도 분명 도움이 될 것이다. 또 자작나무가 뿌리 병원균을 저지하는 것 같아서 흥미로웠다. 하지만 목재 회사들에게 자작나무는 잡목일 뿐이었다. 다른 모든 이들에게 자작나무는 튼튼하고 방수 기능이 있는 흰 껍질, 그늘을 만들어 주는 잎, 상쾌한 수액을 주는 빛나는 존재였다.

실험은 복잡하지 않을 것 같았다.

세상에, 깜짝 놀랄 일이 기다리고 있었다.

나는 수익성이 좋은 수목 세 종, 즉 잎갈나무(larch), 시더, 미송을 자작나무와 다양하게 섞어 길렀을 때 어떻게 자라는지 시험하는 계획을 세웠다. 이 종들을 실험 대상으로 정한 이유는 벌목하지 않은 원시림에서 자생하던 종이었기 때문이다. 나는 길고 꼬인 잎을 지닌 시더를, 부드러운 병솔 같은 곁잎을 가진 미송을, 그리고 가을에 금빛으로 변한 별 모양 바늘잎을 숲 바닥에 뿌리는 잎갈나무를 사랑했다. 지금까지 벌목업계는 자작나무를 가장 공격적 경쟁자로 인식해 왔는데 자작나무가 탐나는 침엽수에 그늘을 드리워서 성장을 저해한다고 여겼기 때문이다. 하지만 만일 어린 자작나무가 침엽수에 도움이 된다면 자작나무와 침엽수를 어떻게 섞어 길러야 가장 건강한 숲을 조성할 수 있을까? 이 세 가지 침엽수가 자랄 수 있는 자작나무 그늘은 정도가 달랐다. 별 바늘잎을 가진 잎갈나무는 아주 적은 그늘 아래에서만 자랄 수 있고, 꼬인 잎의 시더는 그늘진 곳에서도 자랄 수 있고, 병솔잎미송(bottlebrush fir)은 그 둘의 중간 정도 그늘에서 자랄 수 있었다. 이것만으로도 최적의 자작나무 조합은 종에 따라 다를 것이라고 추측할 수 있었다.

나는 우선 한 지대에 백자작나무와 미송을 짝짓고, 다음에는 다른 지대에 자작나무와 시더를, 다음에는 잎갈나무와 자작나무를 또 다른 지대에서 짝짓기로 실험 설계안을 정했는데, 당시 실험 용지는 심지어 로지폴소나무도 살 곳으로 삼지 못한 벌채 후 조림에 실패한 장소였다. 나는 지형이 약간 변하면 나무들이 어떻게 반응하는지 보기 위해 다른 벌채지 두 군데에서도 동일한 실험을 하기로 계획했다.

각 수종 짝별로 무척 다양하게 수종을 혼합해 침엽수가 같은 종끼리 자랄 때와 다양한 밀도와 비율의 자작나무와 섞여 자랄 때의 성장을 비교할 수 있도록 계획했다. 그러면 수종 혼합 구성에 따라 생장에 차이가 있을 것이라는 내 직감을 검증할 수 있었다. 아마도 상대적으로 자작나무가 적으면 잎갈나무가, 자작나무가 많으면 시더가 잘 자랄 것 같았다. 나는 백자작나무가 토양을 양분으로 비옥하게 하고 침엽수를 위한 균근균을 제공하는 원천일 것이라고 추측했다. 내가 이전에 한 실험도 자작나무가 모종의 방법으로 아밀라리아뿌리썩음병(Armillaria root disease) 때문에 침엽수가 조기에 죽는 것을 방지함을 시사했다.

결과적으로 총 51개의 서로 다른 조합이 구성되었고, 세 곳의 벌채지에 각 조건당 시험지 구획을 한 군데씩 마련했다.

조림지에서 수백여 일을 보낸 후, 또 식물과 묘목이 어떻게 함께 자라는지 살펴본 잡초목 제거 실험 이후로 나는 나무와 풀이 이웃과의 거리를 감지할 수 있다는 느낌을 받았다. 심지어 이웃이 누구인지도 아는 것 같았다. 마구 뻗어 나가고 질소를 고정하는 오리나무 틈에서 자라는 소나무 묘목은 빽빽이 덮인 분홍바늘꽃 아래에 쭈그러져 자랄 때보다 더 넓게 가지를 뻗었다. 가문비나무 싹은 윈터그린(wintergreen)과 질경이 바로 위에 아름답게 감싸인 채 자랐지만 근처에 어수리가 있으면 넓게 퍼져 자랐다. 미송과 시더는 주변에 자작나무 그늘이 어느 정도 있으면 무척 잘 자랐지만, 빽빽한 팀블베리가 나무보다 키가 커져서 위를 덮어 버리면 쪼그라들었다. 잎갈나무는 반대로 주변에 백자작나무가 띄엄띄엄 있는 곳에서 가장 잘 자랐고 뿌리병 때문에 죽는 경우도 가장 적었다. 식물들이 실제로 어떻게 이런 환경을 감지하는지는 알 수 없었지만 실험을 위해 수종을 조합하고 정확하게 나무를 심었다. 나무 사이의 거리가 일정해야 하므로 최대한 정확한 실험 수행을 위해 평지에 있는 벌채지가 필요했다. 브리티시 컬럼비아는 산맥 지역이라서 평평한 땅 세 군데를 찾는 일만도 녹록지 않았다.

뿌리를 살펴볼 만반의 준비를 하기 위해, 또 침엽수가 외따로 자라는 것이 아니라 백자작나무 근처에서 자랄 때 토양과의 연결이 더 좋아지는지 추적하기 위해 나는 해부 현미경과 균근의 특징을 식별할 수 있는 책을 주문했고 집에 돌아오는 길에 모은 자작나무와 미송 뿌리로 연습했다. 진은 우리가 살던 아파트에 있던 창고를 개조해 만든 서재로 내가 표본을 잔뜩 끌고 가는 모습을 보며 눈을 굴리곤 했다. 그러고는 내가 식사를 준비하겠다고 약속한 저녁이면 이러다 냄비를 태우겠다며 나를 놀렸다. 내가 잘하는 요리는 칠리였고 진이 잘하는 요리는 스파게티였는데 우리 둘 다 요리에는 취미가 없었다. 나는 내 동굴 내지 서재

5장 흙죽이기

에 자정까지 틀어박혀 뿌리 끝을 자르고 단면을 만들어서 슬라이드에 올려 보곤 했다. 오래 지나지 않아 하르티히 망(Hartig net), 클램프 연결, 낭상체(cystidia) 등 진균의 종을 식별하는 데 도움이 되는 균근 뿌리 끝의 다양한 부위를 찾는 실력이 늘었다.

부드러운 바늘잎을 가진 미송에 사는 진균 중 일부 종은 백자작나무에 사는 균과 같은 종류인 것 같았다. 만일 이것이 사실이라면 혹시 자작나무의 균근균이 미송 뿌리 끝으로 옮아가는 교차 수분을 하는지도 모른다. 또는 이런 동시 접목 내지 진균 공유, 또는 공생이 새로 심은 미송 묘목의 뿌리를 헐벗지 않도록 도우면서 새로 심은 나무들이 릴루엣 산맥에서 내가 전에 본 노란 묘목에 닥친 사형 선고를 피할 수 있게 돕는 것은 아닐까? 만약 어떤 이유에서든 미송에게 자작나무가 필요하다면, 임업인들이 짐작한 것처럼 자작나무가 미송을 해친다고는 볼 수 없다.

오히려 그 반대일 것이다.

수개월간 물색한 후 나는 평평한 벌채지 세 곳을 찾을 수 있었는데, 모두 정부 소유지였다. 이 벌채지들은 실패한 소나무 조림지였는데 토양의 생물 작용 상태가 좋지 못해 실패한 듯했다. 그중 한 구획에서 나는 불법으로 소에게 풀을 먹이던 목축업자와 마주쳤다. 그는 자신이 수년간 정부 소유지에서 농사를 짓고 살았으니 벌채지에 대한 권리가 있다면서 실패한 조림지를 실험용 대지로 전환하겠다는 나의 계획에 소리 높여 항의했다. 벌채지에 대한 권리는 산림 연구원인 내게 있으며 당신은 공유지에 무단 침입한 거라고 반박하자 그는 달가워하지 않았다.

모디 타베르나크!(Maudit tabernac! 빌어먹을!) 내가 제발 일어나지 않기를 바라던 일이 생겨 버렸다.

실험을 위한 식재를 준비하는 데 또 수개월이 걸렸다. 실험 준비를 위해서 바닥에 8만 1600개의 식재 지점을 전부 다 그려야 했다. 하지만 벌채지 세 곳 모두에 퍼져 있던 뿌리병을 해결하는 것이 급선무였다. 예전에 잘려나간 나무 그루터기 약 2만 개를 땅에서 뽑아 옮겨야 했는데 아밀라리아뿌리썩음병이 죽은 뿌리를 감염시켰고 기생충처럼 살아 있는 나무에도 병을 퍼뜨리고 있었기 때문이다. 소나무 약 3만 그루가 병에 걸려 죽었거나, 죽어 가는 중이거나, 끔찍한 상태였기에 이 나무들도 병에 걸린 토착 식물과 함께 제거해야만 했다. 땅을 파는 바람에 숲 바닥에도 2차 피해가 발생했고 결국은 숲 가장자리까지 불도저로 밀어 버린 나무 그루터기, 죽은 묘목과 병든 토착 식물이 어마어마하게 쌓여 버렸다. 하지만 이 덕분에 땅은 백지 상태가 되었다.

나는 이 지대가 농부의 밭 같은지 아니면 사상자를 끌어낸 후의 전장 같은지 단정할 수 없었다. 내가 받은 연구비로는 소 울타리 설치비 경비 처리가 되지 않아서 손수 실험장 입구에 있는 길 건너에 가짜 소 울타리를 그렸다. 소들은 다리가 부러질까 봐 길 위의 선을 건너지 않는다는 이야기를 들은 적이 있었다. 효과가 있었다. 초반 몇 달 동안은 말이다. 다음 여름에 우리 팀원들과 나는 무더운 땡볕 아래에서 정확한 위치에 묘목을 심느라 고생하며 한 달을 보냈다.

몇 주 안에 묘목은 모두 죽어 버렸다.

나는 깜짝 놀랐다. 이처럼 완벽하게 조림이 실패한 사례는 전에 본

적이 없었다. 썩어 가는 줄기를 다시 살펴보았다. 볕에 그을렸거나 상해
옹이(서리로 인해 나무에 생기는 상처. ― 옮긴이) 때문에 해를 입은 흔적은
보이지 않았다. 뿌리를 파내어 집에 있는 현미경 아래에서 확인도 해 보
았다. 병원균에 감염된 확실한 흔적도 보이지 않았다. 하지만 묘목 뿌
리를 보자 릴루엣에서 본 방부 처리한 것 같은 가문비나무 뿌리가 떠
올랐다. 새 뿌리 끝도 돋지 않았고 짙은 색의 가지도 뻗지 못한 수직근
(sinker root)만 보였다. 다시 실험장으로 돌아가자 풍성한 오리새 풀밭
이 갑자기 생겨 있었다. 어쩌다 이곳에 갑자기 풀이 이렇게 빽빽하게 들
어찼는지 의아해하던 중 목축업자가 차를 몰고 나타났다. "당신 나무
다 죽었던데!" 목축업자는 잔해를 흘끗 쳐다보며 웃었다.

"그러게요, 영문을 모르겠네."

알고 보니 목축업자는 사건의 전말을 알고 있었다. 아주 제대로 잘
알고 있었다. 소에게 풀을 먹일 땅을 잃고 분개한 목축업자가 벌채지에
풀씨를 빽빽하게 심은 탓이었다.

우리 팀과 나는(숨을 죽이고 투덜대면서, 주로 내가) 풀을 치워서 처리하
고 다시 나무를 심었다. 조림지는 또 실패했다. 모든 수목 혼합 방식이
실패했다. 껍질이 흰 백자작나무가 제일 먼저 죽었고, 그 후에는 별 모
양 바늘잎의 잎갈나무가, 그리고 나서 부드러운 솔 같은 잎을 가진 미송
이, 마지막으로 꼬인 잎의 시더가 죽었다. 빛과 물 부족에 대한 민감도
순서 그대로.

이듬해에 세 번째로 시도해 보았다. 또 실패했다.

네 번째로 재식재를 했다.

또 묘목이 전부 죽었다. 이 지대는 그 무엇도 살아남을 수 없는 블랙홀이었다. 무성한 풀 빼고는 아무것도 못 사는 곳. 소들이 나타나서 우리를 비웃었고 나는 소똥을 전부 그러모아다가 목축업자의 트럭에 던져 버리고 싶었다. 첫해에는 풀이 묘목의 물을 전부 빼앗아 갔을 것이라고 추측했지만, 흙 자체에 문제가 있을 수도 있다는 좋지 않은 예감도 들었다. 성급히 목축업자 탓을 했지만 지대를 과도하게 적극적으로 마련하는 바람에 숲 바닥이 없어졌고, 표층토가 긁혀 나갔다는 것 또한 암암리에 알고 있었다. 그러면 도움이 될 리가 없었다.

미송과 잎갈나무는 외생균근균과만 공생을 형성하는데, 외생균근균은 뿌리 끝의 겉을 감싸는 종류의 균근균인 반면, 풀은 뿌리의 피층 세포를 뚫고 들어가는 수지상균근균과만 관계를 형성한다. 묘목에 필요한 균근균 말고 빌어먹을 풀이 좋아하는 균근균만 잔뜩 있었기 때문에 묘목이 굶어 죽었던 것이다. 목축업자가 내가 가장 깊게 품고 있던 질문을 찾게 해 주었다는 깨달음이 들었다. 나무의 건강을 위해서는 딱 맞는 종류의 토양 진균과의 연결이 반드시 필요한 것 아닐까?

5년째 되는 해에도 다시 나무를 심었는데 이번에는 바로 옆에 있는 숲에 사는 오래된 자작나무와 미송 아래에서 살아 있는 흙을 모아왔다. 나무 심는 구덩이 중 3분의 1에는 모아온 흙을 한 컵씩 뿌리고 나무를 심었다. 이렇게 심은 묘목과 또 3분의 1에 땅을 싹 쓸어 버리고 흙도 옮기지 않고 구덩이에 곧장 심은 묘목을 비교할 계획이었다. 이에 더해 오래된 숲에서 퍼온 흙에 실험실에서 방사선 처리를 해서 토양 내에 있는 진균을 모두 죽인 흙을 마지막 나무 심는 구덩이 3분의 1에 넣었다.

이렇게 하면 흙을 옮겨서 묘목이 더 잘 자란 원인이 살아 있는 진균 때문인지 아니면 단순히 토양의 화학 조성 때문인지를 밝히는 데 도움이 될 것이다. 다섯 번의 시도 끝에야 발견 직전이라는 느낌을 받았다.

이듬해 다시 실험장에 가 보았다. 예상했던 바대로 오래된 숲의 흙에 심은 묘목은 매우 잘 자라고 있었다. 예측했던 대로 흙을 옮기지 않거나 죽은, 즉 방사선 처리한 흙을 옮겨 심은 묘목은 죽었다. 그 묘목들은 그들을, 그리고 우리를 수년간 계속 괴롭혔던 익숙한 죽음의 운명과 만났다. 나는 묘목 표본을 파서 집에 갖고 갔고, 현미경으로 들여다보았다. 예상대로 죽은 묘목에는 새로 돋은 뿌리 끝이 없었다. 하지만 오래된 숲에서 퍼 온 흙에서 자란 묘목을 보았을 때, 나는 의자에서 펄쩍 뛰어 일어났다.

메르드!(Merde! 젠장!) 뿌리 끝은 휘황찬란하게 모인 갖가지 진균으로 덮여 있었다. 노란색, 흰색, 분홍색, 보라색, 베이지색, 검은색, 회색, 크림색, 기타 등등.

원인은 바로 흙이었다.

진은 미송 숲과 건조하고 추운 곳에 널리 퍼져 있는 묘목 성장 불량 전문가가 되어 있었고, 나는 한 번 봐 달라며 진을 끌고 왔다. 진은 안경을 벗고 현미경을 들여다보더니 소리를 질렀다. "빙고!"

너무너무 기뻤다. 하지만 내가 수박 겉만 핥았다는 것도 알고 있었다. 최근 들어 시마드 산에서는 오래된 숲의 종적을 사라지게 만드는 어마어마한 벌채지들이 등장하고 있었다. 예전에 할아버지의 선상 가옥을 매어 두던 물가를 따라 새로 난 임도를 차를 몰고 지나가 봤다. 직스가 빠졌던 변소가 있던, 헨리 할아버지의 수차와 물길이 있던 곳. 지금 벌채지는 또 다른 벌채지로 이어지고 있었다. 나무 베기와 단일 수종을 재배하는 조림지, 약품 뿌리기가 어린 시절의 숲을 바꾸어 놓고 있었다. 내가 드러낸 진실에 행복했지만, 가차 없는 수확에는 가슴이 찢어졌고 내가 책임지고 일어나야 했다. 나무와 토양의 연결을 약하게 만든다고 느낀 정부 정책에 맞서 행동하기 위해서다. 대지를 약하게 하는 정책에, 우리와 숲과의 인연을 약하게 하는 정책에 맞서기 위해서.

나는 정책과 실무 뒤에 숨겨진 종교적 열정에 대해서도 알고 있었다. 돈으로 뒷받침되는 열정에 대해 말이다.

실험장을 떠나는 날 나는 숲의 지혜를 받아들이기 위해 잠시 멈춰 섰다. 나무 심는 구덩이에 넣을 흙을 파 온 이글 강을 따라 서 있는 오래된 자작나무에게 걸어갔다. 자작나무의 넓고 튼실한 둥치 둘레에 뻗은 종이 같은 나무 껍질을 손으로 훑으며 나무가 가진 비밀을 조금 보여 주어서 고마웠다고 나무에게 속삭였다. 또 내 실험을 살려 주어서 고마웠다고.

그때 나는 약속했다.

나무들이 어떻게 다른 식물, 곤충, 진균을 감지하고 그들에게 신호를 보내는지에 대해 배우겠다는 약속이었다.

널리 알리겠다는 약속이었다.

죽어 버린 토양 속 진균, 무너진 균근 공생은 내가 처음 본 조림지에서 작고 누런 가문비나무가 죽어 가던 까닭에 대한 해답을 품고 있었다. 뜻하지 않게 균근균을 죽이면 나무도 죽는다는 것을 알아냈다. 토착 식물에게 의지해 그네들의 부식토를 얻고 부식토 안의 진균을 다시 조림지 흙으로 옮기자 나무들이 살아났다.

멀리서 헬리콥터들이 돈이 되는 가문비나무, 소나무, 미송을 기르기 위해 사시나무, 오리나무, 자작나무를 죽이는 화학 약품을 골짜기에 살포하고 있었다. 이 소리가 끔찍했다. 그 소리를 멈추어야 했다.

나는 특히 오리나무와의 전쟁에 대해 의문을 품었는데, 왜냐하면 오리나무 뿌리 안에 있는 공생 세균인 프란키아(*Frankia*)에 대기 중의 질소를 작은 관목이 잎을 만드는 데 쓸 수 있는 형태로 변환하는 특별한 능력이 있었기 때문이었다. 가을에 오리나무 잎이 떨어지고 썩으면 질소가 토양 내로 방출되어 소나무가 뿌리로 질소를 빨아들일 수 있게 된다. 소나무는 이 질소 변환에 의존하는데, 100년마다 숲에 불이 나서 상당량의 질소를 다시 대기로 보내기 때문이다.

하지만 임업 관행에 경종을 울리기 위해서는 토양의 상태, 나무와 다른 식물의 연결 및 식물이 서로에게 신호를 보내는 방법에 대한 증거가 더 필요했다. 앨런은 내가 계속 실력을 기를 수 있도록 대학원에 가서 학위를 받으라고 권했다. 스물여섯 살이던 나는 몇 달 후 코밸리스(Corvallis) 소재 오리건 주립 대학교에서 석사 과정을 시작하게 되었다. 나는 정책에서 신뢰하는 바대로 오리나무가 정말 소나무를 죽이는지 아니면 질소로 토양을 개선해서 소나무에 힘을 실어 주는지 알아보는 실험을 하기로 결심했다.

나는 후자의 가능성을 점쳤다.

내 직감은 내가 상상했던 것보다 훨씬 더 선견지명이 있는 것으로 증명될 것이다. 자유 성장에 대해 더 알아보고자 했던 신념이 정책 입안자들을 괴롭힐 수 있음을 알고 있었다. 다만 얼마나 심하게 괴롭히게 될지 몰랐을 뿐이다.

5장 흙죽이기

6장

[오리나무 습지]

죄수들을 실은 트럭이 도착하자 생각이 바뀌려 했다.

희고 검은 줄무늬 옷을 입은 죄수 20명이 임도에 불쑥 나타났다. 캠룹스 북부에 있는 교정 시설에 수감 중인 이 죄수들은 살인범이 아니라 절도범에 가까웠지만 거친 무리였다. 교도관과 산림청에서 나온 동료가 재빨리 죄수들을 줄 세웠다. 로빈과 나는 벌채지로부터 200미터 위에서 아래를 내려다보았다. 로빈은 한 달도 넘게 나와 계속 같이 다녀주고 있었는데, 덤불오리나무가 빽빽이 들어찬 10년 된 벌채지에서 내 석사 학위 연구 준비를 도와주는 중이었다.

이 벌채지는 이번 실험에 완벽한 조건이었는데, 실험의 목표는 로지폴소나무 묘목의 생존과 성장에 키 작은 오리나무 수풀이 미치는 영향을 살펴보는 것이었다. 이 지역 전역에서 소나무 조림지가 자유 성장 환경이라고 공표될 수 있도록 오리나무를 자르고 나무에 약품을 뿌리는 바람에 오리나무는 거의 사라질 지경이었다. 수백만 달러를 소모하는 이 야심 찬 박멸 계획은 소나무 생장에 도움이 된다는 근거조차 전무한 상태에서 실행만 되고 있었다. 하지만 이 계획은 오리나무 숲이 상업적 가치가 있는 나무를 압박하고 죽일 것이라는 두려움에 대한 반응, 그것도 극적인 반응이었다.

1800년대 후반 금을 찾고 철도를 놓던 정착민들이 불을 지른 이후 빙하 작용으로 형성된 넓게 퍼진 내륙 고원을 따라 토착 로지폴소나무 숲이 재생되었는데, 숲 하층부에서는 오리나무가 자랐다. 1세기 후 이 숲들을 펠러 번처(feller buncher), 즉 기계 팔이 톱질하는 트랙터가 벌채했고, 박복한 오리나무들은 바퀴에 깔리거나 소나무와 함께 잘려 나갔다. 숲 상층부가 사라지자 위가 가지런히 잘려 나간 오리나무 밑동에도 빛이 들었고, 덕분에 새 가지와 잎이 수도 없이 돋아났다. 물과 토양 자원도 풍성했다. 오리나무 천국이 따로 없었다. 오리나무 무더기는 이미 있던 뿌리줄기에서 쉽게 퍼져 나갔고 잎이 무성한 오리나무 관(coronet) 아래에는 파인그래스, 분홍바늘꽃, 팀블베리가 지천이었다. 운전해서 지나가는 임업인에게는 소나무 묘목이 이 오리나무 수풀의 바다에서 자리 잡기란 익사와 다름없게 보일 만도 했다. 나도 석사 과정까지 오는 동안, 내부에서 보면 조림지가 어떤지 알아보려고 여러 숲을 운전하며 지나가도 봤고, 트럭에서 내려서 길을 복잡하게 만드는 오리나무 틈바구니를 헤치고도 가 보았다. 일단 이 초록색 벽만 뚫고 지나가면 대개 아름답게 자라는 소나무들을 만날 수 있었다. 하지만 오리나무 바다를 길가에서 보기만 했다면, 비록 많은 소나무가 오리나무 바다를 뚫고 나오더라도, 임업인들이 오리나무에 화학 물질 공격을 하거나 톱과 절단기로 문자 그대로 오리나무를 난도질하는 것이 정당하다고 여겨졌을 것이다.

하지만 이게 다 무슨 소용일까? 이렇게 오리나무를 제거하면 조림지 성장이 개선되는지는 아무도 몰랐다. 이런 지식의 격차를 메우는 것이 내 실험 목표였다. 나는 오리나무, 그리고 오리나무와 관련 있는 식물들이 소나무에 대해 갖는 경쟁 효과를 계량화하고 싶었다. 내가 훨씬 더 관심을 가졌던 문제는 토착 관목들이 실제로 소나무와 협력해 소나무와 토양 간 연결을 돕고 건강한 숲 공동체를 만드는지였다.

오리나무가 소나무를 방해하는지, 방해한다면 어떻게 방해하는지 살펴보기 위해 나는 어깨까지 올라오는 풍성한 관목을 서로 다른 밀도로 없애야 했는데, 일부 지대에서는 관목을 완전히 없애야 했다. 그러고 나면 경쟁 때문에 지장을 받지 않고 외따로 자라는 소나무와 다양한 수의 오리나무 이웃과 자라는 소나무의 생장을 비교할 수 있을 것이다. 단순히 오리나무를 솎아내는 대신 오리나무를 전부 자른 후 조정한 양만큼 다시 자라게 둠으로써 내가 심고자 하는 발목까지 오는 소나무들이 현실적인 적을 마주하도록 만들었다. 만일 오리나무와 소나무가 높이 경쟁을 함께 시작한다면 그들이 어떻게 경쟁하는지 더 잘 가늠할 수 있도록 조건을 대등하게 맞춘 것이다. 만일 벌채 시점에 실험 현장에 있었다면 그냥 새싹이 트는 오리나무를 솎고 실험 대상인 소나무를 심을 수도 있었다. 하지만 나는 이미 오리나무 그루터기가 제법 큰 관목으로

6장 오리나무 습지

자란 후에 실험 현장에 도착했다. 자연은 초연한 공동 연구자이다.

죄수들은 큰 마체테 칼로 무릎 높이까지 오는 그루터기만 남기고 오리나무를 전부 베게 되어 있었다. 오리나무 관목 하나하나는 같은 뿌리줄기에서 나온 줄기 30개 안팎이 모여 구성되는데, 마치 쑥쑥 자라는 장미 덤불의 더 두꺼운 버전 같았다. 오리나무의 밀도를 다양한 수준으로 구성하기 위해 일부 줄기 무리는 절단하고, 일부는 새 잎이 돋게 두고, 일부 줄기를 골라 끝에 제초제를 칠해서 새 잎이 돋지 못하게 하겠다는 계획을 세웠다. 이렇게 다섯 종류의 다양한 밀도 조건을 만들었는데, 오리나무가 전혀 없는 구획(오리나무에 전부 제초제를 칠해 죽였다.)부터 헥타르당 오리나무 군집이 2,400그루 있는 구획(오리나무에 제초제를 전혀 칠하지 않고 모두 살려 두었다.)까지 있었다. 또 중간 수준의 밀도 조건을 가진 군집 3개(헥타르당 600, 1,200, 1,800그루)도 만들었다.

오리나무가 없는 구획 안에 별도로 풀이 덮인 정도를 가감한 조건도 만들고 싶었다. 파인그래스, 분홍바늘꽃, 허클베리, 팀블베리 외 10여 종의 부차 종(minor species)을 심고 이 초본 양에 변화를 주기로 했다. 그러면 오리나무와는 별개로 소나무가 초본 때문에 겪게 되는 경쟁 효과도 평가할 수 있다. 주적은 오리나무였지만 키 작은 식물들도 싸움꾼이라고 알려져 있었다. 좀 이상하게도 분홍바늘꽃만 진정한 의미의 초본 식물이었던 반면 파인그래스는 분명히 잔디류 소속이었고 허클베리와 팀블베리는 관목에 속했지만 모두 내 무릎보다 키가 작았기에 이들을 뭉뚱그려 '초본류 층(herbaceous layer)'이라고 부르기로 했다. 초본류 층의 경쟁 효과를 평가하기 위해 오리나무를 모두 없애고 초본을 통제한 조건을 따로 3개 만들었다. 초본류로 100퍼센트 덮인 구획에서는 자연적으로 자유롭게 자란 초본류를 그대로 내버려 두었고, 50퍼센트 처리를 한 구획에서는 자연적으로 자란 초본류를 절반으로 줄였고, 0퍼센트 처리를 한 구획에서는 모든 초본류를 완전히 없앴다. 모든 구획에서 우선 오리나무를 자르고 약을 칠한 후 제초제를 뿌려서 정해 둔 비율대로 초본류를 죽였다. 완전 소멸 처리라는 이름을 붙인 구획에서는 관목, 초본, 잔디, 이끼 등 눈에 보이는 모든 것에 모조리 약품을 뿌려서 헐벗은 땅을 만들었다.

이 극단적 맨땅 조건이 적용된 구획을 보니 골짜기 바닥에 있던 농장 들판이 떠올랐다. 전투 계획이 무시무시했지만 그래도 이 구획을 만들기로 했는데, 왜냐하면 1980년대 미국의 잡초 연구자들이 살충제, 비료, 고수확 작물을 도입한 농업 분야의 녹색 혁명을 답습하면 맨땅 같은 조건에서도 작물을 가장 빠르게 기를 수 있음을 발견하던 중이었고, 브리티시 컬럼비아의 정책 관련자들도 그들을 따라하면 소나무의 성장 잠재력을 최고로 끌어올릴 수 있다고 믿고 있었기 때문이었다. 소나무를 콩 기르듯이 기를 수 있다면 나무도 더 빠르게 성장시킬 수 있을 테고 더 많은 숲에서 더 많은 나무를 수확할 수 있으리라는 그들의 생각을 검증하지 않는 것은 직무 태만에 해당할 터였다. 나는 이 조건을 다른 모든 성과 수준에 비추어 평가해야 했다. 오리나무가 있는 4개 조건과 오리나무가 없고 초본층 비율에 변화를 준 3개 조건, 총 7개 조건을 3번씩 반복했다. 모든 실험 구획은 가로 20미터 세로 20미터의 정사각형 모양이었고 21개 실험 구획 전체가 면적 10헥타르의 벌채지 중 1헥

6장 오리나무 숲지

타르쯤 되는 구역에 펼쳐져 있었다.

소나무가 빛, 물, 양분을 얻기 위해 오리나무 및 초본류 층과 얼마나 치열하게 경쟁 또는 협력하는지 측정하기 위해 나는 일곱 조건 모두에 소나무 묘목을 심을 계획이었다. 오리나무가 아마도 토양에 질소를 더하는 방식으로 소나무에게 도움을 얼마나 주는지 알고 싶었고, 오리나무와 소나무가 빛, 물, 아니면 인, 포타슘(칼륨), 황 등 양분을 얻기 위해 얼마나 경쟁하는지도 알아보고 싶었다. 초본 식물이 강력한 경쟁자인지, 아니면 어떤 면에서는 보호자인지도 알아볼 수 있을 터였다. 내 목표는 소나무, 오리나무, 초본 식물이 얻게 될 자원의 양을 기록하는 것이었다. 오리나무 및 초본 식물의 양이 7단계로 달라짐에 따라 소나무가 얼마나 빠르게 성장하며, 얼마나 잘 살아남는지도 조사할 예정이었다.

로빈과 나는 죄수들이 길을 따라 행진해 올라오는 동안 구불구불한 산간 지역 소나무 숲을 내려다보고 있었다. 그때 로빈은 스물여덟 살로 스물여섯 살이던 나보다 두 살 위였다. 로빈은 내가 다 괜찮을 거라고 해 주길 바랐지만 나도 겁이 났다. 로빈은 민소매 차림이었고 내가 말했다. "내 생각에 언니는……."

"맞아." 로빈은 가슴이 파인 상의 위에 럼버잭 셔츠를 머리부터 입으면서 말했다.

죄수들은 우리 쪽을 향해 걸어오면서 욕지거리로 우습고 빠른 노래를 만드는 양 투덜거렸다. 이것 참 지랄 맞네! 담배가 땡기네! 그들은 철조망 담을 넘으며 소리를 많이도 질렀다. 팽팽하고 두꺼운 5중 철망에 만들새가 꼼꼼한 이 철조망은 말편자 사업을 하던 켈리가 한 주 휴가를 내고 만든 것으로 남자 사타구니를 잡기 위한 게 아니라 소가 못 들어오게 하기 위한 것이었다. 젠장, **바지가 찢어졌잖아!** 근육, 씹는 담배, 긴 머리, 무감각한 시선들. "이봐, 아가씨들!" 누가 소리질렀다. "어이 자기야, 춤 한번 땡길까?" 다른 이가 골반을 빙빙 돌리며 외쳤다.

나는 교도관에게 어떻게 죄수들이 관목 숲을 바닥 높이까지 베면 되는지 설명했다. 그는 설명을 들었지만 언제든 큰일이 터질 수 있는 상황이었다. 교도관이 가진 유일한 무기는 지휘봉이었다. 로빈과 나는 사람들이 일하게 내버려 두고 실험장 구석으로 멀리 도망쳤다.

사람들을 두고 온 곳에 우리의 절단기와 배낭식 분무기가 있었다. 나는 극한의 0퍼센트 조건, 즉 맨땅 조건은 죄수에게 맡길 것이 아니라 로빈과 내가 직접 마련해야 한다고 결론지었다. 최대한 살아 있는 식물이라고는 하나도 없도록 만들기 위해 오리나무를 아주 조금만 남기고 전부 자른 후 잔디와 풀이 드러나도록 잘라낸 줄기를 필지 가장자리로 옮겼다. 잘라낸 가지 끝에는 2,4-D(제초제 2,4-디클로로페녹시아세트산의 약어. — 옮긴이)를 칠하고 잔디와 풀에 글리포세이트를 뿌려서 해당 구획 전체에 사는 식물을 모조리 죽였다. 초본류 층 50퍼센트 조건의 구획에서는 체스판 모양으로 구획 절반에만 제초제를 뿌렸다. 실험 필지는 황량해 보였다. 로빈도 나도 식물을 죽이려니 기분이 나빴지만 이번에는 우리 마음속에 더 중요한 목적이 단단히 자리하고 있었다. 만약 정책 입안자들이 생각한 바와 반대로 토착 식물이 소나무 살해자가 아니라는 것을 알아낸다면, 이 지역 전역에서 벌어지는 가혹한 관행에 대해 사람들도 재고하게 되지 않을까?

6장 오리나무 습지

우리는 장갑과 방호복을 벗고 마지막 맨땅 필지 가장자리에서 쉬었다. 새벽 3시부터 일을 계속했고 마스크의 필터도 제대로 끼우고 일했다. 로빈이 농약을 뿌리기 전에 딴 허클베리로 만든 머핀을 내게 줬다. 이미 씻기도 했고 번쩍거리는 필지 가장자리에 앉아 있었지만 우리는 손에 비닐 봉지를 끼고 음식을 먹었다.

"저기 봐, 들쥐가 있어." 로빈이 나뭇잎에 매달린 분홍빛 제초제 물방울 너머를 가리키며 소리를 질렀다. 들쥐들이 빠르게 움직이고 있었는데, 풀 벤 것을 우리가 필지 가장자리에 쌓아 놓은 오리나무 가지 더미로 나르고 있었다. "작은 토끼들도 있어!"

로빈은 작은 동물들이 독 묻은 풀잎을 먹고 있었다는 것까지는 아직 파악하지 못했다. 어떤 장면이 눈앞에 휙 하고 나타났다. 먹으면 죽는 자른 풀을 동물들이 굴 속의 새끼들과 나누어 먹고 땅속에서 모두 죽을 것이다.

"저리 가!" 나는 그들 쪽으로 달려가며 소리쳤다. "저런 건 먹지 말라고!"

하지만 들쥐, 토끼, 다람쥐가 풀을 뜯지 못하게 막을 수는 없었다. 우리는 오리나무를 죽임으로써 동물들에게 맛이 간 먹을거리를 던져 주고 말았다. 로빈과 나는 맥이 풀린 채 서로를 쳐다보았다. 단 한 가지 측정도 하기 전이었지만 생태계는 이미 확실히 붕괴했음을 알 수 있었다.

그때 고성이 들려왔다. 죄수들을 두고 온 100미터 밖에 있는 오리나무가 빽빽한 필지로 로빈이 나를 따라왔다. 끙끙대는 소리가 점점 크고 빨라졌다. 좀 더 제대로 보기 위해 우리는 포복해서 잡목 숲을 통과해

갔다.

"우, 우, 우." 죄수들이 합창하는 소리였다.

우리는 반대 투쟁을 목격했다. 남자들이 서서 구호에 박자를 맞춰 사타구니를 내밀었다. 귀신도 겁먹을 만큼 화를 내는 남자가 구호를 선창하고 있었다. 깊은 흉터가 있는 남자는 그루터기에 앉아서 목의 핏줄이 부풀어 오르도록 구호를 세차게 외쳤다. 삐삐 마른 어떤 남자는 무서울 정도로 멍한 표정을 짓고 있었다. 그들은 일을 거부하는 표시로 칼을 내려놓았다. 교도관이 죄수들에게 서라고 명령했고 로빈과 나는 숨을 멈췄다. 비무장의 교도관 2명, 죄수 20명, 그리고 우리 둘 사이에서 무슨 일이든 벌어질 수 있었다.

우두머리가 별안간 조용해지자 교도관과 내 산림청 동료는 길을 따라 죄수들을 행진해 내려가게 한 후 그들을 밴에 태웠다. 그들은 실험지에 겨우 2시간 머물렀다.

칼질해 놓은 것을 살펴보자 속이 메스꺼워졌다. 오리나무 관목 맨 아랫부분을 깔끔하고 평평하게 잘라서 제초제를 칠하기에도, 다시 싹이 트도록 내버려 둘 오리나무 수를 통제하기에도 편하기를 기대했다. 하지만 오리나무는 죽도록 난도질당한 모양새였고, 나무갓을 확 그어 놓아서 내 허벅지까지 오는 날카로운 줄기가 남아 있기도 했다. 상처 난 나무 껍질에서 수액이 흘러나와 점이 있는 갈색 줄기까지 흘러내렸다. 나무 순이 꼭 창 같았다. 나무 순이 사슴 배에 꽂힐 것 같았다.

• • •

죄수들이 하기를 바랐던 절단 작업을 1주일 뒤 로빈과 내가 모두 마

6장 오리나무 습지

친 후 나머지 연구 보조원들이 모였다. 우리 가족이었다. 검정 머리를 하나로 묶은 로빈은 어서 땅에 나무를 심고 싶어서 몸이 근질거리는지 삽을 들고 소나무 묘목 상자 옆에 쭈그리고 앉아 있었다. 청바지에 카우보이 부츠를 신고 허리에 목수가 쓰는 장비 벨트를 두른 켈리는 능숙해 보였는데, 문을 마저 다 만들고 소가 못 들어오게 하기 위한 철조망을 단단히 할 채비를 마쳤다. 동네 목축업자들은 방목 허가증을 받았다. 진은 꼭 우리 가족의 일원처럼 캘리퍼스(calipers, 둥근 물체의 지름을 재는 기구. ─ 옮긴이)와 줄자 등 공구를 날랐는데 묘목을 심으며 묘목 크기와 상태를 평가하기 위한 도구들이었다. 엄마는 메모장을 손에 들고 나무 그루터기에 앉아 아들과 딸에게 미소를 지으며 이러고 있는 모습을 보는 것이 얼마나 즐거운지 전해 주고 있었다. 죄수들 때문에 로빈과 내가 잔뜩 느꼈던 초조함은 여기 엄마가 오자 모두 날아가 버렸다. 몇 주 후에는 아빠가 도착할 것이다. 엄마와 아빠가 같은 시간, 같은 공간에 있지 않도록 시차를 적당히 두고 말이다.

내 옆에는 돈(Don)이 있었다. 돈은 내가 1월에 오리건 주립 대학교에서 만난 거무스름한 곱슬머리를 가진 남자였다. 그는 숲의 목재 수확이 토양 생산성에 미치는 장기적 영향을 연구하는 교수의 연구 조교였다. 돈은 나를 잘 챙겼고 대학원생에게 필요한 기초를 알려 주었다. 스프레드시트 사용법, 조깅을 하면 좋은 장소, 제일 괜찮은 술집 등을. "통계 분석 코드는 이렇게 짜는 거야." 그는 내가 오랫동안 궁금해하던 것을 보여 주면서 말했다. 나는 그가 오기를 날짜를 세며 기다렸다. 그는 산림학 이야기를 하며 모든 이들과 쉽게 어울렸다. 나는 돈이 가까이에 있으면 신이 나서 마음이 훈훈해졌다. 나는 사랑에 빠지는 중이었다.

"필지 설계 정말 잘했다, 수지." 우리가 21개 실험장의 모서리를 표시하기 위해 세워 둔 말뚝을 바라보며 돈이 말했다. 나는 돈이 벌써 우리 가족이 부르는 애칭으로 나를 불러 주는 것에 설렜다. 돈은 이야기하며 손을 뻗어 내 허리께를 쓰다듬었다.

돈을 다시 일에 집중시키기 위해 로빈은 모든 필지에 소나무 묘목을 한 줄에 7그루씩 7줄 심을 예정이며 묘목 사이 간격은 2.5미터, 각 줄 사이에는 특별한 파괴 측정 목적으로 희생될 묘목을 10그루씩 더 심을 것이라고 설명했다. 로빈은 돈이 일을 잘한다는 것쯤은 파악했지만 확인하고 싶었던 모양이었다. 돈은 리듬을 놓치지 않았고 재치 있게 제일 좋아하는 배우 그루초 막스(Groucho Marx)의 명언을 인용하며 어떻게 작업을 할지 설명했다. "제 원칙은 그렇고, 만약 귀하께서 제 원칙이 마음에 들지 않으신다면……, 글쎄요, 다른 원칙도 있습니다." 그들은 모두 웃으며 다양한 밀도의 필지에 묘목 1,239그루를 심으러 떠났다.

"우리 순서네요." 진이 엄마에게 말했다. 진과 엄마는 로빈과 돈의 뒤를 따르기로 되어 있었다. 진이 새로 심은 소나무 첫 줄을 따라 끝까지 걸어가며 모든 묘목마다 묘목 옆에 금속 표시가 있는 나무 말뚝을 꽂아 키를 재고 캘리퍼스로 지름을 재면 엄마는 데이터 용지에 숫자를 적어 넣었다. 나뭇가지 모양의 촛대인 칸델라브라(candelabra)처럼 싹트는 오리나무 아래로 소나무 묘목의 바늘잎들이 꽃다발처럼 무리를 이루고 빙그르르 돌았다. 이 묘목들은 결국에는 사람들이 대신 심고 있는 날씬한 로지폴소나무로 자라날 것이며, 꼭대기에 촛불의 불꽃처럼 촘

6장 오리나무 습지

촘한 나무갓을 갖게 될 것이다.

"빗장 달린 문이랑 그냥 지나갈 수 있는 문 중에 뭘 원해, 수지?" 우리가 울타리의 제일 끝부분을 만들고 있던 켈리 쪽으로 걸어가니 켈리가 내게 물었다. 기둥을 박을 땅이 솟은 곳과 파인 곳을 살펴보며 잠시 켈리와 조용한 시간을 보낼 수 있어서 안심이었다. 켈리는 할 줄 아는 수많은 카우보이다운 일 목록에 울타리 치기도 추가했다. 켈리는 손으로 구덩이를 팠는데, 10대 시절과 변함없는 열정으로 로데오에 몰두하느라 관절이 빠졌지만 어깨도 튼튼했다. 켈리는 결국 수십 년간 굳건히 서 있을 수 있는 튼튼한 말뚝 울타리를 실험장 주변에 쳐 줄 것이었다.

"잘은 모르겠지만 간단하게 지나가는 문 어때? 사람은 지나가도 소는 꿈틀대도 못 지나갈 Y자 모양 틈이면 충분할 것 같아." 내가 말했다.

"그래, 그게 제일 간단하고 제일 싸." 켈리가 말했다.

"장비를 나를 때 통과할 수 있기만 하면 돼. 아빠랑 내가 한 2주 후에 쓸 압력 체임버 같은 장비." 나는 기구 크기를 몸짓으로 대략 보여 주며 말했다. 위니 할머니가 쓰던 휴대용 싱거 재봉틀 가방만 했다.

"문 바깥쪽 기둥 각도를 소가 지나가지 못할 정도, 하지만 체임버는 지나갈 넓이로 하면 되겠네." 켈리가 말하며 미소를 짓자 입술 아래의 흉터가 늘어졌다. "여기 아빠랑 소가 같이 있는 걸 꼭 보고 싶은걸."

"재미있을 거야. 기구를 한밤중에 옮길 거거든."

"아빠가 오늘 여기 함께 못 있어서 너무 아쉬워." 비록 13년 전 일이었지만 여전히 부모님의 이혼을 이겨 내지 못한 켈리가 부드럽게 말했다.

"엄마가 있으니 분위기가 너무 팽팽했을 거야."

어머니 나무를 찾아서

"다음 주말에 윌리엄스 레이크 스탬피드에서 아빠 만나기로 했어. 난 캐프 로핑이랑 로데오 참가 신청을 했거든."

"파이팅." 나는 켈리에게 이렇게 끝내 주는 울타리를 만들어 줘서 고맙다고 했고 티파니에게 안부를 전해 달라고 부탁했다. 나는 아직 티파니를 못 만나 봤지만 티파니는 붉은 곱슬머리이고 투 스텝(two step, 흔히 컨트리 음악에 맞춰 추는 사교 댄스. — 옮긴이)을 무지막지하게 출 수 있다고 했다.

"고마워, 그럴게."라고 말하는 켈리의 얼굴에 메이블 호수만큼 넓은 미소가 환히 번졌다. 자기가 한 일이 자랑스러웠고 내가 고마워하는 것에 감동한 켈리는 삽을 들면서도 여전히 밝게 웃으며 나무에게 다시 가 보라고 내게 손짓을 했다.

진과 엄마가 눈금 말뚝을 꽂으며 첫 번째 묘목에 대한 첫 자료를 모으는 동안 돈은 로빈과 내가 나무를 더 심을 수 있게 도와주었다. "너네 지역은 우리 동네에 비해 훨씬 손도 덜 탔고 빈 공간도 많아 보여." 팔로 풍경을 가로질러 훑으며 돈이 말했고, 덕분에 나는 내가 자란 땅이 자랑스러웠다. "항상 너랑 같이 있게 캐나다로 이사 올 수 있으면 좋을 텐데." 돈이 재잘댔다. 그는 말이 많았다. 그는 서둘러서 급하게 말을 쏟아 놓았고 나는 그게 참 좋았다. 우리의 나날은 일로 점철되어 뼈 빠지는 수준에서 초인적 수준으로 일이 커지고 있었다. 밤에 나는 돈의 피부에서 느껴지는 흙내를 들이마셨다.

돈이 연구 조교 일을 하러 돌아가기 전 마지막 날, 돈과 나는 30센티미터 정도 되는 T자 모양의 토양 코어 채취기로 토양 표본을 채취했다.

6장 오리나무 습지

표본용 봉지에 담을 무기질 흙을 긴 관으로 뽑아내려면 어떻게 채취기 끝을 숲 바닥에 눌러 꽂고 손잡이를 당겨야 하는지 돈이 내게 알려 주었다. 식물을 모조리 죽인 곳의 흙은 버터 같았다. 하지만 식물이 튼튼하게 자라고 있던 곳에서 흙을 추출하기는 욕이 나오도록 힘들었는데, 탄소가 잔뜩 들어 있는 살아 있는 풍성한 식물 뿌리가 만들어 낸 미로가 채취기를 밀어내는 바람에 땅을 뚫으려면 우리가 손잡이 위에 올라서야 했다. 낮이 되자 삭신이 쑤셨고 돈이 허리를 주물러 주었다.

돈이 떠날 준비를 마치자 눈물이 났다. 돈은 마지막으로 묘목 측정을 하는 9월에 다시 돌아와서 도와주겠다고 나를 위로했다. 우리는 웰스 그레이 파크(Wells Gray Park)에 카누를 타러 가기로 약속했다.

로빈과 나는 몇 주 후에 실험장으로 돌아와서 각 구획의 빛, 물, 양분의 양 같은 측정 자료를 수집했다. 골라 둔 오리나무에서 새싹이 돋았고 남겨 둔 초본에서도 잎이 자라났다. 그런데 오리나무는 소나무 묘목이 가져가야 할 빛을 얼마나 가져갔을까? 오리나무가 흡수한 양분은 얼마이며, 소나무 묘목의 몫으로는 얼마나 남겨 두었을까? 다른 식물들이 필요를 충족한 후, 토양에는 얼마나 많은 물이 소나무 뿌리를 위해 남겨져 있었을까?

토양 속 수분을 측정하기 위해 중성자 수분 측정기(neutron probe)를 사용했다. 중성자 수분 측정기는 이름이 주는 인상만큼이나 위험한 기구로, 다이너마이트 뇌관같이 생긴 노란색 금속 상자에, 수분이 토양 기공에 얼마나 단단히 붙어 있는지 측정하기 위한 중성자 방출원이 달려 있는 장치였다. 물이 부족할수록 수분이 토양 기공에 더 단단히 붙

오래된 숲(노숙림). 숲 상층부에는 무척 오래된 투야 플리카타 어머니 나무가, 하층부에는 이엽솔송나무(western hemlock), 아마빌리스 전나무(amabilis fir), 허클베리, 새먼베리가 있다. 투야 플리카타는 북아메리카 서해안 선주민에게는 생명의 나무로 알려져 있으며 그들의 영적 세계, 문화, 약, 생태에 대단히 중요한 의미를 지닌다. 이 수종의 목재는 토템 폴(totem pole), 가옥용 널빤지, 통나무배, 노, 곡목(bentwood, 나무에 수분을 입혀 굽게 만들어 공예, 가구 제작 등의 용도로 쓴다. ― 옮긴이) 상자의 주재료였으며, 껍질과 부름켜로는 바구니, 옷, 밧줄, 모자를 만들었다.

수일루스 라케이(*Suillus lakei*) 버섯은 얼룩비단주름버섯이나 팬케이크버섯으로도 불린다. 이 종은 외생균근균으로 오직 미송과만 관계를 맺고 자란다. 버섯은 먹을 수 있지만 식용으로서의 평가는 높지 않고 수프나 스튜에 넣어 먹는다. 버섯갓 아래에 보이는 방울 열매는 미송 열매이다. 앞에 보이는 식물은 크리핑 라즈베리(*Rubus hayata-koidzumii*)와 풀산딸나무(*Cornus canadensis*)이다. 하이다 사람들은 라즈베리와 넌출월귤(*Vaccinium oxycoccos*)을 섞어서 말렸다.

미송 어머니 나무. 나이는 약 500세로 추정된다. 깊게 고랑이 파인 두꺼운 껍질은 화재로부터 나무를 보호하고 커다란 가지는 굴뚝새(winter wren), 솔잣새(crosbill), 다람쥐, 땃쥐(shrew) 등 새와 야생 동물을 위한 서식지를 제공한다. 선주민들은 나무를 장작이나 낚시용 고리 제작에 썼다. 큰 가지는 오두막집과 한증막의 바닥을 까는 데 썼다.

투야 플리카타 할머니 나무. 나이는 1,000세로 추정된다. 세로 방향으로 난 틈은 퍼스트 네이션 사람들이 이 나무에서 껍질을 벗겼다는 뜻이다. 바깥쪽 껍질에서 분리한 속껍질은 시더 바구니나 매트, 의류, 밧줄을 만드는 데 썼다. 나무껍질을 수확하기 전에 선주민들은 나무줄기에 손을 얹고 기도를 드리며 수확해도 되는지 허락을 구했고, 이렇게 나무와의 깊은 인연을 키웠다. 그들은 나무 둘레의 3분의 1인 9미터 길이 나무껍질만 수확했다. 나무가 스스로 회복할 수 있도록 얕고 가는 상처만 남긴 것이다.

애주름버섯(*Mycena*). 보닛버섯(bonnet mushroom)이라고도 한다. 애주름버섯은 부생균으로 대개 식용은 아니다.

광대버섯(*Amanita muscaria*). 파리버섯(fly agaric)이라고도 한다. 이 종은 소나무, 참나무, 가문비나무는 물론 미송, 백자작나무 등 다양한 나무와 외생균근 관계를 형성한다. 광대버섯 중에는 독을 가진 것도 있고 향정신 효과가 있다.

하이다 과이의 시트카가문비나무 어머니 나무. 어머니 나무의 하층에서 분해되고 있는 보모 통나무 위에서 솔송나무가 재생하고 있다. 보모 통나무는 새롭게 재생하는 나무를 포식자, 병원체, 가뭄으로부터 보호한다.

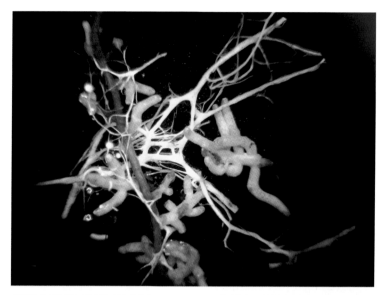

외생균근균이 붙은 뿌리 끝과 균사다발(rhizonmorph). 균사다발은 균사가 치밀하게 모여 만들어진 다발로 식물 뿌리처럼 가지가 나뉘며 자란다.

필터버섯으로도 알려진 스펙타빌리스비단주름버섯(*Suillus spectabilis*)은 외생균근균이다. 흰 균투 (fungus mantle)가 나무의 뿌리 끝을 덮어서 날개 모양(pinnate) 구조를 형성하고 있다. 균투는 뿌리 끝을 손상이나 병원체로부터 보호하고 균투로부터 나온 균사체(mycelia)는 양분을 찾아 토양을 탐사한다. 버섯은 식용이나 시고 맛이 강하다.

손가락 끝에 숲 바닥을 헤집고 누비는 흰색 진균 균사가 있다.

태평양 연안 우림의 투야 플리카타. 500세 정도로 추정된다. 북아메리카 서부 해안 선주민 문화에서는 이 나무가 주춧돌 역할을 했다. 나무는 의복, 도구, 약 등 문화적으로 중요한 용도로 다양하게 사용되었으나 유럽 인과의 접촉 이전에 나무를 자르는 일은 드물었다. 대신 쓰러진 나무를 모으거나 살아 있는 나무에서 껍질을 떼어내 판자처럼 사용했고 껍질을 뗀 자리에는 나뭇결에 주목이나 사슴뿔을 끼워 넣었다.

투야 플리카타 어머니 나무와 자손들. 시더는 종자로도 번식하지만 어머니 나무 가지가 크게 휘어 내려와 땅에 닿으면 닿은 자리에서 뿌리가 내리는 휘묻이(layering)로도 번식한다. 일단 가지에서 뿌리가 단단히 내리면 어린 나무는 부모 나무로부터 떨어져 나온 개별 나무로 자란다. 이 시더 오른쪽의 단풍나무는 투야 플리카타와 흔히 관계를 맺는데, 이 두 종 모두가 비옥하고 습한 토양에서 잘 자라고 수지상균근 연결망에서 한데 이어지기 때문이다.

어서 소나무가 물을 흡수하기 어려워지는데 중성자 수분 측정기를 사용하면 이런 양상을 파악할 수 있다. 오리나무, 소나무, 초본 모두 광합성을 위해 물이 필요하지만 오리나무는 대기 중 질소를 추후에 쓸 수 있는 암모늄으로 변환(고정)할 에너지도 충분히 만들어야 하므로 물이 가장 많이 필요하다. 이처럼 에너지를 소모하는 과정을 완수해야 하므로 나는 오리나무가 토양 내의 수분을 가장 많이 빨아들일 것으로 예측했다. 내 예감이 그랬다. 잔디와 초본도 수염뿌리 층을 갖고 있으니 목이 상당히 마를 것이다.

로빈과 나는 땅에 1미터 깊이로 구멍을 뚫고 삽입한 알루미늄 실린더로 노란 상자를 옮긴 후 상자를 조심조심 실린더 위에 올렸다. 우리는 토양의 수분을 측정하기 위해 이런 식으로 모든 필지에 실린더를 꽂아두었다. 오리나무가 물을 많이 소모할수록 광합성 속도가 빨라지고, 오리나무가 질소 고정 과정에 투자하는 자원도 더 많아질 것이다. 하지만 동시에 오리나무가 남기는 소나무 몫의 수분은 줄어든다. 얻는 만큼 잃는 것도 있듯이.

상자 안에 둘둘 말린 케이블이 담겨 있었고, 그 끝의 하우징 튜브 속에는 중성자를 방출하는 방사성 펠렛이 들어 있었다. 플런저로 케이블을 풀면 하우징 튜브가 실린더를 타고 아래로 내려가고, 펠렛에서 고속 중성자가 방출된다. 이 중성자가 토양 속 물 분자와 충돌하면 속도가 줄어든다. 전자 탐지기는 얼마나 많은 감속 중성자가 다시 돌아오는지를 기록함으로써 수분의 함량을 측정한다. 버튼을 누르면 케이블은 진공 청소기 전기 코드처럼 빠르게 다시 상자 안으로 말려 들어간다.

"이게 어떻게 작동하는 건지는 전혀 모르겠지만 난 나중에 아이는 낳고 싶어." 로빈이 말했다.

나는 손잡이를 눌러서 케이블을 튜브 아래로 내려보냈다. 나는 중성자 수분 측정기가 싫었다. 낡고 무거웠고 케이블은 끈끈했다. 운전자들이 비딱한 눈으로 내 트럭 뒷문에 붙은 방사성 물질 주의 경고를 쳐다보는 것이 싫었다. 하지만 무엇보다도 방사능이 무서웠다.

투입관 21개에서 수분을 측정하는 작업에 종일 걸렸다. 남은 여름 동안 각 구획, 특히 오리나무가 빽빽한 구획에서 물 부족이 얼마나 심해지는지 관찰하기 위해서 이런 측정을 여러 번 거듭할 예정이었다. 까다로운 작업이었는데, 기구가 들고 다니기 불편한데다 케이블은 항상 제대로 내려가 주지도 않았고, 가끔은 우리가 튜브 위에 놓아 둔 팀 호턴스(Tim Hortons, 커피와 도넛을 주로 판매하는 캐나다의 패스트푸드 체인. — 옮긴이) 컵을 다람쥐가 넘어뜨리고 지나가서 튜브에 물이 좀 차 버리기도 했다.

한번은 마지막 알루미늄 관에서 작업을 하면서 이 스트레스 받는 하루가 거의 끝났다는 데에 안도감을 느끼며 땅을 바라보다 숨이 턱 막힌 적이 있다. 중성자 방출원이 달린 하우징 튜브가 노출된 채로 우리 발 옆에서 바닥을 훑고 있었다. 아무래도 바로 전 실린더에서 잠금 장치가 제대로 작동하지 않았던지 케이블이 말려 들어가지 않았던 것이다. 방사능이 우리를 죽이던 중이었다.

"수지!" 로빈이 소리쳤다.

"제길!" 나도 소리쳤다. 나는 노란 상자 위에 있는 버튼을 눌렀고 케이블과 하우징 튜브가 다시 장비 속으로 들어갔다.

얼마나 위험했던 것일까? 캐나다 원자력 공사(Atomic Energy of Canada)에서는 중성자 수분 측정기 사용 조건으로 생명 유지 기관이 방사선에 노출된 양을 측정하기 위해 기구 사용자는 상의 주머니에 필름 배지형 방사선량 측정기인 선량계(dosimeter)를 착용하라고 했다. 발은 우려가 덜한 부위인데, 워낙 작은 부위이고 장기도 없어서 부드러운 조직의 피해도 거의 없을 것으로 예상되기 때문이다.

"괜찮을 거라고 봐." 나는 배지에 대해 설명하며 말했다.

추수 감사절에 엄마네 거실에서 결혼하기로 한 빌을 그리워하던 로빈에게는 이 실수가 최후의 일격이었다. 스스로도 너무나 걱정이 되어서 나는 선량계 배지를 즉시 공사 관계자에게 보내겠다고 약속했다. 방사선은 어쨌든 암을 유발한다. 진은 저녁 식사 자리에서 진이 평가 중이던 조림지에 실수로 누군가 놓고 간 비료를 먹은 소들이 속이 더부룩해하고 방귀를 뀌고 트림을 하더라는 이야기를 하며 우리의 관심을 다른 곳으로 돌렸다. 나는 돈에게 편지를 썼는데 두려움에 이야기가 끝도 없이 쏟아졌다.

캐나다 원자력 공사에서 답이 오자 나는 결과를 꼼짝 않고 뚫어지게 쳐다보았다. 피폭량은 문제라고 여겨지는 기준을 한참 밑돌았다. 이렇게 또 한 번 구사일생을 경험했다.

로빈과 나는 6월 초부터 9월 말까지 2주마다 실험장에 가서 측정기로 토양 수분 측정을 반복했다. 이렇게 격주로 디지털 판독을 하며 성장 시기의 토양 수분 변화를 분석했다. 뚜렷한 양상이 드러났다. 봄에는 눈이 녹은 지 얼마 되지 않아서 토양 기공에 물이 가득 차 있었다. 오리나무 싹이 텄는지 아닌지는 하나도 중요하지 않았다. 오리나무가 엄청나게 많다 하더라도 겨울에 2미터나 눈이 쌓인 들판이 녹아서 남긴 물기를 없앨 수는 없었다. 하지만 8월 초가 되면 다시 오리나무가 빽빽하게 자라난 곳의 토양 기공이 모조리 말라 버렸다. 무성한 오리나무 잎이 열린 기공을 통해 수분을 수 갤런씩 내뿜으며 증산 작용을 하느라 얼마나 열심인지 오리나무가 자유수(free water, 자유로이 이동 가능한 물. — 옮긴이)를 거의 다 써 버릴 지경이었다. 하지만 오리나무를 완전히 제거한 곳에서는 뿌리가 없는 토양 기공에 여름 내내 물이 가득 차 있었다. 아이고, 어쩌면 잡초 제거 신봉자들이 옳을 수도 있었다. 오리나무는 한여름에 소나무 묘목이 쓸 수 있는 물을 아주 조금밖에 남겨놓지 않는 것 같았다. 결정적인 질문은 다음과 같았다. 정책 입안자들이 예상한 대로 오리나무가 없는 곳에서 자유 성장하는 소나무가 오리나무가 있는 곳에서 자라는 소나무보다 훨씬 빨리 자랄까? 또 오리나무가 없는 데서 자라는 소나무들은 물이 있는 계절에 물 여유분에 접근해 실제로 물 여유분을 사용하고 있을까?

이 문제에 답하기 위해서는 한여름에 소나무 묘목에 도달하는 물의 양을 측정해야 했다. 나는 아빠에게 도움을 청했다.

• • •

우리는 8월 7일 자정에 마을을 떠났는데, 로빈과 내가 중성자 측정기로 판독한 결과에 따르면 그날 오리나무로 덮인 토양이 가장 건조했다. 실험장까지 가는 데 운전해서 2시간이 걸렸다. 트럭 운전 칸에 아빠의 키가 크고 마른 몸과 아빠의 새 아내인 말린(Marlene)이 잔뜩 싸 준 점심이 구겨져 들어갔다. 고속 도로를 터덜터덜 달리는 동안 아빠는 보온병에 담아 온 커피를 부어 주었다. 차가 흔들대며 임도로 올라가고 깊은 숲으로 들어갈수록 덤불이 자꾸 더 어둑해지자 아빠의 눈빛이 깊어졌다. 아빠는 어린 시절 어둠을 무서워했지만 결코 어린 시절의 두려움이 우리 가족의 모험을 싱겁게 만들도록 그냥 두지 않았다. 무슨 일이든 생길 수 있었던 메이블 호수 외딴 호숫가의 선상 가옥에서 몇 주를 보낼 때에도. 나는 일하기 좋게 환한 손전등을 가져왔다며 아빠를 안심시켰다.

숲 가장자리에서 폰툰(pontoon, 수상 건축물의 기저. — 옮긴이) 정도 크기의 질소 기체 실린더가 우리를 기다리고 있었다. 나는 묘목이 낮 동안 가뭄 스트레스를 받은 경우 회복 여부를 알아보기 위해 한밤중에 이 기체를 사용해야 된다고 설명했다. 중성자 측정기 측정 결과 토양 수분이 매우 풍부하다는 것에 근거해 물을 빨아먹는 오리나무 틈에서 자라는 소나무보다 맨땅 조건에서 자라는 소나무가 밤에 가뭄에서 더 온전히 회복했을 것이라고 추측했다. 자정에 측정한 후 우리는 정오에 묘목을 다시 평가해서 낮 동안 열 때문에 묘목이 받는 스트레스 정도를 알아볼 예정이었다. 만일 묘목이 낮에도 밤에도 물 부족으로 인한 압박을 받고 있다면 어떤 묘목이 더 위중한 상황에 처했는지, 심지어 여름이 끝나기 전에 죽을 가능성이 있는지도 알 수 있을 것이다. 그러면 왜 맨땅에 심은 묘목이 오리나무 틈에 심은 묘목보다 다 빠르게 자라기 시작하는지를 설명할 수도 있다.

아빠는 주먹만 한 헤드램프의 고무 머리띠를 만지작거렸다. 내가 스

6장 오리나무 습지

197

위치를 가장 밝은 단계로 켜자 아빠는 이내 쏟아지는 빛을 보고 미소를 지었다. 내 헤드램프도 가장 밝게 켜서 전등 2개를 환히 밝힌 후 트럭의 전조등을 껐다. 우리는 서로를 바라보았다. 헤드램프도 손전등도 짙은 어둠의 적수가 되지 못했다. "저한테 딱풀처럼 딱 붙어 있으세요, 아빠." 내가 말했다. 아빠는 고개를 끄덕였다.

커다란 기체 탱크에서 보온병만 한 원통으로 기체를 약간 옮겨 담아야 했는데, 큰 탱크가 너무 무거워서 언덕 위 실험장까지 나를 수 없기 때문이었다. 나는 아빠에게 압력 조절 장치가 어떻게 큰 탱크에서 탱크와 원통을 연결하는 관을 통해 작은 원통까지 흘러가는 기체의 압력을 줄여 주는지 알려드렸다. 조절 장치가 없다면 관도 작은 탱크도, 어쩌면 우리마저 죄다 날아가 산산조각날 수도 있다. 나는 실수할까 봐 초조한 마음을 숨겼다.

우리는 기체를 옮기고 시커먼 숲속으로 출발했는데 너무 딱 붙은 나머지 서로 팔꿈치가 계속 부딪쳤다. 아빠는 베어 혼(bear horn, 곰을 쫓는 소음 발생기. ─옮긴이)과 작은 실린더에 담은 질소 기체를 갖고 갔고 나는 무게 9킬로그램의 압력 체임버를 날랐다. 압력 체임버로 묘목의 **물관부**, 즉 줄기 속에서 물을 운반하는 중심 유관속 조직 내의 수압을 측정할 예정이었다.

문에 손전등을 비추며 나는 말했다. "켈리가 이 울타리를 만들었어요."

"켈리가?" 아빠는 울타리가 얼마나 탄탄한지 보려고 맨 위쪽 철조망을 당겨 보더니 고급 가구를 만지듯 집게손가락으로 울타리를 훑었다. "완벽한데." 아빠는 켈리에게 뭐든 해 주려고 애썼는데, 어쩌면 아빠의 가난했던 어린 시절을 보상하기 위해서였지도 모르겠다. 아빠는 켈리에게 제일 좋은 하키 장비를 사 주었고, 하키 경기도 보러 갔고, 파워 스케이팅 수업에 등록해 주었고, 제일 잘하는 팀에서 스케이트 타는 것을 응원했고, 많은 캐나다 남자애들처럼 켈리가 얼음판을 즐기기를 바랐다.

우리는 더듬더듬 돌아다니며 오리나무가 가장 많은 조건의 구획과 맨땅 조건의 구획 사이에 측정 기지를 만들었다. 나는 오래된 나무 그루터기 위에 합판을 평평하게 깔고 그 위에 기구를 정리해 두었다. 아빠는 나에게 찍찍이처럼 붙어 있었다. 압력 체임버를 보관하는 무거운 금속 가방은 마치 냉전 시대에 폭탄을 담는 가방같이 생겼다. 가방을 여니 압력 체임버, 다이얼(눈금판), 동그란 손잡이들, 거짓말 탐지기 또는 스파이를 감전시키는 기구같이 생긴 기구가 나타났다. "아빠에게도 이런 비슷한 것이 있었는데." 아빠가 말하며 휘파람을 불었다. 할아버지의 옛 지하 수리실에는 항상 기묘한 기계 장치가 잔뜩 있었는데, 대개 할아버지가 벌목 작업을 위해 직접 만든 것들이었다.

"저기 오리나무가 많은 데 가서 표시해 놓은 소나무 묘목에서 곁가지 하나만 꺾어다 주세요." 내가 분홍색 테이프로 표시해 둔 소나무를 향해 손전등을 비추며 말했다. "원줄기(leader shoot)가 없으면 소나무가 하늘을 향해 자라는 법을 알 수 없게 되니까 원줄기 말고 곁가지를 꺾어 오셔야 돼요."

아빠는 마치 내가 절벽에서 뛰어내리라는 부탁이라도 한 듯 나를 바라보더니 "알았다."라고 속삭였다.

아빠는 지금껏 상당히 차분했지만 나는 아빠가 평생 갖고 산 숲에 대한 두려움과 칠흑 같은 어둠 때문에 공황 상태에 빠질까 봐 걱정되었다. "저 여기 잘 있어요, 아빠." 나는 진에게 빌려 온 워크맨을 틀면서 말했다. 영국 록 밴드 다이어 스트레이츠(Dire Straits)의 「워크 오브 라이프(Walk of Life)」가 밤하늘에 울려퍼지며 아빠의 모습이 까딱거리는 헤드라이트만 남기고 사라졌고, 나는 계속 여기 있다고 소리를 쳤다. 아빠는 잠시 후 자랑스럽게 물기가 촉촉한 원줄기를 들고 돌아왔다.

어쨌든 원줄기를 받아서 2.54센티미터 길이의 중심 물관부만 남기고 바늘잎과 체관부를 벗겨냈다. 물관부는 광합성을 하는 동안 바늘잎의 기공에서 공기 중으로 수증기가 빠져나가는 증산 작용 때문에 생긴 수분 부족에 대응해 뿌리에서 싹으로 물을 운반한다. 낮에는 증산 작용 때문에 생긴 수증기 부족을 충족시키기 위해 뿌리가 말라 가는 흙으로부터 물을 끌어오려고 하기에 물관부 수압이 낮아야 한다. 물관부 수압 측정치는 밤에 더 높아져야 하는데, 기공이 닫히고 원뿌리가 계속 지하수에 접근할 수 있기에 물관부가 물에 흠뻑 젖고 물 스트레스를 받지 않게 되기 때문이다. 하지만 만일 한낮에도 가뭄이 무척 심하다면 묘목은 밤에도 충분히 회복하지 못하고 물관부 세포는 자정에도 계속 건조한 상태일 수도 있다.

25센트 동전 크기만 한 고무마개 중간에 뚫어 둔 조그만 구멍 틈으로 껍질을 벗긴 줄기에 남아 있는 중심 물관부를 눌러 집어 넣었다. 나머지, 즉 순과 바늘잎은 마개 바닥에 거꾸로 매달려 있었다. 압력 체임버 위에 달린 돌려서 여는 무거운 뚜껑 가운데에 난 25센트 동전 크기 구멍 속으로 고무마개를 집어넣은 뒤 메이슨 자(Mason jar, 식품 보관용 유리병. —옮긴이)만 한 기체 체임버 안에 솜털 난 순을 넣고 뚜껑을 꽉 조여 잠갔다. 나무는 마치 입구가 넓은 포도주병에 거꾸로 매달린 분재 같았다. 돌려 닫은 뚜껑 위로 전등을 비추자 이쑤시개처럼 공중으로 똑바로 박혀 있는 껍질 벗긴 나무 물관부 조각이 보여서 기분이 좋았다.

작은 질소 기체 실린더에 달린 튜브를 압력 체임버에 단단히 끼워 잠근 후 기체가 새는 소리를 듣기 위해 둥근 손잡이를 돌리는 동안 아빠는 깜짝 놀라서 나를 처다보았다. 내가 가한 압력이 물관부에 함유된 수분의 저항과 동일하면 잔가지의 잘린 끝에서 물거품이 생길 것이다. 묘목이 받는 스트레스가 강하면 강할수록 물관부에 수분이 더 빽빽하게 들어 있을 것이며, 손잡이를 더 많이 돌려야 한다.

아빠는 소리 지르는 일을 맡아서, 거품이 보이면 "지금이야!"라고 소리를 쳤다.

신바람이 난 나머지 "지금이야!"라고 너무 크게 소리치는 바람에 나는 펄쩍 뛰었다. 기체를 끊고 판독 결과를 보고 휘파람을 불었다. 5바. 묘목은 목이 말랐고 밤에도 충분히 회복하지 못한 상태였다. 아빠는 오리나무 무더기 한가운데에 있는 표본을 채취해 오겠다고 장담했다.

오리나무는 묘목을 메마르게 내버려 둔 채 물을 거의 전부 빨아먹는 중이었다. 나는 질소를 암모늄으로 변환하는 데 필요한 연료를 공급하느라 아마 오리나무가 엄청난 물을 필요로 하는 것 같다고 설명했다. 토양 자료도 오리나무 잎이 노화, 분해되는 가을철에 오리나무가 토양으로 질소를 많이 배출했음을 보여 주었다. 그러면 소나무 뿌리는 오리나무가 방출한 질소를 냉큼 취할 수 있을 것이다. "이 묘목은 바늘잎 안에 질소가 많을 거예요." 내가 말했다. "비록 목은 마르겠지만요."

"한 번 확인해 볼까?" 아빠가 질문했다.

질소 축적량 조사를 위해 실험실로 바늘잎을 보내는 데 동의하며 기구를 열고 아빠에게 묘목 표본을 건넸다. 잠깐 사이에 아빠가 바늘잎을 비닐 봉지에 넣었다. 아빠는 좋은 기술자가 될 것 같다는 생각이 들었다.

"다음에 측정할 묘목은 어디에 있어?" 아빠는 다시 한번 어둠 속으로 진출하겠다는 열망을 보이며 말했다. 이번에는 오리나무를 전부 없앤 곳에서 곁가지를 제대로 찾았다. 수분 스트레스 신호는 0이었다. 곁가지의 물관부에는 물이 가득 차 있었다. 오리나무를 없앤 곳의 묘목은 밤새 회복을 했는데, 토양 내에 물이 더 많았기 때문이었다. 지금까지는 묘목이 정책 입안자들이 옳다는 것을 증명하고 있을지라도 실망하지 않으려고 노력했다. 한여름의 오리나무는 실제로 소나무에게 필요한 물을 차지하고 있었다. 하지만 내가 갖고 있던 더 큰 질문의 목표는 바로 단순한 결론과 근시안적 견해에 문제를 제기하는 것이었다. 장기적 안목, 그리고 생존에 반드시 필요한 질소가 더하는 복잡성은 무엇을 입증할 것인가?

• • •

로빈과 나는 세 차례 더 중성자 측정기를 갖고 토양 수분을 측정하러 실험장에 다시 갔다. 그때마다 아빠와 나는 토양 내 수분량 변동에 묘목이 얼마나 잘 대응하고 있는지 알아보기 위해 자정에 또 한 번 실험장에 갔다.

나는 우리가 발견한 바에 놀랐다.

8월 말, 중성자 측정기는 빽빽한 오리나무 아래의 토양에 다시 수분이 가득 들어찼음을 보여 주었다. 지금은 이미 오리나무가 빽빽한 조건 구획에도 맨땅 조건 실험 구획만큼 물이 많았다. 늦여름에 내린 비와 이슬방울로 토양 기공에 다시 물이 찼을 뿐만 아니라 밤에는 지하수가 토양 기공을 흠뻑 적셨고, 밤에 오리나무 원뿌리는 수분 재분배 과정을 통해 깊은 흙에서 물을 빨아들인 후 곁뿌리를 통해 건조한 표층토로 물을 다시 흘려보냈다. 물길을 돌리듯이.

그리고 벌거숭이 땅에 소나무 묘목만 심은 곳에서는 또 다른 일이 벌어지고 있었다. 빗방울이 땅에 떨어지면 지표면에서 물이 흘러서 작은 토양 입자가 물과 함께 씻겨 나갔다. 토양 입자가 씻겨 나가는 것을 멈출 살아 있는 잎이나 뿌리가 없었기에 실트, 진흙, 부식토 알갱이들이 개울로 흘러 들어갔다. 오리나무가 빽빽한 지대에서는 8월 말부터 수개월 동안 물이 늘기 시작한 반면, 맨땅에서는 물이 없어지기 시작했다.

아빠와 나는 묘목이 토양 수분 함유량의 변화를 감지하고 있는지 알아보기 위해 압력 체임버를 사용했다. 흙에 물이 다시 들어차자 오리나무 틈에서 소나무가 받고 있던 스트레스가 모두 사라졌다. 8월 초의 짧은 기간만 제외하고는 무성한 오리나무와 함께 자라는 소나무도 맨땅에서 자라는 소나무만큼이나 물 부족으로 인한 스트레스를 받지 않았다. 소나무가 자유 성장을 하도록 오리나무를 제거하면 아주 짧은 기간 동안만 수분 흡수에 유리하다는 것이 밝혀졌다. 이 모든 살생이 과도하게 보이기 시작했다. 게다가 오리나무를 제거하면 토양 유실이라는 부작용이 생겼다.

다음으로는 빛 수준을 확인해 보았다. 싹트는 오리나무 틈에 있던 묘목도 맨땅 조건의 묘목만큼이나 햇빛을 많이 받았으므로 일조량 개선 또한 오리나무 없이 자라는 소나무가 빠르게 자라는 이유를 설명하지 못했다. 추가로 고려해야 하는 중요한 사항이 있었다. 돈의 토양 표본에 따르면 오리나무를 죽이면 토양으로의 질소 첨가가 중단되는데, 오리나무 뿌리가 죽으면 질소를 고정하는 세균인 프란키아가 없어지기 때문이다. 질소는 단백질, 효소, DNA 형성, 즉 잎, 광합성, 진화에 필요한 물질을 만드는 필수 요소이다. 질소 없이 식물은 자라지 못한다. 또 질소는 온대림에서 제일 중요한 양분에 속하는데, 산불로 인해 종종 질소가 연기를 타고 공중으로 사라지기 때문이다. 질소 부족과 한랭한 기온은 북쪽 지역 숲의 수목 생장을 억제하는 요인으로 알려져 있다.

하지만 오리나무와 오리나무의 짝꿍인 프란키아가 사라지면 질소, 더 정확히 말하자면 대기 중 질소가 변환을 거쳐 만들어진 암모늄이 더 이상 토양에 더해지지 않은 반면, 토양 내의 기타 영양소(인, 황, 칼슘)는 증가했는데, 죽은 뿌리와 줄기가 분해되었기 때문이다. 이처럼 잔해가 부패함에 따라 오리나무 단백질과 DNA는 잇따라 무기물화 내지 분해되어 암모늄과 질산염으로 이루어진 무기 질소 화합물이 된다. 이와 같은 과정을 통해 질소가 재활용되고 무기 질소로 방출된다. 무기 질소 화합물은 토양 내 수분에 용해되어 이내 소나무 묘목이 섭취할 수 있게 되므로 단시간 동안 묘목이 더 잘 자라게 한다. 하지만 1년여가 지나 죽은 오리나무가 이미 모두 분해된 지 오래고 무기물화를 거친 질소가 묘목, 식물이나 미생물에 의해 흡수되거나 지하수에 침출되면 맨땅 조건의 총 질소량은 오리나무가 자유롭게 자란 곳과 비교해 급격히 감소했다. 일시적으로 넘쳐난 암모늄 형태의 질소와 분해 과정에서 방출된 질산염은 급속히 소모되었고 소모된 질소를 대체하거나 질소 양을 늘릴 오리나무가 한 그루도 남지 않았기 때문이다. 질소는 행방불명 상태가 되었다.

첫해 가을이면 수분과 양분의 일시적 증가, 즉 분해 과정에서 방출된 수분과 양분으로 인해 식재한 소나무 묘목이 오리나무가 새싹을 틔우는 곳에서 자란 소나무보다 더 잘 자란다. 정책 입안자들은 바로 이 측면에 주목했다. 하지만 이 묘목들은 항상 괜찮을 것인가, 아니면 희미한 그림자를 드리우는 질소 부족이 그들을 덮치고 말 것인가? 자료를 보다 보니 마치 우리가 묘목의 운세를 점치는 듯이 으스스한 기분이 들었다.

• • •

"답이 나오려면 이 숲이 완전히 다 자랄 때까지 기다려야 되는 거야?" 로빈이 물어보았다.

나도 확신할 수 없었다. 읽었던 논문에 대해 생각했다. 오리나무처럼 질소 고정을 하는 식물이 토양을 윤택하게 나고 나면 소나무가 질소를 얻는다는 점은 분명하다. 소나무 뿌리 또는 소나무 뿌리에 서식하는 균근균은 그 다음에 토양에서 질소를 취한다.

왜 소나무가, 로지폴소나무 숲의 제일 기본인 소나무가 남은 것을 기다리고 있는지를 알 수 없었다. 그보다 더 나은 생존 방식을 찾아내야 하지 않을까?

어쩌면 맨땅에 심은 소나무 묘목은 오리나무의 죽은 뿌리와 풀이 분해된 후 질소를 충분히 얻었을 수도 있다. 아니면 더 직접적인 질소 공급원이 있을 수도 있다.

지금으로서는 나는 내가 가진 지식의 한계를 보았다.

10월까지 잎의 질소 데이터를 손에 쥘 수 있었다. 오리나무 틈에서 자란 소나무는 질소가 풍성했고 오리나무가 없는 곳에서 자란 소나무에서는 질소가 고갈되었다. 비록 맨땅 조건의 죽은 오리나무 뿌리 틈에서 자란 소나무는 분해 과정에서 방출된 인과 칼슘을 더 많이 섭취했지만, 이 묘목들에서는 특히 질소가 고갈되어 있었는데 새로 토양으로 유입되는 질소가 없었기 때문이다. 그리고 비록 빽빽한 오리나무 틈에서 자라던 묘목 몇몇이 여름 동안의 물 스트레스로 인해 죽었지만 나머지 묘목들은 질소와 물이 꽉 들어차 있었으며 맨땅에 심은 묘목만큼 빠르게 자랐다. 이 결과는 8월에 가장 스트레스가 극심한 불과 몇 주를 제외하면, 대부분의 시기 동안, 오리나무가 토양에 물은 물론 질소까지 모두 보충해 준다는 의미를 지녔다. 알고 보니 이 숲이 작동하는 방식은 자유 성장 정책에서 단순히 추정한 것보다 훨씬 더 복잡했던 것이다.

내 생각에 정책 입안자들은 고갈에 관한 자료만 본 것 같았다. 단기적으로, 처음 가 본 길가에서 숲을 흘끗 보듯이. 오리나무만 없다면 소나무의 몫이 되었을 자원을 오리나무가 선점한다고.

하지만 뒤로 물러서서 더 긴 범위의 시간, 계절, 그리고 장면을 살펴보자 그것만이 전부가 아님을 알 수 있었다. 자료는 풍족함에 대한 이야기를 드러내는 것 같았다.

오리나무를 전부 베어 버린 곳에서 바늘잎까지 직진 코스로 달려드는 들쥐와 토끼 때문에 훨씬 많은 소나무 묘목을 잃었다. 로빈과 내가 걱정했던 동물들은 오리나무를 베어 쌓아 둔 무더기에서 미친 듯이 번식했다. 묘목은 맨땅 구획의 경우 유일하게 남아 있는 초록색 식물이었는데, 자석처럼 동물들을 끌어모았고 설치류들은 보드라운 첫물 싹을 신나게 잘라 먹었다. 그들이 묘목을 심어 둔 곳을 지나가면 대개 남은 것이라고는 갈색 나무 밑동뿐이었다. 토끼들은 로빈과 내가 절단기를 갖고 지나간 것만큼이나 깨끗하게 싹을 잘라 놓았다. 잇달아 다른 묘목들도 짧고 노란 바늘잎, 종국에는 파리하게 죽은 줄기만 남긴 채 서리로 인한 냉해에 무릎을 꿇었다. 꽤 많은 묘목이 볕에 타 버렸고 그늘이 없는 낮은 부분에는 상처가 남았다. 보통은 묘목 주변에 있는 잎이 무성한 식물들이 묘목을 보호해 준다. 여름이 끝나 갈 무렵까지 오리나무 이웃을 빼앗긴 묘목 중 절반 이상이 죽었다. 맨땅은 달만큼이나 살기 힘든 곳처럼 보였다.

반면 오리나무 틈에서 자란 소나무는 대부분 살아남았다. 맨땅 조건에 남아 있는 몇 안 되는 묘목에 비해 자라는 속도는 약간 느렸지만 바늘잎은 건강했고 짙은 초록색이었다. 묘목의 목재 양을 더해 보았는데, 오리나무가 가득한 조건에 심은 묘목 59개 전체를 더한 결과, 해당 임분의 목재 총량은 빠르게 자라는 소나무가 10그루만 남아 있는 맨땅 조건의 양보다 훨씬 더 많았다. 크기는 더 작았지만 나무 수는 더 많았는데, 계산해 보니 몇 안 되는 큰 나무보다 목재 양이 더 많았다.

결국은 오리나무와 다른 식물이 다시 자라지 못하도록 매년 농약을 살포한 곳에 비해 오리나무가 잘 자라는 곳에서는 오리나무가 계속 토양에 질소를 첨가하고 있음을 알 수 있었다. 15년 후면 오리나무가 잘 자라는 곳의 질소 양이 오리나무를 죽인 곳보다 3배 더 많아질 것이다. 맨땅 조건은 잠시 머물다 사라지는 물, 빛, 양분 증가라는 단기적 이득을 장기적 고통, 즉 장기간의 질소 고정 첨가량 감소와 맞바꾸고 있었다. 제초 처리는 빚을 얻어서 빚을 갚는 격이었다.

· · ·

대학원 공부를 마치기 위해 코밸리스로 돌아간 나는 돈의 작은 집이 주는 편안함에 스며들어 돈의 집에 들어가 살기로 했고, 돈은 남는 침실을 내 공부방으로 개조해 주었다. 우리는 자전거를 타고 캠퍼스로 가서 정오에는 시골길을 따라 달리고 정원에서 밥을 먹는 습관을 들였다. 함께 사과와 허클베리를 땄고 돈은 파이를 만들었다. 돈은 토마토, 애호박을 심어서 스튜를 만들어 친구들과 저녁 파티를 했는데 편하고 말이 많은 그와의 대화 덕분에 부끄러움을 타는 나도 긴장을 풀 수 있었다. 나는 수업과 자료에 집중했고 돈은 일하고 요리하고 월드 시리즈를 시청했다. 토양 표본을 채취하지 않을 때 돈은 표본을 기구에 돌리거나 데이터를 분석하고 지도 교수의 연구실이 체계적으로 잘 돌아가도록 관리했다. 매일 8시간씩 일하던 날들. 돈은 일상의 규칙을 무척 좋아했다. 덕분에 나도 성실해졌다. 돈은 시간을 내서 내 표본을 질량 분석계로 분석하는 법, 토양의 용수량을 구하는 법, 그리고 길고 긴 내 자료를 편집하는 법을 가르쳐 주었다. 느리게 지나가던 9월의 날들에 이어 상쾌한 10월의 몇 주가 흘렀다. 11월의 세찬 바람과 비는 12월에는 눈으로 변해 캠퍼스에 스키를 타고 갈 수 있을 만큼 깊게 쌓였다. 나는 글을 읽고 쓰고 배웠다. 돈은 내 치열한 집중력을 딱히 싫어하지 않았고 소나무와 오리나무의 비밀을 밝히려는 내 탐구에 관심을 갖게 되었다. 주말이면 우리는 캐스케이드(Cascade) 산맥에 가서 등산로에서 등산을 하거나 스키를 탔다. 마침내 나는 이 태평양 연안 북서부 대학 마을에서 안정감을 느꼈고 돈은 나와 함께 정착하게 되어 기뻐했다. 당시 우리의 삶이 얼마나 편안했는지 그때는 우리 둘 다 미처 몰랐던 것 같다.

내 자료는 앞으로 닥칠 골칫거리에 대해 경고해 주었다.

오리나무를 없애면 질소 고정을 거쳐 토양에 첨가되는 질소 또한 감소한다는 것은 분명했다. 묘목을 심은 후 1년이 채 안 되는 시점에도 오리나무 제거가 토양 질소에 미치는 효과는 분명했는데, 소나무 바늘잎의 질소 축적량이 감소했기 때문이다. 게다가 심지어 오리나무 없이 자라는 소나무는 성장 속도는 빨랐지만 절반 이상이 죽었다. 길게 보면 앞으로 수십 년 동안 토양 질소 감소로 인해 남아 있는 노지 소나무의 성장률이 줄어들까 봐 걱정되었다. 결국에는 이 오리나무 없이 자라는 소나무들의 영양 결핍이 너무도 심각해진 나머지 소나무좀벌레(mountain pine beetle) 병충해를 입고 남은 소나무 중 대부분이 죽었다는 소식을 듣게 될 것이다. 30여 년 후에는 맨땅 조건에 원래 심은 묘목 중 단 10퍼센트만이 남아 있을 것이다.

잡초목 제거 전도사들은 장기간에 걸친 질소 손실과 궁극적 조림 실패를 계속 간과하고 있었다. 어떻게 우리가 이것을 무시할 수 있을까? 오리나무는 토양을 풍요롭게 하고, 장기적 안목으로 보면 소나무 생장에 해롭지 않고, 소나무 생장을 보완한다는 사실을 그들이 납득하게 만들어야 했다. 오리나무가 경쟁자가 아닌 조력자임을 증명하기 위한 증거가 더 필요했다. 하지만 오리나무 제거에 따른 효과, 즉 질소 고정 능력의 감소, 분해, 무기물화가 실제로 나타나고 숲의 생산성 손실을 초래하기까지는 수십 년이 걸릴 수도 있다. 그렇게 오래 기다릴 수는 없었다. 게다가 묘목들은 거의 즉각적으로 질소 감소를 감지하는 것 같았다. 묘목을 심은 후 겨우 1년이 경과한 시점에도 맨땅에 심은 소나무 바늘잎의 질소 양은 오리나무 틈에서 자란 소나무 바늘잎의 질소 양보다 적었다. 오리나무와 소나무 사이에 좀 더 직접적 통로가 존재하는 것임에 분명했다.

소나무 묘목이 어떻게 이렇게나 빨리 오리나무에서 질소를 받았는지 궁금했다. 변환된 질소가 오리나무 잎에 저장되었다가 잎이 시들해지는 가을에 잎이 떨어지면 벌레의 먹이 그물을 통해 분해된다는 것이 일반적 생각이었다. 큰 생물이 작은 생물을 잡아먹는 생명의 피라미드. 지렁이, 민달팽이, 달팽이, 거미, 딱정벌레, 지네, 톡토기, 노래기, 애지렁이, 완보동물, 응애(진드기), 소각류(작고 색이 옅은 노래기와 비슷한 절지동물.—옮긴이), 요각류(절지동물문 갑각강에 속하는 동물로 해수와 담수에 서식.—옮긴이), 세균, 원생동물, 선충, 고세균, 진균, 바이러스는 모두 서로를 씹어 먹고 뜯어먹는다. 찻숟가락 하나 분량의 흙에도 9000만 마리가 넘는 생물이 살고 있다. 그들은 나뭇잎을 먹으면서 낙엽 조각을 점점 더 작게 만든다. 낙엽을, 또 서로를 잡아먹고 여분의 질소를 토양 기공으로 배설해서 소나무 뿌리가 얻을 수 있는 영양이 풍부한 질소 화합물 수프를 만든다. 하지만 이런 분해와 무기물화 과정 중에 잔디류 등 빠르게 자라는 식물들도 소나무보다 먼저 무기 질소를 차지할 수 있었지만, 오리나무, 잔디와 함께 자란 소나무 바늘잎에 엄청나게 많은 질소가 있었다는 사실과 아귀가 맞지 않았다.

어떤 특히 소름 끼치는 연구는 분해된 식물 잔해를 먹고 흙 속에 사는 톡토기 뱃속에 뿌리 끝에서 자라난 균근균 균사가 침투할 수 있다고 했다. 진균의 균사가 톡토기 뱃속에서 곧바로 질소를 빨아들여 균사와 짝을 이루는 식물에 질소를 직접 전달한다는 것이다. 톡토기는 당연히 끔찍한 죽음을 맞게 된다. 진균은 톡토기 뱃속 내용물로만 식물의 질소 중 4분의 1을 공급한다!

나는 질소가 오리나무에서 소나무로 전달되는 훨씬 더 직접적인 진균 관련 경로가 존재하는지 궁금했다. 톡토기 같은 분해자를 거치지 않는 경로가.

학술지를 샅샅이 뒤지고 토양 과학자와 면담하고 균학 연구실에 가보았다. 스트리언 크리크의 수정난풀, 흰색이고 엽록소가 없는 수정난풀 생각이 났다. 수정난풀에는 소나무에 붙어서 소나무로부터 취한 동화 산물을 마치 로빈 후드처럼 직접 수정난풀로 전달하는 수정난풀 균근이 있음이 기억났다.

그러고 나자 찾고 있던 것이 나타났다. 대학 도서관에서 며칠 동안 학술지를 검색한 후, 크리스티나 아르네브란트(Kristina Arnebrant)라는 젊은 스웨덴 연구자가 쓴 새 논문을 우연히 발견했는데, 최근 오리나무와 소나무를 연결하며 질소를 직접 전달할 수 있는 공통의 균근균 종을 발견했다는 내용이었다. 너무도 놀랐던 나는 빠르게 책장을 넘겨 보았다.

소나무는 토양이 아니라 균근균 덕분에 오리나무로부터 질소를 받았던 것이다! 마치 오리나무가 소나무에게 직접 관을 통해 비타민을 보내 준 것처럼. 균근균이 오리나무 뿌리에 대량 서식한 후에는 균사가 소나무 뿌리를 향해 자라서 식물들을 연결했다.

나는 이 연결 장치를 통해 질소를 잔뜩 가진 부자 오리나무로부터 가난한 소나무로 질소가 농도 기울기를 따라 흘러내려 이동했음을 알아냈다.

서고에서 뛰쳐나가 로비에 있는 전화로 로빈에게 전화를 걸었다. 로빈은 가을 내내 1학년 아이들을 가르치다 다시 넬슨으로 돌아가서 지내고 있었다.

"잠시만." 내가 균근균 덕분에 소나무가 오리나무로부터 질소를 받고 있다고 말하는 동안 로빈은 복도에서 뛰지 말라며 아이를 혼냈다.

"잠깐, 잠깐, 잠깐만. 진균 파이프라인이 어떻게 그렇게 하는지 어떻게 안다고? 게다가 애초에 오리나무는 왜 질소를 보내는 건데?"

"음, 그게……." 나를 쩔쩔매게 하는 일은 로빈 몫이다. "혹시 오리나무가 필요량보다 더 많은 질소를 갖고 있어서?"

"아니면 소나무가 오리나무에게 뭔가 돌려주는 건 아닐까?" 로빈이 말했다. "전화 끊어야겠어!"

나는 요란하게 신호음을 울리는 수화기를 바라보다 돈이 데이터를 잔뜩 처리하고 있던 사무실로 뛰어 들어갔다. 나는 오리나무가 균근 연결망을 통해 소나무와 연결되고 소나무에 질소를 전달할 수 있다는 근사한 논문을 찾았다고 소리쳤다.

"응? 뭐라고? 좀 천천히 말해."

나는 돈의 책상 옆에 있던 의자에 털썩 앉았고 텔레비전만 한 돈의 컴퓨터 화면에 띄워진 프로그램이 자료를 줄줄이 처리하고 있었다. 나는 내가 읽은 자세한 내용을 불쑥 말했다.

"말이 되네." 돈이 말했다. 돈은 캘리포니아에서 새로 나온 연구 중 게리참나무(Garry Oak)와 미송에 같은 균근균 종이 서식한다는 연구가 있었다면서 과학자들이 수종이 서로 연결되어 있는지 알아보는 중이라고 했다. 또 양분이 나무 종 사이에서 이동하고 있는지도.

짐을 뒤져 돈이 만든 초콜릿 칩 쿠키를 꺼냈다. 예전에 본 레이의 쿠키보다 돈의 것이 훨씬 더 맛있었고 우리가 생각을 주고받는 동안 나는 제트기처럼 에너지를 소모하고 있었다. 만일 오리나무 같은 질소 고정 식물이 질소를 소나무 같은 나무로 전달할 수 있다면 우리가 생각한 것처럼 숲의 질소가 한정된 것은 아닐 수도 있다.

우리는 농장과 관련된 함의에 대해 이야기했다. 예를 들어 콩과 식물들이 옥수수로 질소를 전해 준다면 작물을 섞어 기를 수 있고 더는 비료나 제초제로 토양을 오염시키지 않아도 되겠다고.

내 생각이 시계 태엽 감듯이 감겼고 추가 흔들거렸다. 오리나무가 변환한 질소를 얻을 수 있음을 소나무가 빠르게 감지한다는 사실을 설명해 주는 오리나무와 소나무 사이의 직통 연결책이 균근균일 수도 있다. 이 연결 때문에 오리나무를 제거한 효과도 소나무가 즉각 감지할 수 있는 것이다. 만일 내가 오리나무가 어떻게 소나무에게 질소를 보내는지 밝힐 수 있다면, 또 얼마나 빠르게 질소를 보내는지 알 수 있다면 오리나무 제거로 인한 생산성 손실을 실제로 목격하기 위해 숲이 자랄 100년 동안 기다리지 않아도 될 터였다. 내 머리 속 작은 바늘이 똑딱똑딱 전진하더니 자정의 종을 울렸다.

"그러면 사람들이 오리나무에 약을 치는 걸 그만두게 할 수 있다고 생각해?" 나는 물어보았다.

계산이 끝나자 돈이 키보드를 두드렸다. "수지." 돈이 말했다. "미안해, 그렇게는 안 될 것 같아. 임업계는 나무를 빠르고 싸게 얻고 싶어 하고 오리건 코스트 레인지(Oregon Coast Range)에서 수백 년이 아니라 40년 만에 미송 기르기를 완벽하게 해냈어. 그들은 수년간 이렇게 해왔어. 붉은오리나무(red alder)에 약을 치고 나서 질소 비료를 더하는 방식으로 순식간에 큰돈을 벌었지." 붉은오리나무는 친척인 시트카오리나무 같은 관목이 아니라 나무였다. 그래서 비록 시트카오리나무보다 10배 이상의 질소를 토양에 더해 주었지만 빛에 관해서는 훨씬 더 강력한 경쟁 상대였다. 붉은오리나무는 살생부 맨 위에 이름을 올렸다.

마지막 학생이 복도를 조용히 걸어 저녁 시간을 보내러 집에 갔다. 내가 실험에서 얻은 측정값은 전체 구도 중 일부를 보여 줄 뿐이었다. 현재 자료에는 우리가 아직 충분히 알고 있지 못한 것들이 빠져 있었다. 오리나무 뿌리의 공생 세균와 균근균, 그리고 토양 내의 다른 보이지 않는 생명체들이 어떻게 소나무를 돕고 있는지 말이다. 현재 자료는 전반적 상황을 조명하지 못했다. 자원을 두고 벌어지는 상호 작용은 승자 독식이 아니라 주고받음이라는 것을, 작은 것에서부터 더 큰 것을 만들어가고 장기간에 걸쳐 균형을 찾아가는 일임을. 돈이 맞았다. 정부와 금전에 신경이 가 있는 회사들은 싸고 빠른 해결책과 실리를 원했다.

내 어깨가 처지는 것을 본 돈은 탄탄한 이야기를 만들어서 자료를 갖고 그들과 맞서 싸우라고 말해 주었다. 기운이 났다. 나는 오리나무에 제초제를 뿌려도 소나무 성장에 아무 도움이 되지 않았음을 보여주는 많은 실험을 했다. 하지만 정말 필요했던 증거는 오리나무가 소나무에게 **도움**이 **된다**는 것이었다.

"올여름에 네 석사 연구 실험지에서 오리나무가 고정한 질소 양, 소나무로 들어간 무기화 질소 양을 알아보려고 표본을 갖고 왔던 것 기억나?" 돈이 컴퓨터를 껐다. "나는 그 자료로 장기적 전망을 해 보려 해." 만약 돈이 예측한 바를 논문으로 낸다면, 우리가 다시 캐나다로 이사하면 돈이 캐나다에서 취직하는 데 도움이 될 수도 있었다. 돈은 내 성장과 질소 자료로 오리나무 양이 달라지면 소나무의 장기 성장에 어떤 영향을 미치는지 정밀하게 예측하는 모형을 구축하려고 했다. 돈은 이미 붉은오리나무와 미송으로 모형 연구를 한 적이 있었는데, 붉은오리나무를 제거한 곳에서는 미송 성장이 100년 이내에 감소했다.

"그러니까 우리한테 오리나무가 소나무에게 보탬이 된다는 자료가 진짜 있는 거네." 나는 설레서 목소리가 또 높아졌다. 석양이 벽을 주황색으로 빛나도록 물들이고 있었다.

6장 오리나무 습지

돈은 자전거 헬멧을 집어 들었고 우리는 집으로 향했다. 자료는 전쟁의 일부에 불과했다. 오리나무를 제거하면 질소 첨가가 중단되지만 지금까지 우리에게는 100년에 걸친 묘목 성장 결과밖에 없었다. 돈의 모형 연구가 있었지만 여전히 설득력 있는 장기 자료가 필요했다.

"산림 관계자들은 결과를 봐야만 해." 돈이 말했다. 알아낸 바를 세상에 들고 나가려면 그렇게 해야만 했다.

돈이 옳다고 생각하며 나는 헬멧 버클을 끼웠다.

"그런데 난 말솜씨가 없어." 나는 사람들 앞에서 말하는 것이 너무 무서웠다. "슬라이드를 손에서 놓치는 바람에 생각나는 대로 말할 수밖에 없는 꿈을 계속 꿔." 딱 한 번 그런 식으로 즉흥적으로 발표를 했을 때 나는 부끄러워서 얼어붙었고 거의 기절할 뻔했다.

"어, 그래서 난 계속 기술직 일을 할 거야." 그가 말했다. "하지만 네가 원하는 것이 변화라면 숨어서는 안 돼."

우리는 자전거를 타고 집에 왔다. 큰잎단풍(bigleaf maple)이 눈부신 금빛을 거리에 드리우고 있었고 루브라참나무(red oak)는 차고 맑은 가을 공기 속에 불처럼 붉게 빛나고 있었다. 텅 빈 거리 쪽으로 돌면서 돈 옆에서 나란히 가려고 속도를 높였다. 트인 현관에 학생들이 모여서 책을 읽거나 이야기에 빠져 있는 크래프츠맨 방갈로(Craftsman bungalow, 미국 건축 양식. 지붕이 낮고 넓게 돌출된 처마 아래에 장식이 있으며 지붕이 이어진 선 아래로 현관이나 베란다가 있는 형태의 집. ─ 옮긴이)들을 지나 비싼 차가 있고 사교 클럽 남자애들이 몰려다니며 배구를 하고 맥주를 마시는 흰색의 여러 층으로 된 프래터니티(fraternity) 건물 옆을 자전거로 달렸다. 내가 학사 학위를 받은 브리티시 컬럼비아 대학교에서는 프래터니티나 소로리티(sorority)를 본 적이 없어서 이런 분위기의 미국 문화가 매력적으로 느껴졌다. 넋이 나간 듯 쳐다볼 수밖에 없었다.

죽은 주머니쥐 옆으로 돌면서 진드기, 민달팽이, 달팽이를 잡아먹는 중요한 역할을 무시하고 두엄이나 바베큐장을 뒤진다고 주머니쥐를 욕하는 사람들에 대해 주머니쥐가 어떻게 생각하는지 궁금해졌다. 교차로에 멈춰 섰을 때 나는 만약 과학이 돈벌이에 방해가 된다면 회사들이 어떻게 할 것 같은지 물어보았다.

돈은 어깨를 으쓱했다. "회사에서는 수익을 보호하는 정책을 원하겠지. 네 이야기에는 설득력이 필요해."

돈은 다시 속도를 냈고 나는 대체 어떻게 해야 변화가 일어나도록 도와줄 사람들에게 다가갈 수 있을지 곰곰이 생각했다. 나는 갈등에서 도망쳐서 갈등을 처리하는 법을 배웠다. 강연은 고사하고 입장을 견지하는 것도 너무나 서툴렀다.

"조심해, 수지!" 돈이 소리를 질렀고 나는 브레이크를 꽉 밟았다. 차가 우리 바로 앞을 가로질러 지나가는 바람에 거의 차에 치일 뻔했다.

• • •

석사를 마친 시점에는 지역의 임학 학회에서 발표 경험도 더 많이 쌓았다. 발표 실력을 기르기 위해 천천히 노력했는데, 우선 슬라이드를 철저히 준비하고 자료를 간단하게 제시한 다음 내용 전달을 연습했다. 그다음으로는 이런 기술들을 좀 빼내고 긴장을 풀어서 지루한 느낌을 주지 않으려고 했다. 실수도 꽤 많이 했다. 예를 들면 "묘목 꼬락서니가 답이 없어서요."라고 말하는 바람에 일부 남자들이 "젊은 여자가 욕을 하면 안 된다."라며 불평하기도 했다. 하지만 저명한 연구자에게 "사람들 앞에서 말하는 재능"이 있다는 칭찬을 받기도 했다. 재능은 없지만 격려는 고마웠다. 아직 갈 길이 멀었다. 말할 거리는 갖고 있었지만 메시지를 흥미진진한 이야기를 통해 전달하는 방법을 아직 몰랐던 것이다.

돈과 나는 캐나다로 다시 이사했다. 그해 가을, 내가 스물아홉 살이고 돈이 서른두 살이던 때 우리는 캠룹스 근처 사시나무 아래에서 결혼했다. 결혼을 서두를 생각은 없었지만 만약 돈이 캐나다에 계속 있고 싶어 한다면 시간이 빠듯했다. 상관없었다. 나는 사랑에 빠졌고 사랑에 빠지지 않을 이유도 없었으니까.

로빈이 신부 들러리 대표를, 진이 신부 들러리를 맡아 주었다. 로빈, 진, 나는 소박한 치마와 그에 어울리는 블라우스를 입었다. 엄마가 골라 준 내 옷은 사시나무 껍질처럼 크림색이 도는 흰색이었고, 로빈의 옷은 호숫가를 따라 자라는 부들(bulrush) 잎 색이었다. 진의 옷에는 물빛이 나는 작은 푸른 꽃무늬가 있었다. 엄마와 위니 할머니는 보라색 옷을 입었다. 엄마는 오이 샌드위치를 만들고 셰리주를 듬뿍 적신 프루트 케이크에 마지팬 아이싱을 올린 웨딩 케이크를 만들었다. 위니 할머니는 내 머리를 꼬아 프랑스식으로 땋고 안개꽃을 꽂아 주었다. 할머니는 여느 때처럼 조용히 계셨다. 머리를 다 땋고 나자 내 치마를 반듯하게 펴더니 아주 예쁘다고 말해 주었다. 할머니처럼 강하지만 너무 강하지는 않은 나를 할머니가 자랑스럽게 생각한다는 것을 알고 있었다. 할머니는 5년 전, 루푸스 때문에 거의 돌아가실 뻔했지만 다시 일어나 엄청나게 큰 정원을 가꾸었다. 하지만 나이가 들며 눈물이 많아졌다. 할머니는 돈의 곁에서 내 자리를 찾은 나를 바라보며 눈물을 가까스로 참고 있었다.

로빈은 이제는 남편이 된 빌과 같이 왔는데 빌은 카메라로 조용히 자연스러운 사진을 찍는 중이었고, 진도 신혼이었다. 아빠는 말린과 같이 도착했는데 그들은 엄마와 어떻게 로빈, 진, 내가 3년 사이에 다 결혼하게 됐는지, 그리고 켈리도 곧 꼭 그 뒤를 따를 거라며 농담을 주고받았다. "아이고 맙소사, 결혼식이 어찌나 많은지!" 말린이 거들었는데, 말린은 엄마와 아빠 사이의 긴장을 정말 잘 풀어 주었다. 돈의 부모님은 안 좋은 날씨에도 세인트루이스에서 먼 길을 왔다.

주말 동안 휴가를 낸 켈리는 연한 파란색 바지와 위니 할머니가 떠 준 남색 스웨터를 차려 입고 카우보이 부츠 대신 구두를 신었다. 1년 중 바쁜 시기, 소떼를 모으고 겨울을 나기 위해 스프링클러 관을 들에서 뽑는 일을 하는 때였는데도 켈리가 와 줄 수 있어서 정말 좋았다. 티파니는 절대로 빠질 사람이 아니었는데 할머니가 편찮으셨다. 켈리는 특유의 메이블 호수 미소를 짓고 순풍에 돛 단 듯 당당히 내게 걸어왔다. 그에게는 여자 친구와 말편자 사업이 있었고, 목장에서 말을 탔다. "축하해 수지!" 켈리가 내 귀에 대고 말했다.

베티 이모는 예식 중에 피아노를 우렁차게 치다가 우리 17명이 야외에 서 있으니 갑자기 결혼 행진곡을 연주했다. 돈과 내가 "예."라고 대답하고 가족과 껴안으려고 돌아선 다음 모두 잠시 가만히 서 있었다.

오래지 않아 나는 켈리가 작은 숲속에 따로 혼자 서서 주머니에 손

6장 오리나무 습지

을 넣은 채 생각에 빠져 있는 모습을 보았다. 어쩌면 켈리는 그냥 평화로운 순간을 즐기고 있었는지도 모르겠다. 우리는 침묵이 얼마나 위로가 되는지 너무나 잘 알고 자랐다. 또 얼마나 귀를 먹먹하게 하는지도. 감정을 억누르고 힘든 티를 내지 않으면서. 켈리는 위를 올려다보고 나를 향해 웃어 주었다. 자기는 괜찮다며 안심시키듯이.

빌은 호숫가에서 사진 찍을 포즈를 취해 달라고 했다. "그러다 구두 굽이 진창에 빠지겠는걸." 초록색과 보라색 하이힐을 신고 절뚝이는 내게 빌은 서리 덮인 부식토를 가리키며 농담을 했다. "걱정 마시죠." 나는 통나무 위에 앉아 짐에서 등산화를 꺼내며 말했다.

"사진은 발목 위쪽만 찍어 줘요, 빌." 켈리가 말했다. 우리는 옅은 햇빛을 받으며 사시나무 아래에서 웃는 우리를 찍던 빌 쪽으로 걸어갔다. 호숫가가 얼어붙기 시작했다.

내 인생은 등 뒤로 내려오는 땋은 머리만큼이나 단단히 꼬여 있었다.

7장

[술집에서의 다툼]

두려움에 머리가 새하얘진 채 단상으로 걸어갔다. 밝은 조명 아래 학회장은 짧게 자른 머리와 야구 모자 천지였다. 땀에 젖은 슬라이드 체인저를 꼭 잡았다. 제초제 라운드업을 사용한 잡초목 제거(제초) 홍보를 방금 마친 앞 연사 몬산토 직원에게 쏟아지던 아낌없는 박수가 점점 줄어들더니 고요해졌다. 죽은 사시나무로 둘러싸인 자유 성장 로지폴소나무, 생명을 잃은 자작나무 틈의 미송, 주변의 허클베리를 다 없앤 가문비나무 이미지가 아직도 생생했다. 파란색 면바지를 입은 몸이 덜덜 떨리고 흰색 폴로셔츠가 땀으로 흠뻑 젖었다. 마침 3년간 내 담당 산림청임업 연구사였던 바브(Barb)가 남색 정장 재킷을 빌려 주어서 기뻤다. 우리는 둘 다 서른세 살이었고 딱히 키가 크지도 작지도 않았지만 자작나무와 미송만큼이나 서로 다른 배경을 갖고 있었다. 바브가 10대 자녀

셋을 둔 현명한 어머니였던 반면, 나는 아직도 책 속에 머리를 파묻고 있었다.

"초청해 주셔서 감사합니다." 나는 이야기를 시작했다. 마이크에서 삑 소리가 나는 바람에 청중들이 인상을 썼다. 몇몇 현장 임업인들과 정책 입안자들이 공책을 꺼내 들었고, 젊은 여자들은 나를 뚫어지게 쳐다봤다. 주변 사람들에게 소곤거리는 사람들도 있었다. 뒤쪽에 앉은 어떤 남자는 좀 더 크게 말하라고 소리 쳤다. 몬산토에서 나온 사람은 토착 식물을 죽이고 자유 성장 조건에 도달하게 하는 것이 침엽수의 생존이나 빠른 성장에 어떤 도움이 되는가는 전혀 이야기하지 않았다.

재킷 단추를 채우고 있던 내게 바브가 양 엄지손가락을 치켜세워 보였다. 우리는 이곳, 윌리엄스 레이크의 카우보이 동네에 내 오리나무 연구를 발표하러 와 있었다. 나는 활엽수와 침엽수가 정확히 어떻게 관계를 맺고 있는지 더 깊이 파고 들어가는 박사 학위 연구를 하던 코밸리스에서 비행기를 타고 왔다. 바브는 캠퍼스에서 자신의 초록색 관용 픽업 트럭을 타고 남동쪽으로 300킬로미터를 달려 공항까지 나를 마중 나왔는데, 새빨간 머리와 애들 중 한 명에게서 물려받은 너무 작은 분홍색 디즈니 배낭 덕분에 나는 바브를 순식간에 알아봤다.

나는 바브를 끌어안은 다음 함께 윌리엄스 레이크 스탬피드의 역사를 기록한 커다란 흑백 사진들을 지나 성큼성큼 걸어갔다. 가죽옷을 입은 카우보이들이 목숨을 걸고 소나 야생마의 맨등에 탄 사진이 강과 땅에서 금, 모피, 소떼를 얻으려 일하다 너무 일찍 죽은 사람들의 사진 옆에 있었다. 바브는 이미 산림청에서 우리 실험의 정확성에 의문을 품는 이야기들이 오갔다고 미리 경고해 주었다. 그렇지만 나는 이 기회를 덥석 잡았는데 윌리엄스 레이크는 켈리가 살던 곳으로 켈리를 만날 수 있었기 때문이다. 우리는 술집에서 만나기로 했는데, 나는 두어 해 전 켈리와 온워드 랜치(Onward Ranch, 1867년에 명명된 브리티시 컬럼비아의 유서 깊은 목장. ― 옮긴이)에서 카우보이 결혼식을 올린 티파니도 같이 나와 주었으면 했다. 켈리와 티파니는 로데오 순회 경기와 말편자 사업으로 늘 바빴고, 나는 정부를 위해 야심만만한 삼림 재조림 연구 프로그램을 개설했으며, 돈은 우리가 박사 과정에 복귀하기 전까지 잠시 쉬는 동안 삼림 생태 컨설팅 사업을 시작했다.

열심히 준비한 슬라이드 첫 장을 클릭했다. 무성한 초록색 오리나무 바다에 이어 오리나무를 다시 자른 이후 남겨진 갈색 그루터기를 보여 주자 모두가 밝아졌다. 목소리에서 떨림을 제거하는 연습을 했고, 청중을 양배추라고 상상해 보라는 아빠의 말을 기억해 냈다. 나는 줄줄이 앉은 양배추들을 살펴보다 시선을 잠시 바브에게 둔 후, "오늘 제가 소개할 모든 연구는 동료 연구자들의 심사를 거쳐 출간된 논문의 일부입니다."라고 말했다. 하지만 도중에 걱정스러운 듯 숨 가쁜 소리를 내뱉고 말았다.

내 슬라이드를 본 양배추 몇 개가 고개를 끄덕였다. 바브는 신이 났다. 돈은 집에 머물며 박사 연구를 하고 오븐으로 요리를 하고 자전거를 타고 수업에 가고 동네 외곽의 숲에 우리가 지은 캠룹스의 통나무집에서 몇 년을 보낸 후 오리건의 대학 마을로 돌아와 다시 안락하게 지내는 중이었다. 숲속의 우리 집도 그리웠지만 돈은 작은 마을, 펄프 공장

네거리의 노동자 계층 문화와 쉽게 어울리지 못했다. 돈은 달리기를 하고 코밸리스 시골길에서 자전거를 타고 내게 자료 분석 방법을 알려 주며 내가 자신감을 기르도록 도와주던 우리의 일상을 재개한 것에 행복해했다.

나는 다음 슬라이드를 위해 숨을 내쉬었다. 다음 슬라이드는 오리나무 제거는 전체적인 제거도 부분적인 제거도 소나무 성장 개선에 전혀 도움이 되지 않음을 보여 주었다. 잡초목 제거는 조림지가 자유 성장 규제를 충족하도록 보조하는 조치였으며 회사 입장에서는 수백만 달러의 비용을 소모하는 일이었지만 나무의 생장을 증진하지는 못했다. 주변 나무를 모두 제거하고 자유 성장 조건에서 자란 소나무는 투입한 돈에도 불구하고 오리나무 틈에서 자란 나무와 같은 속도로 자랐다.

방은 이상한 침묵에 휩싸였다. 재조림 관련 워크숍에서 만난 데이브(Dave)라는 젊고 낙천적인 임업인이 슬라이드를 가리키며 관리자 쪽으로 몸을 기댔다. 나는 조림지에서 잡초목 제거 작업을 충실히 수행하던 그들에게 오리나무를 전혀 없애지 않아도 된다는 주장을 하고 있었다. 내 석사 학위 실험에서 소나무의 성장을 증진한 유일한 처방은 대재앙 수준의 맨땅 조건이었는데, 그 구획에서 우리는 모든 초본, 잎사귀, 잔디 잎까지 깡그리 제거했다. 하지만 잡초목이 없는 곳에서 자란 소나무들, 그러니까 서리나 햇볕에 타서 죽거나 설치류의 밥이 되지 않은 개체들은 거대한 꺽다리처럼 자랐고, 쏟아지는 빛, 물과 죽은 이웃의 사체가 썩으며 만든 양분을 잔뜩 먹은 탓에 크고 괴이한 가지와 부푼 줄기를 갖게 되었다. 나는 설명을 하려고 숨을 깊이 들이쉬었다.

"단지 오리나무만 제거해서는 소나무에 아무런 이득이 없습니다.

신속한 성장을 바란다면 전체 초본과 파인그래스 또한 죽여야 합니다."
심하게 제초한 지대에서 흩어져 자란 거대한 나무들의 슬라이드를 보여 주며 내가 말했다. 청중들은 이상하게 생긴 소나무를 보며 웅성거렸는데, 꼬인 나무의 몸통에 옹이와 궤양 때문에 구멍이 나 있었다. 임업인들은 이처럼 빠르게 자라는 나무는 나이테가 넓고 마디가 크며 화재 이후 자연적으로 재생되어 느리게 자라는 나무와 상당히 다르다는 것을 알고 있었다. 하지만 그들은 새로 심은 나무가 이런 결함들을 극복하고 잘 자랄 것이며 반세기 후인 다음 수확 시기에도 여전히 값어치가 있기를 바랐다. 내 자료는 그 희망찬 추측에 도전장을 내미는 것이었다. 그들도 나만큼이나 재조림 사업을 정상적으로 운영해서는 이런 맨땅 조건에 도달하지 못한다는 것을 잘 알고 있었다. 그토록 깔끔하게 손을 보려면 아무래도 비용 지출이 너무 커질 테니까. 현실적으로 그들이 할 수 있는 일은 한 번 오리나무를 자른 후 숲 하부의 식물은 남겨 두는 것이 전부였는데, 내 자료에 따르면 이런 방식에도 아무런 이득 따위는 없었다. 하지만 그들은 자유 성장 정책에 손발이 묶여 있어서 조림지에서 키가 더 크고 관목 같은 오리나무를 제거하지 않으면 벌금을 물거나 돈이 더 드는 조치를 취해야만 했다. 공유림에는 수확 후에 건강하고 자유롭게 생장하는 나무가 많아야 한다는 정책의 의의는 이해했지만 열의가 지나친 나머지 정책 입안자들은 숲이 빠르게 자라는 나무 모음 그 이상의 의미를 지닌다는 사실을 잊은 듯했다. 나중의 이익을 위해 토착식물을 제거해서 빠른 초기 성장만 필사적으로 노리면 끝이 좋지 못할 것이다. 누구에게든 말이다.

7장 술집에서의 다툼

나는 거대한 환금 수목을 목표로 하는 정책이 더 건강한 숲을 생산해 내지 못한다면 그 정책은 좋지 못한 정책이라고 지적했다. 메모에 너무 집중한 나머지 정책 입안자들이 이제 팔짱을 끼기 시작했다는 것을 제대로 알아차리지 못했다. "이 슬라이드에서 보실 수 있듯이 오리나무를 제거하면 소나무가 받는 일조량이 예상대로 증가하며, 한여름의 1주간 소나무가 공급받는 물의 양도 증가하지만 죽은 식물 더미가 일단 분해되고 나면 사용 가능한 질소의 양이 감소한다는 대가가 따릅니다. 최종 결과, 5년 후 임분 생장량은 실제로 거의 개선되지 않았습니다." 이렇게 말하고 기상 관측소 자료로 넘어갔는데, 자료는 식물을 모두 죽이면 국지 기후가 더욱 극단적으로 변함을 보여 주었다. 낮에는 찌는 듯 덥고 밤에는 토양 표면이 무척이나 쌀쌀할 정도로 차가워진다. 빙빙 돌아가는 풍향계, 기울어 쏟아질 것 같은 빗물 통, 널브러진 전선과 센서, 똑딱대는 자료 수집 장치가 내 옆에 실제로 나타난 듯 나는 다시 말을 더듬기 시작했다. 사진의 대가가 되어 가는 중이던 바브는 기운을 돋워 주려는 노력의 일환으로 내 사진을 찍어 주었다.

누군가 손을 흔들어서 그쪽으로 몸을 돌렸다. "연구 대상이 된 특수한 실험장에서 그랬다는 말이죠. 그런데 실제 상황에서는 어떨까요?" 어떤 임업인이 말했다. 질문자 주변에 있던 남자들이 고개를 끄덕였다.

"훌륭한 질문입니다." 내가 대답했고 흥분감이 고조되었다. "통상적인 제초목 작업 후 식재한 수목의 반응을 지속적으로 추적하는 작업을 해 왔습니다. 회사에서 오리나무를 절단하되 잔디와 초본은 있는 그대로 둔 경우와 어떠한 처리도 하지 않은 대조군 구획을 비교했는데 동일한 결과를 거듭 발견할 수 있었습니다. 상술한 관행은 수목의 자유 성장 보장, 즉 나머지 식물보다 식재한 수목의 키가 크도록 하는 조치의 일환입니다. 그러나 제초제 살포나 제초 톱 사용도, 건조한 지대나 습한 지대에서도, 남쪽에서도 북쪽에서도, 소나무나 가문비나무 수종에서도, 심지어 조기에 자유 성장 조건이 충족되더라도 임분 생장량은 개선되지 않습니다. 현재 자유 성장 소나무 중 절반이 결국 죽음과 장애를 초래할 병충해나 상처를 입었다는 점은 우려됩니다."

산림청의 정책 입안 책임자 중 한 사람이 인상을 썼다. 그는 심지어 내가 이 연구에 대해 쓴 논문이 동료 평가를 거쳐 학술지에 실린 이후에도 내 동료들에게 내 논문의 문제점을 찾아보라고 시켰다. 자신이 작성에 참여한 정책을 복음처럼 설파했기 때문에 그의 별명은 '목사님'이었다. 종 구성과 전체 삼림 경관의 건강을 다루는 정책에 대한 복음을. 그 옆에는 바브와 내가 일했던 산림청 사무소의 식생 관리 담당자인 조(Joe)가 있었고, 바브는 사무소에서 내 실험의 신뢰성에 대한 토론을 우연히 들었던 것이다. 갑자기 목사님과 조 두 사람 모두가 위험 인물처럼 느껴졌다.

바브는 내게 고개를 끄덕였는데, 가던 길을 쭉 가라는 신호였다. 나는 질소를 토양에 다시 첨가해 줄 오리나무가 더 이상 존재하지 않는다면 100년 된 소나무 숲의 생산성은 절반 수준까지 계속 감소할 것이라고 돈의 모형이 예측한 방식을 설명하며 이야기의 또 다른 부분을 덧붙였다. 오리나무를 제거하다 보면 회귀년(cutting cycle, 숲에서 나무를 또 수확할 시기. —옮긴이)이 돌아올 때마다 숲의 생명력 또한 점점 더 떨어질 것이라는 점도. 돈의 모형은 소나무에 새로 질소를 공급해 줄 오리나무 이웃이 얼마나 필요한지 보여 주었는데, 특히 벌채나 화재 등의 교란 직후 질소 자본이 고갈된 경우에 소나무에게는 오리나무가 더 절실히 필요했다.

어떤 젊은 여자의 손이 번쩍 올라왔고, 내 몸짓을 채 기다리기도 전에 그녀가 질문을 던졌다. "그러면 왜 우리는 이렇게나 큰 비용을 들여서 오리나무에 약을 치는 거죠? 그런다고 조림지가 더 잘 되는 것도 아니고 심지어 조림지를 더 망칠 수도 있는데."

사람들이 웅성거렸고 서로 속삭였다. 뒷목 근육이 당겨왔지만 나는 그녀에게 직접 "이러한 비용이 정당한지 알아보기 위해서는 자유 성장 정책을 더욱 면밀히 살펴봐야 합니다."라고 말하면서 계속 밀어붙였다. 나는 앨런이 여기 있었으면 좋겠다는 생각에, 앨런에 대한, 앨런이 내 연구와 나를 지지해 준 데 대한 생각에 연연하고 있었다. 앨런이라면 이런 질문들에 대처할 수 있도록 도와주었을 텐데.

목사님이 조에게 무슨 말을 하자 그 둘은 웃었다. 그들은 더는 양배추가 아니었다. 대담해진 조는 손을 들고 내 결과가 시기상조라고 단언한 후 이렇게 질문했다. "좀 더 신중히 접근하고 장기적 데이터를 기다려 봐야 하지 않을까요?"

조의 어조는 부드러웠지만 입장은 명확했다. 초창기에는 조도 내 연구를 지지했는데 나중에 결과가 어느 정도 모양새를 갖추기 시작하자 마음을 바꾸었다. 조는 이름을 날리기 위해 노력했고 높은 분들의 정책에 반대한다면 높이 올라갈 수 없는 처지였다. 나는 약점을 보이지 않도록 조심했다. 만약 내 연구가 여전히 미완성이라는 생각에 동의한다면 나는 묵살당할 것이고 그 무엇도 바뀌지 않을 것이다. 바브는 내가 조의 질문에 정면으로 대응할 수 있도록 용기를 주는 듯 자세를 앞으로 기울였다. 나는 마이크 쪽으로 몸을 기울였다. 바브는 빨간 머리를 조 쪽으로 휙 돌리며 조에게 날카로운 시선을 쏘아 보냈다. 나조차도 놀랄 정도였다. 나는 침착하게 장기적 결과를 입수할 수 있다면 더없이 좋겠지만 이 연구들은 이미 미래에 대한 전조와도 다름없다고 주장했다. 이렇게 어린 수령에 이루어지지 않은 성장세 증가가 시간이 더 지난다고 해서 대폭 개선될 듯하지는 않으며, 생산성 향상을 기대하기는 어려울 것 같다고 이야기했다. 나는 계속해서 말했다. "이같이 자유 성장 조건을 충족시키기 위한 잡초목 제거 처리는 조림지를 높은 조기 사망 손실과 낮은 장기 성장 위험에 빠뜨리는 것으로 사료됩니다. 한층 신중한 접근법은 조림지의 토착 식물 군집을 있는 그대로 유지하되, 식재 시기, 식재 수종, 식재지 준비 등 조림 계획이 지닌 다른 취약점에 집중하는 것이라고 생각합니다."

몇몇 사람들이 일어나더니 자리를 떴다. 앞줄에 앉아 있던 어떤 사람이 친구에게 큰소리로 말하기 시작했다. 나는 그가 나를 방해하고 있다는 표시를 하려 했지만 그는 계속 떠들었고, 어린 시절 길거리 아이스하키를 하던 시절처럼 나로 하여금 더 안간힘을 쓰도록 만들고 있었다. 항상 나와 열린 자세로 문제를 토의하던 데이브가 훼방꾼에게 인상을 썼다.

그만두고 싶다는 욕구를 억누르고 훼방꾼에게 혹시 질문이 있는지 물어보았다. 하지만 속으로는 움츠러들고 있었고 소란을 피우고 싶지도 않았다. 위니 할머니라면 어떻게 하셨을까? 할머니라면 강단 있게 조용히 계속하셨을 것이다. 손이 떨려왔지만 나는 다음 슬라이드로 넘어가서 식상할 정도로 많고 다양한 식물 군집을 대상으로 한 실험들에 대해 계속 이야기했다. 정확히는 130가지 실험이었다. 전부 반복 검증을 거쳤고 임의 추출법을 사용했고 빈틈없이 대조군을 설정했으며 모두 비슷한 결론으로 귀결되고 있었다.

버드나무를 자르거나 버드나무에 약을 쳐도 가문비나무의 성장과 생존에 도움이 되지 않았다.

분홍바늘꽃을 절단하거나 분홍바늘꽃에 농약을 살포하거나 양에게 분홍바늘꽃을 뜯어먹게 해도 가문비나무나 로지폴소나무의 생장은 개선되지 않았다.

팀블베리를 절단해도 뜯어먹게 해도 가문비나무에 도움이 되지 않았다.

사시나무를 절단해도 소나무 둘레는 증가하지 않았다.

고지대 조림지의 만병초, 로도덴드론 멘지에시, 허클베리 군집을 대상으로 한 농약 살포, 절단, 동물 방목도 가문비나무 성장을 한 치도 변화시키지 못했다. 로빈이 만병초에 농약을 치던 생각이 다시금 떠올랐는데 심지어 당시에도 우리는 시간 낭비가 아닌가 생각했다.

이런 고지대 삼림에서는 묘목이 자연적으로 존재하지 않는 공지에 묘목을 재배하기 위해 큰 비용이 소모되었다. 환금 가치가 없는 관목을 그대로 둔 곳보다 관목을 제거한 곳에서 묘목 생존율이 20퍼센트 더 높았던 것은 분명한 사실이었다. 하지만 일시적으로만 그랬다. 동일한 아(亞)고산 지대 환경에서 양치류에 약을 쳐서 바늘꽂이처럼 만들어 놓아도 가문비나무의 장기 생존율이 개선되지 않았으나 단기적으로 보면 양치류가 그대로 살아 있었던 곳에 비해 가시 돋친 묘목의 수고 생장이 4분의 1 더 높았다. 이처럼 미미한 일시적 수익도 정책 입안자들을 만족시키기에는 충분했다.

"저는 토착 식물을 솎아내도 수목의 생존과 생장 개선이 발견되지 않은 이유에 대해 많은 고민을 해 보았습니다. 심지어 이제는 수목이 자유 성장할 수 있었음에도 말입니다." 내가 말했다. "그리고 다수의 자유 성장 수목이 왜 곤충과 병원균 감염에 시달리는지, 왜 더 잘 자라지 못하는지에 대해 고민해 보았습니다. 우선 우리가 토착 식물들이 침엽수와 경쟁하는 정도를 과대 평가하고 있다고 생각합니다. 대부분의 현장에서 토착 식물이 수목을 방해할 정도로 빽빽하게 자라지는 않았습니다. 또한 토착 식물이 병충해와 혹독한 날씨로부터 나무를 보호하고 있을 가능성도 있다고 봅니다. 단기적 성장 증가에 대한 희망으로 잡초 없이 나무를 기르는 것으로부터 장기적 관점에서 숲 전반을 더욱 건강하게 하는 것이 무엇인지 고려하는 방향으로 초점을 옮겨야 한다고 생각합니다."

학회장에서 공유할 만한 비유는 아니었지만 눈썹을 너무 열심히 뽑은 나머지 눈썹이 다시는 자라지 않게 된 몇몇 친구들이 생각났다.

나는 우리가 원하는 부류를 수확하면서 새로 조성하는 숲을 농장의 밭처럼 대하게 되었다고 설명했다. 그리고 자유 성장 규정들이 경관의 종류를 막론하고 모든 경관에 적용되어 왔다고 설명했다. 많은 돈이 다양한 지형에 퍼져 나갔고 대개 식물 다양성 감소가 따랐다.

바브와 나는 이런 양상을 '임업에 대한 패스트푸드식 접근법'이라고 불렀다. 동일한 광범위 잡초목 제거가 모든 종류의 숲 생태계에 적용되었는데, 뉴욕이든 뉴델리든 문화권을 막론하고 똑같은 버거를 배달하는 것과 비슷했기 때문이다. 세 번째 줄에 앉아 있던 노란색 피닝(Finning, 캐나다 산업용 중장비 도매 기업. — 옮긴이) 야구 모자를 쓴 남자가 당근 봉지를 꺼내더니 요란한 소리를 내며 와작와작 씹어 먹기 시작했다. 곧 휴식 시간이었다.

"우리는 잡초목 제거 작업을 하며 헛다리를 짚고 있습니다." 내가 말했다. 몇몇 수목 관리원들이 웃었다. 내가 이상한 농담을 하면 항상 그랬듯 바브는 껄껄 웃었지만 나머지 사람들은 냉랭한 표정을 지었다.

한 정책 입안자가 손을 들었다. "발표자께서는 우리가 크게 우려하지 않는 식물들을 선별해서 연구하셨는데요. 우리는 이미 앞서 말씀하신 식물들이 별 문제 거리가 아니라는 것을 알고 있습니다." 목사님이 고개를 끄덕였다. 목사님과 질문자가 이 식물들이 그들의 정책이 흔히 목표로 삼는 대상임을 잘 알고 있었으면서도. "좀 더 경쟁력 있는 식물인 파인그래스나 백자작나무는 어떻습니까?"

"좋은 지적입니다." 내가 말했다. "파인그래스는 토양에서 물과 양분을 잘 빨아들이지만, 파인그래스에 제초제를 살포하거나 파인그래스를 굴착기 삽으로 긁어내면 소나무 묘목 생존과 생장을 20퍼센트밖에 증가시키지 못한다는 것을 발견했습니다. 그리고 예상치 못한 부작용도 있습니다. 그렇게 처치하면 토양이 다져지고 양분 함량이 줄 수도 있습니다. 또한 토양 침식이 늘고 균근균 다양성이 줄어들 수도 있습니다."

"우리는 파인그래스가 자라는 대지 전부에 굴착기를 갖다 대고 있는데요. 발표자께서는 그럴 가치가 없다는 말씀을 하시는 건가요?" 어느 젊은 여성이 질문했다. 나는 약간 편안한 마음으로 방을 훑어보았고 질문자의 간절한 얼굴, 틀어 올린 적갈색 머리를 보았다. 자기 주변이 갑자기 무거운 침묵에 휩싸여도 별로 신경 쓰지 않는 것 같았다. 목사님은 대관절 누가 이런 질문을 하는지 보려고 고개를 돌렸다.

"글쎄요, 동시에 우리가 무엇을 얻고 무엇을 잃고 있는지에 대해 더 면밀히 알아봐야 하겠습니다." 나는 대답했다. "혹시 숲 바닥층을 갈퀴로 훑어 없애는 것보다 조림지 개선을 위한 더 좋은 방법이 있는지도 모릅니다. 유기물을 제거하고 토양을 다지는 것은 장기적 건강을 위한 좋은 징조가 아니니까요. 경관 전체에 이와 같은 처치를 적용하기 전에 더 질 좋은 자료가 필요하다고 봅니다."

"수잔, 자작나무는요?" 방 뒤편에서 질문이 들어왔다. "자유 성장 정책은 바로 자작나무 때문에 계획된 정책이잖아요." 질문자는 빅토리아에서 온 과학자였는데 그도 자작나무와 사시나무가 침엽수를 어떻게 방해하는지 또는 어떻게 돕는지에 대한 진상 규명을 위해 노력 중이었다. 나처럼 그도 잡초목 제거의 지대한 생태학적 영향에 관심이 있었지만, 그의 입장은 정책 수립 쪽에 좀 더 깊게 자리하고 있었다.

마침내 백자작나무가 속한 식물 군집에 대한 결과로 자연스럽게 넘어갈 때가 왔다. "맞습니다. 자작나무를 대상으로 한 절단, 약제 살포, 또는 사슬을 사용한 박피(girdling)는 미송의 지름을 증가시켰는데, 증가폭은 1.5배가량이었습니다." 나는 재빠르게 다양한 처치 조건에 따른 미송 성장 반응 히스토그램으로 슬라이드를 넘겼다. 누군가 블라인드에 몸을 기대자 햇빛 한 줄기가 잠시 방을 가로질렀고 양배추들이 앞으로 쏠렸다. 나는 맑은 공기가 있는 자유로운 야외로 뛰쳐나가고 싶었다. 자작나무에 대해서 이야기하고 싶었지만 벌집을 건드리는 꼴이 되고 말 것이다.

조는 비로소 바라던 바를 눈으로 보고는 목사님을 향해 고개를 끄덕이며 슬라이드를 가리켰다.

"하지만 유의해야 할 점이 있는데, 자작나무를 더 많이 없앨수록 뿌리 감염 때문에 죽는 미송이 더 많아지기 때문입니다." 내가 말했다. "절단과 박피는 자작나무를 압박해 뿌리 감염에 더 취약하게 만듭니다. 자작나무를 절단하는 즉시 병충해가 자작나무 뿌리를 휩싸고 미송 뿌리로 옮겨 가서 처치하지 않은 임분에 비해 병충해 감염률이 7배 높아집니다. 조기 생장 증진을 택한다면 장기적 관점에서는 생존율이 떨어지는 것은 아닌지 우려됩니다."

어떤 병리학자가 끼어들어서는 내 연구는 숲 전체에 병충해가 어떻게 작용했는지를 제시하지 않았으므로 신중해야 한다고 말했다. 별개 구획에서 자라던 병원성 진균이 정확히 지하의 어디에 있었는지 모르는 채 실험지의 구획 두 곳을 실험군과 대조군으로 무작위 할당했는데, 우연히 이 두 실험 구획이 치명적 균이 있는 지대와 연결되어 있을 수도 있고, 그렇지 않을 수도 있다면서 말이다. 그는 내가 발견한 결과가 우연의 산물, 즉 조건과 구획을 조합할 때 천운이 작용한 덕일 수 있다고 생각했다. 더 넓은 지역을 대상으로 하는 병원균에 대한 행동 반응 연구가 필요했다. 우리는 개인적으로 이 문제에 대해 의논한 적이 있었고 너무나 많은 현장에서 실험을 반복했기에 내 연구 결과에 타당성이 있다는 데에 이미 동의했기에 나는 그가 이 시점에 이런 식으로 불확실성에 대한 이야기를 꺼내자 짜증이 났다.

"네, 맞습니다." 나는 최대한 건조하게 말했다. "그러나 동일 실험을 15회 반복 수행했기에 실험 결과에 대해 확신합니다." 양배추 머리들이 병리학자 쪽으로 쏠리며 최종 발언을 기다렸으나 그는 자신이 이 주제의 권위자임을 알리는 듯 머리를 아주 살짝 흔들었다. 당근 먹던 양반이 낸 요란한 당근 씹는 소리가 이를 확인해 주는 듯했다.

나는 시큰둥한 박수를 끝으로 발표를 마쳤다. 현장 임업인들은 근거가 그들이 숲에서 목도한 바와 맞아떨어진다며 고마워했지만 정책 입안자들은 구시렁거렸다. 그들은 자작나무 같은 '잡목'을 그냥 둔다면 조림지는 관목밭이 될 거라며 뻔하디 뻔한 방식으로 계속 질문했다. 그들은 장기적 자료를 필요로 했다. 만일 장기 자료가 그들의 비전에 더 잘 부합한다면 말이다. 그들은 확실히 내 실험 때문에 정책을 바꾸지는 않을 것이다. 사람들이 휴식을 취하려고 흩어졌다.

사람들은 금속 같은 맛이 나는 커피를 홀짝이고 머핀을 먹으면서 무리를 지어 서 있었다. 내가 슬라이드 트레이를 떨어뜨리는 바람에 슬라이드가 사방으로 흩어졌다. 어떤 젊은 남자가 도와주러 달려왔다. 나머지 사람들은 이 광경을 흘끗 보더니 다시 하던 이야기로 돌아갔다. 커피를 마실 마음은 없었지만 동시에 피드백을 받으려면 주변을 돌아다녀야 했기에 떨면서 커피를 좀 따랐다. 어떤 임업인들이 "좋은 발표였어요."라고 말했다. 데이브는 내 결과가 이치에 맞지만 어쨌든 계속 잡초목을 제거해야 된다고 말했다. (왜냐하면, 음, 그게 규정이니까.) 정책 입안자들은 깊은 대화를 나누는 중이었다. 아무도 내게 다가오려 하지 않는 것 같은 데다 목사님이 좌중을 압도하고 있었다. 사람들이 알아봐 주기를 기다리는 것이 얼마나 힘들고 심지어 모욕적인지 알고 있는 바브만이 다가왔다. 나는 제일 상황이 좋을 때도 사교를 위한 잡담을 정말 못했고 지금은 내면이 뒤죽박죽이었다. 마침내 바브가 나를 붙들고 바깥으로 나왔다. 산들바람이 우리를 씻어 주었고 회색어치 한 마리가 날아갔다.

"몹쓸 자식들!" 바브가 말했다. "최소한 우리가 숲에다 대체 무슨 짓을 하고 있는지 알아내려고 일한 너한테는 고마워해야 되는 거 아냐?"

진이 다 빠져 버렸다. 오리나무에 약을 뿌린 후 살충제에 흠뻑 젖은 방호복을 벗을 때 로빈과 내가 느꼈던 감정처럼. 내 몸속 모든 세포가 고갈되었다. 우리가 정말로 싫어했지만 그럼에도 사랑했던 일을 한다는 것에. 바브는 주차장 가장자리에 있던 오래된 가문비나무와 사시나무, 숲 하부에 내린 씨에서 자란 어린 가문비나무들의 사진을 찍었다. 적갈색 머리를 틀어 올린 젊은 여자가 가던 길을 멈추고 나에게 감사를 표했다. 정책이 하룻밤 사이에 바뀌지는 않겠지만 만약 내 연구 중 일부라도 나와 같은 걱정을 하는 다른 임업인들 사이에서 반향을 불러일으킨다면 혹시 변화가 일어날 수도 있었다.

• • •

어두침침한 오버랜더(Overlander) 펍에서는 김빠진 맥주와 소똥 냄새가 났다. 카우보이 모자를 쓰고 다 닳아빠진 부츠를 신은 켈리가 반백의 목축업자인 로이드(Lloyd)와 술집에서 말을 거래하던 중이었다. 그들은 닳아서 광이 나는 술집 상판(床板)에 뼈가 튀어나온 팔꿈치를 기대고 자기 영역을 주장하면서 휘어진 다리를 넓게 벌리고 있었다. 켈리의 주의를 끌려고 애썼지만 그는 로이드와 노닥거리고 있었다. 켈리가 타고난 어조, 말하던 중에 오래 쉬는 습관과 잘 들어맞는 말투였다. 무슨 애팔루사 종마를 두고 협상하는 것이 들릴 정도로 가까이에 있었지만 이 거래에 관한 거칠고 느린 대화가 좀 더 오갈 것 같다는 감이 왔다. 켈리는 최대한 시간을 오래 끌며 나를 무시하고 있었는데, 꼭 어린 시절 내가 켈리의 관심을 원했던 때 같았다.

그날 내내 무시당하고 배척당한 느낌을 받은 후였기에 켈리가 나를 못 본 체하는 것이 평소보다 더 괴로웠다. 바브는 구석에 있던 반쯤 찬 놋쇠로 만든 침 뱉는 통을 잘 보라며 나를 쿡 찔렀다. 티셔츠와 반바지를 입은 우리는 분명히 이 동네 사람 차림이 아니었기에 카우보이들의 눈길을 끌고 있었다. 어떤 남자가 내가 웃옷 위에 걸친 학회 재킷을 쳐다보고는 자기 친구에게 낮은 소리로 우스꽝스러운 말을 했다. 그다지 신경을 쓰지 않았다. 지난 1년 동안 서로 못 봤기 때문에 켈리를 만나고 싶을 뿐이었다. 켈리가 말 거래에서 빠져나와 내게 다가오며 안녕 하고 인사하지 못하자 목젖까지 불안감이 차올랐다. 티파니가 없으니 티파니가 켈리에게 좀 더 눈치껏 잘하라고 지적하던 것이 그리웠다. 내 안달을 눈치챈 켈리는 2분만 더 있다 오겠다고 신호를 보냈다.

5분 후에는 이 술집을 날려 버릴 만반의 준비가 되어 있었지만 바브가 큰 잔으로 맥주를 한 잔 사 와서는 모퉁이 테이블에 앉아서 내게 손짓했다. 켈리와 로이드의 협상이 예상대로 교착 상태에 빠지자 켈리가 맥주잔을 들고 어슬렁어슬렁 걸어왔다. 로이드는 현금이 아주 많았고 말을 사기로 했다. 켈리의 넓은 턱에 미소가 번지자 속상했던 마음이 사라졌다. 켈리를 만나서 정말 좋았다. 우리는 진지하게 술을 마시기 시작했다. 참 힘든 하루였다.

"요즘 웨인 삼촌 만난 적 있어?" 내가 물어보았다.

"어, 그 독한 영감쟁이가 카리부 캐틀 컴퍼니에서 소치는 일을 구해 줬지." 켈리가 짙은 갈색 담배 줄기를 뱉었고 뱉은 담배가 기술 좋게 침 뱉는 통에 착지했다. 바브의 눈이 놀라움에 휘둥그레졌고 나는 그래서 내 남동생이 자랑스러웠다. 켈리는 특이했다. 굉장했다. 유일무이했다. 나는 켈리가, 켈리가 고집스럽게 추구하는 이 옛 유물 같은 삶이 그리웠다. 소를 타고 담배를 씹고 송아지를 받는 과거에서 환생한 대장장이 카우보이 켈리.

"너 목장에 살아?"

"응, 티프랑 나는 온워드에 있는 숙소에 사는데 미션(Mission) 근처야. 알지, 소아 성애자 목사들이 운영하던 인디언 기숙 학교 말이야." 켈리는 그 개만도 못한 자식들이 아이들에게 한 짓거리를 역겨워하며 자기 발을 쳐다봤다. 캐나다 역사에서 이 대목은 수치스러웠다. 켈리와 나는 거기에 다니던 아이들을 알았고, 그 학교가 어떻게 수많은 아이들을 망쳐 놓았는지 직접 목격했다. 몇몇 아이들은 도망을 쳤는데, 우리의 친구인 클래런스(Clarence)도 기숙 학교를 탈출해 지금은 하이다과이에서 전통 방식으로 시더 토템을 만드는 조각가가 되었다.

켈리의 친구들이 술집으로 들어와서 "안녕!" 하고 외치고는 소리를 질렀다. "내일 내 말 편자 달아 주러 올 수 있어?" 켈리는 그들에게 "그럼, 당연하지."라고 말하려 햄만큼 큰 손을 휙휙 흔들었다.

"티파니는 어디 있는데?" 나는 물어보았다.

"입덧하지." 켈리는 어마어마한 자랑스러움을 숨기지 못했다.

"우와, 굉장한 걸! 축하해!" 나는 뛰어올라서 켈리에게 하이파이브를 했다. 우리 가족에게 포옹이란 존재하지 않았지만 미소와 손짓이 그 역할을 했다.

로이드는 다른 카우보이와 수다를 떨며 돌아다니다 건배를 하자고 우리의 빈 잔을 채웠다. 내가 잔을 너무 세게 치는 바람에 맥주가 많이 튀어서 로이드가 내 잔에 맥주를 더 부어 주었다. 켈리는 텍사스 사람처럼 말끝을 길게 끌기 시작했다.

"회의는 잘했고?" 켈리가 말을 좀 웅얼거렸다.

바브가 끼어들었다. "그 나쁜 자식들이 여자 말 듣는 걸 싫어하더라고요."

"그들은 날 믿지 않았어." 내가 나직하게 말했다. 내가 질소와 중성자 측정기 측정 결과를 보여 주었을 때 조가 목사님에게 기댔던 것이 특히 싫었다. 그 순간을 떠올리자 몸이 굳고 평소처럼 빨리 달아나고 싶어서 채비했다. 우리 가족이 쉽게 이야기할 수 있는 감정적 대화 주제는 많지 않았다. 나는 술집 건너편에 있던 켈리의 친구들을 슬쩍 보았다.

"저 임학 하는 사람들은 소 다루는 법도 몰라. 더럽게 힘든 일인데 그 네들은 우리가 조림지 밖으로 소를 빨리 몰아내 주기만 바라지. 눈 깜짝할 사이에. 나는 새벽부터 말을 타야 하는데 말이야." 켈리가 말했다.

나는 웃었다. 방이 둥둥 떠다니기 시작했다. 켈리와 내가 부모님 사이의 긴장을 회피하려고 숲에서 자전거를 타고, 송아지를 묶듯이 오래된 나무 그루터기에 올가미를 매던 생각을 하며 화장실로 비틀비틀 걸어갔다. 맥주를 한 잔 더 마시러 돌아왔다.

"하지만 소는 몰 수라도 있지." 켈리가 말했다. 켈리도 나만큼이나 술에 취했다. "만약에 여자를 상대하듯 소를 다룬다면."

나는 켈리 말을 제대로 들은 게 맞는지 확실히 모른 채 눈물이 그렁그렁한 켈리의 눈을 쏘아보았다. 나는 항상 나를 불쾌하게 하는 말을 들으면 너무 놀라서 내 머릿속에서 그 말의 의미를 바꾸려고 애쓰곤 했다. 들은 말을 진짜로 못 들은 체하거나. 아니면 들은 말을 좀 더 순화하고 동의하지 않을 때도 수긍해 버리곤 했다. 이번에는 너무 취해서 들은 말을 왜곡할 수도 없었다. 심지어 바브도 나만큼이나 똥 씹은 얼굴을 했을 거라고 확신했지만 바브는 더 똑바로 앉아 있었다.

"무슨 소리야?" 붉어진 내 뺨이 화끈 달아올랐다. 술집 반대편에서는 주크박스가 마마와 아기들에 대해 노래하는 윌리 넬슨(Willie Nelson)의 걸걸한 목소리로 넘어갔다. 나는 대화를 끊고 앞으로 일어날

지역 로데오에서 캐프 로핑을 하는 켈리, 1990년대 초. 켈리는 이다음 올가미로 묶은 소와 함께 달리다 말에서 내리고, 소를 잡은 후 소의 세 다리를 한 데 묶었다.

무슨 일에서든 내가 구조되었으면 좋겠다고 생각했다. 바브가 일어나려고 테이블을 손으로 밀자 바브의 의자가 긁는 소리를 냈다. 아마 어떻게 해야 할지, 어떻게 이야기를 끊을지, 어떻게 찬물을 끼얹어서 내 열을 식힐지 알아내기 위해 안간힘을 썼나 보다. 술집 저쪽 편에 앉아 있던 로이드는 우리에게 술을 더 갖다 주라고 우리 쪽을 가리키며 손짓을 했고, 우리가 술을 더 마시도록 부추기면서 신바람이 나서 히죽댔다.

"암소는 소떼의 중심이야. 암소가 하는 것이라고는 송아지 밥 주는 일뿐이고." 켈리는 마치 소에게 올가미를 던지듯 머리 위에서 손을 빙빙 돌렸다.

"여자는 애한테 젖만 먹이는 사람이 아니거든. 장난하냐? 장난이지?" 너무 술에 취해서 목소리의 긴장을 가라앉힐 수 없었고 세상의 모든 부당함이 내 목구멍에 걸린 듯했다. 맨정신이었다면 대수롭지 않게 넘길 일이었다. 켈리가 내 마음을 상하게 하려고 하는 말이 아니라는 것쯤은 깨달았을 테고. 켈리는 한 주간 말을 타고 긴 시간을 보낸 후 긴장을 풀고 있었던 것뿐이었다. 하지만 당시에 나는 족히 켈리 목을 졸라 버리고도 남을 지경이었다.

켈리가 계속 질척거렸다. "중요한 건 거세한 수컷 소야. 걔들이 암소들을 지배하거든."

"너 미쳤어?" 내 편도체가 전두엽 피질을 제대로 장악했다.

뱃속에서 쓴 물이 솟구쳤고 나는 맥주잔을 밀쳐 버렸다. 바브가 잔을 들고 조심조심 바 쪽으로 가더니 말 안 듣고 땡땡이치는 아이를 다루듯 조심스레 잔을 반납했다.

켈리는 빌어먹을 암소에 대한 이야기를 또 중얼거렸다.

"우리 여자도 하고 싶은 거라면 뭐든 할 수 있다고. 원한다면 뭐냐, 그 총리 따위도 될 수 있다고!" 자리에서 몸을 틀었더니 켈리 뒤로 보이는 거울에 내 흐릿한 모습이 떠다녔다. 나는 분명 총리 같은 모양새를 하고 있지 않았다. 대체 무슨 말을 하고 있었던 거지?

켈리가 한 말 중에는 "어?"밖에 못 들었다. 모든 것이 너무나도 멍해서 테이블 건너편에 있던 켈리의 얼굴조차 잘 안 보였다. 바브가 우리는 가야 한다고 말했다. 나는 비틀대며 일어서서 재킷을 입으려고 했다.

"젠장!" 팔 한쪽은 소매에 끼고 재킷 나머지 부분은 바닥에 끌면서 소리를 지른 나는 요란한 발소리를 내며 그곳을 떠났다. 술집에서 위스 키를 벌컥벌컥 마시던 카우보이들이 고개를 돌렸고 어떤 카우보이는 낮은 소리로 휘파람을 불었다.

켈리는 내가 오버랜더에서 비틀비틀 빠져나가는 동안 사라지는 내 등 뒤에 대고 뭐라고 고함을 쳤고, 주크박스는 울부짖는 소리를 냈다.

나는 인생 최악의 숙취에 시달리며 비행기를 타고 코밸리스로 갔다. 머리가 아팠고 입술이 타 들어갔다. 집 문을 열고 들어간 후 젖은 천을 눈 위에 덮고 소파에 털썩 주저앉았다. 돈이 나를 안아 주며 나는 괜찮 을 거라고, 켈리도 마음을 풀 거라고 말했다.

• • •

결국 나는 정책 쪽 사람들뿐만 아니라 동생과도 냉전을 하게 되고 말았다. 술집에서의 다툼은 아이러니하게도 자연에서의 협력이라는, 내가 박사 논문에서 추구해 오던 바로 그 질문과 정면으로 충돌하고 말 았다. 숲을 이루는 것은 주로 경쟁일까, 아니면 협력이 더 경쟁만큼, 또 는 경쟁보다 더 중요할까?

우리는 삼림 수목 관리에서 지배와 경쟁을 강조한다. 농업 분야에 서는 작물을, 목장에서는 가축을 중시한다. 우리는 연합 대신 파벌을 강조한다. 임업에서 지배 이론은 잡초목 제거, 공간 두기, 솎기 등등 소 중한 개체의 성장을 촉진하는 다양한 방식으로 실행된다. 농업에서 지 배 이론은 다양성을 지닌 농지 대신 단일 고수익 작물 육성을 위한 수 백만 달러어치 살충제, 비료, 그리고 유전자 프로그램에 대한 근거를 제공한다.

대지에 대한 책무를 공개적으로 논하는 것이 내 삶의 주된 목적처럼 느껴졌다. 하지만 나는 이미 담당자들과 연줄을 만들어 보려고 시도하다 지독한 실패를 경험했다. 내가 얼마나 쉽게 묵살당했다고 느끼는지 또 술집에서의 다툼에 얼마나 엉망으로 대처했는지를 감안하면 어떻게 계속 해나가야 할지 심각한 의구심이 들었다.

그동안 지역 내에서 벌채지는 암처럼 커지고 있었고 임업인들은 전쟁 중이기라도 한 듯 '잡초목'을 죽여 댔다. 활동가들은 나무에 자기 몸을 묶으며 저항했다. 나는 벌채에 저항하는 클레이쿼트 사운드(Clayoquot Sound)의 대규모 시위 현장보다 연구에 집중하는 편이 더 도움이 될 것이라는 결론을 내렸다.

그해 여름 나는 내가 자란 숲으로 돌아갔다. 사과의 뜻으로 켈리에게 엽서를 보냈지만 켈리는 절대 답장하지 않았다. 엄마는 임신한 티파니가 잘 지내고 있다고 했지만 켈리가 나와 대화를 하지 않아서 마음이 아팠다. 머지않아 고모가 될 거고, 나도 끼고 싶었다. 나는 켈리가 자기가 원하는 때에 다시 돌아와 주기를 기다리기로 마음먹었다. 켈리에게 강요하지 않을 것이다. 어린 시절 우리는 전나무 그늘에 떨어진 자작나무로 요새를 만들며 말없이 몇 시간을 보내기도 했고, 본연의 모습으로 지내기 위해 켈리에게는 길고 열린 공간이 필요했다. 우리는 괜찮을 것이다.

그래도 고개를 떨군 채 나는 왜 켈리가 답장하는 데 이렇게 시간이 오래 걸리는지 궁금했다. 연락하고 지내는 건 왜 이렇게 늘 힘들까? 가족으로 살기란 또 왜 이렇게도 버거운 것일까?

8장

[방사능]

바브와 나는 바브의 트럭 짐칸에서 허리 높이의 그늘막 텐트 40개를 꺼냈다. "제기랄, 너무 무겁잖아." 바브가 말했다. 그늘막 텐트는 1개에 4.5킬로그램쯤 나갔는데, 그늘막 천을 원뿔 모양으로 꿰맨 후 강철봉 삼각대 위에 씌워 만든 텐트였다. 바브의 붉은 곱슬머리를 덮고 있던 노란 손수건이 6월 중순에 절정을 맞은 모기떼로 잔뜩 뒤덮여 있었다. 또 바브의 근육질 팔은 자외선 차단제와 벌레 기피제로 반짝이고 있었다. 바브는 겉보기에는 견실한 사람이었고, 내면은 고동치는 심장만큼이나 따뜻한 사람이었다. 우리는 블루 리버에서 남쪽으로 80킬로미터 떨어진 철도 마을 베이븐비(Vavenby)에서 산을 넘고 차를 달려 내 박사 연구를 위한 주요 야외 실험을 준비하기 위해 애덤스(Adams) 호수 북쪽 끝에 있는 벌채지까지 왔다. 이번 실험은 실험 6개 중 하나였는데, 단연코 제일 중요한 실험이었다.

벌써 어린 자작나무들이 잘린 밑동에서 싹을 틔우고 있었고, 일부 자작나무는 주변 숲이 흩뿌린 씨앗에서 자라난 나무였는데 이미 우리가 1년 전에 심은 침엽수보다 키가 더 컸고 2배 더 빠른 속도로 자라는 중이었다. 나는 이 자작나무들이 단순히 미송의 생존과 성장에 필요한 자원을 좀먹는 경쟁자인지 아니면 전체 숲이 번성하기 위한 조건을 강화하는 협조자인지 알아내고 싶었다. 그리고 만일 잎이 무성한 토착 식물들이 실제로 바늘잎을 지닌 이웃과 협력한다면 그들이 어떻게 서로를 돕는지 알고 싶었다. 이 질문들에 답하기 위해서 백자작나무가 그늘을 드리워서 광합성을 통한 미송의 식량 생산을 부진하게 하는 동시에 미송에게 자원을 주는지를 실험하는 중이었다. 자작나무는 자신을 위한 당분을 만들기 위해 빛을 가로챈 대가로 자신이 지닌 부를 숲 하부의 미송과 공유하며 광합성 감소를 보상했을까? 내 연구는 미송이 임업인들에게 강력하고 달갑지 않은 경쟁자 취급을 받는 자작나무 틈바구니에 살면서도 대체 어떻게 살아남고 심지어 잘 자라는지 알아내는데 도움이 될 것이다. 또 만약에 자작나무가 이 넉넉함, 즉 빛을 충분히 받은 덕분에 만들 수 있었던 풍성한 당분을 나눠 주었다면, 두 종을 연결하는 균근균 지하 경로를 통해 당분이 그늘에 가려진 미송으로 전달되었을 수도 있다. 자작나무가 미송과 힘을 모아 군집이 더 건강하도록 돕는 것일 수 있다.

"나는 재봉에 딱히 소질이 없어." 삼각대 다리에 뻣뻣한 직물을 고정하는 나사를 조이며 중얼거렸다.

"그런데 텐트가 꼭 벽돌로 지은 변소같이 만들어졌다." 이집트 피라미드처럼 나란히 서 있는 텐트 무리에 감탄하며 바브가 말했다. "절대로 넘어지지 않을 것 같아." 바브는 내가 한참 동안 신세 한탄을 하도록 그냥 내버려 두는 법이 없었다.

텐트는 한 달만 버티면 되었다. 한 달이면 미송의 광합성 속도와 당분 생산을 억제하는 데 충분할 것이다. 두꺼운 초록색 텐트가 빛의 95퍼센트를 차단하는 반면 얇은 검정 텐트는 빛의 50퍼센트를 차단할 것이다. 술집에서 다툰 지 두 달이 지났지만 켈리와는 여전히 연락이 안 되었고 바브는 때가 되면 켈리가 다시 다가와 줄 거라며 나를 위로했다.

바브와 나는 통나무 위로, 폴스박스(falsebox)와 분홍바늘꽃 무리를 뚫고 피라미드들과 옥신각신하며 벌채지를 지나 실험용 나무를 심은 조림지까지 텐트를 끌고 갔다. 주머니에는 줄자, 캘리퍼스와 묘목에 텐트를 씌울 때 묘목의 펄스를 확인하기 위한 메모장이 들어 있었다. 종이 봉지에서 0, 50, 95 중 하나가 적힌 쪽지 60개 중 하나를 꺼내서 무작위로, 모자에서 토끼가 나오듯이 나무를 그늘 조건에 배정했다. 이렇게 한 이유는 가령 지하 용출수 등 미처 파악하지 못한 그늘 외의 요인으로 실험 결과가 편향되는 것을 방지하기 위해서였다. 내가 뽑은 쪽지에는 95라고 써 있었다. 가림막 텐트의 강철 다리가 1년 전에 미리 묻어 둔 30센티미터 너비의 판금 띠 안에 들어가도록 두꺼운 초록색 천으로 싸인 원뿔을 미송 위에 덮고 묘목을 짙은 그늘 속에 가두었다. 판금 띠는 내가 미송 한 그루, 시더 한 그루 근처에 심은 자작나무 한 그루, 이렇게 나무 세 그루의 서로 얽힌 뿌리를 담기 위해 묻어 둔 것이었다. 나는 땅에 단단히 박아 둔 판금 테두리를 살짝 흔들어 보았는데 강철봉 다리는 땅에 단단히 박혀 있었고, 나는 윗뿔 꼭대기를 아래로 꾹 눌렀다. 녹이 묻어 얼룩진 청바지 주머니에서 구겨진 지도를 꺼냈다. 나는 지도가 정말 좋았다. 지도는 모험과 발견으로 인도해 준다. 이 지도는 우리가 나무 세 그루로 구성된 모음 60개를 배치한 장소를 보여 주었다. 나무 모음 60개는 올림픽 수영장 크기의 지역 이곳저곳에 퍼져 있었다.

미송 중 3분의 1은 두꺼운 초록색 텐트로 덮고, 또 다른 3분의 1은 가벼운 검정 텐트로 덮고, 나머지 3분의 1은 해가 온전히 들도록 아무것도 덮지 않고 두는 계획이었다. 이렇게 하면 깊은 그늘 속이므로 "햇빛이 매우 적음", 햇빛을 다 받았으므로 "받을 수 있는 최대 양으로 햇빛을 받음"까지 미송에 닿는 햇빛 양에 변화를 줄 수 있을 것이다. 어린 미송 묘목 위에 자생하는 어린 자작나무가 드리운 그늘이 계속 변하는 환경에서 자라는 어린 미송이 다양한 그늘과 볕 드는 자리를 경험하는 양상을 모방하는 것이 목표였다.

하지만 자생하는 자작나무는 벌채 이후 즉시 싹이 트기 때문에 식재한 침엽수에 비해 수고 측면에서 유리한 반면, 내 자작나무는 내가 실험 목적으로 심은 미송과 키가 같았다. 내 실험에서는 자작나무가 그늘을 드리우지 않기에 이 텐트로 인공 그늘을 만들어야 했다. 하지만 자연에서와 달리 텐트는 그늘만 드리울 뿐 토양 수분과 양분 접근성을 동시에 변화시키지는 않았다. 텐트를 사용하면 여타의 비가시적 연관으로 인한 영향을 배제한 고립 요인으로 그늘이 갖는 효과만을 정확하게 파악할 수 있을 것이다.

모기가 목에 걸려서 켁켁거리던 바브가 벌레 막는 모자를 꺼냈다. 가는 그물 베일이 달린 챙 넓은 페도라를 꺼내며 바브는 산림청에서 자작나무와 전나무의 협동에 대해 연구하도록 허가해 주다니 행운이라고 말했다.

"이 실험을 다른 실험 사이에 끼워 넣었거든." 미소를 지으며 내가 말했다. 나는 연구비를 신청하면서 주류 연구 틈에 논란의 여지가 있는 연구를 숨겨 넣는 데 점점 능해지는 중이었다.

1980년대 초 셰필드 대학교 교수인 데이비드 리드(David Read) 경과 학생들은 소나무 묘목이 지하에서 탄소를 이동시켜 다른 소나무로 전달할 수 있음을 발견했다. 이 글을 읽은 후 나는 자작나무와 미송이 진균을 통해 당분을 주고받을 가능성에 흥미를 갖게 되었다. 리드 경은 실험실의 투명한 뿌리 상자에 소나무를 나란히 심었다. 묘목 뿌리에 균근을 접붙여서 두 소나무를 지하 진균 네트워크로 연결한 후 둘 중 한 나무, 즉 '공여자' 나무가 광합성으로 만든 당에 방사성 탄소 표지를 했다. 방사성 탄소 표지를 하기 위해 연구자들은 소나무 순을 투명한 상자에 넣어 밀봉한 후 묘목 두 그루 중 한 묘목의 공기 중에 자연 상태로 존재하는 이산화탄소를 방사성 이산화탄소로 대체했다. 그 후 며칠 동안 시간을 두고 소나무가 광합성을 통해 방사성 이산화탄소를 흡수하고 방사성 당으로 전환하게 두었다. 그리고 나서는 공여자 소나무에서 수령자 소나무로의 방사능 입자 전달을 기록하기 위해 뿌리 상자 옆에 사진 필름을 부착했다. 현상한 필름에서 하전 입자들이 한 소나무에서 다른 소나무로 이동한 경로가 나타났다. 하전 입자들은 지하의 진균 네트워크를 따라 이동했다.

나는 이와 같은 양상을 실험실 밖, 즉 실제 숲속에서도 탐지할 수 있을지 궁금했다. 당분은 한 나무의 뿌리에서 다른 나무로 전달될 수 있다. 만일 그렇다면 리드 교수가 발견한 바와 같이 추가한 방사성 탄소-14는 같은 종인 나무 사이에서만 이동할까, 아니면 자연 상태에서 흔히 나무들이 섞여 자라는 만큼 서로 다른 종 사이에서도 이동할까?

만약 탄소가 서로 다른 종의 나무 사이에서도 이동한다면 이는 진화에 대한 역설을 드러낼 터였다. 왜냐하면 나무는 협동이 아니라 경쟁을 통해 진화했다고 알려져 있었기 때문이다. 반면 내 이론은 나에게는 개연성이 충분하다고 느껴졌는데 나무에게도 자신이 속한 군집의 번성이라는 이기적 관심사가 있을 것 같았고 군집이 번성해야 필요를 충족시킬 수 있기 때문이다. 리드의 실험에 나오는 공여자 소나무는 수령자 묘목으로 탄소를 보냈는데, 수령자 묘목이 그늘에 가려지면 더 많은 탄소를 보냈다. 하지만 수령자 묘목이 탄소를 다시 돌려주었는지는 밝혀지지 않았다. 만일 공여자 묘목이 이웃에게 준 만큼 돌려받았다면 이는 둘 중 어느 한 편에도 일방적 이익이 가지 않는 균형 거래가 이루어짐을 시사한다. 리드의 실험에서 이런 양상은 전혀 드러나지 않는데, 한 묘목에만 방사성 탄소 표지를 사용했고, 수령자가 공여와 반대 방향으로 동일한 양을 반납했는지 알아보기 위한 추적자는 추가하지 않았기 때문이었다. 하지만 만일 한 쪽이 얻은 것이 더 많다면 얻은 양은 성장을 보조하기에 충분했을까? 만일 그렇다면 이와 같은 양상은 진화와 생태에 협동이 경쟁보다 덜 중요하다는 지배적 이론에 대한 이의를 제기할 수도 있었다.

　나는 실험실의 소나무와 똑같은 방식으로 메이블 호수의 호숫가를 따라 자라는 자작나무와 미송이 지하에서 균근균으로 연결되어 균사 연결을 통해 메시지를 주고받는 모습을 그려 보았다. 불과 몇 년 전인 1989년에 발명된 월드 와이드 웹을 통해 대화를 주고받는 것처럼. 하지만 단어 대신 탄소로 만든 메시지가 오간다고 상상해 보았다. 광합성 중인, 즉 공기에서 얻은 이산화탄소와 토양에서 얻은 물을 조합해 빛에너지를 화학적 에너지(당)로 변환하는 자작나무 잎을 상상하며 식물 생리학 수업을 되돌아보았다. 광합성 능력이 있다는 점에서 잎은 화학적 에너지의 근원이자 생명의 엔진이었다. 당분, 즉 수소와 산소와 결합한 탄소 고리는 잎의 세포에 축적된 후 동맥으로 혈액이 뿜어 나오듯 수액이 잎맥에 적재된다. 당은 잎으로부터 체관부의 통도 세포를 통해 이동한다. 통도 세포는 나무 껍질 아래의 자작나무 줄기를 둘러싸고 있는 조직 장막이자 잎에서 뿌리 끝까지 닿는 통로를 형성하는 기관이다. 일단 달콤한 수액이 체관부에서 가장 높은 체세포로 들어가면, 체세포와 인접한 체관 세포 사이에 삼투 기울기가 생겨난다. 토양에서 뿌리로 흡수된 물은 뿌리와 잎을 연결하는 가장 안쪽의 유관속 조직인 물관부를 타고 올라가 체세포끼리 연결하는 체세포의 농도 균형을 맞추기 위해 용액을 희석시키는 삼투압 과정을 거쳐 체관부 맨 위의 체세포까지 이동한다. 세포 내 압력, 즉 팽압이 증가하면 끊어진 곳 없이 연결된 체세포 사슬을 따라 광합성 산물이 아래로 이동해서 최종적으로 뿌리에 도달한다. 나무의 지상 부분인 싹이나 씨앗과 마찬가지로 뿌리도 에너지를 필요로 하고 뿌리는 이와 같은 당분 폭발의 흡수원이다. (잎이 광합성 산물의 소스(공급부)라면 뿌리는 싱크(수용부)에 해당한다.) 뿌리 세포는 당을 빠르게 대사하고 일부는 인접한 뿌리 세포로 이동시켜 당과 함께 수분을 취하고 팽압을 완화시킨다. 당액이 뿌리 세포로부터 다른 뿌리 세포로 빠져 나가는 과정은 과학자들이 소위 압류(pressure flow)라고 부르는 과정, 즉 당액이 뿌리에서 잎으로, 그다음에는 나무 꼭대기에서 바닥까지 계속 흐르는 동안의 소스-싱크 기울기에서 나름의 역할을 한다. 이 과정은 혈액이 인간의 골수(소스)에서 혈관을 타고 세포(싱크)로 뿜어져 나가서 필요한 산소를 공급하는 과정과 비슷하다. 잎이 공급(소스) 강도를 향상시키며 광합성을 통해 당을 합성하는 한, 그리고 뿌리가 수용(싱크) 강도를 향상하며 이동한 당을 지속적으로 대사해서 더 많은 뿌리 조직을 만드는 한, 당액은 압류로 인해 잎에서 뿌리까지의 소스-싱크 기울기를 따라 계속 아래로 이동할 것이다.

바브와 나는 텐트를 더 들고 비탈 아래에 남아 있던 세 그루씩 묶은 나무 모음으로 내려갔다. 나는 이 실험을 위해 위험을 감수하던 중이었는데, 지하 연결망이 서로 다른 나무 종 사이에도 존재하는지는 고사하고 지하 연결망이 숲에 형성되어 있는지조차 여태 알 수 없었기 때문이다. 네트워크가 당분을 위한 협업과 거래의 통로 역할을 할 수도 있다는 생각은 심지어 더 터무니없었다. 하지만 숲에서 성장한 덕분에 나는 시너지의 장점을 받아들였다. 나무가 엄청나게 무성한 비탈길을 올라가며 시마드 산에서 하이킹을 한 덕분에. 나무를 타고 켈리와 함께 대피소를 지은 덕분에.

상상 속 당분 기차는 뿌리에서 멈추지 않았다. 마치 화물을 화물차 짐칸에서 내리고 트럭에 싣듯이 광합성 산물이 뿌리 끝에서 균근균의 짝에게 흘러 들어간다는 글을 읽은 적이 있었다. 뿌리 세포를 집어삼키고 뿌리 세포에서 흙으로 실처럼 뻗어 나가는 진균의 세포에는 당이 차고 넘칠 것이다. 흙에서 끌어 올린 수분은 인접한 진균 세포와 당분 농도 균형을 맞추기 위해 수령자 진균 세포로 빠르게 흘러 들어갈 것이다. 마치 당이 잎에서 체관부로 흘러 들어갔던 것처럼 말이다. 수분 유입 때문에 압력이 높아지면 당액은 뿌리를 감싸는 진균 세포 실을 따라 퍼진 후 균사를 통해 토양으로 방출될 것이다. 마치 수돗물이 연결해 놓은 호스를 통해 흐르듯이. 흙을 통해 당분 중 일부는 더 많은 균사가 자라도록 돕기 위해 퍼져 나갈 텐데, 또 뿌리가 더 많은 물과 영양분을 되가져올 수 있게 도울 것이다.

나는 백자작나무에 방사성 동위 원소 탄소-14 표지를 해서 미송으로 이동하는 광합성 산물의 뒤를 쫓기로 계획했다. 동시에 미송에는 안정 동위 원소인 탄소-13표지를 해 광합성 산물이 자작나무로 이동하는지 추적했다. 그렇게 탄소가 자작나무에서 미송으로 이동했는지를 알 수 있을 뿐만 아니라 2차선 고속 도로의 트럭들처럼 반대 방향으로, 즉 미송에서 자작나무로 이동한 탄소와 자작나무에서 미송으로 이동한 탄소를 구별할 수도 있었다. 각 동위 원소가 각각의 묘목에 얼마나 남았는지 측정하면 자작나무가 보답으로 받은 양보다 자작나무가 미송에게 보낸 양이 더 많은지도 계산할 수 있다. 그러면 나무들이 단순히 빛을 두고 경쟁하기보다는 꽤 정교한 탱고를 추고 있는지 알아낼 수 있을 것이다. 나는 내 직관, 즉 나무들이 서로 긴밀히 대응하려고 촉을 세우고 있다가 군집 기능에 따라 행동을 조절할 것이라는 직관이 옳은 지 알아낼 수 있을 것이다.

. . .

계속 켈리 일로 걱정을 많이 한 뒤였기에 1주 후 묘목을 확인하러 갈 때 느낀 설렘이 상쾌하게 다가왔다. 묘목은 발목 높이에서 무릎 높이까지 힘차게 자라 있었다. 바브와 내가 나무 모음을 잇달아 살펴보며 이동하자 묘목들은 향기로운 다발, 부드럽고 알록달록한 색채로 우리에게 인사를 건넸다. 작은 나무들은 튼튼하게 살아 있었다. "네가 내게 비밀을 좀 말해 줄 것만 같아." 나는 튼실한 줄기가 달린 미송을 당기며 속삭였다. 미송의 병솔 같은 바늘잎이 이미 근처에 있는 자작나무의 연한 톱니 모양 잎에 닿아 있었다. 시더는 자작나무가 쳐 준 시원한 그늘 아래에서 빛나고 있었는데, 자작나무가 강하게 내리쬐는 태양으로부터 시더의 연약한 엽록체를 보호하고 있었다. 자작나무 잎이 닿지 않는 곳에서 시더는 엽록소 손상을 방지하기 위해 붉게 그을려 있었다. 셋씩 모아 둔 묘목들은 서로 워낙 가까이 있어서 같은 이야기에 엮여 있는 듯했다. 모종의 처음, 중간, 그리고 끝을 지닌.

바브는 나에게 자작나무와 전나무 옆에 시더도 포함한 이유를 물어보았다.

시더는 자작나무나 미송과 균근균 동반 관계를 형성할 수 없는데, 다른 두 나무가 외생균근을 형성하는 반면 시더는 수지상균근을 형성한다는 간단한 이유 때문이었다. 만약 시더 뿌리가 미송이나 자작나무가 고정한 당분을 조금이라도 받았다면, 당분이 뿌리에서 토양으로 새 나온 다음에 시더가 당분을 취했을 것이다. 통제 조건의 일환으로 시더를 심었으므로 토양으로 누출되는 탄소량 대비 자작나무와 미송을 연결하는 외생균근 네트워크를 통해 전달 가능한 탄소량이 밝혀질 것이다.

투명한 통같이 생긴 체임버가 달린 자동차 배터리 크기의 휴대용 적외선 기체 분석기를 사용해서 바브와 나는 그늘막 텐트가 미송의 광합성 속도를 제대로 억제하고 있는지 확인했다. 기구의 물리는 부분을 꾹 눌러 연 후 텐트를 치지 않은 미송 바늘잎을 넣고 체임버를 고정했다. 기구 안에 갇힌 미송 바늘잎이 계속 광합성을 했지만 공기 중에 떠다니는 기체 말고 이 작은 기구 속의 기체를 사용할 수밖에 없었다. 달리 말하면 기체 분석기는 광합성 속도를 측정했다.

태양은 체임버의 투명한 플라스틱을 관통하며 비쳤고, 바늘이 계량기를 가로지르며 흔들렸다. 미송 바늘잎이 게걸스럽게 체임버 속 이산화탄소를 빨아들이고 있었고 기계는 미송이 가능한 한 가장 빠른 속도로 광합성을 하고 있다고 알려 주었다. 바브가 숫자를 적었고 우리는 미송이 짙은 그늘에서 빛을 5퍼센트만 받고 있던 조건에 있던 다음 순서의 묘목 세 그루 모음으로 이동했다. 그늘막 텐트 아래로 체임버를 꿈틀꿈틀 집어넣고 미송 바늘잎 위에 고정한 후 나는 안도의 한숨을 쉬었다. 그늘막 텐트가 제대로 작동하고 있었다. 깊은 그늘 속의 미송은 해를 온전히 받은 미송에 비해 겨우 4분의 1 속도로 광합성을 하고 있었다. 텐트가 기온에 영향을 주지 않는 것 역시 확인할 수 있어 다행이었다. 우리는 다음 나무로 달려갔는데, 이번에는 검은 텐트를 친 나무였다. 일부만 해를 가린 묘목은 중간 정도 속도로 광합성을 하고 있었다.

한 미송에서 다른 미송으로 옮겨 다니며 우리는 같은 양상을 확인했다. 다음으로 자작나무를 실험해 보았다. 빛을 충분히 받은 자작나무는 햇빛을 다 받은 미송보다 2배 빠르게 광합성을 하고 있었다. 초록색 텐트가 친 깊은 그늘 속 미송보다는 8배 빠른 속도였기에, 둘 사이의 소스-싱크 기울기가 가파르다는 것을 확인할 수 있었다. 만일 두 나무가 균근 네트워크로 연결되어 있다면, 그리고 만일 리드 경이 생각했던 대로 소스-싱크 기울기를 따라 두 나무를 연결하는 균사를 통해 탄소가 흐른다면 자작나무 잎에 남아 있던 광합성으로 생성된 당분 중 잉여분이 소스인 자작나무 잎에서 싱크인 미송 뿌리로 흘러 들어가야 한다. 데이터 여러 행을 훑어보던 나는 설레어서 얼굴이 붉어졌다. 텐트가 그늘을 더 많이 칠수록 자작나무에서 미송으로의 소스-싱크 기울기는 더 급격했다.

일을 마친 후 우리는 기체 분석기를 다시 트럭에 실었다. 트럭 뒤에 앉아서 우리가 잊은 것은 없는지 한 번 더 확인했다. 바브가 이산화탄소, 수분, 산소 농도와 바늘잎을 비춘 빛의 양, 체임버 내의 기온을 표시해 두었다. 오리나무가 균근 연결망을 통해 소나무로 질소를 전달했음을 보인 아르네브란트의 실험실 연구를 기억했던 나는 이튿날 질소 농도 실험을 위한 자작나무와 미송 잎 표본을 수집하기 위해 현장으로 다시 갔다.

두어 주 후 실험실에서 자료가 도착했다. 자작나무의 질소 농도는 미송 바늘잎의 질소 농도보다 2배 더 높았다. 이 양상은 미송에 비해 자작나무의 광합성율이 높았음을 설명할 뿐만 아니라(질소는 엽록소의 주요 성분이다.) 두 수종 사이에 질소 소스-싱크 기울기가 존재한다는 것도 의미했다. 아르네브란트의 연구에 나온 질소 고정을 하는 오리나무와 질소 고정을 하지 않는 소나무 사이에서처럼 말이다.

나는 이 질소의 소스-싱크 기울기가 자작나무에서 미송으로 탄소가 이동하도록 추진하는 탄소의 소스-싱크 기울기만큼 중요한 인자인지 알고 싶었다. 또는 이 두 원소의 소스-싱크 기울기가 밀접한 연관을 맺고 작동하는 것 같기도 했다. 진균 배관을 통해 탄소가 전체 당 분자 안에서 이동하는 것이 아니라, 당이 기본 구성 원소인 탄소, 수소와 물로 분해되고 유리 탄소(free carbon)가 토양에서 뽑아져 나온 질소와 결합하여, 가령 잎이나 종자 안에 아미노산(궁극적으로는 단백질 구성에 쓰이는 단순 유기 화합물)을 형성할 가능성도 있었다. 새롭게 만들어진 아미노산, 소진되지 않고 남은 당분이 있다면 이들은 후에 연결망을 통과할 것이다. 탄소와 질소 모두에서, 그러니까 당의 탄소와 아미노산의 질소 더하기 탄소에서 기울기가 나타나기에 자작나무는 미송에게 답례로 받은 양보다 더 많은 음식을 실어 나를 장비를 완벽히 갖추게 된다.

텐트 그늘 속에서 미송이 속도를 늦춰 주기를 기다려야 했던 4주라는 시간이 기어가는 것마냥 느껴졌다. 진과 스타인 강가에서 하이킹하고 허락의 바위에도 가고, 빙하수에 발가락을 담그고 꼼지락거리기도 했다. 팀원들과 다른 실험을 위해 수목 측정을 하면서 며칠 동안 시간을 보내다가 혹시 켈리가 전화하지는 않았나 메시지도 확인해 보았다. 아빠가 켈리와 티파니는 잘 지낸다고 했지만 그래도 나는 켈리에게

서 소식을 듣고 싶었다. 하루하루가 째깍째깍 흘러갔고 나는 자작나무와 미송 사이의 광합성 속도 차이가 점점 더 커지고 있을 거라는 상상을 했다. 1주, 2주, 3주가 느리게 지나갔다. 깊은 그늘 속 미송의 생리 작용은 지금쯤이면 분명 추운 날의 파리만큼이나 느리겠다는 생각을 했다. 7월 중순, 4주간의 임시 휴가가 끝났고 백자작나무와 미송이 소통하고 있는지 알아볼 시간이 왔다.

재학 중이던 대학 소속 연구원인 댄 듀럴(Dan Durall) 박사와 함께 현장으로 복귀했다. 그는 수목을 대상으로 한 탄소 동위 원소 표지 전문가이자 코밸리스 우리 옆집에 사는 이웃이기도 했다. 댄은 최근 미국 환경 보호국(Environmental Protection Agency, EPA)에서 나무에 탄소-14 표지를 해서 탄소 중 절반이 지하, 즉 뿌리, 토양, 균근균 등의 미생물로 이동, 운반된다는 것을 알아낸 프로젝트를 막 마친 참이었다. 환경 보호국은 기후 변화 완화 목적으로 숲에 탄소를 저장하는 최선의 방식을 찾기 위해 이런 정보를 필요로 했다. 당시는 1990년대 초반이었고 나는 오리건 주립 대학교 정오 세미나에서 기후 변화에 대한 이야기를 듣고 대재앙이 예측된다는 것을 알고는 엄청난 충격을 받았다. 그 소식을 갖고 캐나다로 돌아갔을 때, 산림청의 관리자들은 내 말을 믿지 않았다.

우리의 첫 작업은 현장 텐트 설치였는데 모기가 도요새만큼 컸기 때문이었다. 공기 속에 흑파리, 사슴파리, 말파리, 온갖 무는 벌레가 어찌나 빽빽하게 들어차 있던지 숨을 한 번 쉴 때마다 벌레가 펄럭이며 들어왔다. 우리는 장비 조립과 표본 처리를 위해 테이블을 개조해 만든 연구용 작업대를 운반했다. 주사기와 기체 탱크를 가지러 트럭에 갔다가 텐트로 다시 달려와 지퍼 문을 잠그는 동안 벌레가 얼굴을 문 자국이 역력히 보일 정도였다. 텐트를 다 만들고 기구를 정리하고 나니 기뻤다. 대피 공간이 없었다면 우리는 벌레 때문에 만신창이가 되고 말았을 것이다. 대피 공간이 있으니 우리는 간신히 살아남을 것이다.

묘목에 표지를 다는 데 6일이 걸렸다. 하루에 묘목 3그루로 이루어진 묶음 10개에 표지를 달 수 있었다. 각 묶음마다 쓰레기 봉투만 한 투명 비닐봉지를 자작나무에 하나, 미송에 하나씩 씌웠다. 묘목 묶음 중 절반에는 자작나무에 씌운 봉지에 탄소-14 동위 원소 표지 이산화탄소를 주입했고 미송에 씌운 봉지에는 탄소-13 표지 이산화탄소를 주입했다. 나무들은 두어 시간에 걸쳐 광합성을 하며 봉지 속 기체를 들이마실 것이다. 이런 방식으로 나무 사이에서 일어나는 양방향 탄소 이동을 감지할 수 있었다. 탄소-13과 탄소-14는 일반적 원소인 탄소-12보다 약간 더 무거운 형태의 탄소로 원자량은 12가 아니라 13, 14이다. 하지만 탄소-13과 탄소-14는 자연계에서 무척 희귀해서 광합성과 당분 이동에 탄소-12가 어떻게 반응하는지 알아보기 위한 추적자로 사용 가능하다. 나머지 묘목 묶음에는 각 수종이 받는 탄소 종류를 바꾸어 자작나무에 탄소-13표지를, 미송에 탄소-14 표지를 했다. 만약 자작나무와 미송이 서로 다른 동위 원소를 구별한다면 광합성 목적으로 소비하는 탄소량 또는 이웃 나무에 전달하는 탄소량에 차이가 생길 수 있기 때문이다. 만일 나무들이 두 동위 원소 사이의 아주 작은 원자량 차이를 감지했다면 각 동위 원소의 상대적 이동 규모를 계산한 후 변별로 인해 생긴 미세한 차이를 보정해 그늘이 탄소 흐름에 미치는 영향을 감지하는 능력이 실험 설정 때문에 간섭받지 않았음을 확실히 할 수 있었다.

댄과 나는 자작나무에서 미송으로 이동한 탄소 동위 원소와 두 시간 동안 동위 원소 표지를 한 후 봉지를 열 때 공기 중으로 새어나간 동위 원소 표지 이산화탄소를 구별하는 작업에 대해 논의했다. 나는 균근 네트워크를 통한 이동에 매우 집중했기 때문에 공기 중으로 새나갈 수 있는 극히 미량에 대해서는 딱히 신경 쓰지 않았다. 게다가 통제 목적으로 심은 시더가 공기 중과 토양으로 이동한 탄소 혼합체를 포착하고 잘못 탈출한 탄소의 총량에 대한 정보를 줄 것이다.

하지만 댄은 그보다 더 나은 방법이 있다고 주장했다. 봉지를 제거하기 전에 흡수되지 않고 남은 동위 원소를 빨아들여서 튜브에 담을 수 있다고, 그렇게 하면 공기 중으로 탄소가 이동할 가능성을 대폭 줄일 수 있을 것이라고 말이다.

이만큼이나 많은 계획을 세우고 나자 나는 묘목에 표지를 하고 싶어서 안달이 났다. 이 실험은 지금껏 해 본 실험 중 가장 대담한 실험이었고, 우리가 숲을 보는 관점을 바꿀 수도 있는 어마어마한 잠재력이 있었지만 동시에 아무것도 드러나지 않을 수도 있다. 마치 비행기에서 낙하산으로 뛰어내리다가 혹시라도 이스터 섬에 착륙할 수도 있겠다 싶은 느낌이 들 정도로. 아드레날린 때문에 초조했다. 일단 결과만 나오면 아직 서로 연락하는 상태는 아니지만 켈리에게 직접 소중한 결과를 보여 줄 것이었다. 켈리와 티파니를 보러 갈 생각이었다. 우리가 술집에서 다툰 일은 집어치워 버리라고 하고.

이튿날 텐트 안에서 우리는 묘목에 탄소-13 표지를 하기 위해 고안한 방법을 테스트했다. 나는 특수 업체에서 순도 99퍼센트 탄소-13 이산화탄소($^{13}C-CO_2$) 기체를 구매했는데, 기체는 옥수수 속대만 한 기체 실린더 2개에 담긴 채 우편으로 배송되었다. 기체를 넣은 실린더 1개 값으로 1,000달러가 들었는데, 예산의 20퍼센트에 해당하는 금액이었다. $^{13}C-CO_2$ 기체를 실린더에서 뽑아내는 연습을 하기 위해 댄은 기체 실린더 하나를 갖고 와서 실린더 위에 레귤레이터를 돌려 조인 후 1미터 길이의 라텍스 튜브를 배출구 꼭지에 고정했다. 소시지같이 생긴 풍선을 불 때처럼 기체를 느리게 관으로 방출시키겠다는 발상이었다. 일단 튜브에 기체가 가득 차면 큰 주사기로 $^{13}C-CO_2$ 기체 50밀리리터를 뽑아낸 다음 뽑아낸 기체를 묘목에 씌운 비닐봉지 안에 주입해서 묘목이 광합성을 통해 기체를 흡입하게 하고, 또 어쩌면 균근균을 통해 이웃 묘목으로 일부 동위 원소를 전달하게 하려는 계획이었다. 나는 댄이 관에 기체를 채우려고 실린더 끝에 달린 꼭지를 돌리는 동안 관 끝의 걸쇠가 단단히 잠겨 있는지 확인하는 일을 맡았다.

"준비 됐어?" 연구용 작업대 주변을 서성이던 댄의 눈썹에서 땀이 뚝뚝 떨어졌다.

"준비 됐어." 내가 대답했다. 나는 초조하게 걸쇠를 단단히 죄었다. 대학 시절 화학 실험은 괜찮게 해냈지만 이런 화학 약품들을 갖고 숲속에 있으려니 겁이 났다.

댄이 레귤레이터 손잡이를 돌렸다.

"저 쉬익 소리는 뭐지?" 내가 물어보았다. 바닥에 있던 관이 뱀처럼 꿈틀거리며 1,000달러어치 기체를 관 끝에서 뿜어내고 있었다. 압박 때문에 걸쇠가 풀렸던 것이다. 나는 기체 마지막 한 모금이 빠져나가고 있던 찰나에 관의 매듭을 묶었다.

댄의 입이 떡 벌어졌다. 명나라 꽃병을 떨어뜨리기라도 한 듯 나는 댄을 쳐다봤다.

우리에게 실린더가 2개 있어서 기뻤다.

우리는 동위 원소 기체를 봉지에 주입하는 기술을 갈고 닦았고, 묘목에 표지할 준비가 된 그날이 왔다. 야외 벌채지는 따뜻했는데 내 비닐 옷 속은 심지어 꽤 더웠다. 탄소-14는 방사성 물질이기에 피폭이 걱정되어서 비옷을 입고 호흡용 보호구와 거대한 비닐 고글을 쓰고 고무 장갑을 끼고 소매에 고무 장갑을 붙여서 청테이프로 밀봉했다. 댄은 우리의 사용법으로는 탄소-14가 딱히 위험하지 않다는 것을 알고 있었기에 그냥 흰색 실험 가운을 입고 있었고 내가 제정신이 아니라고 생각했다. 탄소-14에서 나오는 방사성 입자의 에너지는 워낙 낮아서 피부 한 겹도 겨우 뚫을까 말까 한 수준이다. 수술용 장갑으로도 탄소-14에서 나오는 방사성 입자를 쉽게 막을 수 있다. 탄소-14의 가장 무서운 점은 만일 사람에게 달라붙거나, 혹시라도 허파 속에 박혀 버리면 반감기가 5,730($\pm$40)년인 만큼 체내에서 오랫동안 돌아다닌다는 점이었다. 반면 탄소-13은 비방사성 동위 원소라서 문제가 되지 않았다.

첫 번째 묘목 3그루 모음에서 나는 미송 묘목 위의 텐트를 벗긴 후 토마토 지지대를 씌웠고, 두 번째 모음에서는 백자작나무 묘목 위에 토마토 지지대를 씌우되 시더 묘목은 그냥 열어 두었다. 토마토 지지대가 비닐 봉지의 뼈대 역할을 할 예정이었는데, 표지를 하는 동안 봉지 양쪽 끝이 부푼 채 유지되도록 해 주었다.

토마토 지지대를 씌운 후, 처음 땅에 묘목을 심은 이래 우리가 지난 한 해 동안 꼬박 계획하고 기다려 온 일을 할 순간을 준비했다. 자작나무와 미송이 탄소를 주고받는지 알아보기 위해서. 자작나무와 미송이 지하 네트워크를 통해 서로 소통하는지 알아보기 위해서. 숲에서의 협력이 숲의 생명력에 있어 중요하다는 나의 직관이 정확한지를 결정하는 분기점처럼 느껴졌다. 그리고 만약 내 직관이 옳다면 나에게는 토착 식물 대량 제거라는 광증을 멈출 중대한 책임이 있었다. 첫 번째 토마토 지지대들 위에 기체가 새지 않는 봉지를 앵무새 새장 위에 커튼을 치듯이 걸쳐서 미송과 자작나무를 각각 완전히 덮었다. 누출을 방지하기 위해 묘목 줄기 주변과 토마토 지지대 다리에 씌운 봉투 아랫부분을 청테이프로 밀봉해 막았다. 청테이프 마지막 조각이 붙기 직전에 댄은 봉지에 가까이 가서 방사성 탄산수소소듐이 들어 있는 냉동 바이알(vial, 주사약 등을 넣는 데 쓰는 유리병. ― 옮긴이)을 테이프로 붙였다. 댄은 봉지 포트홀(porthole, 주입용 구멍. ― 옮긴이)에 삽입한 커다란 유리 주사기로 동결 방사성 용액에 젖산을 조심스럽게 주입했다. 댄이 입구에 바늘을 찔러 넣자 젖산은 냉동 상태의 바이알 안으로 느리게 떨어지며 백자작나무 묘목이 광합성을 통해 흡수할 $^{14}C-CO_2$를 방출했다.

그동안 나는 텐트로 돌아와서 미송을 덮은 다른 봉지 안으로 주입하기 위해서 옥수수 속대만 한 실린더에서 주사기로 $^{13}C-CO_2$를 50밀리터씩 추출했다. 땀이 너무 많이 나서 고글에 자꾸 김이 서렸고, 댄이 기체를 주입하는 동안 나도 기체를 주입하며 나무 묶음 사이를 뒤뚱뒤뚱 돌아다녔다. 모기와 파리가 먼지처럼 몰려들었다. 댄은 나무 묶음과 액체 질소로 동결한 방사성 물질이 들어 있는 바이알을 보관해 둔 연구용 작업대 사이를 재빠르게 오갔다. 나는 무거운 다리로 연구용 작업대에서 $^{13}C\text{-}CO_2$를 주사기 하나하나에 추출한 후에 다음 묘목 모음으로 이동하는 바람에 뒤처지고 말았다.

표지한 이산화탄소 기체를 묘목이 흡수할 수 있도록 몇 시간 둔 후, 혹시 남아 있을 수 있는 여분의 동위 원소를 흡입해서 제거한 후 봉투를 벗겼다. 남은 기체의 모든 흔적도 부드러운 산들바람에 실려 대기 중으로 빠르게 흘러갔다.

봉지를 벗긴 후 댄은 벌레 떼를 피하려고 다시 연구 텐트로 달려왔다. 나도 최대한 빨리 뒤뚱뒤뚱 달려서 댄의 뒤를 쫓은 후 텐트 지퍼 문을 닫고 비닐 갑옷을 벗어 던졌다. 댄은 외과 의사처럼 끼고 있던 라텍스 장갑을 벗고 벗은 장갑을 사용 후 기구를 담는 쓰레기 봉지에 던져 넣었다. 우리는 서로를 쳐다보았다. "우리가 해냈어!" 나는 소리를 질렀다.

댄이 말했다. "어쩌면." 묘목을 가이거 계수기로 확인할 일이 아직 남아 있었다.

맞다. 나는 비닐 옷과 수술용 장갑을 다시 착용하고 가이거 계수기를 손에 들고는 제일 가까운 묘목 묶음으로 달려갔다. 바람이 세졌고 자작나무 묘목 잎이 빙글빙글 도는 잎자루 주변에서 흔들리고 있었으며 미송은 기류 방향으로 계속 기울어 있었다. 호수 건너편에서 먹구름이 두엄먹물버섯(inky cap mushroom)처럼 쌓여 가고 있었다. 내 앞을 달려가던 다람쥐가 그루터기에 멈춰 서서 구경했다.

가이거 계수기를 들고 탄소-14 표지를 한 자작나무 잎에 갖다 댔다. 나는 숨을 죽였다. 자작나무 잎에서도 방사선이 나올까? 방사선이 나오지 않는다면 이 모든 준비 작업이 헛것이 되어 버린다. 만약 공여자 나무가 방사성 이산화탄소를 흡수하지 않았다면 그들이 근처의 미송으로 유기 화합물을 전달했는지도 알 수 없게 되니 말이다. 불안한 표정을 지으며 댄이 내 옆으로 왔다.

나는 스위치를 탁 켰다. 막대기에서 탁탁 소리가 났다. 댄의 얼굴이 밝아졌다. 계량기 바늘이 높은 방사선 수치를 보이며 오른쪽으로 세차게 흔들렸다.

"다행이야. 제대로 됐어." 안심하면서 댄이 말했다.

"이웃 미송에서도 뭔가 감지될 만한 게 있을 것 같아?" 내가 물어보았다.

"없을 것 같아. 표지를 시작한 지 겨우 몇 시간 지났을 뿐인걸." 초기 결과를 신중히 받아들이라는 훈련을 받은 댄이 말했다. 리드의 연구에 따르면 방사성 물질이 지하에서 자작나무로부터 미송까지 이동하는 데에는 며칠 걸릴 것 같았다. 심지어 방사성 물질이 이웃 나무로 이동했다 하더라도 가이거 계수기가 감지할 수 있는 최소 측정 한계 미만일 것이므로 실험실에서 표본을 검사하기 전까지는 결과를 기다려야 했다.

하지만 지금 가이거 계수기로 확인해 봐도 문제가 되지는 않을 것이다. 미송 바늘잎에 답이 있다는 암시가 있는지 미리 판독해 볼 수 있었다. 나는 마음을 진정시켰다. 댄이 옳다는 확신이 들었다. 식물에 표지

8장 방사능

하는 것에 관해서는 댄이 그 누구보다도 더 잘 알고 있었으니까.

하지만 무슨 상관이겠는가. 해 본대도 잃을 것은 하나도 없었다. 나는 본능적으로 근처의 미송으로 가서 무릎을 꿇었다. 댄은 나를 따라와서 어깨 너머로 지켜볼 수밖에 없었다. 우리 둘은 미송 바늘잎의 송진(resin)에서 나는 톡 쏘는 향을 들이마셨고 나는 수년 동안 겪은 고생과 좌절, 시련을 잠시나마 잊었다. 신호를 가리는 것이 전혀 없는지 확인하기 위해 막대기 끝을 손으로 닦았다. 진실의 순간이 왔다. 지휘자가 오케스트라를 향해 손을 들었고 합주단이 악기를 준비했다. 미송 줄기 쪽으로 귀를 기울이며 미송 바늘잎 위에서 가이거 계수기를 작동시켰다.

업비트에 맞춰 내 손목이 들렸고 계기판 다이얼이 조금 올라가자 가이거 계수기 막대기가 여리게 탁탁 소리를 냈다. 현악기와 목관 악기, 금관 악기와 타악기가 하나가 되어 폭발하는 소리가 내 귀에서 넘쳐흘렀다. 알레그로, 강렬하고 조화롭고 마술 같은 악장. 나는 넋이 나갔고, 집중했고, 몰입했는데 내 어린 자작나무, 미송, 시더의 나무갓 틈을 지나는 산들바람이 정신을 다시 맑게 해 주는 것 같았다. 나는 내 자신보다 훨씬 위대한 존재의 일부였다. 댄에게 시선을 돌리자 그는 입을 벌린 채 굳어 있었다.

"댄!" 내가 소리쳤다. "소리 들었어?"

댄이 가이거 계수기를 뚫어져라 쳐다봤다. 댄은 진심을 다해 표지가 제대로 작동하기를 바랐고, 우리가 미송에서 들은 소리는 댄이 기대했던 그 모든 것 이상이었다.

우리는 자작나무가 미송과 소통하는 것을 들었다.

세 트레 보!(C'est très beau! 어찌나 근사하던지!)

방사성 탄소-14를 더 민감하게 감지하는 신틸레이션 계수기와 탄소-14의 양을 측정하기 위한 질량 분석계로 조직 표본을 제대로 분석하기 전까지는 확실히 알 수 없을 것 같았다. 이렇게 분석하면 자작나무와 미송 사이에서 이동한 광합성 산물의 양을 정확하게 계량할 수 있을 것이다. 여전히 댄의 눈은 이 첫 단서 때문에 이글거리고 있었다. 나로 말할 것 같으면 하늘을 떠다니는 듯 황홀했고 기뻐서 어찌할 줄 몰랐으며 얼굴에는 참을 수 없는 웃음이 번져 있었다. 나는 바람을 향해 손을 높이 들고 "예스!"라고 소리쳤다. 깊은 곳에서, 그리고 우리 자신만의 방식으로, 우리 둘 모두는 우리가 두 나무 종 사이에서 일어나는 기적적인 어떤 일을 감지했음을 알게 되었다. 별세계에서 일어날 것 같은 일을. 전파를 타고 오가는 은밀한 대화를, 역사의 흐름을 바꿀 수 있는 대화를 엿들은 것처럼.

나는 손에 땀을 쥐고 묘목 묶음의 시더로 다가갔다. 이미 답이 내 손 안에 있는 것 같았다. 막대기를 들고 시더의 꼬인 잎 위로 가이거 계수기를 작동시켰다.

고요했다. 시더는 자신만의 수지상 세상에 있었다. 완벽했다.

동위 원소들이 충분히 이동하는 데, 즉 한 묘목에서 다른 묘목으로의 여정을 마무리하는 데 걸리는 시간은 미스터리였기에 나는 6일간 기다리기로 계획했다. 더 많은 동위 원소가 공여자 나무의 뿌리에서 진균을 타고 느리게 이동해서 이웃 묘목의 조직에 도달하기에 충분한 시간을. 내가 주저앉자 댄도 옆에 앉았다. 무릎께에 장비를 펼쳐 놓는 사이

산들바람의 움직임이 느려지고 들종다리가 홀로 노래를 불렀다. 연구에 대한 좌절감, 내 연구가 거부당했다는 느낌, 켈리와의 말다툼 때문에 느낀 슬픔과 자기 혐오와의 싸움이 그 순간에는 사라졌다. 나는 댄에게 어깨동무를 하며 속삭였다. "우리가 여기서 정말 근사한 걸 찾아냈어."

. . .

6일을 기다린 후 우리는 땅에서 나무를 뽑았다. 자작나무, 미송, 시더의 거대한 뿌리는 얽힌 채 균근으로 덮여 있었다. "땅다람쥐 떼가 왔다 간 것 같아." 수확을 마친 후 내가 말했다. 우리는 뿌리와 순을 분리해서 따로 봉지에 담은 다음 모기장과 테이블로 만든 연구용 작업대를 정리하고 짐을 쌌다.

차를 몰고 실험장을 떠나며 묘목이 얼마나 서로 연결되어 있으며 소통하고 있는지 알려 줄 작은 땅을 돌아보았다. 까마귀가 날아와 낮게 까악 소리를 냈다. 우리는 은라카퍼묵스 사람들의 땅 위에서 실험했는데, 그들이 까마귀를 변화의 상징으로 여겼음이 기억났다.

이튿날 보냉 박스에 표본을 넣고 차를 몰아 빅토리아로 갔다. 조직 표본을 빻아서 가루를 내기 위해 지정된 연구 시설을 사용했는데, 캘리포니아 주립 대학교 데이비스 캠퍼스 연구실로 분쇄한 조직 표본을 보내서 각 표본 내의 탄소-14와 탄소-13 양을 알아내고 분석하기 위해서였다. 나는 방사능 표본을 기체 배출 후드에서 분쇄했다. 기체 배출 후드는 유리창과 공기 배출을 위한 오버헤드 덕트가 달린 특수 밀폐 공간으로, 방사성 입자를 공간 밖으로 빨아들인 후 밀폐된 체임버까지 안전하게 보내서 방사성 물질을 적절하게 수집하고 배출할 수 있게 해 주는 장치였다. 조직 분쇄는 지루하고 번거로운 작업이었다. 커피포트 크기의 금속 분쇄기를 기체 배출 후드 속에 넣어야 했는데, 나무 분진을 빨아들이기 위해서, 그리고 연구실 내 방사능 전파를 방지하기 위해서였다. 또 내가 분진을 뒤집어쓰거나 들이마시는 것을 방지하기 위해서이기도 했다.

첫날, 나는 오전 8시에 연구실에 입실해서 실험 가운을 착용하고 안전 고글을 쓰고 분진 마스크 끈을 조이고 분쇄기에 뿌리 검체를 넣은 후 기체 배출 후드에 기대서 섰다. 1시간, 또 1시간, 오랜 시간 동안 최대한 곱게 표본을 분쇄했다. 오후 5시에 나는 그날 분쇄한 표본을 상자 안에 쌓아 놓았다. 공기 배출 후드, 작업대, 바닥을 청소했고 장치 표면을 가이거 계수기로 훑어 돌아다니는 방사성 입자가 남아 있는지 확인하고 난 다음에야 씻고 퇴실했다. 호텔 방에 가서 샤워를 하고 옆 건물 맥줏집에서 햄버거를 먹고 침대에 뛰어들어 텔레비전을 켜 둔 채 잠이 들었다. 앞으로 4일간 아침 6시에 일어나서 또 이 일을 반복할 예정이었다.

표본을 분쇄하는 데 매일 10시간씩 총 5일이 걸렸다. 마지막 날 나는 기체 배출 후드를 진공 청소기로 청소했고 코를 덮고 있던 금속 분진 마스크 위로 금속 코 지지대가 느껴져서 마스크를 만지작거렸다. 코 지지대 가장자리를 누르자 마스크가 기적처럼 코 주변을 단단히 덮었다. 심장이 철렁했다. 여태껏 나는 분진 마스크 코 지지대를 제대로 누르지 않은 채 마스크를 착용했던 것이다.

나는 마스크를 뜯어내고 마스크 속에 얇게 덮인 분진 막을 쏘아보았다. 코에서 나무 분진 막을 꺼내고 거의 까무러칠 뻔했다. 나는 미세한 분쇄 입자를 들이마시고 있었다. 믿을 수 없었던 나는 연구실 의자에 털썩 주저앉았다.

실수하기 전으로 돌아갈 방도는 없었다. 일단 일어난 일은 일어난 일이었다.

나는 댄에게 전화했고 댄은 잘 씻기만 했다면 방사성 분진을 허파 속까지 들이마셨을 것 같지는 않다고 안심시켜 주었다. 댄의 말이 옳기를 바라며 구급 세안기로 가서 눈, 코, 입을 씻었다. 마지막 장비를 치우고 나머지 표본까지 캘리포니아로 배송할 상자에 넣어 포장했다.

• • •

몇 달 후 나는 캘리포니아의 연구실에서 돌아온 동위 원소 자료를 처리하고 있었다. 아주 좁고 창문이 없던 오리건 주립대의 내 연구실은 전에 곤충 사육 연구실이던 곳을 개조한 비밀 공간이었다. 천장에 달린 적외선 램프는 연결이 끊어진 지 오래였고 가스 밸브 꼭지는 생명을 잃은 채 흰 타일 벽에서 튀어나와 있었다. 돈은 브리티시 컬럼비아 내에서도 오리건 주 정도 크기의 일부 범위를 대상으로 삼아 산림 구성과 탄소 저장 양상에 벌채가 미치는 영향을 조사하는 박사 논문을 쓰는 중이었다. 머지않아 돈은 벌채로 인해 이산화탄소가 전례 없는 속도로 대기 중으로 방출된다는 것을 발견하게 된다. 우리의 세계는 자료 분석, 달리기, 다른 대학원생들과 맥주 마시기로 수렴했다.

동위 원소 자료 분석을 하지 않을 때는 해부학 연구실에서 미송과 백자작나무 묘목 뿌리 끝의 균근에 대해 조사했다. 나는 별도로 현장에서 수집한 토양을 사용해서 백자작나무와 미송 묘목을 재배하는 온실 실험도 했다. 일부 자작나무와 미송은 따로 개별 화분에 흙을 넣어 길렀고, 다른 나무들은 한 화분에서 함께 길렀다. 8개월간 물을 주고 관찰한 다음, 외따로 떨어져 자란 나무들을 수확해서 현미경으로 뿌리 끝을 관찰했다. 포자와 토양 내 균사가 일부 뿌리 끝에서 서식하고 있었다. 심지어 자작나무와 미송을 따로 기른 경우에도 대부분 동일한 균근균 종이 서식하고 있었다. 진균 1종이 아니라 5종이나. 그들이 틔우는 버섯만큼이나 다양한 진균이었다.

섬뜩할 만큼 짙고 반투명한 균사가 자작나무와 전나무 두 종 모두의 뿌리 안과 밖에 이어지는 머리넓은쟁반버섯(*Phialocephala*).

칠흑 같은 균투가 뿌리 끝의 작은 부분을 덮고 있으며 고슴도치 털처럼 튼튼하고 뻣뻣한 털을 뿜어내는 세노코쿰(*Cenococcum*).

부드러운 갈색 균투, 연약한 베이지색 버섯 갓에서 투명한 균사를 내보내는 윌콕시나(*Wilcoxina*).

뿌리 끝을 크림처럼 만들고 흰 가장자리가 둘러싼 거친 갈색 살 버섯을 장미 모양 리본처럼 퍼뜨리며 피워내는 사마귀버섯(*Thelephora terrestris*).

작지만 열매를 많이 맺고 뿌리 끝은 별 특색이 없으며 눈처럼 희게 뻗어 나온 균사들이 털이 없고 주황색이 감도는 갈색 버섯 갓에서 합쳐지는 졸각버섯(*Laccaria laccata*).

자작나무와 미송이 쌍을 이루며 자라는 곳에 가자 기대 때문에 벌써 얼굴이 상기되었다. 이전 연구는 다양한 종의 나무가 무리를 이루어 자라는 장소의 나무의 경우 각각의 종이 단독으로 자라는 나무에서 형성되지 않는 완전히 새로운 균근 종이 탄생함을 보여 주었다. 진균 연결 장치를 통해 탄소를 이웃에 제공하며 나무들이 서로를 준비시키고 독려해야 한다는 듯이.

여러 종을 섞어 재배한 곳에서 자란 미송 뿌리를 현미경 아래에 놓고 보다가 나는 거의 연구실 걸상에서 떨어질 뻔했다. 뿌리는 거의 주방용 대걸레 가닥만큼 크고 풍성해 보였다. 뿌리에 서식하던 진균 종이 열대림에 사는 나무 종만큼이나 다양했다는 것은 심지어 더 충격적이었다. 뿐만 아니라 미송과 자작나무에서 완전히 새로운 종이 2종 나타나기도 했다. 진균의 열매인 젖버섯(milky-cap mushroom) 주름살에서 떨어지는 우유 같은 액체와 같은 색을 띠는 젖처럼 뽀얀 균투를 가진 젖버섯(Lactarius). 그리고 뿌리 끝을 금색의 통통한 곤봉 모양 진균으로 덮으며 페리고르 트러플(Périgord truffle) 비슷한 검은 버섯을 땅속에서 틔우는 덩이버섯(Tuber).

나는 박사 지도 교수인 데이비드 페리(David Perry) 교수의 사무실로 뛰어갔는데 고개를 푹 숙이고 컴퓨터를 보고 있던 그는 위를 올려보며 돋보기 안경을 다시 긴 회색 머리 위에 얹었다. 책상은 사방 1인치(2.54센티미터) 되는 틈도 보이지 않았는데 수십 년에 걸쳐 넘어질 듯 불안하게 쌓인 종이 더미가 원인이었다. 나는 자작나무와 함께 자란 미송들이 장식을 단 크리스마스 트리 같았다고 외쳤다. 반면 외따로 자란 미송에는 균근이 그만큼 많지 않았다.

"아, 이런." 데이브는 벌떡 일어나 내게 하이파이브를 하면서 말했다. 내가 들떠서 뿌리가 얼마나 큰지 몸짓을 하며 혼합해 재배한 화분에서 본 색색의 진균에 대해 묘사하자 그는 고개를 끄덕였다. 데이브는 이미 미송과 폰데로사소나무가 진균을 공유하는 것을 보았지만, 공유한 진균이 나무들을 연결하거나 양분을 전달하는지는 알지 못했다. 데이브와 나, 우리 둘 모두는 이 결과가 자작나무와 미송이 강하고 복잡한 상호 연결망을 형성할 가능성을 지님을 의미한다는 것을 알고 있었다. 그렇지만 내가 현장 실험에서 얻은 자료를 분석하며 용의선상에 둔 대로 나무가 네트워크를 통해 서로 소통한다는 발견이 바로 우리 목전에 있었다는 것이 더 중요했다. 데이브는 책상에서 스카치 위스키를 한 병 꺼내더니 비커 2개에 위스키를 1온스씩 따랐다. 데이브는 학생들이 처음으로 놀라운 발견을 하는 것을 보기를 정말로 좋아했다. 나는 자작나무와 미송이 페르시아 양탄자만큼이나 화려한 그물망을 짜고 있는 장면을 상상했다.

우리가 나중에 발견할 7종의 공유 진균은 자작나무와 미송이 공통으로 갖는 수많은 진균 중 일부에 해당했다. 시더에는 내가 예측한 대로 수지상 균근균만 서식했으며 수지상 균근균은 백자작나무와 미송을 잇는 연결망의 일부는 아니었다.

$\cdots$

현장에서 수집한 탄소 이동 자료가 연구실에서 도착했고 나는 숨을 죽였다. 그게 전부였다. 과학에는 흠결이 없었다. 실험에서는 모든 변인을 고려했다. 보고서를 훑어보는 동안 나는 창문이 없는 내 사무실에 혼자 있었다. 뺨이 화끈거렸고 눈이 데이터 열을 훑으며 빠르게 위아래

8장 방사능

로 오갔다. 자작나무와 미송으로 얼마나 많은 탄소-13과 탄소-14가 흡수되었는지, 또 그늘로 미송을 가리면 흡수량에 변화가 있었는지 비교하기 위해 통계 코드를 실행했다. 그냥 정확하게 하고 싶어서 거듭 숫자를 확인했다. 나는 믿을 수 없어 하며 의자에 앉아 있었다. 자작나무와 미송은 연결망을 통해 광합성 탄소를 주거니 받거니 하고 있었다. 심지어 더 놀라운 사실은 미송이 자작나무에게 돌려 준 양보다 더 많은 탄소를 자작나무로부터 받았다는 점이었다.

자작나무는 '악마의 잡초'와는 전혀 거리가 멀었다. 자작나무는 미송에게 자원을 넉넉히 주고 있었다.

양은 믿을 수 없을 정도였다. 미송이 씨를 만들고 번식을 할 수 있을 만큼 많은 양이었다. 하지만 나를 정말 어안이 벙벙하게 만들었던 것은 그늘의 효과였다. 자작나무가 그늘을 더 많이 드리울수록 자작나무는 미송에게 탄소를 더 많이 주었다. 자작나무는 너무나도 딱 떨어지게 미송과 협력하고 있었다.

나는 혹시 실수를 한 것은 아닌지 확인하기 위해 자료를 분석하고 또다시 분석했다.

하지만 결과는 그대로였고 방법을 바꾸어 자료를 살펴봐도 이야기는 달라지지 않았다. 자작나무와 미송은 탄소를 주고받았다. 그들은 소통하고 있었다. 자작나무는 미송의 필요를 감지하고 미송의 필요에 지속적으로 적절하게 대응했다. 심지어 미송이 자작나무에게 탄소를 좀 돌려주었음도 발견했다. 호혜성이 그들의 관계의 일부이기라도 한 듯이.

나무들은 서로를 도우며 서로 이어져 있었다.

너무나 큰 충격을 받아서 지금 펼쳐지고 있는 것들을 받아들이기 위해 사무실 타일 벽에 기댔다. 땅이 울리는 것 같아서였다. 에너지와 자원을 공유한다는 것은 나무들이 하나의 시스템처럼 협동한다는 뜻이었다. 지능형 시스템처럼 지각하고 반응하면서.

숨을 쉬자. 생각을 하자. 받아들이자. 처리를 하자. 켈리에게 전화하고 싶었지만 우리 사이는 아직 제자리걸음이었다. 머지않아 다시 우리는 연락을 하는 사이로 돌아올 것이다.

홀로 자라는 뿌리는 잘 자라지 못한다. 나무들에게는 서로가 필요하다.

나는 점점 쌓여 가는, 나무가 어떻게 서로 돕는지에 대한 논문 더미 옆에 있던 나무의 상호 경쟁 효과를 보고하는 논문들을 자세히 살펴보았다. 연구자들이 뚜렷하게 진영으로 나뉘는 것에 좌절해서 모은 논문들이었다. 세미나에서는 싸움이 났다. 각자가 진실 일부를 보유했지만 나무들 사이에서 오가는 상호 작용의 총체적이고 복잡한 특성들은 여태 밝혀지지 않았다. 의견 차이에도 불구하고 토착 식물은 계속 무분별하게 제거되었고 아직도 숲의 다양성이 희생되고 있었다. 나에게는 선택지가 있었다. 정책 입안자들이 나를 억누르려는 기회를 역으로 이용해서 그들에게 이 모든 것을 보여 줄 수도 있었다. 아니면 그냥 결국 다른 누군가가 내 발견을 써먹을 수 있기를 바라며 연구실에 남아 있을 수도 있었다.

사무실 전화가 울렸다.

이리로 내 전화가 오는 일은 거의 없었지만 전화를 받으려고 책상에

8장 방사능

서 일어났다.

수화기를 들었다.

소리가 멀게 들렸고, 흐느끼던 티파니가 "수지, 있잖아, 켈리가 죽었어."라고 말하는 것을 들었다.

귀를 수화기에 바짝 댄 채 나는 책상 모서리를 움켜쥐었다.

티파니의 목소리가 끊겼다 이어지기를 거듭하며 흘러나왔다. 스프링클러 헤드를 갈다가. 트랙터를 헛간 바로 앞에 다시 갖다 놓다가. 주차 기어를 놓고. 공회전 상태로 됐는데. 헛간 문 아래로 몸을 숙이다가. 헛간 문이 무너져 내려서. 켈리를 받고 덤프트럭까지 밀어붙였다고.

나는 굳어진 채 이야기를 들었다.

티파니는 켈리가 불길한 전조를 보았다고 했다. 바로 지난 금요일, 켈리는 고원에서 고도가 좀 더 낮은 목초지로 소를 몰고 있었다. 풀이 얼어붙었고 개울에도 얼음이 얼었으며 11월의 안개 속에 소들이 웅크리고 있었다. 켈리는 안개 속에서 천천히 다가오는 카우보이를 빤히 쳐다봤다. 켈리는 카우보이를 만난 것에 고마워했다. 소 50마리를 켈리의 말과 보더 콜리인 니퍼만으로 몰기란 큰일이니 말이다.

켈리는 다시 그를 쳐다봤다. 켈리 쪽으로 낡아빠진 모자를 기울이며 친절하게 인사를 하고 회색 콧수염 아래로 웃음을 지어 보이던 그 사람은 켈리의 오랜 친구였다. 카우보이는 안장에 가뿐히 올라탔고 가죽 덧바지가 그의 긴 다리를 따뜻하게 해 주고 있었다.

갑자기 켈리가 소스라쳤다.

켈리는 그 카우보이를 알았다. 하지만 작년에 죽은 사람이었다.

어머니 나무를 찾아서

노인이 손짓했고 켈리가 뒤를 따랐다. 죽은 카우보이는 시시각각 변하는 안개 사이로 말을 타고 천천히 갔다. 켈리는 믿을 수 없어서 그의 뒤를 쫓으려 말에 박차를 가했다. 카우보이가 고개를 돌리고 켈리가 따라오고 있는지 확인했다. 켈리가 따라가고 있었다.

나타났을 때만큼 순식간에 노인이 안개 속으로 사라졌다.

켈리는 너무나도 무서웠을 것이다. 티파니가 흐느끼기 시작했다, "병원에서 켈리를 간호하고 있었는데 켈리 몸이 차가웠어. 어떻게 켈리가 날 떠나 버릴 수 있지?" 그들의 아이가 3개월 후 태어날 예정이었다.

티파니와 통화한 후 모든 소리가 멈춘 듯 아무 소리도 들리지 않았다. 시간이 무너져 내렸다. 몸에서 떨림이 멈추지 않았다. 돈은 야구를 하러 외출했지만 나는 돈이 어디에 갔는지는 몰랐다. 너무도 놀란 채 집으로 향했다. 내가 전화를 해야 했다. 엄마, 아빠, 언니, 할아버지, 할머니. 하지만 돈이 집에 올 때까지 기다렸고 돈은 내가 한 번 전화할 때마다 되살아나는 충격을 느끼며 모두에게 소식을 전할 수 있도록 도와주었다. 꼭 주먹으로 연거푸 얼굴을 맞는 것 같았다.

이튿날 나는 비행기를 타고 캠룹스로 돌아갔다. 마치 무성 영화 속에 있는 듯 감각이 없었다.

장례식은 끔찍한 추위 속에서 진행되었다. 사시나무는 헐벗었고, 미송은 눈 때문에 축 처진 가지투성이 사시나무 나무 갓 아래에 자리하고 있었다. 티파니는 뱃속에서 자라고 있는 아들을 팔로 감싸 안았는데, 피부는 도자기 같았고 슬픔에 잠긴 얼굴은 고요했다. 나는 그냥 티파니와 같이 있으려고 그 옆에 서고 싶었지만 엄마와 아빠 때문에 바빴

8장 방사능

277

다. 임신 6개월의 로빈은 빌과 티파니와 함께 교회 뒤편에 서 있었다. 카우보이 모자로 눈을 가리고 켈리가 얼마나 좋은 사람이었는지, 켈리와 함께한 시간에 대해 이야기하며 켈리의 친구들이 모여들었다. 교회의 신도석은 우리 중 누구도 태어나기 훨씬 전부터, 우리가 모두 사라지고 나서도 한참 후까지 그 누구도 범접할 수 없는 결속력, 그리고 받아들이려 애쓸 수밖에 없는 엄숙함을 지니고 있었다. 켈리가 단출한 소나무 관 속에 차갑게 누워 있었다. 숨을 쉴 수 없었다. 켈리의 이마에 입을 맞추고 싶었지만 몸이 숙여지지 않았다. 후회 때문에 속이 안 좋았다. 나는 결코 잘못을 바로잡을 수 없을 것이다. 우리는 영원히 화해하지 못할 것이다. 우리가 주고받은 마지막 말들은 술김에 분노와 오해 속에 오간, 이별 전에 마지막으로 뱉는 끔찍한 막말이었다.

동생과 누나. 산산이, 영원히 부서진.

9장

[응분의 대가]

슬픔이 파도처럼 계속해서 밀려왔다. 눈물이, 후회가, 분노가. 돈이 아직 미국에서 박사 논문을 마무리하는 중이어서 나는 혼자 지내고 있었다. 코밸리스에서 이웃에 살던 메리가 위로의 전화를 걸어와 이런 고통에는 시간이 걸린다고 했고 나는 메리의 친절함이 고마웠다. 하지만 슬픔은 수그러들 줄 몰랐다. 일에 집중할 수 없어서 크로스컨트리 스키를 했다. 낮에도. 밤에도. 기나긴, 너무나 힘겨운 스키 여행. 스스로 괴롭히되 숲으로 가서 괴롭혔다. 비통에 잠겨 있던 중에도 숲이 지닌 치유의 가능성을 어느 정도는 알고 있었으니까.

가끔 최악의 상황이 닥치면 인간은 예전에 두려워하던 대상들을 더는 두려워하지 않게 된다. 사소한 것들을. 삶과 죽음 같은 문제가 아닌 것들을. 고칠 수 없는 것들에 대한 절망을 묻어 버릴 수만 있다면 하는 생각에서 나와 나무와의 연결을 찾으려, 그리고 내 동생을 잃으며 함께 영영 잃어버린 것들을 찾으려 연구에 몰두했다. 켈리 때문인지 아니면 켈리에도 불구하고인지는 모르겠지만 나는 연구 결과를 발표하기로 결정했다. 데이브와 댄, 그리고 박사 학위 논문 심사 위원들의 격려에 힘입어 논문 한 편을 학술지 《네이처》에 투고했다.

1주 후 편집자로부터 편지를 받았다. 편집자는 논문 게재 불가를 통보했다.

비판은 간단히 수정할 수 있을 것 같았고 잃을 것이 없었기에 나는 논문을 수정해서 다시 투고했다. 자꾸만 호숫가로 돌아오는 유목을 다시 메이블 호수로 던져 넣었을 때처럼, 켈리와 내가 다음 만에 있는 개울을 탐험하려고 집에서 만든 뗏목을 거듭해 고쳤던 바로 그 방식이었다.

《네이처》는 이 수정본을 1997년 8월호 표지 기사로 게재하기로 결정하고 진이 찍은 블루 리버 근처의 자작나무와 미송 혼합 원숙림 사진 중 한 장을 사용했다. 나는 깜짝 놀랐다. 내 논문이 초파리 유전체 발견을 누르고 표지를 차지했다. 《네이처》에서는 또 내 논문에 대한 독자적 논평 작성을 리드 경에게 요청했고, 내 논문과 리드 경의 논평이 같은 호에 나란히 게재되었다. 리드 경은 다음과 같이 썼다. "시마드 외의 논문은…… 이처럼 복잡한 질문을 현장 상황에서 최초로 다루었으며…… 전 생태계의 에너지 통화인 탄소 상당량이 온대림의 나무에서 나무로, 또 실제로 한 종에서 다른 종으로 그들이 공유한 진균 공생자의 균사를 통해 이동할 수 있음을 분명하게 보여 준다. 숲의 탄소 경제가 지닌 이런 양상에 대한 이해는 필수 불가결하다. 숲은 북반구 육지

표면 중 상당 부분을 덮고 있으며 대기 중 이산화탄소의 주요 흡수원이기 때문이다."

《네이처》에서는 내 발견을 우드 와이드 웹(wood wide web)이라고 칭했고, 봇물이 터졌다. 언론 때문에 내 전화에 계속 불이 났고 이메일의 받은 편지함이 가득 찼다. 나는 《네이처》 논문 출간 때문에 생겨난 관심에 동료들만큼이나 놀랐다. 어느 날 밤에는 봇물이 터지는 바람에 훌쩍훌쩍 울기도 했다……. 우리 가족이 흔히 하는 일은 아니었다. 나는 부모님이 더 안심하며 슬픔을 표현할 수 있도록 내 슬픔을 숨겨 왔지만 슬픔이 넘쳐흐르는 것을 막을 수는 없었고 더는 눈물이 나오지 않을 때까지 울었다. 런던의 《타임스(The Times)》에서 전화를 받은 후 《핼리팩스 헤럴드(The Halifax Harold)》에서 연락이 오자 마음을 추슬렀다. 프랑스에서 온 짧은 편지와 중국 소인이 찍힌 구겨진 편지도 받았다.

세계의 주목을 받으면 캐나다 산림청의 주목을 받을 수도 있다.

나는 켈리를 구할 수는 없었다. 하지만 혹시라도 내가 무언가를 구할 수 있을지도 모른다.

· · ·

어느 날 오후, 앨런은 내 사무실 문에 기대 있었다. 지루한 겨울이 이어졌고 기운이 하나도 없었다. 국제 언론의 주목을 받았지만 《네이처》에 논문을 출간해도 캐나다 산림청의 정책은 꿈쩍도 않았기에 다음에는 어디에 집중해야 할지 확신이 서지 않았다. 앨런은 나에게 장화를 신고 다시 현장에 가서 정리를 좀 하고 오라고 했다. 기분이 나아지면 정책 입안자들을 숲으로 데려가서 이 연구가 뜻하는 바를 보여 주자고 했

9장 응분의 대가

281

다. 열쇠를 집어 들고 향한 혼합림 실험장은 바로 늙은 목축업자가 풀씨를 뿌려서 훼방을 놓으려던 곳이었다.

　나는 캐나다 횡단 도로의 이글 리버에서 픽업 트럭 시동을 껐다. 인적 없는 녹은 눈이 자갈길을 덮고 있어서 가을 이후에 이곳에 처음 온 사람이 나였음을 알 수 있었다. 나는 묘목을 되살리기 위해 흙을 채취했던 오래된 자작나무에 도착했다. 로빈에게 전화하려고 폴더 폰을 꺼냈지만 전화가 터지지 않았다. 로빈의 예정일이 몇 주 후였고, 티파니도 마찬가지였다. 나도 아이를 갖고 싶었지만 돈은 아직 코밸리스에서 논문을 완성하는 중이었고 논문 마감 기한은 윌리엄스 레이크 스탬피드 행사 시작 시기에 맞춰 켈리의 추도식을 열기로 한 때였다. 돈이 카우보이와 어울린다는 일이란 기름을 물에다 섞는 거나 마찬가지였으니 오히려 다행인지도 모르겠다.

　전화는 포기하고 크루저 조끼와 곰 쫓는 스프레이를 손에 들고 마지막 1킬로미터를 걸어 들어갔다. 진정한 무언가를 느끼기 위해 따갑도록 차고 습한 공기를 허파 속에 넣어야 했다. 나무들 틈에서 걷기 위해, 흐르는 수액의 향을 맡기 위해, 그들의 존재를 느끼기 위해, 그들에게 내가 여기서 듣고 있다고 알려 주기 위해.

　혼합림 실험장 옆의 오래된 숲에서 무거운 방수 바지를 입고 30센티미터 깊이의 눈을 헤치고 다녔다. 구름 한 줄기, 희미한 빛이 손짓을 건네왔다. 크림색 지의류 가닥들이 아직도 티파니의 옷장에 걸려 있는 켈리의 흰 셔츠처럼 가지에 매달려 있었다. 이 숲속 깊은 곳에서 나는 박사 과정 중 두 번째 현장 실험에 착수했다. 나는 울창한 숲 지붕 아래에 미송을 5그루씩 총 20묶음 심었다. 묘목이 깊은 그늘에서 어떻게 살아남는지, 어두운 곳에서 얼마나 오래 사는지 알아보기 위해서였다. 20묶음 중 절반에 속한 어린 묘목 5그루의 뿌리는 고목의 균근 연결망과 자유롭게 얽힐 수 있었다. 나머지 10묶음에 속한 신출내기 나무들은 1미터 깊이의 판금 테두리로 둘러싸서 어른 나무의 뿌리와 연결되지 못하도록 차단했다. 미송, 자작나무, 시더 3종의 나무를 모아 우드 와이드 웹 실험을 했을 때처럼. 이 실험에서는 숲 지붕이 친 깜깜한 그림자 속에 미송만 심었다는 차이가 있었다. 수목 한계선 안쪽에서는 미송 묘목이 나이든 이웃 나무들과 이어지고 소통할 가능성이 한층 더 컸다.

새로이 자라나는 나무들이 부모 근처에 옹기종기 모여 생존에 매달리는 곳에서.

100년 된 나무들의 균근 연결망과 이어진다는 것이 삶과 죽음의 차이를 의미할 수 있는 곳에서.

오래된 나무들이 젊은 나무들을 부양할 수 있기에 노목이 세상을 떠나면 젊은 나무들이 나무 벤 틈을 메울 태세를 갖출 수 있는 곳에서 새로운 세대가 유리하게 출발할 수 있도록 해 주면서 말이다. 이 숲 하층부가 얼마나 심하게 그늘졌는지를 감안하면 나는 벌채지 방사선 탄소 표지 실험의 묘목 3종 묶음 중 자작나무가 미송에게 전달한 탄소에 비하면 거대한 나무들이 이곳의 조그만 미송에게 훨씬 더 강력한 탄소 공급원 역할을 할 것이라고 추측했다. 졸졸 흐르는 개울에 비한 나이아가라 폭포처럼. 원시림의 파수꾼들이 하는 역할에 걸맞게 이곳의 소스–싱크 기울기는 대단히 급격했다.

9장 응분의 대가

울창한 숲속의 미송 무리 중 첫 번째 무리에서 묘목은 단 한 그루만 살아남았는데, 병약한 누런 원줄기가 쌓인 눈을 뚫고 겨우 올라올까 말까 했다. 나는 이 실험을 사랑했지만 파국에 이른 것 같았다. 목이 꽉 메어 왔다. 가슴이 아팠다. 얼음처럼 차가운 물이 숲 지붕에서 떨어져 내린 후 내 목을 타고 물줄기를 이루며 흘러내렸다. 쌓인 눈 때문에 처진 시더 가지를 보자 표백한 생선 뼈대가 생각났다. 부식토가 쌓인 습한 저지에서 깨어나는 앉은부채(skunk cabbage)의 희미한 빛이 창백함을 가까스로 부수고 있었다.

벌벌 떨며 살아남은 묘목에 쌓인 눈을 발로 털어냈다. 묘목은 너무나 어렸지만 목숨을 거의 다한 상태였다. 검게 변한 다른 줄기에서도 얼음 결정을 털어냈는데, 묘목 5그루 중 죽은 묘목 4그루의 죽은 뿌리는 감금된 상태였다. 주변을 더듬거리다가 오래된 나무들로부터 묘목을 떼어 놓기 위해 묘목 무리 주변을 감싼 둥근 판금을 발견했다. 내가 추측한 바, 내가 무덤을 지었는지를 시험하기 위한 장치였다. 가족과의 연결이 가장 중요한 듯 보이는 이곳, 어두운 숲 하부에 둥근 판금이 있었다.

손으로 그린 지도를 확인해 가며 안개 속을 헤치고 다음 묘목 무리로 걸어갔다. 눈틈에서 초록색 원줄기 한 더미가 나타났다. 이 묘목들은 오래된 나무의 풍성한 진균 연결망과 연결될 수 있도록 장애물이 없는 곳에 심은 묘목들이었다. 모든 묘목이 작년 여름 이래로 1센티미터씩 새로 자랐고, 모든 묘목에 통통한 새 끝눈이 돋아 있었다. 따뜻한 줄기 때문에 이곳에서는 얕아진 눈을 긁어낸 후 몇 센티미터 깊이의 낙엽층을 벗겨냈다. 두툼하고 르네상스 시대 그림처럼 진한 빛깔의 균근이 유기물층을 가로지르며 지나갔고, 나는 갑자기 마음이 가벼워졌고 희망을 느꼈다. 나는 묘목 뿌리를 찾아내서는 묘목과 묘목에서 몇 미터 떨어져 있는 거대한 미송을 연결하는 짙은 색 알버섯 가닥을 따라갔다. 또 다른 뿌리는 반짝이는 노란색 균근균인 탈모껍질버섯(Piloderma)으로 덮여 있었고 퉁퉁한 노란색 균사를 따라가자 오래된 자작나무가 나타났다. 깜짝 놀란 나는 뒤로 기대앉았다. 이 작은 묘목은 다 자란 미송과 백자작나무 모두와 함께 번성한 균근 연결망과 뒤엉켜 있었다.

모자를 귀 위로 당겨서 썼다. 연결망이 실제로 묘목을 부양하는 것 같았다. 오래된 나무들은 두꺼운 진균 깔개를 통해 작은 나무에게 당분과 아미노산을 보내고 있는지도 모른다. 무척 작은 바늘잎이 빛이 희미한 곳에서 기를 쓴다 해도 미미할 광합성 속도, 돋은 지 얼마 안 된 뿌리가 토양에서 끌어올 너무도 적은 양분을 보상하기 위해서. 아니면 어린 것들이 추가적 지원 없이도 토양에 단단히 엉겨 있는 영양소에 닿을 수 있도록 오래된 나무들은 그저 자기네들이 지닌 다양한 균근균을 묘목에 접붙이는 것인지도 모른다.

또 다른 묘목을 감싸고 있는 숲 바닥을 파헤치자 뿌리에서 여섯 종류의 균근을 더 발견했다. 이제 이 숲에 100종 이상의 균근균이 있다는 것을 알고 있었다. 약 절반은 일반 종으로 다양한 연결망에서 백자작나무, 미송 2종 모두에 서식했다. 복잡하게 짜인 깔개에서. 나머지 반은 전문 종으로, 자작나무나 미송 중 한 종에 대해서만 절개를 지켰고 2종 모두에 서식하지는 않았다. 모든 전문 종은 자기에게 딱 맞는 자리를 갖고 있다고 여겨졌다. 일부 전문 종은 부식토에서 인을 취하는 반면 다른 전문 종은 노화 중인 나무에서 질소를 얻는 데 능숙했다. 깊은 토양에서 물을 잘 끌어오는 전문 종도 있었고, 얕은 층에서 물을 잘 끌어오는 전문 종도 있었다. 어떤 종은 봄에, 다른 종은 겨울에 활동했다. 세균이 부식토 분해, 질소 변환, 질병과 싸우는 등 다양한 작업을 수행하도록 연료를 공급하는 고에너지 분비물을 생산하는 종도 있었다. 반면 다른 진균은 에너지를 덜 소모하는 역할을 하기에 분비물도 더 적게 생산했다. 자작나무와 이어져 있는 탈모껍질버섯 균근을 보았는데, 반짝였고 윤기가 났다. 이는 탈모껍질버섯 균근이 풍성한 탄소 공급을 유지하고 있으며 슈도모나스 플루오레센스(*Pseudomonas fluorescens*)의 생물막(biofilm)을 지지하고 있음을 암시했는데, 슈도모나스 플루오레센스의 항체는 뿌리병인 잣뽕나무버섯(*Armillaria ostoyae*) 병원균의 성장을 위축시킬 수 있다. 덩이버섯 균근은 질소를 변환하는 바실루스(*Bacillus*)의 기주로 밝혀졌는데, 덕분에 미송 잎보다 자작나무 잎에 질소가 훨씬 더 많은 까닭을 설명할 수 있다.

하지만 우리는 대다수의 균근균이 수행하는 기능에 대해서는 거의 아무것도 몰랐다. 알려진 사실은 조림지보다 오래된 숲에 훨씬 더 다양한 진균이 존재하며, 특히 오래된 나무와 관련이 있는 이 균근 군집은 두껍고 통통하고 튼실하며 토양에서 닿기 힘들고 후미진 곳에 있는 자원에 접근할 수 있다는 점이었다. 그들은 부식토와 광물 입자의 악착같은 복합체에서 수 세기 동안 단단히 박혀 있던 필수 영양소를 끄집어냈다. 층상규산염 점토(phyllosilicate clay)에 격리되고 닭장 철조망처럼 엮인 탄소 고리들에 묶여 있던 고대로부터의 질소와 인 원자들을.

여러 계절, 여러 해 동안 버섯을 채취하며 댄과 나는 오래된 숲에는 특별한, 오래된 진균이 존재한다는 것을 알아냈다. 일부 진균은 특히 비가 내리는 달이나 해에만 나타났고, 일부 진균은 딱 한 번만 나타났다. 다른 진균은 건조한 계절에만 열매를 맺은 반면, 어떤 버섯은 계절과 관계없이 쏟아져 나왔다. 우리는 몇 년 된 숲부터 수백 년 된 숲까지 다양한 숲의 자작나무와 전나무 뿌리를 파냈다. 파낸 뿌리의 DNA를 분석하고 진균의 종을 밝히기 위해 분석 결과를 범용 유전자 라이브러리 자료와 비교했다.

미송과 자작나무 아래에서 솔송나무와 가문비나무가 뒤섞여 자라던 더 깊은 숲 속으로 걸어가다가 눈으로 된 겉옷을 흘리는 묘목 앞에서 멈춰 섰다. 뒤섞인 결정의 마지막 층을 쓸어 내자 나무의 유연한 줄기가 서서히 곧게 펴졌다. '우리는 회복하기 위해 만들어졌구나.'라는 생각이 들었다. 메이블 호수에서 본 것과 비슷한, 보모 통나무(nurse log)를 따라 한 줄로 늘어서 행진하는 어린 솔송나무들 곁에서 멈춰 섰다. 나는 보모 통나무가 토양의 병원균을 피하게 해 주고 빛을 잘 받기 위한 사다리가 되어 주는 등 묘목에게 좋은 것들을 잔뜩 준다고 생각했다. 어린 솔송나무 뿌리는 부서져 가는 통나무 위와 아래에서 자라며, 통나무는 나무뿌리의 혹과 헤이즐넛, 시트카마가목(Sitka mountain ash), 폴스박스의 제멋대로 자라는 뿌리줄기를 유대가 긴밀한 마을 같은 친밀함으로 감싸고 있었다. 아마도 그들은 외생균근 연결망을 공유하며, 외생균근 연결망으로 모두 연결되어 있을 것이다. 심지어 투야 플리카타와 주목(yew), 또 양치류와 연영초(trillium)도, 이제는 내가 수지상균

9장 응분의 대가

287

근을 갖고 있다고 알고 있는 이 식물들도 아마 연결망을 형성했을 것이다. 외생균근 망과는 완전히 분리된 끊긴 곳 없이 이어진 수지상균근 망을. 별개의 균근 연결망이 존재하는지 여부와 상관없이 이 숲의 모든 식물은 서로에게 속해 있었다.

이제 나는 자작나무와 미송이 서로 연결되어 있고 소통한다는 것을 알았지만, 자작나무가 늘 미송에게 받은 것보다 더 많은 탄소를 돌려준다면 말이 되지 않았다. 만일 항상 그렇다면, 미송은 결국 자작나무의 생명을 고갈시킬 수도 있다.

미송이 받은 것보다 더 많은 것을 자작나무에게 주던 때도 있었을까? 혹시 숲이 더 오래되고 미송이 자연히 자작나무보다 더 커진다면 미송에서 자작나무로의 탄소 순 이동이 일어날지도 모른다.

가는 나무 틈 사이의 빛을 따라서 바로 옆이 벌채지인 수목 한계선까지 가게 되었다. 내 세 번째 박사 현장 실험 장소는 이곳, 그러니까 목축업자가 앙갚음을 하려고 풀씨를 뿌렸던 곳이었다. 풀에도 불구하고 이 좁은 지역에서 나무들이 잘 자라 주어 다행이었다. 묘목들은 이제 다섯 살이 되었는데 이미 나보다도 키가 더 컸다. 나는 한 어린 자작나무 앞에 웅크리고 있었는데, 나무는 땅에서 비어져 나온 두꺼운 플라스틱 테두리로 둘러싸여 있었다. 이 플라스틱 테두리는 내가 뿌리 체계를 감싸려고 땅에 박은 1미터 벽의 일부로, 숲에서 판금을 사용했던 방식과 비슷한 장치였다. 하지만 묘목 무리 둘레에 해자를 짓는 대신, 작은 숲에 격자 모양으로 심은 64그루의 묘목을 하나씩 둘러싸는 해자를 만들었다. 플라스틱은 여전히 망가지지 않았고 수년간 온전히 유지될 것이었다. 나는 자작나무가 어린 시절 내내 계속 미송을 도와주었는지, 또 미송이 혹시 이른 봄이나 늦은 가을처럼 자작나무에 잎이 하나도 없고 자작나무의 전성기가 아닐 때 결국 자작나무에게 보답을 했는지 알아보는 중이었다. 또 미송이 서서히 자연스럽게 초기 성인기에 자작나무를 따라잡게 되면 더욱 보답을 많이 하는지도 살펴보고 있었다.

이 질문에 답하기 위해 참호를 판 부지에서 자라는 나무를 인근 부지에 처리를 하지 않고 나무들이 하나로 서로 엮일 수 있도록 둔 곳에서 자라는 64그루의 자작나무, 미송과 비교하는 중이었다. 참호 만들기는 그루터기로 이루어진 고대 도시에서 고고학 발굴을 수행하는 것과 비슷했다. 바브와 나는 소형 굴착기를 가진 사람 1명과 삽으로 1미터 깊이의 참호를 팔 젊은 여자 일꾼 4명을 고용했다. 우리는 거대한 뿌리 체계를 파내고 화강암 바위덩어리를 밀어붙여서 8열로 심은 나무를 따라 참호를 9개 팠는데, 아홉 번째 참호는 마지막 줄의 바깥 편에 위치했다. 또 수직 방향으로 참호 9개를 더 파서 십자 형태를 만들었다. 참호 미로에서 각각 1그루씩 나무를 품고 있는 64개의 흙 섬이 튀어나왔다. 뿌리와 균근이 못 뚫고 나오도록 섬을 플라스틱으로 두르고 미로를 다시 흙으로 뒤덮었다. 그리고 나자 표면을 가르는 플라스틱 조각만이 보였다. 그 아래에는 완벽한 8차 라틴 방진이 숨겨져 있었다.

나는 뿌리가 이웃 나무의 뿌리와 자유로이 섞일 수 있는 다른 부지에서보다 이곳의 미송이 실제로 더 작은지 궁금했다. 한 그루는 죽었고 눈 속에 있던 빨간 바늘잎이 오래된 핏방울 같았다. 나는 껍질이 벗겨지는 줄기를 붙들고 땅에서 죽은 묘목을 뽑았다. 썩어 가는 뿌리

9장 응분의 대가

그루터기를 기어가는 것 같은 검은 진균 끈이 덮고 있었다. 균사다발(rhizomorph)이었다. 칼날을 휙 열고 줄기 아랫부분의 나무 껍질을 깎아 내고 맨 목본부를 드러냈다. 눈처럼 흰 진균의 균사가 올가미를 이루고 있는 것으로 봐 병원성 진균인 잣뽕나무버섯으로 인한 사망으로 확인되었다. 나는 플라스틱 참호에서 더 많은 사체를 찾았다. 미송 중 3분의 1이 죽어 있었다.

참호를 파지 않은 부지에서는 모든 나무가 살아 있었고 맹세컨대 나무도 더 컸다. 까마귀 날개가 펄럭였고 기차 경적 소리가 허공을 갈랐다. 나는 캘리퍼스와 공책을 꺼내 두 부지에 있던 모든 자작나무와 미송의 지름을 측정했다. 해가 산 뒤로 넘어갈 때 땀에 흠뻑 젖은 채 몸을 떨며 트럭으로 돌아갔다. 시동을 켜고 히터를 최고로 올린 후 희미해지는 빛 속에서 계산기로 데이터를 처리했다.

내 추측이 옳았다. 자작나무 이웃과 연결된 미송은 모두 생존했을 뿐만 아니라 참호로 분리된 미송보다 더 컸다. 반면, 자작나무는 미송과의 친밀도에 영향을 받지 않았고 미송과 엮여 있다고 해서 진이 빠지지도 않았다. 탄소 중 일부를 전달한다 해도 자작나무가 착취당하는 것은 아니었다. 자작나무는 자신의 활력을 희생하지 않고도 미송의 생존과 성장을 촉진하기에 충분한 양을 주고 있었다.

미송이 더 이상 어려움에 처해 있지 않음을 감지하면 자작나무는 수도꼭지를 잠글 수 있을까? 그리고 자작나무가 미송에게 혜택을 받았는지, 혹시 다른 시기에 다른 방식, 즉 이런 간단한 측정으로는 분명하게 드러나지 않는 방식으로 혜택을 받은 것은 아닌지에 대해 끈질긴 의문을 품었다. 어떤 미송에서도 아밀라리아뿌리썩음병의 징후를 전혀 찾아볼 수 없었다. 다른 많은 실험에서 본 바와 같이 자작나무와 섞여 자라면 미송은 질병으로부터 보호받는 것 같았다. 내가 알아낸 바에 따르면 잣뽕나무버섯과 상극인 형광 세균, 슈도모나스 플루오레센스에 대해 내가 하던 연구를 계속해서 석사 학위를 받으라고 산림청에서 여름 동안 내 현장 조수로 일하던 론다(Rhonda)를 설득했다. 론다는 산림 유형별로 유익한 세균의 종류와 개체 수(abundance)를 비교했고, 미송 임분보다 자작나무 임분에 유익한 세균이 4배 더 많다는 것을 발견했다. 아마도 자작나무 뿌리와 균근균이 높은 광합성 속도의 영향을 받아 미송보다 세균을 위한 먹이를 더 많은 제공한 것이 원인인 듯했다. 또 론다는 자작나무와 미송이 섞여 자라는 곳의 미송에서 자작나무에서만큼 많은 세균을 발견했다. 마치 두 수종이 긴밀하게 섞여 자라면 탄소가 풍부한 자작나무로부터 미송으로 작은 미생물이 퍼져 나갈 수 있는 것 같았다.

돈이 수천 킬로미터 떨어진 코밸리스에서 박사 논문을 마무리하는 동안 나는 우리의 캠룹스 통나무집에서 혼자 살며 봄을 보냈다. 만약 돈이 여기 있었다면 우리는 파인그래스와 아르니카 길을 걸으며 앞으로는 어디로 갈지 정하고 자녀 계획에 대해서도 결정했을 것이다. 돈이라면 내가 정원 흙을 뒤집어야 한다는 것을 기억하도록 도와주었을 것이다. 식탁에서 서류를 치우고 부엌을 청소하고 좋은 음식을 좀 만드는 것도 도와주었을 것이다. 대신 나는 실험 속으로 탈주를 했다. 초원에 접한 건조하고 탁 트인 사바나와 산간 지역의 소나무 숲을 돌아다니면서. 누가 살았는지, 누가 번성했는지 확인하면서. 헝클어진 머리에 좌석이 지도와 사과 심이 든 빈 커피 컵으로 뒤덮인 차로 뒷길을 운전하면서. 교환기에서 남겨진 전화 메시지가 있는지 확인하면서.

티파니는 4월에 매슈 켈리 찰스(Matthew Kelly Charles)를 낳았다. 2주 후, 켈리 로즈 엘리자베스(Kelly Rose Elizabeth)가 로빈과 빌의 둘째로 태어났는데, 위로는 세 살 터울인 올리버(Oliver)가 있었다. 새로 태어난 조카들 모두가 이름 속에 죽은 내 동생의 이름을 간직하고 있었다. 나는 매슈에게 아기 침대를, 켈리 로즈에게 레이스 원피스를 보냈다. 낮이 길어지고 있었고 흙은 따뜻해지고 있었으며 나는 다시 혼자 사는 삶에서 평화를 찾기 시작했다.

6월의 어느 날 별 볼 일 없는 사무실로 돌아와서 학술지 더미에 화재 위험이 있다고 알리는 안전 경고문을 발견했다. 바브가 큰소리로 웃으면서 나타났다. 위반 딱지 아래에는 《네이처》의 편집자가 보낸 편지가 있었다. 영국의 한 연구실에서 리뷰 논문을 제출했다는 편지였다. 편집자는 리뷰 논문을 검토하고 출간할 가치가 충분한지 조언해 달라고 했다.

첫 번째 비판은 토양을 통해 시더로 이동한 것으로 감지된 탄소량(자작나무와 미송 사이의 균근 연결망을 통해 전달된 탄소량의 5분의 1에 해당했다.)이 상당하기 때문에 진균을 통해 이동하는 탄소량이 덜 중요한 듯하며, 진균 연결망이 주요 탄소 전달 경로임을 부정할 가능성이 있다는 것이었다. 답변 첫 줄을 타이핑하며, 나는 바브에게 토양을 통한 이동량은 진균 연결망을 통한 이동량에 비해 단순히 현저히 적었을 뿐만 아니라 통계적으로 유의미하게 적었음을 밝힌 통계 검정을 그들이 신경 쓰지 않았다고 설명했다. 게다가 나는 소통을 위한 경로는 하나 이상이라고 확실하게 명시했다.

두 번째 지적은 미송에서 자작나무로 이동한 탄소량이 자작나무에서 미송으로 이동한 양의 10분의 1정도로 너무나 적었기 때문에 기계가 자료를 잘못 인식했을 가능성이 있으므로 양방향 이동을 주장할 수 없다는 점이었다. "우리는 이 별개 사례에서 양방향 이동을 확인했다."라고 현장 실험을 모방한 연구실 실험을 바브에게 보여 주며 말했다.

세 번째 비판의 요지는 표지 봉투에 $^{13}C-CO_2$를 주입할 때 내가 묘목에 이산화탄소를 과도하게 투입했고, 그 결과 식물의 광합성 속도가 높아지고 뿌리에 당분이 넘쳐났다는 것이었다. 만일 이런 일이 생겼다면 이웃 식물로 더 많은 탄소가 자연스럽게 이동했을 것이라고 그들은 주장했다. 그들의 불만은 질량 분석계가 식물 조직으로 이동한 탄소-13을 더 쉽게 감지하도록 하기 위해 내가 $^{13}C-CO_2$를 꽤 많이 사용했기 때문에 생겨났다. 이 양상은 내가 탄소-14를 다룬 방식과 사뭇 달랐는데, 신틸레이션 계수기가 동위 원소를 매우 민감하게 감지하기에 $^{14}C-CO_2$는 낮은 펄스로 사용하는 것이 적절했다. 바브는 내가 현장에서 사용한 이산화탄소 용량이 묘목의 다른 부분으로 배분된 탄소나 탄소 이동량에 영향을 미치지 않았음을 보여 주는 내 박사 실험실 연구를 찾는 것을 도와주었다.

마지막 지적 때문에 입술을 너무 세게 깨문 나머지 피가 나고 말았다. 묘목들이 경쟁이 아니라 순전히 협력만 했다고 주장하기는 어렵다는 지적이었다. 하지만 나는 관계는 다면적이며 자작나무는 빛을 두고 경쟁하지만 탄소를 공유함으로써 협력하고 있음을 시사했다. 경쟁은 절대로 관련이 없다는 뜻을 비춘 적은 없었다. 그들은 내가 쓴 글을 잘못 해석했고, 내 발견을 무시하려는 목적으로 논평을 쓴 것 같아서 너무 화가 났다. 나는 리뷰 논문은 가치가 없다는 결론으로 글을 맺으며 반박하는 글을 마무리했다. 바브는 작성한 글을 내 관련 연구들과 함께 마닐라 봉투에 넣어서 우편실로 보냈다. 1주 내로 《네이처》에서 리뷰 논문을 출간하지 않기로 결정했다는 대답이 왔다.

맙소사, 실수였다.

한 달도 지나지 않아 나는 내 논문을 비판한 곳과 같은 연구실 사람이 호주에서 한 기조 강연을 들은 동료로부터 이메일을 받았다. 나는 이 이메일도 대수롭지 않게 넘겼는데, 과학은 동료 심사를 전제로 하기 때문이다. 학자들은 잘난 척을 무척 즐기고 나는 스스로 학자보다는 과학자에 훨씬 가깝다고 생각했다. 게다가 그들은 아마 꽃과 풀 사이에서 탄소 이동을 찾아볼 수 없는 영국의 수지상균근 초원과 탄소가 루지 썰매처럼 돌아다닐 수 있는 내 열광적 외생균근 숲을 혼동하고 있는 것 같았다. 아니다, 내 동료의 주장에 따르면 이것은 공개적 혹평이라고 했다. 또 다른 동료가 이메일로 플로리다에서 들은 강연에 대한 이야기를 전해 왔다. 나 자신의 순진함을 깨닫고 '어머나 세상에.'라는 생각이 들었다. 언젠가 앨런은 관심은 양날의 검이라고 했다. 돈은 들리는 말들을 무시하라고 조언해 주었다. 또는 그보다도 더 좋은 선택지는 답변의 글을 출간하라는 것이라고. 돈이 옳았다. 하지만 나는 그가 제안한 두 가지 방안 중 어느 쪽도 따를 수 없었던 것 같다. 나는 상황이 진정될 것이라고 굳게 믿었다. 너무 힘들고 너무 경험이 부족해서 당시 돌아가는 상황의 중요성을 파악하지 못했고 답변을 공개하지도 못했다. 기존 연구단에서는 이내 반론을 상세히 설명하는 논문을 출간했다.

곧 새로운 논문이 학술지에 게재되었는데, 반론과 함께 내 연구를 인용하며 그들의 비판을 내 논문과 대등하게 취급했다. 내 연구에 먹구름이 끼고 있었다. 돈은 여전히 걱정은 그만두고 글을 쓰면 된다고 이야기했다. "알아." 나는 손을 꼬며 말했다. 데이브는 내가 답보 상태에 처한 것을 보고 반박에 대한 반박을 작성해서 《트렌즈 인 에콜로지 앤드 이볼루션(*Trends in Ecology and Evolution*)》에 출간했다. 다른 사람들이 도움을 주기 위해 나섰다.

무슨 일이 일어나고 있는지 이해하는 데 오랜 시간이 걸렸지만 나는 이내 단서를 모아 내가 어쩌다 영국에서 이루어지고 있던 과학 논쟁에 뛰어들었음을 파악했다. 데이비드 리드 경이 실험실 연구에서 본 소나무 사이의 탄소 이동 비슷한 것이 자연에 있는가에 대한 논쟁이 존재했고, 이 담론은 진화에서 공생의 중요성에 대한 논란을 불러일으켰다. 숲을 형성하는 게 주로 경쟁이 아닐지도 모른다는 의문이 대두하자 오랫동안 신뢰를 받아 온 경쟁이 자연 선택의 핵심이라는 인식에 근거한 추측이 위기에 처했다. 영국에서 이루어진 수지상균근 식물을 대상으로 한 실험실 연구에서는 연결망을 통한 탄소 전달이 중요하지 않다고 했다. 난데없이 튀어나온 것 같은 내 연구가 그와 반대임을 시사했다. 나는 불구덩이 한복판에 들어섰다. 이윽고 반론을 2편의 논문으로 발표했지만, 그즈음에는 이미 내 박사 연구의 발견에 대한 의문이 제기된 상황이었다.

몇 년 후 나는 학회에서 논문을 발표했고 오해를 풀기 위해 리뷰 논문 원문을 작성한 교수에게 다가갔다. 그는 내가 기회를 보며 머뭇대는 동안 대화에 몰두하고 있었다. 그가 나를 발견했는지 못 했는지 모르겠다. 어떻게 나를 못 본 것인지 알 수 없지만, 그는 내 쪽을 보지 않았다. 몇 광년처럼 느껴지던 시간 동안 기다린 끝에 나는 이 전쟁이 나보다 아주 오래전부터 전투를 계속해 온 과학자들과 더 깊은 관련이 있음을 깨닫고 자리를 떴다. 나는 이미 타고 있던 불에 부채질한, 캐나다에서 온 젊은 여자에 불과했다. 나는 그들의 꽃이 만발하는 영국 초원에 대해 아무것도 몰랐고, 그들은 내 대성당 같은 숲에 대해 잘 몰랐다.

하지만 리뷰 논문이 나온 지 1년 이내에 내가 직접 작성한 반박 논문을 출간하지 않았던 것은 실수였다. 학자들 사이에서 이런 처사는 잘못을 인정하는 것과 다름없었다. 내 박사 논문을 언급하고 다음 문장에서는 내 기여를 폄하하며 반론을 제기하는 신착 논문들을 읽을 때마다 가슴이 아려왔다. 나는 어떻게든 회복하고 일어서야만 했다. 하지만 나는 산림청에 재직 중이었고, 산림청의 임무에 비추어 볼 때 내 연구의 중요성은 명확하지 않았으며 연구를 지속하기 위한 명백한 필요성도 지금도 없었다. 나는 발견한 바를 정부 기관 동료들에게 발표하지 않았고 학술적 논쟁에 대한 토론도 하지 않았다. 대신, 나는 뒤로 물러나 몸을 숙여 아래로 숨었다. 나는 아이를 갖고 싶었고 돈과 함께 보낼 시간, 평화롭게 지낼 시간, 자신을 다시 사랑하는 방법을 배울 시간이 필요했다. 나는 슬퍼해야만 했다. 덜 괴로운 일을 해야 했기에 숲에 대한 다른 걱정거리들로, 여름과 겨울이 비정상적으로 따뜻해지면서 나무에 해를 끼치는 벌레와 질병이 늘어나는 것으로 관심을 돌렸다.

내 박사 논문 심사 위원 중 한 분이자 오카나간 유니버시티 칼리지(Okanagan University College)의 교수인 멜라니 존스(Melanie Jones) 박사는 그래도 내가 손을 놓고 있도록 가만 두지 않았다. 박사 과정에서 쓴 연구 논문의 공저자로서 존스 교수는 비판에 맞서고 논쟁을 중단시키기를 원했다. 그가 연구비를 신청했고 우리는 지도 학생인 리앤(Leanne)과 함께 《네이처》에 실린 내 실험을 반복했는데, 이번에는 여름에 한 번만 동위 원소를 주입하는 대신 봄과 가을에 추가로 동위 원소를 주입해서 탄소의 알짜 이동이 계절에 따라 변화하는지 살펴보았다. 내가 여름에 관찰한 바와 반대로 미송은 자라고 자작나무에는 잎이 없는 봄철과 가을철에 미송이 자작나무에게 더 많이 주는지 알아보기 위해서였다.

첫 번째 표지 작업은 이른 봄, 미송 싹이 터지고 바늘잎이 돋기 시작하는 반면 자작나무 잎은 아직 많이 나지 않았을 때 진행되었다. 이 시기에는 미송이 당분 공급원(소스)이었고, 자작나무가 흡수원(싱크)이었다. 두 번째 표지 작업은 내가 《네이처》에 투고한 논문 실험과 동일하게 한여름에 진행되었는데, 이때 자작나무 잎은 완전히 널리 펴지고 당분으로 달콤해지며 미송은 그늘에서 더 느리게 자란다. 이 경우 우리는 같은 결과가 나올 것으로 예측했다. 탄소가 소스-싱크 기울기를 따라 자작나무에서 미송으로 이동할 것이라고. 세 번째 표지 작업은 가을철,

미송의 둘레와 뿌리가 여전히 자라고 있는 반면 자작나무 잎은 누렇게 변해서 광합성을 멈춘 시기에 진행되었다. 이때도 미송이 공급원, 자작나무가 흡수원이었다.

우리의 추측이 옳았다. 나무 사이에서 탄소가 이동한 방식은 성장 시기에 따라 달라졌다. 자작나무가 미송에 더 많은 탄소를 보낸 여름과 달리, 봄과 가을에는 미송이 자작나무에 더 많은 탄소를 보냈다. 계절에 따라 변하는 두 수종 사이에서의 거래 체제는 나무들이 정교한 교환 양상의 일부이며 1년이라는 시간에 걸쳐 균형에 도달할 가능성이 있음을 시사했다.

자작나무도 미송으로부터 혜택을 받고 있었다. 미송이 자작나무로부터 혜택을 받았듯이.

응분의 대가로(Quid pro quo).

미송은 자작나무의 탄소를 소진하지 않았으며, 대신 성수기와 비수기 사이의 시기에 자작나무에게 탄소를 제공했다. 두 수종은 크기 차이와 소스-싱크 역할 변화에 따라 방향이 달라지는 되먹임 체계의 일부였다. 이렇게 그들은 조화롭게 공존했다. 균근 연결망의 역학이 이해되기 시작했다. 진균과 세균 연결망에 함께 자리 잡음으로써 자작나무와 미송은 심지어 상대보다 더 크게 자라 그늘을 드리움에도 불구하고 자원을 공유했다. 이 호혜적 연금술을 통해 그들은 건강하고 결실을 맺을 수 있는 상태를 유지했다.

하지만 여전히 실제 조림지에서 장기간에 걸쳐 이런 발상을 검증해야 했다. 기초 과학을 현실적 환경에 적용해 임업인들이 관행을 어떻게 바꿀 것인지 알게 하는 것이 중요했다. 어떻게 다양한 수종을 조합할 것인지, 나무 사이의 거리는 어떻게 할 것인지, 언제 나무를 심고 경쟁 식물을 제거하고 공간을 두고 솎을 것인지. 나는 이 춤의 양상들, 즉 공동체의 기능이 어떻게 지형, 기후, 한 수종의 밀도 대비 다른 수종의 밀도에 따라 달라지는지, 그리고 나무의 나이 및 조건과 얼마나 관련이 있는지를 알아보기 위한 실험 수십 개를 설계했다.

실험에서 나는 다양한 요인에 따라 자작나무와 미송 사이의 경쟁적, 협력적 상호 작용의 강도를 정량화했다. 즉 나무들이 키가 큰지 작은지에 따라, 어린지 나이를 먹었는지에 따라. 다양한 유형의 대지에 따라, 즉 척박하거나 비옥하거나, 건조하거나 습한지에 따라. 그리고 그들이 장기적으로 어떻게 서로 함께, 또는 서로에 맞서 작용하는지에 따라서. 이 연구는 어떤 크기의 나무가 가장 경쟁적인지, 협력적인지, 아니면 둘 다인지, 또 어떤 종류의 땅에 문제가 가장 많은지를 알려 주기 때문에 제초 관행이 해당 요소에만 집중할 수 있도록 도움을 주었다. 또 다른 연구에서는 자작나무와 미송이 경쟁하고 협력하는 거리에 대해, 또 경쟁·협력 거리가 부지 유형에 따라 어떻게 변화하는지 알아봐서, 임업인들이 침엽수 근처 지역에서 자작나무를 조금만 제거하는 처리 지침을 내리는 데 도움을 줄 수 있었다. 또 다른 연구에서 나는 키가 큰 자작나무를 다양한 밀도로 고르게 솎은 후 숲 하부 층의 키 작은 침엽수들이 어떻게 반응하는지 관찰했다.

나는 힘들어하는 침엽수 개별 개체들을 해방하기 위해 자작나무에 선별적 처치를 가하는 다양한 방식을 검증했다. 개별 자작나무 개체를 가지 자르는 가위로 자르는 방식, 제초제를 써서 독으로 죽이는 방식, 껍질을 뚫고 들어가는 사슬로 둘레를 묶는 방식을 비교했다.

자작나무와의 관계가 침엽수 종에 따라, 즉 침엽수가 미송인지, 잎갈나무인지, 투야 플리카타인지, 가문비나무인지에 따라 달라지는지 살펴보았고, 종에 따른 차이를 발견했다. 각 수종은 다양한 종류의 장소에서 다양한 정도와 방식으로 협력하고 경쟁했다. 땅을 아는 것이 정말로 중요했다.

이 실험들은 이제 20~30년 되었지만 나무들은 여전히 청춘이었고 그들의 미래는 비밀스러웠다. 숲에서의 실험은 느리고 과학자의 수명은 그보다도 훨씬 더 짧다. 미래를 보는 한 가지 방법은 컴퓨터 모형을 사용해서 숲이 수백 년 동안 어떻게 자랄지 예측하는 것이다. 우리에게 미래를 언뜻 볼 수 있게 해 주고, 우리가 사라지고 나서 한참 뒤에 그들이 어떤 모습일지 상상하게 해 준다.

돈은 박사 학위를 마치고 집으로 돌아와 나와 함께 캠룹스 숲속에 있었다. 그는 다양한 관행이 성장에 미치는 영향을 분석하고 예측하는 임업 컨설팅 사업을 운영하기 위해 사무실을 임대했다. 나는 돈에게 미송이 혼자서 또는 자작나무와 섞여서 1세기 동안 자랐을 때의 생산성을 계산해 줄 수 있는지 물어보았다. 수년간 수집한 자료를 갖다 주자 돈은 필요한 데이터를 찾기 위해 서류 더미를 샅샅이 뒤졌다. 나무가 얼마나 빨리, 그리고 높이 자라는지, 얼마나 많은 생물량(biomass)을 잎, 가지, 줄기에 할당했는지, 임분이 얼마나 조밀했는지, 나무 조직에 질소가 얼마나 많이 저장되어 있는지에 대한 정보를 찾기 위해서. 나뭇잎이 얼마나 빠르게 광합성을 하고 나서 부패했는지에 대한 정보를 찾기 위해서. 돈은 모형을 신중하게 조정하기 위해 이와 같은 정보를 사용했고, 최대한 사실적으로 숲을 표상하도록 천천히 모형을 수정했다.

모형을 실행할 때가 왔고 나는 산림청의 사무실에서 달려왔다. 돈이 나를 위해 의자에서 종이 더미를 치우고, 자판을 두드리자 컴퓨터 코드의 초록색 줄이 위에서 아래로 지나가며 돈의 화면에 그래프가 나타났다. "네가 생각한 그대로야." 돈은 벌채와 자작나무 제거가 숲의 장기적 생산성에 유해함을 드러내는 히스토그램들을 가리키면서 말했다. 수치는 100년의 벌채 및 제초 주기가 한 번 거듭될 때마다 산림 성장이 감소함을 보여 주었다. 자작나무와 함께하지 않는다면, 균근 연결망을 따라 질소를 변환하는 자작나무의 미생물과 뿌리병 방지를 돕는 세균이 없다면, 미송만 심은 임분의 성장은 자작나무와 섞여 자란 임분의 성장 지표에 비해 절반 수준으로 떨어졌다. 반면 자작나무는 미송 없이도 생산성을 유지했다. 이 모형에 따르면 자작나무는 미송에게 아무것도 기대하지 않는 것 같았다. "하지만 자작나무는 다른 방식으로 미송에게 의존할 것 같아." 나는 입을 맞추려고 몸을 기울이며 말했다.

・・・

나무가 정말로 토양과의 연결 및 나무 사이의 연결에 의존한다는 첫 중대 발견에도 불구하고 내가 제일 바랐던 것은 켈리에게 말을 하고 켈리와 소통하고 함께 치유하는 것이었다. 나는 우리가 어렸을 때 할아버지 할머니 댁 마당에서 허클베리를 따다가 허클베리가 2개 들어 있던 켈리의 통 안에 벌레가 들어가는 바람에 켈리가 화가 났던 때가 생각났다. 켈리는 "하버지, 저어 빼 주세요."라고 어쩔 줄 몰라 하며 보챘다. 나는 켈리가 제일 큰 토마토를 들고 할머니의 정원에 서 있던 모습을 상상했다. 우리가 버드나무 가지로 만든 낚싯대로 부두에서 피라미 낚시를 하는 모습을 그려 보았다. 타는 듯한 여름날 애로 호수의 차가운 물에서 굴러가던 통나무 위에 미끄러지며 올라타던 모습을. 노스 톰슨 강을 가로질러 카누를 타고 가서, 미코를 타고 옥수수 밭이랑과 포플러 사이를 달리던 모습을.

이듬해 봄, 나는 정원을 만들었다.

오래전부터 있던 여느 정원이 아니라 켈리를 잃고 내가 발견한 것들이 토대가 된 정원을 만들었다. 식물들이 자원을 공유할 수 있고 서로에게 기댈 수 있는 정원을. 식물들을 열에 맞춰 심어서 다음 식물과 격리하는 정원이 아니라 식물들이 소통할 수 있도록 섞여 자라는 정원을. 서로를 돌보면서. 나는 아메리카 원주민들이 개발한 '세 자매' 방식을 따랐는데, 이 방식에서는 옥수수, 호박, 콩 모두가 서로의 성장을 촉진하는 동지 역할을 한다.

나는 늘 정원 흙의 작은 땅뙈기에 한 가지 채소씩 줄을 지어 심었다. 하지만 올해는 도예가라도 된 양 비옥한 흙으로 그릇 모양을 잡고, 그릇 모양 흙더미 사이에는 30센티미터씩 간격을 두었다. 위니 할머니가 보여 준 대로 물이 흘러 없어지는 것을 막기 위해서였다. 나는 흙더미 하나하나마다 세 자매 씨앗을 각각 하나씩 심고 매일 물을 주었고, 일주일 후에는 검은 씨에서 정말 작은 떡잎이 돋아났다.

대부분의 나무가 외생균근균과 관련을 맺는 것과 달리 정원에서 자라는 식물은 대개 수지상균근균과 연관이 있다. 전 세계에 존재하는 수지상균근은 불과 약 200종인 반면 외생균근 종은 수천 개에 달한다. 이 수지상균근균들은 일반 종인데, 자연에 존재하는 종의 개수는 적을지 몰라도 정원에서 자라는 거의 모든 채소의 뿌리에 서식할 수도 있고, 연관을 맺을 수도 있다는 뜻이다. 옥수수, 호박, 콩, 완두콩, 토마토, 양파, 당근, 가지, 상추, 마늘, 감자, 고구마 같은 채소들과.

돋은 지 몇 주 안에 식물의 뿌리가 균근으로 덮였고 서로 엮였다. 콩을 뽑아 보니 뿌리를 따라 길이로 질소 고정 세균을 품은 작고 흰 몽우리가 보였다. 콩은 질소를 변환해 옥수수, 호박과 공유한 흙더미에 질소를 첨가하는 중이었다. 옥수수는 콩이 올라갈 수 있는 구조물을 제공하면서 은혜를 갚았다. 호박은 뿌리 덮개 역할을 맡아 토양의 습기를 유지하고 잡초와 벌레를 막았다.

균근 연결망이 이 춤에서 어떻게 한몫을 했는지, 질소를 고정하는 콩에서 옥수수와 호박으로 질소를 나르는 내 정원의 연결망에 대해 상상했다. 그리고 옥수수가 드리운 그늘에 가려진 콩과 호박에게 탄소를 전달하는 키가 크고 햇빛을 잘 받은 옥수수를. 또 저장해 둔 물을 목마른 옥수수와 콩에게 보내고 있는 호박을.

정원은 무척 잘 자랐다.

용서를 느낄 수 있었다.

나는 우리집을 둘러싸고 있던 숲으로 통하는 길을 내기 시작했다. 짐승들이 만들어 놓은 길을 따라 땅을 밟으면서. 이끼가 돋아 부드러운 그늘진 숲속 빈터를, 미국물박달나무(water birch)가 무성한 축축하고 움푹 꺼진 곳들을, 썩어 가는 뿌리가 남긴 구멍에 토끼가 살고 있던 풀이 무성한 비탈길을 알게 되면서. 제일 오래된 나무들과 그 자손들이 근처에 모여 무리를 짓고 사는. 나는 수천 마리의 생명체가 낮은 소리로 웅웅대는 소형 텐트만 한 개미집 근처에서 어슬렁거렸고, 개미들이 일렬로 기어가는 모습을 보고 나서 바늘잎과 지의류를 실어 나르는 개울들을 뛰어 건너며 오래된 소나무를 향한 큰길을 따라 나섰다.

나는 뿌리 깊은 나무가 밤에 토양 표면으로 물을 끌어올려서 뿌리가 얕은 묘목이 낮 동안 생생할 수 있도록 물을 보충해 주는 미송의 수분 재분배에 관한 새 연구에 대해 생각했다. 미송이 균근 연결망을 통해 물을 퍼뜨리는지 연구한 사람이 있었을까? 어쩌면 미송은 자신의 군집을 온전하게 유지하기 위해 어려운 시기에 동료들의 모자람을 채워 주며 물을 공유했을 수도 있다.

식물들은 서로의 강점과 약점에 맞추어 고상하게 주고받으며 절묘한 균형을 이루어 낸다. 정원의 단순한 아름다움도 이런 균형을 이루어 낼 수 있다. 개미의 복잡한 사회도. 복잡함, 일관성 있는 행동, 그리고 모든 것에도 품위가 있다. 우리 자신도 이런 양상을 지니고 있다. 혼자 하는 일에서도, 함께 해내는 일에서도 우리의 뿌리와 체계는 얽히고설키어 자라고, 서로로부터 독립했다가 수백만 번의 절묘한 순간에 다시 서로에게로 돌아온다.

• • •

전화벨이 울려 부엌 식탁에서 일어났다. 나는 미송과 폰데로사소나무 사이에 자리를 잡은 우리의 통나무 집, 초원에 꽃을 피우는 탁한 분

어머니 나무를 찾아서

304

홍빛 장미와 노란 발삼루트(balsam root, 발사모리자 종류. 해바라기와 비슷하게 생겼다. ― 옮긴이)를 무척이나 아꼈다. 나는 곁눈질로 도가머리딱따구리의 붉은 볏이 창문을 휙 지나가더니 미송 가지에 앉는 것을 보았다. 수화기를 들고 캐나다 공영 방송 기자의 이야기를 듣는 동안 딱따구리가 내 모습을 바라보고 있었다. 내일 라디오 인터뷰를 할까? 새가 고개를 쫑긋 세웠다. 나는 리뷰 논문에 대해 생각했다. 리뷰 논문에 대한 질문이 분명히 들어올 것 같았다. 딱따구리는 잭해머 같은 힘으로 부리를 쾅 찧었다. 구멍을 뚫기 위해 새와 나무는 서로가 필요하다. 떨어져 나간 나무 조각들이 날아와 우리 집 창문에 부딪혔다. 왜 나는 비판에 신경을 너무도 많이 쓰는 걸까? 나는 학문적 허영심 때문이 아니라 숲을 위해서 연구를 했다. 연구는 이미 발표되었으니 이제는 내가 말을 해야 할 때가 왔다.

나무는 딱따구리의 습격에도 동요하지 않고 서 있었고, 비바람을 맞은 나무 껍질과 새의 부리는 복잡한 태엽처럼 박자에 딱 맞게 움직이고 있었다.

"네." 나는 말했다.

9장 응분의 대가

10장

[돌에다 색칠하기]

11월. 눈이 로키 산맥을 덮는 중이었다.

어시니보인(Assiniboine) 산에서 혼자 백컨트리 스키(backcountry ski, 스키장 밖에서 타는 스키. — 옮긴이) 여행을 하던 중, 나는 힐리 패스(Healy Pass)의 청정 코르디예라(cordillera, 낮은 지대를 포함해 태평양 연안을 따라 줄지어 있는 산맥의 집합. — 옮긴이) 지역에서 잠시 쉬고 있었다. 눈과 얼음 거푸집을 뒤집어쓴 로키전나무들이 휘어져 있었고, 흰수피잣나무(white bark pine)는 좀벌레와 기후 변화 스트레스로 인한 녹병으로 뼈 꽃다발처럼 사지를 벌린 채 죽어 있었다. 나는 임신 3개월이었다. 돈이 박사 논문을 쓰느라 떨어져 지내는 동안 나는 켈리의 죽음 때문에, 어쩌면 외로움 때문에 밤을 지새우곤 했다. 나는 서른여섯, 돈은 서른아홉이라는 사실에 더해 자녀에 대해 생각할 때가 왔음이 분명해졌

307

다. 이 선물을 기념하기 위해 나는 어시니보인 산에서 스키를 탔다.

좀벌레는 산중턱 협곡에서 난동을 피우는 중이었다. 병충해는 4년 전인 1992년, 북서쪽에 있는 스팻시지 고원 자연 주립 공원(Spatsizi Plateau Wilderness Provincial Park)에서 시작되었는데, 그해 겨울 기온이 몇 도 상승했고 가장 추운 달의 기온도 섭씨 -30도 아래로 떨어지지 않아서 좀벌레 유충이 늙어 가는 소나무의 두꺼운 체관부에서 잘 자랄 수 있었다. 로지폴소나무는 이 지역에서 좀벌레와 함께 공진화해 왔고, 약 1세기 후에는 자연스럽게 항복해서 다음 세대를 위한 공간을 만들었다. 나무들이 줄어들자 당연하게도 연료가 축적되었고 번개나 인간으로 인해 산불이 붙었다. 불꽃 때문에 수지가 붙은 방울 열매가 열리면 소나무 씨가 튀어나왔고, 1,000년 묵은 뿌리 체계가 자극을 받아서 어린 숲의 가연성을 줄이는 촉촉한 잎을 가진 사시나무가 돋아났다. 불은 이 지역을 훑고 지나가다 사시나무가 덮인 숲속 풀밭에서 점점 작아졌고, 숲 자체로 향후의 산불에 저항할 수 있는 나이대가 다양한 숲 모자이크를 남겼다. 하지만 1800년대 후반에 유럽에서 온 정착민들은 금을 찾기 위해 이렇게 짜깁기 된 숲을 불태우고 맨땅만 남겨서 이 조화를 깨뜨렸고, 이후에는 화재 진압과 사시나무가 수익성 수목을 방해하지 못하게 하기 위한 제초제 살포로 균일성이 더욱 심해진 어마어마한 넓이의 소나무 임분 장막을 만들었다. 이 소나무들이 100세가 되고 기후가 온난해짐에 따라 좀벌레 개체 수가 폭발적으로 증가했고 좀벌레는 물을 따라 흐르는 붉은 피처럼 이 지역을 붉게 물들이고 있었다.

무언가에 홀린 듯 길을 계속 따라갔고, 낙석과 트리웰(tree well, 나무갓 아래에 눈이 쌓이지 않고 비어 있는 눈 덮인 나무. 주변에서 스키를 타다가 빠지는 사고가 일어난다. ─ 옮긴이) 주변에 방향 전환을 한 자국을 냈다. 죽은 흰수피잣나무 사이를 미끄러지듯 내려오자 공기가 허파 안으로 깨끗하고 세차게 들어왔다. 돈은 오후 동안 시간을 내서 아기 침대를 만드는 중이었다. 만족감이 우리 둘 모두를 감싸고 있었다. 골짜기 한가운데에서 나는 신선한 눈에 난 흔적을 확인하기 위해 멈춰 선 채 친숙한 두려움이 몰려드는 느낌을 받았다. 발자국은 찻잔 받침만큼 컸고 발톱 자국 깊이만도 2센티미터가 넘었다.

늑대였다. 혼자 스키를 타는 사람은 손쉬운 먹잇감일 것이다.

나는 스키를 타고 멀리, 고개 너머까지 갔다. 하지만 이내 길을 잃었다. 원을 그리며 다시 가운데로 가자 흩날리는 눈 때문에 이미 꽁꽁 얼어 버린 본디 가던 길로 돌아오게 되어 두려움에 몸이 떨렸다.

새로 난 발자국으로 덮여 있던 그 길로.

혹시 늑대는 3마리인 걸까. 나를 사냥하는 중일까?

나는 본능적으로 계속 고개 아래로 스키를 타고 내려왔다. 내 뒤로는 산꼭대기 아래의 분지에 모여 자라는 고산잎갈나무(alpine larch)가 이미 금빛 바늘잎을 전부 떨구고 벌거숭이가 되어 있었다. 이곳, 아래쪽에는 로키전나무가 작은 숲을 이루며 한데 묶여 있었고, 점점 내려갈수록 로키전나무가 더 많아졌다. 13킬로그램 짐을 등에 짊어진 채 텔레마크 스키를 타니 다리에 무리가 갔다. 30그램짜리 금덩이보다 작은 아기 때문에 균형을 잃지는 않았다. 얼음으로 뒤덮인 울퉁불퉁한 지형에서 균형을 잡기 위해 나는 허리 버클을 단단히 조이고 턴을 한 번씩만 연결하며 느리게 돌았다.

나는 동쪽으로 길을 크게 가로지르며 돌아오는 길에 지나게 될 가파른 구간을 피했다. 나무가 빽빽하게 들어차 있어서 잘 보이지 않았다. 어린 로지폴소나무들이었다. 수십 년 전에 화재가 있었음이 분명했다. 이내 경로를 또 벗어나서 나침반을 확인해 보았다. 방향을 제대로 파악하지 않거나 큰길로 다시 가지 못하면 상황은 심각해질 수도 있었다.

두려움 때문에 계속 짜증나던 것들이 떠올랐다. 나는 숲에도 지능이 있다는 증거, 즉 숲도 인지하고 소통한다는 증거를 더 많이 갖게 되었다. 하지만 도전할 준비는 아직 다 안 된 느낌이었다. 사람들이 나를 무시하거나, 최악의 경우 식물의 지각 능력에 대한 내 강연을 비웃을지도 모른다. 아니다, 나는 임신 중이었고 인생에서 가장 소중한 존재인 아이를 보호하기 위해 조용히 지내야 한다. CBC 라디오와의 인터뷰는 지역의 동식물 연구자, 환경주의자, 심지어 뜻을 함께하는 일부 임업인들의 관심을 불러일으켰지만 주도에서는 침묵만이 돌아왔다. 정책 쪽 사람들로부터는 이메일조차 없었고, 나는 인터뷰를 할 만한 가치가 있는지 의문을 품고 있었다. 또는 그 문제에 대해 학회에서 발표하는 것도. 나는 이미 해 온 것 이상의 공개적 활동은 하고 싶지 않았다. 지금은 너무 걸려 있는 것들이 많았다.

스키를 타고 100미터 뒤로 가서 이미 스키를 타고 지나간 사람들이 남긴 오래된 흔적을 발견했다. 늑대 발자국이 스키 흔적 위를 세 번 건넜다. 이제 적어도 5마리 이상의 동물이 있는 셈이었다.

켈리는 소를 몰 때 늑대가 같이 다녔다는 이야기를 많이 했다.

더 멀리까지 스키를 탔다. 로지폴소나무들이 더 듬성듬성해졌고 몽글몽글한 나무갓이 지면 더 가까이 왔다. 머지않아 닥칠 상실에 대한 추모를 칭하는 특별한 단어가 존재할 것만 같았다. 10년이 지나면 브리티시 컬럼비아 숲 면적의 3분의 1에 해당하는 1800만 헥타르의 성숙한 소나무 숲이 죽어 없어질 것이다. 좀벌레는 끊임없이 흰수피잣나무, 몬티콜라잣나무, 폰데로사소나무 틈에서 나무를 좀먹으며 이동할 것이고, 미국에서는 오리건부터 옐로스톤까지, 또 캐나다의 북방 수림(boreal forest)에 널리 분포한 방크스소나무와의 혼종 소나무(jack-pine hybrid)를 감염시키기 시작하면서 북아메리카 전체를 관통하며 대략 캘리포니아 정도의 면적을 대상으로 하는 총체적 전염병을, 역사상 기록된 모든 충해를 능가하는 충해를 일으킬 것이다. 또 머지않아 발생할 파괴적 산불의 연료가 될 것이다. 좀벌레는 조림지에서도 들끓었는데, 특히 자작나무와 사시나무 이웃들을 제거한 곳에서 빠르게 자라는 소나무 틈에 우글거렸다.

나는 작고 헐벗은 사시나무 숲을 지나갔다. 발자국이 김이 나는 소변 때문에 녹는 중이었다. 짙은 주황색 소변이었다. 좁은 계곡 바깥으로 향하는 큰길을 따라가고 있었는데, 아드레날린 때문에 짐이 가볍게 느껴졌다. 늑대들이 내 앞에, 다만 보이지는 않는 곳에 머물며 흔적만 남기고 있었다.

늑대들의 발자취는 곧장 큰 북쪽으로 가는 통행로를 향하고 있었고 나는 갑자기 안정을 찾았다. 늑대들은 나를 쫓는 게 아니었다. 그들은 나를 계곡 밖으로 인도하고 있었다. 전망이 넓어졌고 내가 가던 길이 남쪽에서 이어지던 길과 합쳐졌다. 나는 큰길로 접어들었고 늑대들의 발자취는 갑자기 방향을 틀어 북쪽을 향했다. 늑대들이 숲속으로 사라지자 그들 쪽으로 세찬 바람이 불었다.

늑대들이 잘 가라고 말하는 것 같았다.

내 동생을 위해, 그리고 그 늑대들 안에 있던 켈리의 영혼을 위해 눈 속에서 촛불을 켰다. 로지폴소나무들은 키가 크고 강했고 변함없이 로키전나무들을 굽어보며 높은 나무갓으로 나에게 그늘을 드리워 주었다. 나는 계곡의 바위, 결정으로 덮인 나무갓, 늑대 떼가 한자리에 모인 바로 이곳에 더 머물러야만 했다. 태양이 화강암 봉우리 위까지 올라와 있었고 나는 태양 쪽으로 고개를 기울였다. 나는 샌드위치를 꺼냈고 여기 영원히 머물 준비가 되어 있었다. 순수하고 깨끗하고 흐트러지지 않은 채, 나는 온전히 환영받고 있음을 느꼈다.

샌드위치를 먹다가 왜 나무들이, 이 사시나무와 소나무들이 이웃 나무에 탄소(또는 질소)를 제공하는 균근균을 돕고 있는지 궁금했다. 자신과 같은 종의 개체들, 특히 자신과 유전자적으로 가족인 개체와 무언가를 나눠 가지는 것은 명백한 이점으로 작용하는 듯했다. 중력이나 바람, 이상한 새나 다람쥐가 나무 씨 중 대부분을 주변 지역으로 퍼뜨리는데 그리 넓게 퍼뜨리지는 못한다. 이는 가까운 이웃 지역에 있는 많은 개체가 친척 관계임을 의미한다. 이 초원 가장자리에 모여 있는 소나무들은 아마도 같은 가문의 친족일 텐데, 그들의 유전자는 멀리 있는 아버지들로부터 날아오는 꽃가루로 인해 다양해졌다. 이 부모 나무들은 자기 주변 나무들과 유전자를 공유하며, 바로 그들의 후손인 묘목의 생존율을 늘리기 위해 탄소 공유를 한다. 이것은 다시 미래 세대로의 유전자 전달에 도움이 될 것이다. 이후의 연구에서는 임분의 소나무 중 최소 절반의 뿌리가 서로 얽혀 있으며, 큰 나무들이 작은 나무들에게 탄소를 보조해 주고 있음이 밝혀지게 된다. 피는 물보다 진하다. 이런 양상은 개체 선택 관점에서 보면 완벽하게 말이 된다. 다윈주의적 양상이다.

하지만 내 연구는 일부 탄소가 친척 관계가 없는 개체로도, 또 완전히 다른 종의 개체로도 이동했음을 드러냈다. 자작나무에서 미송으로, 그리고 또 그 반대로도. 나는 나무 껍질이 햇볕을 쬐고 있던 흰사시나무를 바라보면서 흰사시나무도 나무갓 아래에 있는 로키전나무에게 탄소를 넘겨주고 있는 것은 아닌지 궁금했다. 그리고 반대 방향인, 전나무로부터 사시나무로도. 일반 종인 균근균이 많은 나무들에게 투자하며 생존을 위해 여러 군데에 도박을 걸었을 수도 있고, 혹시 만약의 경우 탄소가 낯선 개체로 이동한 것은 단순히 친척 나무에게 탄소를 옮기는 비용의 일부, 즉 손해 담보였을 수도 있다. 하지만 내 나무들이 보여준 결과는 이렇지 않았다. 그들은 나에게 탄소 이동은 단순한 우연이 아니라 부정기 축제가 낳은 썩 좋지 못한 결과라는 증거를 제공하고 있었다. 아니다, 내 나무들은 이 게임에 걸려 있는 도박거리가 많음을 증명하고 있었다. 실험 결과는 반복적으로 탄소가 소스(공급원) 나무에서 싱크(흡수원) 나무로, 즉 부유한 나무에서 가난한 나무로 이동했으며 나무들이 탄소를 어디로 얼마나 이동시킬 것인지 어느 정도 통제하고 있음을 보였다.

다람쥐 한 마리가 뒤틀린 로키향나무(Rocky Mountain juniper) 가지에서 지저귀며 내가 샌드위치 조각을 던져 주기를 기다리고 있었다. 다람쥐는 소나무 꼭대기에 있는 산갈가마귀를 계속 바라보고 있었는데, 아마도 부리에 흰수피잣나무 씨가 있는 듯했다. 열량이 풍부한 씨앗을 탐내는 또 다른 종인 까마귀가 깍깍 노래했다. 흰수피잣나무는 무거운 씨를 뿌리기 위해 회색곰을 비롯한 이 모든 생물 종에 의존하고 있었다. 왜 나이든 흰수피잣나무는 자신의 번식 성공을 이런 새와 동물 들에게 믿고 맡긴 것일까? 씨가 먹을거리라서 관심을 가질 뿐인데. 씨앗 가운데 일부는 늙은 나무의 번식 성공을 위해 먹히지 않고 살아남아야만 한다. 그래야 싹이 돋고 자손 나무가 자랄 수 있다. 그만큼 충분히 씨가 남을 것이라고 믿는 이유는 무엇일까? 만일 예컨대 불이 나거나 특별히 엄청나게 추운 겨울 때문에 이 씨 중 하나가 멀리 퍼져 나가서 없어져 버린다면, 다른 이들이 또 다른 것들을 날라 줄지도 모른다. 같은 맥락에서 나무가 연결망을 구성하는 일반 종 진균, 예를 들면 비단그물버섯이나 끈적버섯(Cortinarius)에게 탄소를 전달하는 이유는 무엇일까? 탄소를 공급받은 진균들은 친척 관계가 없는 나무에게도 탄소를 전해 줄 텐데. 소나무로부터 숲 하부의 로키전나무로.

다람쥐를 향해 빵 껍질을 던지자 까마귀와 산갈가마귀가 이 경품을 노리며 위에서 날아내렸다. 꼬리를 움츠리면서 다람쥐가 그루터기에서 뛰어내렸다. 오래된 흰수피잣나무가 기쁘게 자신의 씨앗을 새와 다람쥐에게 먹이며 둘 이상의 대상에 의존하듯이, 나무가 연결 네트워크를 구성하는 많은 균근균 종의 기주가 되는 것에도 비슷한 진화적 이점이 있는 게 분명했다. 한 가지 요소를 잃었을 경우에 대비해서 다양한 대상으로부터 혜택을 받을 수 있도록.

어쩌면 더 중요한 것은 빠르게 번식하는 진균의 능력일 수도 있다. 진균은 수명이 짧기 때문에 안정적으로 오래 사는 나무들이 겨우 적응을 해내는 것에 비해 변화하는 환경, 즉 불, 바람, 기후, 등에 훨씬 빠르게 적응할 수 있다. 가장 오래된 로키향나무는 1,500세나 되었고, 가장 오래된 흰수피잣나무는 1,300세가 되었는데, 각각 유타 주와 아이다호 주에 산다. 이곳의 나무들이 첫 방울 열매를 맺고 씨를 만드는 데는 수십 년이 걸리고 그다음 방울 열매와 씨를 생산하는 데에도 일정한 시간이 필요하다. 하지만 나무의 진균 네트워크는 비가 올 때마다 버섯과 포자를 만들어 내므로 1년 중에도 몇 차례나 자신의 유전자를 재조합할 수 있는 잠재력을 갖고 있다. 어쩌면 빠르게 순환하는 진균은 나무에게 변화와 불확실성에 재빠르게 적응하고 대처하는 방법을 제공하는지도 모른다. 다음 세대의 나무들이 기후 변화의 영향으로 따뜻하고 건조해지는 토양에 더욱 잘 적응하고 대처하는 개체들로 자라기를 기다리는 대신, 이 나무들과 공생 관계에 있는 균근균이 점점 더 단단히 박히게 되는 자원을 획득할 수 있도록 빠르게 진화할 수 있다. 어쩌면 비단그물버섯, 그물버섯, 끈적버섯 진균이 소나무좀벌레 병을 발생시킨 온난해진 겨울에 더 즉각적으로 대응해 나무들이 일정 수준의 저항력을 유지하기 위해 계속 양분과 물을 모을 수 있도록 돕고 있는지도 모른다.

까마귀가 내 샌드위치 껍질 전쟁에서 승리했고 깃털을 구름처럼 날리고 깍깍 소리를 내면서 산갈가마귀 주변을 맴돌다가 지나갔다. 다람쥐는 너무 느렸을 뿐만 아니라 새의 부리에서 뭔가를 빼낼 능력도 전혀 없었다. 대신 다람쥐는 새들이 땅에 흰수피잣나무 씨를 묻으면 씨앗을 땅에서 파낸다. 또는 흰수피잣나무 가지에서 말라 가고 있는 버섯을 맛있게 먹을 수도 있다. 만일 다람쥐가 다른 동물들이 그냥 지나친 흰수피잣나무 씨앗에만 의존한다면 까마귀나 산갈가마귀 같은 이웃만큼 오래 살지 못할 것이다. 마찬가지로 진균도 새 기주에 서식하기 위해서는 다리나 깃털에 포자를 태우거나 상승 기류를 잡아타는 등 손실에 대비한 도박을 해야 할 것이다.

만약 진균이 한 나무에서 자신의 성장과 생존에 필요한 양보다 더 많은 탄소를 얻는다면, 진균은 연결망 내에 있는 탄소가 필요한 나무로 탄소 잉여분을 공급할 수 있게 되며 그렇게 함으로써 진균의 탄소 포트폴리오를 다양화할 수 있다. 필수 자원을 확보하기 위한 보험처럼. 만일 재앙이 닥쳐서 한 나무가 죽어도 이 진균은 한여름에는 부유한 사시나무에서 가난한 소나무로 탄소를 날라서 서로 다른 두 건강한 기주, 즉 광합성 탄소 공급원을 확보할 수 있다. 마치 시장이 붕괴할 때를 대비해서 채권 투자를 병행하며 주식에 투자하는 것처럼. 연결된 나무 중 한 그루가 죽으면, 예컨대 혹시 소나무가 소나무좀벌레에 굴복한다면 글쎄, 적어도 진균은 에너지 필요량을 충족하기 위해 사시나무에 의존할 수 있을 것이다. 이처럼 여러 나무 종으로부터 더 안정적으로 탄소를 공급받으면 어려운 시기 동안 진균의 생존 확률이 높아질 수 있다. 진균은 탄소 공급원 중 적어도 하나만 살아 있다면 기주가 어떤 종인지 신경 쓰지 않을 수도 있다. 다양한 식물 군집에 투자하는 것이 단 한 종에만 투자하는 것보다 위험도가 낮은 전략이다. 스트레스가 많은 환경일수

어머니 나무를 찾아서

316

록 더욱 다양한 종과 연합할 수 있는 진균이 더 성공할 것이다.

허리 벨트 위로 배낭의 균형을 잡으며 나는 내가 강하고 민첩하다고 느꼈고, 브라이언트 크리크(Bryant Creek)를 따라 남쪽으로 이어지는 분기점으로 방향을 틀었다.

고민하다 보니 기분은 들떴지만 여전히 잘 맞아떨어지지 않는 구석이 있었다. 나는 종들이 상호 작용하는 더 큰 집단에 대해 생각했다. 식물, 동물, 진균과 세균이 이루는 전체 공동체에 대해서. 개체 선택은 슈도모나스 플루오레센스가 균근균이나 자작나무와의 상호 작용을 통해 미송의 아밀라리아뿌리썩음병을 감소시키는 방식을 설명할 수 있을 것이다. 집단 수준에서도 선택이 작용할까? 개별 종들이 전체 집단의 건강을 증진하는 복잡한 군집 구조로 조직된 것처럼. 인간의 사회에서 사람들이 길드를 조직하는 것처럼 다양한 종이 구성하는 상호 협력 길드도 존재할까? 한 아이를 기르는 데 온 마을이 필요하듯이, 서로를 돕기 위해 다양한 나무 종들이 연결망으로 이어져 있는 곳에도 나무의 길드가 존재할까? 이런 길드에도 사기꾼이 있을 위험성에도 불구하고 말이다. 하지만 만일 우리의 행위가 마치 여름 동안 방향이 바뀌는 자작나무와 미송 사이의 양방향 이동과 호혜의 원칙처럼 꾸준하게 받은 만큼 돌려준다는 규칙에 의해 지배된다면 이와 같은 공유는 효과가 있을 것이다. 응분의 대가. 하지만 거래에 장기적 변화가 있다면 어떨까? 결국 미송이 자작나무보다 키가 커질 때처럼. 응분의 대가라는 관계의 규칙은 변할 것인가, 그리고 이 양상을 우리의 인생사가 더욱 복잡해지고 나이가 들어 가며 관계가 변하는 것과 어떻게 비교할 수 있을까? (만약 진이 내 육아를 도와주고, 또 진이 멀리 이사를 간다면 나는 어떻게 은혜를 갚아야 할까?) 나는 미래의 불확실성을 감안할 때 왜 나무 두 종이 장기간에 걸쳐 탄소 거래를 계속하는지 궁금했다.

오리나무 실험을 할 때 만났던 죄수들을 떠올려 보았다. 교도관과 감독관은 무기를 갖고 있지 않았기 때문에 죄수 중 누구든 탈출할 수 있었다. 수목 한계선을 지켜보던 사내는 확실히 빗장을 끄를 준비가 된 것 같았다. 도망가겠다는 결정을 한 사람은 동료 죄수들을 배신하는 꼴이 될 것이다. 왜냐하면 다른 죄수들은 수감 기간이 늘어날 위험에 처하게 하기 때문이다. 순전히 이기적인 관점에서만 본다면 초조한 죄수는 자유를 찾아 달아날 수도 있었다. 반면 만일 죄수가 협력을 하고 다른 죄수들도 협력한다면 선한 행동에 따라 형량도 줄어들 가능성이 있다. 하지만 결과를 알 방도가 없기에 전형적인 죄수의 딜레마가 발생한다. 탈출하는 것이 더 합리적인 듯하나 결국 죄수의 본능은 협력으로 기운다. 연구에 따르면 심지어 배신이 더 나은 개별 보상을 가져다주는 경우에도 집단은 보통 협력을 선택한다.

어쩌면 자작나무와 미송, 잣뽕나무버섯과 슈도모나스 플루오레센스는 장기적 관점에서 집단 협업의 이득이 개별 종 특혜의 비용보다 더 큰 죄수의 딜레마에 처해 있는지도 모른다. 미송은 아밀라리아뿌리썩음병 감염 위험이 높기 때문에 자작나무 없이는 살아남을 수 없고, 미송이 없다면 토양에 질소가 과도하게 축적되어 토양이 산성화되고 자작나무가 쇠퇴하기 때문에 자작나무도 장기적으로는 미송 없이 살아남을 수 없다. 이 각본에서는 작은 슈도모나스 플루오레센스 세균이 두

가지 기능을 한다. 숲의 아밀라리아뿌리썩음병 확산을 억제하는 화합물을 생성해 집단이 여전히 탄소 에너지원을 갖도록 담보하는 역할을 하고, 또 균근 연결망에서 배출된 탄소를 사용해 질소를 고정한다. 이와 같은 양상은 여전히 개별 종 수준에서의 선택과 그 맥을 같이 할까, 아니면 집단 수준에서의 선택에 해당할까?

늑대들은 숲, 눈, 그리고 산과의 관계 속에서 번성했다. 이 짐승들은 나무 틈에서 먹이, 살 곳, 새끼를 보호할 곳을 찾았으며 무스, 염소, 곰, 흰수피잣나무와의 상호 작용을 통해 당사자들이 공진화하고 배우고 완전체로 결속되는 다양한 공동체를 만들었다. 산만해진 나는 스키를 탄 채 무선 목줄을 단 늑대를 추적하던 두 생물학자에게 거의 달려들었다. 그들은 늑대 무리를 잘 알았다. 우두머리는 늙은 어미 늑대였다.

나는 그들에게 늑대를 쫓는 이유를 물었다. 산꼭대기의 그림자가 길어지고 있었고, 선두에서 추적하던 날씬하고 바람에 살갗이 탄, 흑갈 색 머리를 하나로 묶은 여성이 나에게 카리부(caribou, 북아메리카 순록. ─옮긴이) 개체수 감소를 완화하기 위해 공원에서 늑대를 도태해야 한다는 압박에 대해 설명했다. 그녀는 이야기하면서 선글라스를 다시 머리에 걸치며 맹렬한 지성을 발산하고 있었다. 조수는 진조차 어찌하지 못할 배낭을 진 젊은 남성이었는데, 무전기를 만지작거리는 중이었다.

"벌채 때문이죠." 내가 눈을 맞추며 말했다. 돋아나는 버드나무와 오리나무는 무스들의 뜯어먹을 거리였고, 이 나무들 때문에 무스 개체수가 증가해서 늑대들이 꼬이게 되었다. 문제는 무스를 사냥하는 늑대가 서식지 유실과 인간과의 접촉으로 인해 급격히 감소하는 중인 카리부도 죽였다는 것이다. 그녀는 텔레마크 스키에서 자세를 바꾸고 눈사태 비콘이 켜졌는지 확인하면서 동의의 뜻으로 고개를 끄덕였다.

"네, 벌채지에서는 눈이 너무 깊게 쌓여서 카리부가 늑대보다 잘 달릴 수 없어요." 그녀가 어미 늑대가 사라진 길 쪽을 바라보며 말했다. 그리고 좀벌레 때문에 죽은 소나무들을 끌어내면서 벌채지는 점점 더 늘어나고 있다.

"안 가면 놓치겠는데요." 눈을 가늘게 뜨고 추적 장치를 응시하며, 배낭의 가슴 띠를 조이면서 조수가 말했다. 연구자는 앞에 있는 고개를 향해 눈을 찌푸렸다.

"잘 가요." 그녀가 말했고 나도 한결같은 추적에 감사하며 잘 가라고 인사를 했다. 그들은 나타났을 때처럼 매끄럽게 소나무 사이로 증발하면서 여기서는 사람이 흔적조차 없이 쉽게 사라질 수 있다는 것을 상기시켜 주었다. 정오가 지났다. 계속 가지 않으면 마지막 몇 킬로미터는 어둠 속에서 스키를 타야 할 것이다.

브라이언트 크리크를 따라 난 길은 빠르고 완만한 내리막이었고 흔들리는 소나무, 내 뒤의 태양, 그리고 등 뒤로 보이는 눈사태 경로를 지나가며 나는 늑대를 연구하는 생물학자들이 스키를 타고 지나가면서 길을 다져 준 것에 고마워했다. 하늘의 분홍색, 보라색 줄무늬가 기울어진 퇴적 지각의 기울어진 판상 너머로 검게 바래 갈 무렵 차에 도착했다.

생태계는 인간 사회와 무척 비슷하다. 생태계와 인간 사회의 바탕은 관계이다. 유대가 강할수록 그 시스템은 더 탄력적으로 된다. 그리고 이 세상의 시스템은 각각의 유기체로 구성되어 있으므로 시스템은 변화할 수 있다. 생명체들은 적응하고 유전자는 진화하고 우리는 경험을 통해 배운다. 나무, 진균, 사람 등 시스템 일부가 계속 서로에게 그리고 환경에 반응하기 때문에 시스템은 끊임없이 변화한다. 우리가 공진화에 성공했는가, 즉 우리가 생산적 사회를 성공적으로 구축했는가는 다른 개인, 다른 종과의 유대가 얼마나 강한지에 달려 있다. 유대의 결과로 발생한 적응과 진화에서부터 우리의 생존, 성장, 번성에 도움이 되는 행동들이 나타난다.

목관악기, 금관악기, 타악기, 현악기 연주자로 구성된 오케스트라가 함께 모여 교향곡을 만들듯이, 우리는 늑대, 카리부, 나무, 진균으로 구성된 생태계가 생물 다양성을 만들어 내고 있다고 생각할 수 있다. 또는 뉴런, 축삭 돌기, 신경 전달 물질로 구성된 뇌가 사고와 동정심을 만들어 낸다고 생각할 수도 있다. 또는 질병과 죽음 같은 외상을 극복하기 위해 형제자매들이 한데 모이듯이. 부분의 합보다 더 큰 전체를 이루듯이. 숲속의 생물 다양성이 지닌 응집력, 교향악단 소속 음악가들의 응집력, 대화와 되먹임을 통해, 기억과 과거로부터의 학습을 통해 성장하는 가족 구성원들의 응집력. 심지어 혼란스럽고 예측 불가능한 경우에도 번영을 위해 희소한 자원을 외부로부터 들여오는 이러한 응집력을 통해 우리의 체계는 온전하고 탄력적인 존재로 발전해 나간다. 체계는 복잡하다. 체계는 자기 조직화를 한다. 체계는 지능의 전형적 특징들을 갖고 있다. 숲의 생태계도 사회와 마찬가지로 이처럼 지능의 요소들을 지니고 있음을 인식한다면 숲의 생태계는 활성이 없고 단순하며 선형

적이고 예측 가능하다는 오래된 개념을 버리는 데 도움이 된다. 산림 체계에서 생명체의 미래 존재를 위협에 빠뜨린 급속한 착취를 정당화하는 데 불을 지핀 바로 그 개념을 말이다.

늑대들은 내가 일군 세 자매 정원이 그랬듯 나에게 신호를 주었다. 내가 잘못된 임업 관행에 대처할 수 있을 것이라고. 아마도 내 아이는 괜찮을 것이고, 심지어 매우 잘 자랄 수 있다고. 내가 더 대담해진다면 내 혈관을 채우는 희망이 내 딸아이를 채워 줄 수 있을지도 모른다.

어미 늑대와 그를 쫓던 생물학자들에게서 용기를 얻은 것 같았다.

늑대 무리의 존재감을 느낄 수 있었다.

켈리가 내 뒤를 봐 주고 있음을 느낄 수 있었다.

걱정도 두려움도 줄어들었고 앞으로 나아가고 싶다는 열망이 커졌다. 내 과학이 계속 암시하고 있는 변화를 불러일으키는 데 도움이 되기를 바라는 열망이. 아직도 내 《네이처》 논문에 대해 문의하는 기자들이 있었다. 온타리오 출신의 한 여성이 나에게 "인류를 위한 진정한 일"을 해 주어서 고맙다는 편지를 보내왔고, 캘리포니아의 물 부족을 걱정하는 어떤 어머니는 내 "희망의 메시지"에 대해 이야기했다. 나는 아이를 위해 계속 이 일을 해야겠다는 생각을 하며 이 편지들을 손에 쥔 채 앉아 있었다. 모든 아이들과 다음 세대들을 위해서. 나는 생태학 이론, 어쩌면 산림 정책에도 도전할 수 있는 증거를 갖고 있었다. 나는 변화의 작은 씨앗을 품고 있었다.

· · ·

몇 달 후 어느 기자가 사무실에서 나를 붙들었다. 나는 임신 중이며 아이가 언제든 나올 수 있다고 말했고 체중이 어찌나 간단하게 20킬로그램이나 늘어나는지 농담을 주고받았다. 기자가 내 발견이 제초제 사용 관행과 관련해 어떤 의미를 주는지 질문했을 때 나는 여전히 웃고 있었다. 나는 소리쳤다. "기사에 쓰지는 마세요. 그냥 우리끼리 하는 말인데, 임업인들이 하는 온갖 좋다는 것을 다 할 바에야 차라리 돌에다가 색칠하는 게(painting rocks, 보여 주기 식 사업이나 전시 행정을 말한다. ─ 옮긴이) 나을 수도 있어요." 기자는 고맙다며 며칠 내로 기사가 나올 것이라고 말했다.

초조했던 나는 뒤뚱대며 앨런의 사무실로 가서 돌에다가 색칠하는 격이라고 말했다고 전하자 앨런의 얼굴이 일그러졌다. "기자가 분명히 기사에 쓸 텐데." 앨런이 심각하게 말했다.

"그렇지만 기사에는 쓰지 말라고 했어요." 후회 때문에 갑자기 힘이 풀린 채 나는 설명했다. 작은 발이 내 배를 찼고 앨런이 나에게 앉으라고 손짓을 하자 숨이 턱 막혔다. 앨런은 그 후로 1시간 동안 기자의 연락처로 전화를 했고 마침내 토론토에 있는 그녀에게 연락이 닿았다. 앨런은 그 논평을 기사에 적으면 정부를 들쑤시게 될 테고, 내가 직장을 잃을 수도 있다고 설명했다. 기자는 아무런 약속도 하지 않았다. 조심성 없이 행동한 내가 어리석었다고 생각했지만 배신당했다는 느낌도 들었다. 같이 모성에 대한 이야기를 해 놓고는 숲의 복잡성에 관한 내 메시지를 족히 무색하게 만들 언급을 할 수도 있다니. 엎친 데 덮친 격으로 재앙을 막느라 애써야 하는 불편한 입장에 앨런을 몰아넣다니 너무나도 끔찍했다.

그날 저녁 근처의 길을 따라 걷는 동안 돈은 나를 안심시키려 했다. 새로 싹을 틔운 포플러가 일과를 마치고 잎을 닫는 중이었다. 나는 봄에 꽃봉오리가 터질 때 아이가 와 주었으면 했지만 이미 예정일을 넘긴지 2주째였고 사스카툰 종류(saskatoon) 덤불은 이미 흰 꽃으로 뒤덮여 있었다. "책임감 있는 환경 기자잖아. 그 기자가 쓴 기사를 전에 봤거든." 돈은 이웃집의 검은 래브라도 리트리버에게 나뭇가지를 던져 주며 수다를 떨었다. 나도 돈을 믿고 싶었다. "네게는 그보다 더 중요한 생각할 거리들도 있고." 돈이 말했다. 또 다른 변화는 내가 발견한 바를 갖고 한발 더 나아가겠다고 결정한 것이었다. 내 아이를 다치게 해서는 안 되지만 딸을 보호한다는 것은 아이를 위해 싸울 준비가 된 엄마가 되어야 한다는 뜻이니까. 우리는 해를 닮은 발삼루트 꽃이 핀 집으로 향했고 돈은 자기 부모님이 세인트루이스에서 우리를 보러 올 거라는 이야기를 했다.

그날 밤의 목욕이 지친 다리를 풀어 주며 마음을 비우도록 도와주었다. 돈은 불을 피우고 야구 경기를 보았고 나는 다 잘 될 거라고 스스로에게 말하며 잠자리에 들었다. 자정에 허리춤의 근육이 고무줄처럼 당기는 느낌에 잠에서 깨 아기를 진정시키려고 손으로 배를 쓰다듬다 다시 잠이 들었다.

이튿날 아침 길고 좁은 갤리 주방 바깥쪽 앞문 현관에서 조간 신문을 집으려고 몸을 웅크렸다가 파인그래스 새끼 가지가 돈은 초원 건너에 있는 지난 가을에 심은 보라색과 노란색 크로커스를 훑어보았다. 나는 《밴쿠버 선(The Vancouver Sun)》을 넘겨보았다. "잡목 나무, 숲에 반드시 필요······ 연구 결과"라는 표제 뒤로 돌에다가 색칠하는 격이라는 내 발언이 들어간 기사 첫 문장이 이어졌다.

우리 집 통나무 벽이 보도에서 나오는 열기처럼 일렁였다. 돈은 나를 빤히 쳐다보았고 딱따구리가 창문 안으로 곧장 날아 들어왔다. 돈은 토스트 마지막 한 입을 쑤셔 넣고는 자리에서 뛰어 일어났다. 돈의 눈이 괴로워하는 내 얼굴에서부터 신문 헤드라인으로 빠르게 옮겨갔다. 돈은 나를 갈비살 등받이가 있는 긴 의자로 데려가더니 내게서 신문을 가져가 버렸다. "곧 잠잠해질 거야." 돈이 말했다.

"차를 마저 마시고 싶어." 내가 말했다. "차를 끝까지 마셔야겠지?"

"좋은 생각이야." 돈이 말했다. 그는 우리 둘 사이의 공간에 더 많은 안심의 말들을 채워 주었다.

두 번째 진통이 왔고 돈은 내 가방을 집어 들고는 내가 일어설 수 있게 부축했다.

해나(Hannah)가 12시간 후 태어났다.

11장

[미스 자작나무]

돌에다가 색칠하는 격이라는 말이 주도인 빅토리아에서 작은 지진을 일으켰다. 적어도 내가 전해들은 바로는 그랬는데, 정책 입안자들이 길 길이 뛰는 동안 나는 출산 휴가 중이었기 때문이다. 정책 쪽 사람들이 내 운명에 대해 의논하고 있거나 내 운명에 대해 의논하는 중이라고 내가 추측하던 때에 나는 해나를 돌보는 중이었다. 해나의 짙고 풍성한 머리카락과 본 바를 저장하는 두 눈이 이내 돈을 똑바로 쫓고 있었다. 우리 모두를 하나로 묶어 주면서.

동료 연구자가 내 당돌함에 기뻐하면서 이메일로 축하 메시지와 색칠한 돌무더기 사진을 보냈다.

또 다른 동료는 직접 색칠한 돌을 보내 주었다.

이단아 같은 어떤 박사 후 연구원은 나에게 브리티시 컬럼비아 대학교에서 세미나 강연을 해 달라고 초청했는데, 왜냐하면 보아하니 내가 동네의 여주인공처럼 된 것 같았기 때문이었다. 비록 나는 그렇게 될 마음이 전혀 없었지만.

신문 기사 때문에 산림청 직장이 위태위태해졌고 또 기사 때문에 《네이처》 논문에 대한 관심이 다시 불붙었다. 나는 CBC 라디오 프로그램 데이브레이크(Daybreak), 쿼크스 앤드 쿼크스(Quirks and Quarks)와 인터뷰를 했고, 《빅토리아 타임스 콜로니스트(*Victoria Times Colonist*)》와 토론토의 《글로브 앤드 메일(*Globe and Mail*)》에 관련 기사가 실렸다. 해나는 자지 않을 때는 내가 기자들과 통화하는 동안 내 움직임을 전부 빨아들이며 내 허리에 딱 붙어 있었다. 말 그대로 바로 내 곁에 있던 해나를 방해하지 않고 싶었던 나는 또박또박 간결하게 말할 수밖에 없었고, 인터뷰를 해치우며 나는 점차 더 대담해지고 강해졌다.

해나를 먹이느라 며칠째 밤잠을 못 자서 기진맥진했는데도 아침이면 이상하게 차분해지고 인내심도 생겼다. 해나가 내 모든 것을 필요로 했기에 나는 이내 돌에다가 색칠하기에 대해서 거의 생각하지 않게 되었다. 돈은 아침 식사로 스코티시 오트(Scottish oat, 스코틀랜드식으로 돌로 갈아 만든 귀리로 끓인 죽. ─ 옮긴이)를 만들어 놓고 컨설팅 회사로 출근했다. 내 가슴에 기대어 잠자는 해나를 아기 띠에 태우고 나는 몇 시간이고 산책로를 걸었다. 연두색 파인그래스 풀밭과 버터앤드에그스(butter-and-eggs)라는 이름의 노란색 꽃이 핀 곳, 그리고 미송, 폰데로사소나무, 사시나무가 무리지어 자라는 곳 아래에서 고개를 끄덕이는 보라색과 갈색 패모(chocolate lily) 틈을 지나며. 어찌된 일인지 나는 이렇게 할 줄 알았다. 그냥 할 수 있었다. 나는 매일 해나가 깨기 전까지 얼마나 멀리 갈 수 있는지 알아보곤 했다. 가끔은 높은 초지까지도 갔는데, 그곳에는 습지로 덮인 호수, 날카로운 선율로 노래하는 들종다리, 부들 위에 앉아 "오-칼-리이이이" 하고 우는 붉은날개검은새(red-winged blackbird), 소나무 바늘잎을 컵 모양으로 짜서 둥지를 튼 파랑새가 있었다. 오후에는 집에 돌아와 낮잠을 재우려고 오래된 미송 그늘에 해나를 눕혔는데, 해나의 요람은 미송 그늘에 자리한 묘목들보다 높지 않았다. 흰눈썹박새(mountain chickadee)와 검은방울새(pine siskin)가 미국물박달나무가 얽힌 틈에서 바쁘게 매일 하는 잡일을 하는 동안 나는 접힌 나무 껍질에 기대서 해나와 함께 낮잠을 잤다. 안녕 예쁜아, 흰눈썹박새가 노래하며 날아갔고 검은방울새는 계속 팃-어-팃 지저귀며 날아다녔다. 언론 인터뷰는 순조롭게 진행되었고 소란도 잠잠해졌으며 나는 편안히 지낼 수 있었다.

단 한 번, 해나가 3개월일 때 일어난 사건만 빼고는 말이다. 나는 우리 주 각지의 동료들과 마찬가지로 심사 위원단 앞에서 연구 예산에 대해 발표하라는 호출을 받았다. 모든 발표자는 5분에 걸쳐 이듬해의 연구비 운용 계획의 정당성을 설명했다. 나에게는 야심만만한 프로젝트 목록이 있었다. 그날 아침 갓난아기라도 된 양 다시 사람들 앞에 서는 것이 두려웠고 나에 대한 언론 보도의 역풍을 맞는 것은 아닐까 생각했다. 해나는 거의 두어 시간에 한 번씩 젖을 먹었기에 나는 발표하는 내내 해나가 잠잘 수 있도록 발표 시작 전에 강의실 뒤편에서 해나를 달래 젖을 물렸다. 바브는 내 옆에 그림자처럼 서 있었다. 심사 위원단은 잘 깎

11장 미스 자작나무

329

은 연필과 노란색 메모장을 마련해 놓고 앞줄에 앉아 있었다. 내 발표 시간 직전에 해나가 울기 시작했고 나는 해나에게 젖을 한 번 더 먹였다.

내 이름이 불렸다. 해나가 단단히 젖을 물고 있었지만 나는 무스 다리에서 울버린(wolverine)을 떼어내듯 해나를 가슴에서 떼어내 바브의 팔에 안긴 후 서둘러 통로를 걸어갔다. 나는 연단에서 슬라이드를 넘기기 시작했다. 이내 남자들이 입을 멍하니 벌렸다. 발을 보는 사람도 있었고 서류를 뒤적이는 사람들도 있었다. 계산기가 탁 소리를 내며 바닥에 떨어졌다. 나는 입고 있던 헐렁한 보라색 웃옷을 내려다봤다. 쌍둥이 분수라도 된 양 옷 두 군데가 젖어 있었다. "아이고." 나는 중얼거렸다. 얼굴이 화끈거렸고, 신경이 철조망처럼 곤두선 채 미소짓던 나는 그 자리에서 죽어 버리고 싶었다. 나이 지긋한 심사 위원이 요란하게 기침을 했다. 내 아버지도 마찬가지로 혼란스러워 하거나 충격을 받았을 것이다. 그 세대에는 모유 수유가 유행하지 않았으니까. 여성 동료들은 부끄러움을 공유하며 입을 벌렸다. 나는 서둘러 슬라이드를 넘기며 발표를 마친 후 뛰쳐나왔고 바브는 뒤로 도망가던 나를 쫓아왔다. 우리는 햇빛 아래에 충격을 받은 채 서 있었다. 하지만 태연한 엄마인 바브가 웃음을 터뜨렸고 내가 따라 웃을 때까지 계속 웃었다. 한 달 후 받은 예산은 요청한 금액보다는 적었지만 연구를 계속하기에는 충분했다.

해나가 8개월 때 나는 출산 휴가에서 복직했다. 종일 집에 있을까 하는 생각과 씨름을 한 후였다. 하지만 다시 연구로 복귀하고 싶은 생각이 간절했고, 돈과 나는 내 수입으로 생계를 꾸렸다. 아이를 봐 주는 데비(Debbie)는 믿음직했지만 처음으로 소중한 딸, 연보라색 우주복을 입고 손목에는 여전히 젖살이 통통한, 내 호흡에 맞추어 숨을 쉬는, 평생 가장 사랑한 아이를 다른 이에게 처음으로 건네주자 해나는 배신이라도 당한 듯한 얼굴로 나를 쳐다보았다. 해나를 가슴에서 떼어내고 문을 닫고 돌아서자 해나는 비명을 지르면서 매달리고 흐느꼈다. 밖에 서서 해나의 울음소리를 듣자 가슴이 꽉 메어 왔고 내 세상은 무너졌다.

난 무얼 하고 있는 걸까? 아이를 남에게 맡기는 것이 그만한 가치가 있을까? 정부 사무실에 앉아서 창문 밖이나 쳐다보고 있으려고? 일주일 안에 기분이 나아졌다. 또 한 주가 지나자 습관이 몸에 뱄고 일이 기억나기 시작했다. 어서 일을 진척시켜야 했다. 몇 개월이 지나는 동안 나는 정책 담당자들과 임업 실무자들에게 내 발견에 대해 설명하는 것이 여전히 내 임무임을 더욱 절실히 느꼈다.

앨런과 나는 잎 넓은 식물이 침엽수와 어떻게 경쟁하는지에 대한 지역의 지식 현황 검토를 위해 이틀간의 학회와 현장 답사에 사람들을 모아 보자는 앨런의 아이디어로 돌아갔다. 우리는 자유 성장 정책, 그리고 제초가 어린 나무의 생존과 성장을 개선하는지에 대한 토론을 장려하기 위해 30여 명 되는 정책 입안자, 임업인, 과학자 들을 초청했다.

첫날, 나는 슬라이드를 다시 한번 검토한 후 당시에 11킬로그램에 거의 한 살 반이 된 해나에게 어린이집에 갖고 갈 엄청나게 푸짐한 점심을 싸 주었다. 우유 3병, 얇게 썬 아보카도, 네모로 썬 닭고기, 치즈 스틱, 딸기 요구르트까지. 나는 초조해하며 심술을 부렸고 해나는 무슨 일이 있다는 것을 알아차렸다. 돈은 사무실에 출근하기 전에 해나를 어린이집에, 나를 대학에 내려 주었다.

11장 미스 자작나무

331

앨런은 환영사로 행사 시작을 알리며 의제를 발표했는데, 의제에는 해안의 비옥한 범람원부터 아한대에서 느리게 자라는 가문비나무 조림지, 높은 고도에서 자라는 로키전나무, 로키 산맥 트렌치의 소나무 등 다양한 숲에서의 벌채 및 잡목 제거에 대한 동료들의 연구 소개도 포함되어 있었다. 탁 트인 학회장 앞줄의 원탁 2개를 채운 주도에서 온 정책 입안자들을 보자 나는 긴장했다. 산림청 임업직 공무원(regional forester)들이 그 뒤에 앉았고, 더 뒤편에 과학자들이 마치 독립성을 유지하기 위해서인 듯 흩어져 앉았다. 앨런은 항상 연구자들이 같은 목표를 향해 일하게 하는 것은 고양이들을 모으는 것 비슷하다고 말했다. 나는 마지막 순서였는데, 이튿날 견학에서 보게 될 우리 지역 산간 생태계에 대해 내가 수행한 연구를 집중적으로 다룰 예정이었다. 몇몇 발표에서는 팀블베리와 분홍바늘꽃이 흔치 않게 조밀한 초지에 제초제를 살포하면 이에 대응해 침엽수가 극적으로 성장함을 보였지만 대부분의 발표에서는 성장 개선이 미미하거나 전무하다고 했다.

북쪽 지역에서 온 예리하고 신중한 연구원인 테리사(Teresa)가 강연 중에 자신의 현장에서 사시나무를 어느 정도 남겨 두어도 가문비나무 성장 감소가 없었음을 지적했고 또 사시나무가 침엽수의 서리 피해 방지에 도움이 되었다고 했다. 테리사는 정책 입안자들을 쳐다보며 빠르게 말을 했다. 키가 크고 말재간이 날랜 산림 관리자 릭(Rick)이 끼어들더니 테리사의 슬라이드에 엄청나게 큰 나무가 몇 그루 있었다고 지적했다. 제초한 곳에 있던 10여 그루 되는 작은 나무 틈에 굉장히 큰 나무들이 있었다며, 이는 자유 성장 수목이 적어도 단기적으로는 엄청나게 크게 자랄 가능성이 있다는 증거라고 지적했다. 나와 석사, 박사 공부를 함께한 친구인 데이브가 뒤편에서 목소리를 높여 테리사에게 동의했다. 활엽수를 완전히 제거할 필요는 없는데, 침엽수 중 일부만이 활엽수 제거로 인한 혜택을 보고 나머지 침엽수는 대부분 여전히 작거나 머리 위에 사시나무가 있는 경우보다 서리 피해에 더 취약했기 때문이라고. 또 자동적 제초 작업은 생물 다양성 감소라는 엄청난 대가가 따르는 일이기에 자유 성장 정책은 바람직한 포괄적 정책이 아니라고 했다. 하지만 데이브는 벌목 후 블루조인트 그래스(bluejoint grass)가 침투하는 북쪽 지역 소재 일부 현장에서는 제초 결과가 침엽수에 좋다는 것을 인정했다.

내 순서가 되었고 나는 몇몇 실험 자료를 보여 주며 일반적으로 제초 계획의 대상이 되는 상당히 많은 식물 종들이 식재한 소나무에 피해를 줘도 예상한 만큼 피해를 입히지는 않는다고 설명했다. 벌채한 현장 대부분에서 침엽수는 토착 식물인 분홍바늘꽃, 파인그래스, 버드나무 틈에 섞여 있어도 이 식물들을 제거했을 때만큼 잘 자랐다. 자작나무가 전나무에 미치는 영향은 복잡했고 임분 밀도, 토양의 비옥도, 부지가 마련된 방식, 산출묘(planting stock)의 질, 원래 숲에 아밀라리아뿌리썩음병이 존재하던 정도에 따라 달랐다. 반응은 각 부지의 특징적 조건과 역사에 달려 있었기에 지역 삼림에 대한 이해가 반드시 필요했다. 나는 특정 상황에서 침엽수가 잘 자라는 동시에 뿌리병을 최소화하고 생물 다양성을 유지하기 위해 얼마나 많은 자작나무를 남겨 두어도 되는가에 대한 자료를 제시했다. 내 연구는 엄정했지만 나만큼 젊기도 했다.

동료들은 내 연구 결과가 그들의 연구 결과와 일치하는 대목에서 고개를 끄덕였다. 나는 긍정적인 느낌을 받으며 마지막 슬라이드까지 계속 발표를 진행했다.

오리나무나 숍베리 등의 관목은 질소를 고정하는 공생 세균의 기주가 될 수 있으므로 바늘잎이 달린 이웃에게 유익하다고 나는 설명했다. 관목이 담당하는 새를 위한 음식, 사람들을 위한 약, 토양을 위한 탄소 제공자 역할은 더 말할 나위도 없다고 속으로 생각했다. 침식, 불, 질병을 막는 역할도. 숲을 너무나 머물기 좋은 장소로 만들어 주기 위해서. 앞쪽에 앉은 정책 입안자들은 처음에는 조용히 지켜보았지만 시간이 지나며 나는 그들이 인상을 쓴다는 것을 눈치 챘고, 60대 고위 간부가 내 말을 끊으면서 "선생님의 데이터가 워낙 최근 자료라서 다른 식물들이 침엽수를 추월하는 것은 증명하지 못하겠는데요."라고 말하자 더욱 불안해졌다.

옆 테이블에 앉아 있던 눈을 가리는 초록색 야구 모자를 쓴 젊은 임업인이 내 연구는 그의 숲에서 식물이 보인 양상과 맞지 않는다고 말했다. 그는 동의를 구하며 몇몇 나이 지긋한 남자들을 옆으로 흘끗 보았다. 목사님은 여태껏 아무 말도 하지 않았고 이제 끝나고 자러 갈 준비가 다 된 듯 같은 테이블에 앉은 다른 사람들이 서류를 쌓는 동안 꼼짝 않고 앉아 있었다. 지금으로서는 이만하면 괜찮다 생각했고 강연을 마쳤고 앨런은 모두에게 감사를 표했으며 과학자들은 맥주를 마실 준비가 된 것 같았다. 정책 쪽 사람들은 함께 일어나서 규정에 관한 이야기를 한 다음 긴장을 풀고 데이브와 테리사를 따라 더피스 펍으로 갔다.

조용히 메모를 하던 어느 임업인이 "음, 쓸모가 있네. 꼭 필요하지 않은 곳에서는 잡목 제거를 안 하고 싶어."라고 친구에게 말하는 것을 우연히 들었던 것이 내 위안거리였다.

카시트를 탄 해나가 돈과 기다리고 있었다. 해나에게 입을 맞추자 해나가 꺅 소리를 냈고 나는 돈의 옆자리에 털썩 주저앉아 머리를 확 젖히며 앓는 소리를 냈다. "아이고 세상에. 다른 연구자들 데이터도 좋았지만 정책 쪽 사람들은 아직도 내 결과에 대해 회의적이더라." 나는 말했다.

항상 나보다 더 긍정적인 돈은 모두 함께 야외에 나가서 숲을 보면 상황이 더 좋아질 것이라고 장담했다.

이튿날 나는 미송 조림지의 다양한 조건을 보여 주는 세 가지 예시를 소개할 예정이었다. 소개할 '좋은,' '나쁜,' '보기 흉한' 예시는 지역 이곳저곳에 있는 벌채지에 씨를 내려 자란 자작나무의 자연적 변이를 대표하는 사례들이었다. 그중 한 조건은 대다수 조림지를 대표하는 사례로, 벌채지에 내린 씨로부터 자라거나 벌채 이후 자체적으로 자라난 자작나무가 낮은 밀도로 분포하는 경우였다. 다른 두 조림지는 흔치 않은 사례들이었는데 많은 양의 씨가 진을 치고 덤불숲을 이루고 싹을 틔운 곳, 또 자작나무가 거의 자리를 잡지 못해서 새싹이 가뭄에 콩 나듯 드물게 보이는 곳이었다. 조림지는 어렸는데 자유 성장 조건에 맞추기 위해 일반적으로 잡초목 제거를 하는 시기인 10년쯤 된 곳이었다. 나는 자작나무가 대개 정책에서 상정한 만큼 경쟁력이 강하지 않고, 그러므로 임업인들이 현지의 조건에 맞지 않는 처리 지침을 내리고 있다는 것을 알리기 위해 이 현장을 선택했다. 몇몇 자작나무 이웃이 가하는 위협을 과대 평가하다 보면 예상치 못한 결과를 초래할 수 있고 향후에 취약해질 숲을 조성할 가능성도 있다. 생물 다양성이 감소하면 생산성도 줄어들 테고, 숲의 건강이 나빠질 위험도 커지며 불이 번질 위험도 증가한다. 이처럼 우리가 발달 초기에 하는 일들이 결국은 미래의 회복력을 결정한다. 인류의 아이들과 마찬가지다.

나무들로 둘러싸인 숲 현장에서 나의 논거를 펼친다면 실제 자연 현상을 더 잘 반영하기 위해 정책 조정이 필요하다는 합의에 더 쉽게 도달하리라 생각했다. 숲에 대한 사랑은 우리 모두가 공통적으로 지닌 것이었으니까. 앨런과 나는 이날을 위해 빌린 반짝이는 쉐보레 서버번 뒷자리에 산림 관리인 릭과 목사님을 태우고 캠룹스에서 강을 따라 북쪽으로 향하는 차량 대열을 이끌었다. 진과 바브는 우리 현장 트럭을 타고 대열 맨 뒤에서 따라왔다. 멋진 주최자인 앨런은 주의 수확률과 부적절하게 재조림된 벌채지 적체에 대해 편안하게 이야기했고, 모두들 누가 다음 연구비 계획을 주도할 것인가 토론했지만 나는 가만히 있었다. 게다가 속도 메슥거렸는데, 둘째를 임신한 지 몇 개월쯤 되었기 때문이었다. 나는 지도와 메모를 보는 척했다. 릭은 껄껄 웃으며 자기가 제일 좋아하는 실험에 대해 이야기했는데, 그 실험은 북쪽 지역, 즉 잔디가 미송을 숨 막히게 하는 지역에서 수행되었으며 릭의 정책의 기준점이 되었다. 트리코카파 포플러(black cottonwood)가 자라는 모래톱, 미송이 자라는 자갈 사면을 빠르게 지나가면서 목사님은 목사님 자신과 모형 연구를 하는 사람들이 숲에 해로울 것이라고 생각하는 특정 밀도를 초과하는 숲에서 나무를 솎는 것에 대해 이야기했고, 이렇게 하면 더 빠르게 자라고 더 예측 가능한 균일한 숲을 조성할 수 있다고 했다. 나는 이야기 중에 뚫고 들어갈 능력은 없었다. 나는 숲이 내 대신 말하게 할 생각이었다.

이스트 베리어(East Barriere) 호수 바로 앞에 있던 미송과 백자작나무로 이루어진 1세기 된 임분에서 우리는 차량 행렬을 멈췄다. 내 자신이 꾀돌이 코요테라거나, 노래에 나오는 휘슬러라는 생각은 해 본 적이 없었지만, 이 답사가 나를 반역자로 굳어지게 만들까 봐 이미 걱정이 되었다.

하지만 35미터 높이의 미송들, 그보다 키가 작은 백자작나무 한가운데 있던 흙무더기에 서 있으니 오래된 숲이 평화롭고 너그럽게 느껴졌다. 잎이 무성한 백자작나무 가지가 숲 지붕 틈에 가까워지고 있었다. 오래된 미송의 자손 나무 여러 무리가 틈에 자리를 잡고 있었다. 남자들은 서로 밀치며 농담을 주고받으며 커피를 홀짝였다. 즙빨기딱따구리(supsucker)를 가리키면서 테리사는 릭과 구멍에 둥지를 트는 새 이야기에 끼어들었다. 앨런은 또 다른 높은 정책 쪽 사람 옆에 안짱다리를 하고 서 있었고, 그들은 조류 서식지 개선을 위해 스코틀랜드의 고밀도 가문비나무 조림지를 어떻게 토착 오크 삼림 지대로 다시 전환해야 하는지에 대해 이야기했다. 항상 공통된 맥락을 찾는 앨런은 자작나무 구멍에 있는 올빼미를 가리키며 이 지역의 자작나무는 브리튼 제도의 참나무와 같다고 말했다. 목사님이 춥다고 툴툴거리기는 했지만 전날 같은 긴장감은 없었다. 진과 바브는 무리보다 앞서서 길을 틀 준비를 하며 가위를 들고 있었다.

"우선 저희 자료에서 이와 같은 혼합림이 순수 침엽수림보다 더 많은 부피의 목재를 생산하는 것으로 밝혀졌다는 말씀을 드리며 발표를 시작하고자 합니다." 내가 말했다. "비록 이곳의 미송 목재량은 순수하게 미송만 있는 임분의 미송 목재량보다는 적지만 개별 미송은 더 빠르게 자라고, 미송 목재량에 자작나무 목재량까지 더하면 이 현장의 총 목재량은 순수한 미송 임분보다 4분의 1 정도 더 많습니다. 자작나무가 침엽수에 부족한 질소를 다량 공급하는 것도 일부 원인입니다. 자작나무는 또한 수목 성장 속도를 늦추거나 심지어 수목을 완전히 죽일 수도 있는 아밀라리아뿌리썩음병으로부터 전나무를 보호합니다."

럭이 말했다, "글쎄요, 사실일 수는 있겠지만 까놓고 말하면 이곳의 자작나무는 시장 가치가 없습니다." 목 신경에 경련이 왔다. 올빼미 이야기, 올빼미가 살 곳이 필요하다고 나눈 즐거운 대화는 기억하지 못하는지 목사님은 어쨌든 자작나무는 거의 다 이미 썩었다고 말했다. 테리사와 데이브는 현재 자작나무 투바이포(2인치×4인치 단면의 사각형 목재. ─ 옮긴이) 시장 가격이 낮다는 것을 알고 조용히 서 있었고 이곳의 자작나무에는 실제로 썩은 부분이 많았다.

"예전 시장 말씀이시겠죠." 앨런이 다이빙대 끝에 아슬아슬하게 균형을 잡고 있는 듯 끼어들었다. "시장은 변화하고 있으며 자작나무의 가치는 결국 더 높아질 겁니다." 앨런의 자신감이 전염된 듯 내 팔에서도 긴장이 풀렸다. "자작나무는 여기서 워낙 쉽게 자랍니다. 자연스럽게 자라려는 것을 막는 일도, 그렇게 하기 위해 큰돈을 쓰는 것도 말이 안

됩니다. 대신 자작나무 제품 시장을 개척하는 것이 낫다고 봅니다. 그러면 스웨덴에서 자작나무를 수입하는 대신 자작나무 마루와 가구를 만들 수공업계를 육성할 수 있을 겁니다. 로지폴소나무를 보세요. 20년 전에는 잡목 취급을 받았지만 지금은 가장 수익성 좋은 상업 수종에 속합니다." 바람이 길잡이풀 사이를 바스락거리며 지나가자 화살표 모양의 풀잎이 앞으로 휘며 옅은 초록색을 드러냈다.

"아무도 우리 자작나무를 사지 않을 텐데요." 릭이 말했다. "너무 오래되고 썩고 휘어서 제재소에서 돌릴 수도 없고, 시장을 지배하고 있는 스웨덴 산 자작나무와 경쟁이 안 됩니다."

"사실입니다." 릭이 옳다는 것을 알고 나는 대답했다. "그런데 어린 자작나무들을 다양한 밀도로 솎는 실험을 해 왔습니다. 각 줄기를 개별적으로 살펴보고 가장 곧은 줄기만 선별해 베지 않고 둡니다. 스스로 죽기 전에 썩는 중이거나 휜 가지를 제거합니다. 이렇게 임분을 관리하면 침엽수의 4분의 1 속도로 곧고 단단한 자작나무를 기를 수 있습니다."

"그런데 오래된 자작나무를 숲 밖으로 끌고 나오려면 비용이 너무 많이 듭니다." 초록색 야구 모자를 쓴 젊은 임업인이 말했다. 바로 이 이유 때문에 침엽수를 벤 후 자작나무가 그냥 집재장에서 썩도록 내버려 둔다. 테리사는 고개를 끄덕였고 나는 비용 문제가 사실임을 알고 있었지만 이 문제를 해결하고 싶었다. 어떻게 하면 임분을 건강하게 유지하면서 오래된 줄기 중 일부를 사용하는 동시에 자연적으로 재생되는 자작나무를 재배할 수 있을지에 대해 이야기하고 싶었다. 목사님은 왜 이

11장 미스 자작나무

렇게도 조용한 걸까?

"정부가 장려금을 지원할 수도 있겠네요." 앨런이 제안했다. "회사에서는 정부에 지불하는 비용 없이 오래된 자작나무를 무료로 받을 수 있고, 우리는 수잔이 작업 중인 선별 기술로 수목을 관리하며 어린 자작나무가 새 조림지의 환금성 좋은 수종이 되도록 할 수 있을 겁니다." 앨런은 장작 절단기가 남긴 자작나무 조각을 집어 들고 목사님에게 건네며 현재 상태에서 목재가 지닌 가치를 보여 주었고, 데이브는 이 지역 사람들이 정부가 파악 못 한 방식으로 자작나무에 의존하고 있다고 말하며 꾀꼬리버섯을 발끝으로 건드렸다.

"이미 침엽수 시장은 있습니다." 목사님이 주장했다. 이 말은 목사님이 오후에 처음 한 말이었고, 그는 장작 조각을 들여다보고는 바닥에 떨어뜨렸다.

학구적이고 세심한 병원균 전문가가 꿀색 버섯이 자라고 있는 자작나무 통나무를 뒤집더니 종이 같은 껍질을 벗기고 부드럽고 쉽게 바스러지는 촉촉한 나무속을 드러냈다. 그는 버섯을 뽑아서, 펄프 같은 나무를 감염시키는 빛나는 균사를 가리켰다. 사람들이 주변으로 몰려들었다. 자작나무가 수명에 근접한 50세에 가까워지면 줄기와 뿌리를 감염시킬 위험이 있는 아밀라리아 시나피나(*Amillaria sinapina*)에 더 취약해진다. 아밀라리아 시나피나는 잣뽕나무버섯과 비슷하지만 침엽수보다는 자작나무 등 활엽수를 주로 감염시킨다. 이 균 종은 둘 다 이 숲에서 자연적으로 생겨나는데 자연 천이를 촉진하고 나무를 죽여서 숲의 이질성을 늘리며, 다른 종을 위한 공간을 열어 주어 다양성을 증가시킨다. 하지만 잣뽕나무버섯은 산림 관리인들에게 나쁜 진균 취급을 받았는데, 특히 시장에서 탐내는 빠르게 자라는 침엽수를 죽이기 때문이었다. 벌채지에서 자작나무와 사시나무를 없애면 상황은 더 악화되는데, 새로 생긴 그루터기가 이 진균이 자랄 풍성한 식량 기반을 제공해 식재한 침엽수 묘목까지 감염시킬 가능성이 높아지기 때문이다. 자작나무를 죽이면 침엽수가 감염에 저항하는 능력도 줄어든다. 유익한 미생물도 유실되기 때문이다. 반면 대개 환금성이 좋은 침엽수 수종은 감염시키지 않는 아밀라리아 시나피나는 그만큼 심각한 걱정거리는 아니었다. 하지만 결국 자작나무가 죽기는 한다. 노화 중인 자작나무가 부패로 가득 차면 잎이 누렇게 변하고 가지가 축 늘어지고 당분 구덩이에서 잔치를 벌이려는 곤충과 다른 진균이 사방에서 나타난다. 즙빨기딱따구리와 딱따구리는 곤충을 잡아먹고 완벽한 장소를 찾아내면 나무에 알을 낳을 구멍을 뚫는다. 오래 사는 침엽수는 새 공간에 도달해서 빛과 빗방울을 전부 끌어가고 방출된 영양분도 전부 빨아들인다. "이 진균은 자작나무를 죽이고, 그렇게 생겨난 틈이 다른 종의 서식지가 되며 다양성이 더해집니다. 이 과정이 이런 숲에서 이루어지는 자연 천이입니다." 병리학자가 말했고 사람들은 감탄하며 속삭였다.

"자작나무가 어릴 때는 침엽수보다 더 빠르게 광합성을 하며, 뿌리로 더 많은 당분을 보내서 결국 토양에 더 많은 당분을 저장합니다. 우리가 탄소 저장량을 높이는 방향으로, 즉 기후 변화를 늦추기 위한 산림 관리를 시작한다면 자작나무는 좋은 선택지가 될 수 있습니다." 나는 계속 말했다. 황금방울새(goldfinch)가 얼룩진 자작나무 잔가지에 딱 붙어 있다가 씨가 든 원통형 꼬투리를 쪼았고, 씨가 숲 바닥에 조금씩 떨어졌다.

"기후 변화요? 기후 변화까지 걱정할 필요는 없다고 봅니다만." 다른 누군가가 말했다. 지구에서 일어나는 변화에 대해 알려지지 않은 것들이 워낙 많은 실정이라 좀벌레 발생과 온난해진 겨울 기온을 선뜻 연관 짓기도 힘들 정도였다. 불확실한 요소들이 많다 보니 정부에서는 기후에 대한 새로운 경고를 심각하게 받아들이라는 지시를 하지 않았다.

"글쎄요, 환경 보호국 생각에는 걱정할 필요가 있다고 했습니다." 자신 있게 말하는 스스로에게 놀라며 내가 말했다. "예측치를 살펴보았는데, 기후 변화가 머지않아 가장 중대한 위협 요소가 될 것이라고 봅니다. 빠르게 자라고 토양에 탄소를 더 많이 저장해서 토양이 가진 화재 방지 역량을 키워 줄 자작나무와 사시나무가 필요하게 될 겁니다." 나는 이어서 설명했다. 캐나다에서 거의 매년 화석 연료 연소보다 산불 때문에 더 많은 탄소가 대기 중으로 배출되므로 산불 위험을 줄이기 위한 노력의 일환으로 침엽수림보다 혼합림 조경을 계획해야 하고, 또 침엽수에 비해 습기가 많고 수지가 적은 잎을 가진 자작나무와 사시나무 복도가 방화대 역할을 하도록 계획해야 한다고.

"기후 변화는 간단히, 여기서는 일어나지 않습니다." 야구 모자를 쓴 임업인이 주장했다. "보세요, 올여름은 역사상 가장 춥고 습한 여름이었습니다."

"그럼요, 느껴지지 않으니 믿기도 어렵습니다. 하지만 기후 모형을 보면 놀라실 겁니다." 나는 1950년대 이후 고공 상승한 대기 중 이산화탄소 농도 그래프 모양을 따라 하키 채 모양을 손으로 그리며 말했다.

"자작나무 애호가이신가 보네요." 초록색 모자를 쓴 사람이 큰 소리로 말했다.

"네, 그런 것 같습니다." 나는 어색하게 웃었다.

"계속 진행합시다." 목사님이 제안했다. 목사님이 릭에게 뭐라고 속삭였다. 그들이 자리를 뜨려고 돌아서자 다른 이들도 새떼처럼 따라갔고 나는 찬바람에 스웨터 지퍼를 올렸다.

야구 모자 사나이가 정책 쪽 사람들을 태운 서버번에 나 대신 타도 되겠냐고 물어보았다. 내가 버려두어도 앨런이 신경 쓰지 않기를 바라며 나는 진과 바브와 같이 차를 탈 수 있다는 것에 너무 신나서 괜찮다고 말한 건 아닌지 후회했다. "잘하고 있어." 내 팔을 토닥이면서, 하지만 잘 모르겠다는 표정을 지으며 진이 말했다.

"일이 어렵게 돌아가네." 바브가 사람들을 길 아래로 데리고 가며 말했다.

"첫 번째 조림지에 있는 자작나무를 갖고 난리를 칠 것 같아." 풀밭을 지나가는 지중화(地中火, 낙엽층이나 마른 부식토층에서 일어나는 불. — 옮긴이)처럼 신경을 따라 퍼지는 열기를 느끼며 나도 동의했다.

하지만 이 사람들은 이런 현장이 존재한다는 것을 알았고, 그래서 우리는 현장에 대해 이야기해야 했다.

우리는 내가 "보기 흉한" 사례라고 부른, 빽빽한 백자작나무 아래에 미송 몇 그루가 들쭉날쭉 자란 임분으로 차를 몰고 갔다. 애초부터 현장 관리가 잘못된 상황이었다. 자작나무 제거 작업을 한 벌목업자들

11장 미스 자작나무

343

이 바닥을 너무 안 좋게 뜯어 놓는 바람에 아이러니하게도 늦가을에 날개 달린 작은 씨가 날아와 자리 잡기에 딱 좋은 환경이 조성되었다. 그후 재조림을 맡은 임업인들이 남쪽 기후에 더 잘 적응하는 미송 묘목을 처방했다. 식재한 미송에 파멸이 닥치고 '잡목' 자작나무가 다시 자기 주장을 하기에 완벽한 악천후 조건이었다. 지금 자작나무 키는 3미터까지 자랐고 서리에 대처할 준비가 되지 않은 식재한 미송은 거의 죽어 있었다. 자작나무가 승리하는 극단적 사례에 해당했다. 하지만 이 정류장에는 두 부분이 있었고, 바로 두 번째 부분이 내가 말하고 싶던 요점을 여실히 느끼게 해 줄 터였다. 자작나무를 다 자르고 미송이 자유 성장하게 둔 길 건너 부지의 미송은 여전히 작고 누렇게 변해 있어서 정책 목표 달성을 위한 자작나무 죽이기가 문제를 해결하지 못한다는 사실을 보여 주고 있었다.

빽빽한 구획에 들어서자 내 생각이 잘못되었음을 깨달았다. 현장 답사 전반이 낭패를 향해 가고 있었다.

"보셨죠? 자작나무가 침엽수를 죽이는 게 분명합니다." 고통스러워하는 미송 묘목을 발견한 릭이 중얼거렸다. 초록색 야구 모자를 쓴 임업인은 거의 좋아서 붕붕 뜬 것 같았다.

"빛 대비 성장을 전망하는 제 모형에 따르면 몇 년 안에 이 미송이 죽을 것이라고 예측되겠는데요." 데이브가 말했는데, 나는 지난 몇 년 동안 데이브를 정말 좋아하게 되었고 그는 그냥 자기 자료에 대해 솔직하게 말한 것뿐이었다. 하지만 데이브는 길 건너로 가서 심지어 자작나무를 다 없앤 곳에서 곧 죽게 생긴 미송을 볼 기회를 갖기도 전에 그 이야기를 꺼냈다. 데이브의 목을 졸라 버릴 수도 있었다.

"네, 하지만 제 요지는 이런 부류의 임분이 흔치 않다는 겁니다." 자작나무를 전부 벤 곳으로 향하는 길로 사람들을 데려가며 나는 반박했다. 자작나무를 제거한다 해도 미송의 건강은 한 치도 달라지지 않았다. 미송은 잘못된 곳에 심었기 때문에 병에 걸렸다. "이런 임분 조성은 쉽게 피할 수 있습니다. 더 좋은 나무를 식재하고 부지 준비 시기를 조정해 자작나무 종자 분산 시기와 겹치지 않게 하면 됩니다. 부지를 더 잘 마련하고 산출묘를 잘 선택해서 완전히 다른 결과를 얻은 현장을 살펴보시겠습니다." 나는 벼랑 끝에 몰렸지만 결국에는 해법이 분명해지도록 현장 답사를 설계했다.

우리는 '나쁜' 현장, 즉 자유 성장 지위 취득을 위해 자작나무를 바짝 자르고 남은 그루터기에 제초제를 흠뻑 뿌린 조림지로 계속 갔다. 대초원에 있는 풀밭처럼 자작나무와 시더가 자라는 산비탈에 대비되어 미송만 자라는 조림지는 눈에 띄었다. 진은 종이 꽃가루를 뿌려 놓은 것처럼 죽은 자작나무 그루터기에 파란색을 칠해 둔 곳으로 달려가 뿌리병 때문에 노란색을 띠는 식재한 미송들을 가리켰다. 몇몇 미송은 모양새가 좀 나았지만 10분의 1 정도는 완전히 죽었고 거친 회색 잔가지 골격만 남아 있었다. 자작나무를 잘라낸 곳에서 잣뽕나무버섯 진균이 압박받은 자작나무 뿌리를 감염시켰고 자작나무 뿌리와 한데 섞여 있는 미송 뿌리로 퍼져 나갔다. 미송, 로지폴소나무, 낙엽송은 식재용으로 무척 선호되었지만 역설적으로 이런 종류의 감염에는 가장 취약했다. 릭과 목사님은 병을 앓는 미송을 지나쳐 가면서 일부 건강 상태가 좋은

11장 미스 자작나무

미송의 30센티미터쯤 되는 원줄기를 가리키며 뿌리병이 대부분의 조림지를 공격하지는 않을 것이라고 했다. 병리학자는 지의류가 자작나무 껍데기를 덮어씌운 쪽으로 손짓하며 "52번 도로 밖에는 뽕나무버섯이 없습니다."라고 말했다. 즉 릭이 기준점으로 삼은 브리티시 컬럼비아의 북쪽 절반에서는 아밀라리아뿌리썩음병이 문제가 되지 않는다는 뜻이었다.

나는 물이 새기 시작한 뗏목에 올라타고 말았다.

앨런은 자작나무를 자르지 않고 두었지만 이곳의 미송 높이 성장보다 2배를 달성한 종 실험 결과를 보여 주는 컬러 그래프를 나누어주었다. 사람들이 알록달록한 선을 살펴보는 동안 앨런은 나를 쳐다보고 감투를 넘겨받으라고 했다. 나는 자작나무 뿌리에 사는 질소 고정 바실루스 세균과 인근 미송의 병원균 감염을 감소시키는 항체를 생성하는 형광 세균에 대해 이야기했다. 나는 건강한 자작나무와 자작나무에 서식하는 세균 혼합체는 공공 예방 접종 프로그램처럼 미송의 건강을 증진할 수 있다고 주장했다. "자작나무와 미송 사이에서 탄소가 오가는 통로인 균근 연결망에서 새어 나온 탄소가 세균에 연료를 공급합니다." 숨죽여 웃는 초록색 모자를 쓴 임업인 때문에 신경이 쓰였지만 애써 말했다. 나는 말을 이으며 덧붙였다. "미송을 해방하기 위해 일부 자작나무를 정밀 제거할 수 있지만 감염을 억제하기 위해 자작나무 대다수는 그대로 둡니다."

릭이 무리 한가운데로 휙 돌아서더니 끼어들었다. 1968년에 시작된 연구에 따르면 아밀라리아뿌리썩음병을 줄이는 최선의 방법은 벌채 후 감염된 나무 그루터기를 땅에서 뽑아낸 후에 미송을 심는 것이라고 했다. 나는 전에 조림지를 보러 릭과 현장에 가 본 적이 있었는데, 릭은 이전 연구를 인용해서 주장을 펴며 잡목 제거에 대해 토론하느라 열심이었다. 실제로 숲을 보는 것보다 토론에 열심인 릭이 좀 이상하다고 생각했다. 짜증을 참느라 힘들었다. 표준 관행이 그루터기 제거라는 릭의 말은 옳았고, 해당 관행이 질병 감소에 도움이 된다는 증거는 엄청나게 많았다. 하지만 대안을 찾아야 하는데, 그루터기 제거는 토양을 다지고 토착 식물과 미생물을 파괴하기 때문이라고 설명했다. "또 비용도 많이 듭니다."

"네, 하지만 그루터기 제거가 가장 믿을 만한 처치입니다." 병리학자가 마지막 쐐기를 박으며 말했다.

동의하는 소리가 개굴개굴 소리처럼 퍼져 나갔고, 스트레스 호르몬이 해나의 아직 태어나지 않은 여동생을 휩쌌다.

미송과 자작나무가 완벽하게 조화를 이루며 섞여 자라던 '좋은' 조림지에 도착하자 릭의 인내심이 바닥났다. 이 구획은 어떻게 자작나무와 미송이 서로를 도와주는지 보여 준다, 그들은 복잡한 균형을 이루고 있다, 그러니까 우리는 여러 계절과 여러 해를 거치며 그들이 나름의 투스텝 춤을 출 때까지 기다려 주기만 하면 된다고 설명할 기회조차 없었다. 릭은 화가 났고 정책 쪽 사람들의 분위기도 안 좋아졌다.

릭은 내가 하는 과학이 나쁘다고 생각했던 것일까, 아니면 자신의 정책에서 균열을 보기 시작하게 되었던 것일까? 틀림없이 선별적 잡초목 제거가 필요한 경우도 있다, 하지만 대부분의 조림지에서 활엽수를 도매금으로 제거하는 것은 정당화할 수 없다. 하지만 릭은 내가 일을 그르치게 가만 두지 않았다. 릭이 내 옆으로 바짝 다가왔다. 나는 그의 키가 얼마나 엄청나게 큰지 깨달으며 본능적으로 허리에 팔을 짚었다. 숲을 훑어보며 다른 사람들을 찾았지만 다들 흩어져 있었다. 앨런은 부르면 들릴 거리 밖에서 데이브와 이야기하는 중이었다. 임업인들은 항상 이 나무 아니면 저 나무, 아니면 싹, 나무 껍질, 바늘잎을 보고 있었다. 바브와 진은 우아한 자작나무 옆에서 굳어져 있었다.

"저기요, 미스 자작나무." 그가 말했다. "본인이 전문가라고 생각하시나요?"

사람들이 뒤에서 이 별명을 부르는 것을 들은 적이 있었다. 자작나무(birch)는 그들 중 몇몇이 사적인 자리에서 나를 부를 때 쓰는 말(bitch)을 재치 있게 대체한 단어였다.

그러고 나서 그는 격분했다. "숲이 어떻게 돌아가는지 전혀 모르시는군요."

아기가 처음으로 동요했고 나는 기절할 것 같았다.

입을 열었지만 아무 말도 나오지 않았다. 쇠박새(black-capped chickadee) 한 마리가 자작나무 나무갓 안에서 날개를 부풀렸다. 새를 둘러싼 작고 노란 부리 3개가 조개껍질처럼 열렸지만 밥을 달라고 하던 그들의 노래가 뚝 멈췄다. 여자가 생각을 입 밖에 내는 데 대한 끔찍한 말, 심지어 우리 가족도 하던 그 말이 내 마음을 울렸다. 농담일지라도 등 뒤에서 여성들에게 쏟아지던 비난은 항상 귀에 거슬렸다. 나의 위니 할머니는 말이 없었는데, 독한 말이 나올 만하면 침묵에 기댔기 때문인 것 같다. 그게 더 편하니까. 나는 남자들의 비판을 유발하지 않겠다고 굳게 마음먹었지만 일이 이렇게 되어 버렸다. 바브의 눈이 보름달만큼이나 커졌고 진은 소리를 지르려는 것 같았다.

길을 잃었을 때 본 늑대들보다도 더 가까운 곳에서 남자들이 나를 둘러쌌고 나는 뒤로 물러섰다.

앨런이 내 곁에 나타났다. "갈 시간입니다, 여러분." 앨런이 말했다. 바브는 급히 나에게 와서 숨을 죽이고 "쳇." 하고 말했다. 나는 두들겨 맞은 개처럼 기어서 도망가고 싶었다.

치카디-디-디, 박새가 노래했다. 경보 해제. 현장 답사가 끝났다.

그날 밤, 데이브를 공항에 데려다주며 우리는 아이들, 허드슨 베이(Hudson Bay) 산지에 있는 데이브의 오두막, 다가올 스키나(Skeena) 강에서의 연어 이동에 대해 이야기할 수 있었다. 시더, 자작나무, 미송이 섞인 빽빽한 산속 숲을 구불구불 내려와 속도를 높여서 강가의 건조하고 성근 미송 숲을 빠져나오는 데는 1시간이 걸렸다. 이 두 서로 다른 나무갓 아래의 균근 연결망은 어떻게 생겼을지 궁금했다. 오래된 나무를 전부 죽인 강력한 대형 화재 이후에 재생된 종은 다르지만 나이가 같은 나무들이 사는 빽빽하고 습한 숲에는 엄청나게 복잡한 연결망이 있을 것이라고 상상했다. 연결망은 수백 가지의 특정 기주에 붙어 사는(host-specific) 진균과 다양한 기주에 붙어 사는(host-generalist) 진균으로 구성되어 있으며, 일부 진균은 서로 다른 종에 속하는 나무들을, 다른 진균은 같은 종에 속하는 나무들을 연결할 것이다. 나무들이 건조한 계곡에서 드문드문해지는 곳에서는 미송만이 사는데, 종종 숲 하부에 화

11장 미스 자작나무

349

재가 발생해서 오래되고 껍질이 두꺼운 생존자 나무들이 떨구는 씨가 자랄 틈을 만든다. 이로 인해 주기적으로 미송이 재생되는데, 이 숲의 지하 지도는 또 어떻게 다를지 궁금했다. 이 건조한 경관의 노숙림 나무들은 새 묘목이 자리 잡는 것을 돕는 것 같았지만 균근 연결망도 묘목이 새로 자리를 잡도록 돕는 역할을 하는지도 모른다. 박사 연구에서 다룬 습한 숲에서 자작나무와 미송처럼, 오래된 나무로부터 건조한 토양의 어린 나무에게 탄소나 물도 나르는 수송관 역할을 하는 진균과 함께 말이다.

건조한 숲은 지하 연결망 지도를 만들기에 완벽한 곳 같았다. 습하고 다양한 수종이 살고 있는 혼합림에 비해 동일 수종 사이의 연결 가능성이 훨씬 더 높기 때문이다. 이곳에 사는 나무는 대부분 순수한 미송이므로 알버섯 같은 미송 기주 특이성 진균이 균근균 군집을 지배하며 독점적이고 고도로 공진화한 동반 관계를 숲에 제공할 것이다. 행성 주위를 도는 위성들처럼 미송 묘목들이 오래된 미송들과 바로 그 단 하나의 진균 종을 매개로 이어져야 하는 곳에서는. 단 하나의 수종만을 연결하는 단 하나의 기주 특이성 진균 종으로 구성된 연결망 지도는 결국 다양한 수종을 연결하는 다양한 기주 일반성 균으로 구성된 연결망 지도보다 간단히 만들 수 있을 것이다. 혹시 언젠가 내가 건조한 미송 숲의 간단하고 선명하고 명확한 지도를 만들 수 있지 않을까? 건조한 미송 숲은 자작나무와 미송 사이의 탄소 이동을 추적했던 혼합림보다 더 시작하기 쉬운 장소이니까 말이다.

데이브는 학회지에서 거절당한 내 논문 초안 수정을 도와주겠다고 했다. 어떤 심사자가 "우리는 숲속에서 나무만 쳐다보면서 그냥 춤만 추고 있으면 된다고 생각하는 이들이 쓴 논문은 게재할 수 없다."라는 평을 썼다. 그 말에 상처를 받았지만 이런 무시하는 투의 비판을 걸러 듣는 능력은 점점 좋아지는 중이었다. 마침내 우리는 캠룹스 호수 동쪽 끝에 있는 번치그래스와 미나리아재비(buttercup) 틈의 가설 활주로에 도착했다. 데이브의 눈이 공항 체크인 카운터에서 대합실의 오렌지색 플라스틱 의자로, 또 짐 찾는 곳으로 빠르게 움직였고 그는 자기가 사는 스미더스(Smithers) 동네 공항보다 이 건물이 심지어 더 작다며 웃었다.

먼지 덮인 우리의 모습이 비친 창가에서 머핀을 나누어 먹다가 데이브가 운을 뗐다. "오늘 있었던 일에 대해서 릭과 이야기했는데. 나는 네가 산림청에서 제일 훌륭한 연구자 중 하나라고 말했어."

거의 눈물을 흘리기 직전임을 숨기려 애썼다. "뭐라고 하던데?" 딱히 알고 싶지는 않지만 물어보았다.

"릭은 동의하지 않았어." 데이브가 나를 똑바로 쳐다봤지만 나는 커피를 주문하는 카우보이를 쳐다보았다.

"적어도 릭은 솔직하기라도 하네." 나는 웃으며 말했다.

"왜 저 사람들이 너한테 그렇게나 신경을 곤두세우는지 모르겠다." 데이브가 말했다.

영문을 모르기는 나도 마찬가지였다. 어쩌면 비판 자체가 싫었을 수도 있다. 아니면 여자 말은 들리지도 않는 것일지도 모르겠다. 의심의 여지 없이 그들은 여전히 돌에다가 색칠한다는 말 때문에 화가 나 있었다. 비행기 탑승 방송에 데이브는 나를 힘차게 꼭 안아주고는 떠났다.

11장 미스 자작나무

엎친 데 덮친 격으로 산림청 인사 기록에 돌에다가 색칠하기라고 말한 인터뷰에 대한 질책 서면이 들어갔다. 어느 부서장은 정부 정책에 반하는 발언을 한 것은 그의 기준에서는 윤리 위반이므로 나는 전문가 규제 기관인 브리티시 컬럼비아 산림 전문가 협회(Association of British Columbia Forest Professionals)에 의해 제명당할 수도 있다고 했다. 정부 소속 임업인들은 내 연구를 더 면밀히 검토했고 책임자들은 심지어 이미 출간된 내 논문 중 한 편에 대한 동료 심사를 지시했다. 나는 신규 사업에서 배제되고 있다는 느낌을 받았다. 내 연구는 느려지다가 멈춰버릴 것 같았다. 한 번은 그들이 내 연구 보고서 출간 목적으로 배정된 연구비를 회수하겠다고 겁을 준 적이 있었다. 앨런은 정책 입안자들과의 전화 회의를 소집했고 나는 스피커폰으로 전화 회의에 참석하며 이 지역의 잡목 제거 효율성에 대한 결과를 출간하기에 충분한 정도의 비용만을 요청하는 것이라고 설명했다.

"문제는 비용이 아닙니다. 당신이 보고하는 결과가 문제죠."라는 말이 허공에 울려 퍼졌다.

"하지만 제 결과는 정부 소속 과학자뿐만 아니라 외부 과학자들의 엄정한 동료 심사를 거쳤습니다." 나는 긴장된 목소리로 말했다. 앨런은 결과를 발표하기 위한 1만 달러 지출에는 충분히 그럴 가치가 있으며, 이미 10여 년간 현장 연구에 투입된 수십만 달러에 비하면 적은 금액이라고 문제 제기를 했다. 앨런은 꿋꿋하고 끈질겼고 결국 그들은 마지못해 내 연구 보고서 출간 비용을 지원했다.

매일 밤 이렇게 전쟁을 치르면서 해나가 자는 모습을 바라보면 불러

오는 배가 해나의 아기 침대에 눌렸다. 어쩌다가 모든 일이 이렇게 동료들 앞에서 좌천당하며 짜증과 모욕을 느끼는 지경이 되었는지 알고 싶었다. 나는 숲을 깊이 사랑했고 일에 대한 자부심도 있었지만 이미 말썽꾼이라는 낙인이 찍혀 버렸다.

과학계도 회의적이었다. 경쟁만이 식물과 식물 사이에서 이루어지는 중요한 상호 작용이라는 믿음이 너무나 강했기 때문에 학술지 게재를 위해 논문을 투고하면 마치 내 실험이 하지도 않는 실수 때문에 하나하나 꼬투리를 잡히는 느낌을 받았다. 아마 일처리 방식이 이런 것일 수도 있고 나는 경험이 부족했다. 하지만 나는 그들이 내가 연결망이 식물과 식물 사이의 소통에 어떤 영향을 미치는지 그 수수께끼를 풀기 위해 한동안 노력해 온 유명한 과학자들 틈에 멋도 모르고 비집고 들어가서 《네이처》에 논문을 게재한 것에 대해 분하게 여긴다는 생각을 할 수밖에 없었다.

현장 답사가 끝나고 5개월 후 딸 나바(Nava)가 태어났는데, 이 모든 난리가 신기하다는 듯 나바는 곧바로 주변을 둘러보았다. 나는 나바를 아기 띠에 태우고 해나를 등에 업고 진을 차에 태우고는 파랑어치와 선인장 꽃을 찾으며 사바나 숲에서 하이킹을 했다. 개밥만도 못한 취급을 받던 398쪽 분량의 내 보고서가 출판되었고 1,000부 정도가 선반에서 사라졌다. 나중에 한 임업인이 자기가 갖고 있던, 표지는 너덜너덜하고 좋아하는 페이지는 알록달록한 색으로 표시된 책을 보여 주며 내 보고서가 그에게 경전과도 같다고 말했다.

나바가 8개월이 되었을 때 나는 직장으로 복귀했지만 앨런은 재앙

2001년 우리 통나무 집 앞에서 나바(왼쪽, 한 살)와 해나(세 살).

의 조짐을 알아차렸다. 앨런은 나에게 새 직장을 알아보라고 권했다. 새로 집권한 보수주의 정당이 과학적 혁신이라는 명목하에 공무원 조직 규모를 감축하던 중이어서 과학자들은 가능하면 다른 직장을 알아보라는 권고를 받던 시기였다.

브리티시 컬럼비아의 이단아 박사 후 연구원 친구는 지금은 교수가 되었는데, 이내 새 교수 자리가 생겼다고 알려 주려 연락했다. 대학의 영년 트랙 교수가 되는 것을 상상해 본 적이 없었지만 교수 채용 위원회의 사람이 세부 사항에 대해 논의하러 캠퍼스로 와서 경쟁에서 더 좋은 위치를 점하려면 논문을 몇 편 더 출간하라고 권했다. 당시에 세 살인 해나, 한 살인 나바가 있어서 이미 너무나 피곤했다. 나바는 젖을 뗐지만 여전히 내 허리에 붙어 있었고 해나는 강아지처럼 날뛰었다. 그리고 나는 숲속의 우리 집, 저녁 시간의 숲 길 산책, 내 아이처럼 길러 온 수백 가지 실험이 너무나도 좋았다. 게다가 나는 마흔한 살이었다. 교수 일을 시작하기에는 너무 많은 나이 아닐까?

어쨌든 나는 지원했다. 돈도 지원해 봐야 한다는 데 동의했지만 밴쿠버로 이사하기는 싫다고 했는데, 심지어 돈은 내가 정부 기관 직장을 두고 있던 캠룹스에 사는 것도 좋아하지 않았다. 우리 엄마가 자란 내커스프에서 멀지 않은 컬럼비아 분지에 자리한 작은 마을 넬슨에 돈의 눈길이 닿은 후, 돈은 쭉 넬슨으로 이사하고 싶어 했다. 넬슨은 숲이 우거진 작고 느긋한 마을로 사람들의 교육 수준이 높고 진보적이며 예술적이었다. 이해가 갔다. 인기가 많을 만한 곳이니까. 결국 내 직계 가족 중 대부분이 당시 넬슨에 살고 있었고 딸들도 엄마, 그러니까 준벅 할머니와 로빈 이모, 빌 이모부, 사촌들인 켈리 로즈, 올리버, 매슈 켈리와 가까이에서 지낼 수 있을 것이다. 하지만 넬슨은 너무 작고 외져서 우리에게 맞는 일자리가 없었다. 그리고 이해할 수 없게도 나는 연구를 계속할 수 없게 될 터였다. 100여 명의 지원자 중에서 채용 자문 위원회가 선정한 후보군에 들어간 나는 '싫으면 말지.'라는 생각을 가지고 한겨울에 밴쿠버로 면접을 보러 갔다.

몇 달 후, 돈과 아이들과 넬슨에 엄마를 보러 갔다. 고개의 눈이 겨우 없어졌고 호수의 얼음도 최근에서야 녹았다. 올해 첫 요트가 쿠트니(Kootenay) 호수 위에서 방향을 돌렸고 나무가 늘어선 거리 갓길을 따라 난 스노베리 관목 잎이 피어나고 있었으며, 돈은 아깝다는 듯 한숨을 쉬었다. 우리가 코크니 애비뉴를 따라 준벅 할머니네 집으로 차를 몰자 해나는 사촌들과 부활절 달걀 찾기를 할 생각에 신이 나서 소리를 질렀고 갓 겨우 두 살이 되어 들뜰 일이 무엇인지도 모르던 나바도 해나를 따라 웃었다. 엄마는 손에 크레용과 색칠하기 책을 들고 문에 서 있었다. 복슬복슬한 회색 털에 발에 발가락이 6개씩 있는 고양이 피들퍼프가 잔디밭을 스치듯 지나가는 나비를 덮쳤다. 해나는 계단을 뛰어 올라갔고 나바도 뒤를 따랐고 피들퍼프도 아이들을 뒤를 따랐다. 노트북을 열어 본 나는 대학에서 교수직을 제안하는 이메일을 보았다.

엄마는 당장 내가 교수직 제안을 수락해야 한다고 했다. 갑자기 그것은 현실이 되어 나는 황홀했고 우쭐했고 활기를 되찾았다. 하지만 돈은 그가 계속하던 이야기를 또 해 주었다. 그는 공장, 빵집, 고속 도로, 지하철, 빽빽한 집들과 고층 빌딩 옆에 살고 싶지 않아서 고향인 세인트루이스에서 탈출했다. 제일 가까운 나무가 시립 공원에 있었다. 하지만 나는 직장을 잃을 예정이고 돈은 캠퍼스에 사는 것을 딱히 좋아하지 않으니까 어쩌면 대도시가 당분간 우리에게 필요한 모험일 수 있다고 했다. 교수가 되면 또 다가올 우리의 금전적 불확실성도 해결해 줄 터였다.

엄마의 사과나무 아래에 서서 돈의 "밴쿠버에 살 생각 전혀 없음." 후렴구 곡조에 맞춰 언쟁을 하는 동안 딸들은 할머니와 실내에 있었다. 돈은 우리가 하이킹과 스키를 즐길 수 있는 코크니 빙산(Kokanee Glacier)을 향해 손을 흔들며 바로 이런 것들 때문에 캐나다에 오고 싶었다고 말했다. "그냥 스스로에 대해서 자신감을 가져, 그리고 이 직장이 너에게는 필요 없을 거야." 돈이 말했다. "우리 둘이서라면 여기서 잘

해 나갈 수 있어."

나는 시더가 땃두릅나무와 앉은부채 위로 그늘을 드리우고 숲 바닥이 풍기는 달콤한 유기물 향이 코를 찌르는, 깨끗한 쏟아지는 물이 머릿결을 부드럽게 해 주며 그루터기에서 허클베리가 자라고 작은 물길에서 족도리풀이 꽃을 피우는 산 쪽을 바라보았다. 원시림이 점차로 미송, 소나무, 가문비나무를 줄지어 심은 벌채지로 변해 가는 곳이었다.

"하지만 이런 기회는 다시 오지 않을 거야." 나는 제안이 빙빙 돌다 하수구 아래로 빠져 버리는 모습을 떠올리며 말했다. 돈은 의사, 변호사, 회계사가 되라는 기대에서 벗어나서 스키장 근처에서 인생을 느긋하게 살고 싶어 했다. 돈의 어머니와 이모들이 그의 형제나 사촌들에 대해 "우리 의사 아들 좀 만나 보렴."이라는 말을 할 때 돈은 그의 아버지와 낚시나 야구 이야기를 했다. 심지어 돈이 스물아홉 살이던 우리가 처음 만났을 때도 그는 은퇴하고 산속에 들어가 살자는 이야기를 했지만 숲을 이해하기 위한 탐구에 너무 몰두했던 나머지 나는 돈의 말을 진지하게 듣지 않았고 그 말이 말뿐이 아니라는 생각도 못했다.

미송 방울 열매의 세 갈래 포엽 중 하나를 벗기고 한때는 날개 달린 씨가 들어 있었을 붉은 하트 모양 빈 공간을 손가락으로 쓸어 보았다. 엄마의 화단에는 떡잎에서 씨 껍질이 떨어진 새 전나무 묘목이 있었다. 이 조그만 나무의 껍질은 앞으로 100년이 더 지난다 해도 주름이 져서 두꺼워지지 않을 것이다.

"나도 넬슨이 정말 좋아." 나는 말했다. 하지만 나는 교수가 되고 싶었고 지금 직장을 계속 다닐 수는 없었다. 우리가 어떤 결정을 하던 우

11장 미스 자작나무

357

리 둘 중 하나는 불행해질 것이다. 그리고 만약 내가 일을 감당하지 못하면 어떻게 될까? 돈이 걱정한 대로 도시 생활은 끔찍할 수도 있다. 또 딸들과 결혼 생활에 너무 많은 부담을 줄까 봐 걱정이 되었다.

"우리한테 돈은 많이 필요 없잖아. 그냥 숲에서 살아도 되고." 돈이 말했다. 나는 엄마의 노란 빅토리아식 이층집의 가파른 지붕선 너머를 바라보았다. 쌓인 눈을 떨어뜨리기 위한 디자인이었다. 또 이웃집 뒷마당으로 통하는 샛길 너머를 바라보았고, 그리고 돈의 목소리가 들릴까 봐 걱정했다. 돈의 언성이 높은 것 같았다.

"하지만 내 일은? 나는 아직도 알고 싶은 게 너무 많아." 나는 공을 던지듯 꽃밭에다 방울 열매를 던지며 말했다.

"수즈, 아이를 키우기에는 넬슨이 나아." 돈이 입술을 떨며 말했다. 이런 돈의 모습은 다시 대학원으로 돌아갈지 말지를 두고 말다툼을 했을 때 딱 한 번밖에 본 적이 없었다.

우리는 근사한 올 시즌스 카페에 저녁을 먹으러 갔다. 나는 홍연어를 주문했다. 돈은 채식 메뉴를 주문했고, 내가 "그냥 우리가 애들이랑 어떤 재미있는 걸 할 수 있는지 생각해 보자."라고 말을 떼기 전까지 서로 눈을 피했다.

돈은 접시를 옆으로 치우더니 나를 빤히 쳐다봤다. "나는 어떻게 될지 정확히 알아. 도시를 빠져나와 숲에 가려면 2시간 동안 운전을 해야 하고, 우리가 꿈꾸던 평화로운 하이킹 장소에 도착하면 이미 100만 명이 거기 와 있을 거야." 나는 돈의 말이 무슨 뜻인지 몰랐다. 학부생일 때 밴쿠버에 살았는데 하이킹이나 스키를 가도 인파와 마주친 적은 한 번도 없었다.

"그렇게 심하지는 않아."

"세인트루이스에서는 이런 손 타지 않은 자연은 찾아볼 수 없어."

"여름에 넬슨으로 놀러 오면 돼."

"남자 엄마는 하기 싫어." 돈이 말했고 옆 테이블에 있던 사람이 우리를 넘겨다보았다.

"내가 같이 있을 거야, 당신이 다 감당하지 않아도 돼." 언성을 높이지 않으려 애쓰며 나는 말했다.

"아니, 나는 이런 교수 자리가 어떤 건지 알아. 오리건 주립대에서 교수들이 목숨을 바쳐서 죽어라 일하는 걸 다 봤어. 내가 너를 아는데, 너도 쉬지도 않고 일할 거고 나는 거기서 일거리가 충분할지 확실치 않으니까 애 보는 일은 내 몫이 될 거야." 돈이 말했다. 데이터 모형화와 분석 분야 틈새 시장은 매우 좁았고 고객층도 무척 특수한데다 돈은 밴쿠버에 인맥이랄 것이 없었다. 돈의 다른 선택지는 큰 컨설팅 회사에 근무하는 것이었는데, 워낙 오랫동안 독자적으로 일해 온 터라 돈은 다른 사람에게 보고해야 한다는 생각 자체를 마음에 들어 하지 않았다. 숲 일에 대해서는 항상 돈보다 내가 더 관심이 많았는데, 아마 돈이 도시 출신이었기 때문일 수도 있다. 아니면 돈은 컴퓨터나 집에 있는 작업실에서 뭔가를 만드는 데 더 관심이 있었을 수도 있다. 어쨌든 지금 이 순간 우리는 마치 서로 다른 별에서 온 사람들 같았다.

이튿날, 우리는 넬슨 외곽의 쿠트니 강 위쪽에 있던 땅을 보러 갔다. 누군가 팔려고 내놓은 것이었다. 한 커플이 숲속에 빈터를 만들었는데,

11장 미스 자작나무

숲의 경사면은 강 쪽을 향하고 있었고 하늘을 보고 뻗은 잎갈나무 바늘잎은 밝은 초록색이었으며, 미송 나무갓은 40미터 정도였고 색도 짙고 튼튼했다. 앞으로 집을 세울 곳에 닦아 둔 층계참에 유모차가 서 있었고 머리가 부스스한 젊은 여자가 아기를 허리춤에 달고 어린 아이의 손을 잡고 텐트에서 나타났다. 집을 지으려고 하다가 텐트에 난방이 되지 않고 물도 나오지 않아서 포기한 모양이었다. 그 집 남편이 우리에게 땅을 같이 보자고 했다. 나는 통나무 위와 숲 틈을 돌아다니는 해나와 나바를 끌어다 잎갈나무 밑에 앉혔다. 돈은 남자와 돈 이야기를 했고 나는 이 계획이 너무나 아름답지만 또 너무나 불가능하다고 생각했다. 우리는 내내 나무를 자르고 정원을 일구느라 시간을 다 보낼 것이고 우리 둘 다 직장이 없었다. 아이들을 레이크사이드 공원에 데려가고, 베이커 스트리트를 따라 걷고, 미술 작품과 책을 구경하고, 몇십 년 전 내가 아이였을 시절 위니 할머니가 우리에게 아이스크림을 사 준 웨이츠 뉴스에서 아이들에게 아이스크림을 사 주는 동안 우리는 계속 인생을 사는 방식, 돈, 일이 어떻게 되는 경우 어떤 의미를 갖겠는가에 대해 계속 말다툼을 했다.

며칠 후 딸들과 사과나무 아래에 앉아 있다가 돈이 말했다. "알았어, 네 직장에 2년만 시간을 주자. 딱 그만큼만 참아 볼게."

나는 돈을 껴안았고 해나는 할머니에게 뛰어가며 소리쳤다. "우리 매누버로 이사 가요!"

• • •

고민 끝에 우리는 과감히 뛰어들었다. 나는 산림청의 명령에 충성하지 않아도 될 것이다. 무슨 연구비를 따든 상관없이, 내가 탄 연구비로 하고 싶은 모든 것을 할 수 있게 될 것이다. 나무들 사이의 연결과 소통에 대한 생각에서 숲의 지적 능력에 대한 총체적 이해로 깊어져 간, 숲 안의 관계에 대한 기본적 질문에 대한 답을 찾아갈 수 있을 것이다.

2002년 가을 학기에 첫 수업을 했지만 도시의 성냥갑 같은 집 계약 체결이 완료되고 숲속의 우리 통나무집이 팔리기를 기다리는 동안 나는 여전히 캠퍼스에서 밴쿠버까지 380킬로미터 거리를 통근했다. 해나가 태어난 후 처음으로 나는 매인 데서 풀려난 느낌을 받으면서 1주일에 2일 밤을 혼자 있게 되었다. 혼자 보내게 된 저녁 시간은 참으로 흥미진진했다. 아이들을 매달지 않고 산책을 가고, 바로 잠들지 않고 책을 읽고, 불평하는 사람 없이 쥬얼(Jewel) 노래를 차에서 듣는다는 것도. 해나가 이제 네 살, 나바가 두 살이던 핼러윈 날 우리는 트럭에 짐을 싣고 밴쿠버 인근으로 이사를 했다. 해나는 자기가 입은 사자 코스튬을 무척 좋아했고 나는 나바에게 송아지 옷을 입히고는 이삿짐 상자를 풀고 새로 이사한 집 근처 블록을 돌아다녔다. 해나는 태어나서 처음으로 "과자 안 주면 장난칠 거예요!"라고 외치며 베개 커버를 들고 몰려다니는 아이들을 따라하며 이웃집을 돌아다녔다. 통나무집에 살 때는 이웃집이 너무 멀뿐더러 해나도 너무 어렸다. 나바는 내 품에 안겨서 내 어깨에 머리를 기대고 있었다. 그날 밤 아이들은 꼭대기 층 아이 침실의 이삿짐 상자 사이에 이불로 만든 둥지에서 잠이 들었다. 돈과 나는 인도 위를 걸어가는 발소리를 들으며 바스락대는 나뭇잎의 그림자가 아래층 벽을 타고 떨어지는 것을 보았다. 사이렌 소리가 가깝게 들려왔고 비행기가 우리 집 옥상 바로 위에서 내려왔다. 나는 내가 우리를 대체 어떤 곳에 몰아넣은 것인지 궁금했다.

그해 여름, 정책 입안자들은 재생 정책을 수정해서 우리 주의 숲에 살포하는 제초제 양을 절반으로 줄였다. 공식적 통지는 받지 못했지만 이내 내 연구가 많은 변화를 이끌어냈음을 알게 되었다.

영년 트랙 부교수로 보낸 첫해는 인생에서 가장 힘든 시간이었다. 강의하고 연구비 지원 신청을 하고 대학원생을 모집하고 학술지 편집 위원 일을 하고 논문을 쓰는 데 파묻혔다. 절대 실패해서는 안 되었다. 어느 대학의 멘토가 전에 어느 여자 교수가 출산하고 논문을 충분히 쓰지 못해서 영년직 심사에서 떨어졌다고 말해 주었다. 완전히 새로운 걱정거리들이 내 앞에 나타났다.

매일 돈과 나는 오전 7시에 아이들을 깨워서 준비시킨 후 어린이집과 학교에 데려다 주었다. 나는 오후 5시까지 전력으로 일을 했고 저녁을 먹고 나서는 아이들과 놀았고 이튿날의 강의를 준비하느라 새벽 2시까지 일한 후 침대에 쓰러졌다가 아침에 일어나서 같은 일을 반복했다. 에너지가 엄청나게 필요했고 감기에 너무 자주 걸렸으며 내가 쓸모없는 멍청이같이 느껴지는 날들이 많았다. 돈이 나머지 일을 했다. 아이들을 어린이집에서 데리고 오고 장을 보고 저녁 식사를 만들고 그사이에는 일을 했다. 그가 생각했던 것보다 훨씬 더 심한 남자 엄마가 되어 있었다. 정부가 임업 연구비를 감축했기 때문에 돈이 자료 분석이나, 모형을 돌리는 일거리를 찾기는 어려웠다. 돈의 고객 중 일부는 캠퍼스 소재 산림청 사람들이었기에 돈은 실제로 캠퍼스에 없다는 이유로 몇몇 기회를 잃게 되었다. 돈은 복잡한 도시 때문에 점점 짜증을 많이 냈고 빈 길에서 자전거를 타면서 보내는 시간이 길어졌다.

돈은 아침마다 컴퓨터를 두드리며 요금 낼 걱정을 하고 오후에 내가 수업과 논문 초고 준비를 하는 동안 아이들을 데리고 종종 메이플 그로브 수영장에 갔다. 돈에게 흥미로운 일이 들어왔다. 한 번은 다양한 산림 관리 관행이 소나무좀벌레 감염에 미치는 영향을 모형화하는 일이 들어왔지만 그것만으로는 충분치 않았다. 게다가 아이들을 도시에서 기르는 것과 관련해서는 돈의 말이 맞았다. 아이들을 더 잘 지켜봐야 했고 그냥 집 옆 숲에서 놀게 두면 되는 것이 아니라 체조 교실, 자전거 캠프 등에 운전해서 데려다 주어야 했다. 돈은 아이들과 연을 날리고 자전거를 타고 수족관에 가고 과학관에도 갔다. 슬러시와 핫도그도 사 주었다. 주말에는 아이용 자전거를 어른용과 연결해서 도시 주변에서 자전거를 타거나 해변에서 놀거나 친구들과 피크닉을 하거나 비 오는 날 그네를 탈 수 있는 공원을 찾았다. 하지만 내가 우리가 약속한 2년에서 1년을 넘긴 3년 만에 영년직 교수가 되었을 때 부부 사이는 점점 껄끄러워졌다.

그동안 나는 새로운 발견을 하는 중이었고, 하나의 질문이 다음 질문으로 연결되었다. 내게는 연구비와 학생들이 있었고 강의상도 받았다. 하지만 숲의 언어와 지능을 해독하는 데 성공을 거듭하며 내 연구 프로그램이 정립되는 동안 내 결혼 생활은 정반대의 길을 걷게 되어 소통 라인이 너덜너덜해지고 끊어지기 시작했다. 어느 날 밤 밴쿠버와 돈의 불행함에 대해 돈과 다툰 후 나는 넬슨으로 이사하는 데 동의했다.

11장 미스 자작나무

학기 중의 평일에는 교수 사택에서 지내고 주말에 넬슨으로 퇴근한 후, 그다음 주 근무를 하러 다시 도시로 돌아가기로. 통근 시간은 편도 9시간이었다.

어렵게 찾은 타협점이었지만 아이들이 잠든 동안 내 머릿속에서 싹 트던 지하의 별자리에 대한 상상은 열매를 맺기 시작했다. 학생들과 나는 오래된 미송에서 그 근처의 작은 싹으로의 물, 질소, 탄소 이동을 추적했는데, 이 모두가 작은 싹의 생존을 돕고 있었다. 오래된 나무들의 깊은 그늘 속에 있는 묘목이 균근 연결을 통해 지원을 받는다는 내 초기 이론에 대한 증거를 발견해 가는 중이었다. 오래된 숲의 연결망은 상상했던 것보다도 훨씬 풍성하고 복잡하다는 것을 알게 되었는데, 반면 대규모 벌채지에서의 연결망은 간단하고 듬성듬성했다. 벌채지가 크면 클수록 연결망이 더 심하게 손상되는 것 같았다.

하지만 해나와 나바가 넬슨에 있는 동안 가을을 밴쿠버에서 보내야 한다니 상상만으로도 힘들었다. 현장 시즌 준비, 논문 초고를 더 심사해 달라는 요청 처리, 연구비 기관에 연말 보고서 내기 같은 사소한 일들마저 신경을 건드렸다. 어느 날 퇴근길에 서둘러 방과 후 돌봄 교실로 아이들을 데리러 갔다가 교통 체증을 뚫고 아이들이 내게 주려고 만든 단풍잎과 파인그래스를 종이에 붙인 것을 액자로 만들어 주는 가게에 들른 후 저녁을 먹으러 집으로 달려가던 중이었다. 해나가 배고프다며 우는소리를 했고 나바도 따라 칭얼대자 조용히 하라고 했지만 아이들은 목소리를 더 높여 소리를 질러 댔다. "그만 좀 하라고!" 나는 고함을 지르고 갓길로 가서 급정거했다. 액자가 좌석 뒤편으로 날아가서 유리가 산산조각 났다. 아이들은 깜짝 놀랐고 나는 겁에 질려 혹시 나 때문에 다친 것은 아닌지 아이들을 살펴보았다. 나는 아이들을 카시트에서 내리고 길가에 앉아서 울었고, 두 눈이 불덩이처럼 뜨거워졌다. 해나와 나바도 울면서 내 목을 팔로 감쌌고 나는 아이들에게 딱 붙었다. 해나가 울음을 그쳤고 곧 나바도 울음을 그쳤다. 해나는 훌쩍이며 내 머리를 뒤로 넘겨 주면서 말했다. "괜찮을 거야, 엄마."

산산이 부서진 액자를 다시 갤러리에 가져가서 실수로 액자를 떨어뜨렸다고 말했다. 다 고쳤다는 전화를 받고 나는 나뭇잎과 풀잎 위에 새 유리를 끼웠으리라 생각했지만 그들은 조각을 하나하나 맞춰서 퍼즐처럼 유리를 붙여 놓았다. 그렇게 고친 것이 더 낫다고 생각하기로 했다.

2005년 여름 밴쿠버 우리 집에서 나(마흔다섯 살), 나바(다섯 살), 돈(마흔여덟 살), 해나(일곱 살). 브리티시 컬럼비아 대학교 부교수로 갓 영년직 심사에 통과했을 때.

11장 미스 자작나무

그 모두가 이제는 영영 변해 버린 늙은 얼굴처럼 복잡하게 금이 가 버렸다.

넬슨으로 이사를 하며 강의하는 동안 가족과 떨어져 지내는 데 대해 걱정 가득한 마음이었는데, 댄과 나는 오래된 숲의 지하 미로에 대한 지도를 만드는 연구비를 받게 되었다. 우리가 던진 질문은 이 연결망이 어떻게 구성되어 있는지였다. 연결망의 양식은 자연의 지적 능력을 설명하는 데 도움이 될까?

숲을 부수지 않고 어린 것들을 양육하기 위해 우리는 무엇을 어떻게 할 수 있을까?

12장

[9시간의 통근]

정차 구역에 차를 대고, 비상 브레이크를 꽉 밟고, 조끼를 집어 들었다. 늦은 아침 햇살의 역광 때문에 거대한 메뚜기처럼 보이는 짐 실은 트럭을 간신히 피하며 갑자기 곰이 나타나면 쫓으려고 "우후!" 노래하며 임도를 달렸다.

귓속에서 아드레날린이 고동쳤다. 내가 찾고 있던 바로 그것을 찾아냈다. 모든 나이대의 미송이 냇가부터 산마루에 이르는 언덕 경사로를 덮으며 자라는 곳을. 제일 오래된 거목들은 높이가 35미터쯤 되어 보였고, 가지에는 몇 년에 한 번씩 바늘잎과 부식토로 꽉 찬 그늘진 바닥에 씨를 잔뜩 뿌릴 근육이 풍부했다. 이 그늘에서 싹튼 어린 나무들은 학교 운동장의 아이들 같았다. 우뚝 솟은 선생님들이 지켜보는 시선 아래로 모종들과 묘목들이 무리 짓고 흩어져 자라고 있었다. 길에서 본 수목 한계선은 맨해튼 스카이라인만큼이나 복잡해 보였다.

나는 자갈 제방을 급히 내려가 바위가 튀어나온 곳에 멈춰 서서 폐에 공기를 채우고 도랑을 뛰어넘어 건넜다. 균근 연결망 지도를 만들기에 완벽한 순수한 미송 숲이었다. 내 첫 대학원생인 브렌던(Brendan)은 균근균 중 알버섯 한 종이 실제로 미송 뿌리 끝 중 거의 절반을 덮고 있음을 보인 석사 연구를 2007년에 출간했다. 나머지 절반의 이곳저곳에 60여 종의 기타 진균이 서식했으며, 균근 골격의 주된 뼈는 알버섯만으로 구성되어 있었다. 알버섯은 어린 나무뿐만 아니라 나이든 나무에도 서식했는데, 이는 미송이 나이든 나무의 나무갓 아래에 정착하는 데 연결망이 도움을 주는지 알아보는 내 연구에 매우 중요했다. 알버섯 연결망이 숲의 지속적 재생에서 어떤 역할을 하는지, 또 어떤 일이 있어도 숲이 활기를 되찾고 생명을 지속하는 능력의 핵심인지를 알아보는 데도 중요했다. 게다가 연구자들이 이미 알버섯 DNA 중 가장 중요한 부분에 대한 DNA 서열 분석을 완료해서 진균 개체, 또는 유전 개체(genet), 즉 인간의 개인에 해당하는 단일한 유전적 정체성을 지닌 알버섯 개체를 다른 개체와 구별할 수 있게 되었다. 이는 나무를 연결하는 개별 균사의 지도를 만드는 데 꼭 필요한 요소였다. 이 숲에 존재하는 다른 진균 종으로는 할 수 없는 일이었다. 이 숲은 유대 관계가 어느 정도인지 감을 잡고 파악하기에 이상적인 체계였다. 어린 미송들이 오래된 미송의 진균 정원에 닿을 수 있는, 또는 닿을 수 있으리라 짐작한 이곳은. 나는 풀밭을 헤치고 요란한 개울을 지났고 둑에서 뛰어올라서 반대편에 두 발부터 착지했다. 다시 "우후!"라고 소리쳤고, 내 목소

리는 급류 위로 솟구치더니 급경사면을 떠나 메아리 쳤다. "우후, 우후,
……."

개울가 나무들은 빽빽하고 통통했고 산비탈 꼭대기의 나무들은 드
문드문하고 좀 더 작은 듯했다. 높은 지대의 흙이 더 건조할 텐데, 물이
내리막에서 빠르게 내려오는 좁고 긴 썰매 터보건(toboggan)처럼 화강
암 언덕에서 흘러나오기 때문이었다. 건조하고 높은 임분과 이 습하고
낮은 숲의 연결망 구조를 비교하면 물이 더 귀한 높은 곳의 연결이 더
조밀하고 풍부한지, 묘목이 자리 잡는 데 더 중요한지 알아볼 수 있을
것이다. 묘목의 성공 여부는 오래된 나무의 원뿌리가 깊은 화강암에 난
틈에서 끌어온 물이 가득 찬 균사체의 덕을 볼 수 있는가에 달려 있을
수도 있었다. 오래된 나무들의 균사체 연결망에 붙는다는 것은 습한 곳
보다 토양이 건조한 곳의 묘목에 더 결정적일 텐데, 갈증을 해소하고 발
판을 굳히는 데 도움을 받을 수 있기 때문이었다.

개울을 따라 걸으며 부식토에 곰의 흔적이 있나 확인했다. 물가를
따라 난 동물 흔적에 변 자국은 없었지만, 말채나무(red osier dogwood)
의 짙은 핏빛 덤불에서 나뭇잎이 여느 때와 다르게 흔들리는지 유심히
살펴보았다. 언덕을 지나 산마루로 향하던 중 20미터 범위 내에 처음으
로 나타난 나이든 나무를 보았다. 묘목들은 노목의 나무갓을 나바의
홀라후프처럼 둘러싸고 있었다. 나는 나무의 나이를 알아보기 위해 T
자 모양의 나이테 측정기를 꺼내 들었는데 손잡이가 주황색이라 다행
이었다. 팀블베리 관목의 잎이 정찬용 접시만큼이나 커서 물건을 떨어
뜨리면 다 집어삼킬 것 같았다. 두꺼운 나무 껍질에 난 고랑에서 어깨

높이 지점에 비트를 맞추고 나무속까지 파고 들어가 줄무늬가 있는 나무 안쪽에서 작은 단면을 채취했다.

나무의 속(목편)을 살펴보고 펜으로 10년마다 점으로 찍으며 나무의 나이를 천천히 세어 보았다. 나무는 282세였다. 처음 나무속을 채취한 나무 근처에 있던 높이와 둘레가 다양한 나무 열두어 그루에서도 나무속을 뽑아 보았는데, 다섯 살 된 나무부터 처음 본 나무처럼 몇백 살 된 나무까지 있었다. 이 숲에는 몇십 년마다 한 번씩, 여름이 건조하고 질 좋은 연료가 많을 때 화재가 일어났다. 오래된 나무의 잔가지와 바늘잎이 숲 바닥에 모이고, 뿌리가 깊은 풀의 풀잎이 노화되어 마르고, 새 미송 덤불이 물기 많은 사시나무와 자작나무의 숨통을 조이기 시작할 때 불똥 한 번만으로도 숲의 한 구획이 불타 사라진다. 오래된 나무들은 대개 살아남겠지만 숲 하부는 깨끗이 쓸려나간다. 화재가 숲 하부를 태운 때에 맞추어 방울 열매가 잘 달린 해에는 새로운 씨들이 싹을 틔운다.

나무의 나이를 다시 확인하고 대학 연구실 현미경으로 연당 연륜 생장치를 측정하기 위해 알록달록한 빨대 안에 나무속을 집어넣고 양쪽 끝을 마스킹 테이프로 봉한 후 빨대 하나하나에 표시했다. 이렇게 매년 강우량, 기온 기록에 따라 나무가 한 해에 얼마나 자랐는지 비교할 수 있었다. 모종삽 끝을 엄지손가락으로 훑으며 삽 끝이 날카로운지 확인한 후, 처음 본 오래된 나무의 바닥에서 이어져 나온 굵은 뿌리가 손가락 굵기만큼 가늘어지는 곳까지 따라갔다. 숲 바닥을 들어내고 알버섯이 땅속에서 틔우는 우둘투둘한 적갈색 트러플을 찾았다. 모종삽으로 낙엽층과 분해층을 뚫고 들어간 후 부식토층을 길게 찢자 아래로 빽빽한 광물 입자가 드러났다. 조금씩 새어 나오던 부식토와 풍화된 점토가 멈추고 뿌리와 균근이 양분을 찾아다니던 곳이었다.

30분쯤 지나자 모기가 이마를 물었고, 무릎이 잔가지 때문에 쓰라려 왔다. 곧 제과점에서 파는 초콜릿만 한 트러플을 하나 찾아냈다. 부식토층과 광물층 사이에 끼어 있던 트러플에서 유기물 덩어리를 털어내자 트러플의 한쪽 끝에서 고목 뿌리로 이어지는 수염 같은 검은 균사 가닥이 나타났다. 반대쪽을 향하는 또 다른 펄프질 타래를 따라가니 희고 투명한 떡쑥처럼 생긴 뿌리 끝 무리로 이어져 있었다. 해나의 미술 도구 세트에서 빌려 온 가늘고 부드러운 붓은 균사를 깨끗이 털기 안성맞춤이었다. 특별히 내 마음을 끈 뿌리 끝을 옷자락에서 비어져 나온 실을 당기듯 조심스럽게 당겨 보았다. 손 하나 길이만큼 거리에 있던 묘목이 살짝 떨렸다. 다시 좀 더 세게 당기니 묘목이 저항력 때문에 뒤로 기울었다. 나는 오래된 나무를 보았고, 그러고 나서 그늘 속의 작은 묘목을 보았다. 진균이 오래된 나무와 어린 묘목을 이어 주고 있었다.

근처 나뭇가지들의 충격이 전율했고 노란 나비가 초원을 가로질러 팔랑팔랑 날았다. 바람이 바뀌었다. 나무의 접힌 부분을 감싸던 풀, 이는 풀잎을 바라보았다. 내 시선은 곰, 코요테, 새 들이 모여 머물고 조잘대던 구석에 맞춰져 있었지만 움직임은 없었다.

오래된 나무의 뿌리를 또다시 따라가니 트러플이 하나 더, 또 하나 더 나타났다. 나는 트러플을 하나씩 코에 대고 포자, 버섯, 탄생의 퀴퀴한 흙내를 들이마셨다. 각각의 트러플에서 나온 검정 펄프질 수염을 따라 다양한 나이대의 모종과 묘목 뿌리가 리깅(rigging, 배의 돛, 돛대 등을 다는 줄의 총칭 또는 세트 지지 장치. — 옮긴이)처럼 엮여 있는 곳까지 가 보았다. 땅을 팔 때마다 뼈대가 드러났다. 이 오래된 나무는 나무 주변에서 재생된 모든 어린 나무와 연결되어 있었다. 나중에 또 다른 대학원생 케빈(Kevin)이 이 지대로 돌아와 거의 모든 알버섯 트러플과 나무를 대상으로 DNA 염기 서열 분석을 했고 그 결과 대부분의 나무는 알버섯 균사체로 서로 연결되어 있으며 가장 크고 오래된 나무들은 근처에 있는 거의 모든 어린 나무들과 연결되어 있음을 발견하게 된다. 어떤 나무는 나무 47그루와 이어져 있었고, 그중 몇몇은 20미터나 떨어져 있었다. 한 나무는 다음 나무와 연결되어 있었고 우리는 전체 숲이 이어져 있음을 발견했다. 알버섯 딱 한 종만으로 말이다. 우리는 이 결과를 2010년에 발표한 후 더욱 자세한 사항까지 다룬 논문을 2편 더 출간했다. 만일 미송을 연결하는 다른 60종의 균 연결망 지도를 그릴 수 있다면 분명 더 두껍게 짜이고, 더 깊은 층을 이루고, 한층 더 복잡하게 꿰어진 관계를 발견했을 것이다. 이런 지도에 틈새 요소까지 더하는, 아마 풀, 초본, 관목을 독립된 망으로 연결할 것 같은 수지상균근은 말할 것도 없다. 게다가 나름의 망으로 허클베리를 연결하는 에리코이드 균근, 또 제 나름의 망을 가진 난초 균근도.

다람쥐가 축축한 통나무에 기대 씨앗 더미를 쌓아 놓은 것을 발견해 지난해의 방울 열매 흔적이 있는지 찾아보려고 나무갓을 올려다보았다. 미송은 산발적으로 여러 해 동안의 기후 변화에 발맞추어 방울 열매를 만들었다. 여름에 입을 벌린 방울 열매에서 떨어진 씨는 바람이

나 중력, 다람쥐나 새들로 인해 퍼져 나가 광물, 목탄, 일부 분해된 숲 바닥의 따뜻한 층에서 싹을 틔웠다. 불에 탄 혼합 묘상(seedbed)은 특히 싹이 즐겁게 트는 곳이었다.

나뭇가지 코르셋 사이로 머리 위에서 둥그렇게 도는 매를 보았다. 숲에서의 고독이란 흔치 않기에 좀 불편한 느낌이 들었다. 하지만 산들바람이 달래 준 덕분에 나는 스위스 아미 나이프의 가장 가는 끝으로 커 봤자 무당거미만 한 발아체(germinant)를 파내며 일을 계속했다. 드러난 줄기의 근원부를 당기자 매우 작은 원시적 뿌리인 어린뿌리가 해묵은 부식토에서 미끄러져 나왔다. 어린뿌리는 도자기 조각 같았고, 어릴 때 아빠가 세발자전거에서 떨어진 로빈을 팔로 받았을 때 울퉁불퉁하게 찢어진 상처에서 드러났던 정강이뼈가 생각났다. 성장 중인 뼈처럼 연약한 이 용감한 뿌리는 땅의 광물 알갱이에 숨겨진 진균 연결망에 생화학 신호를 보내서 살아남았으며, 뿌리의 긴 실은 거목의 발톱과 이어졌다. 오래된 나무의 균사체는 신호에 반응해 가지를 치고 신호를 보내며 새로 돋은 뿌리를 구슬린다. 부드러워지라고, 헤링본 모양으로 자라나 결국 균사체와 한 몸이 되라고.

쭈그리고 앉아서 확대경을 통해 어린뿌리를 뚫어지게 보고 흙이 긴 손톱으로 약한 뿌리를 더듬고 쪼개 열었다. 피층 세포를 감싸는 데 성공했을 수도 있는 진균의 균사를 엿보기 위해서였다. 구애는 마쳤다. 손톱이 너무 뭉툭했다! 몸을 뒤척여 쏟아지는 햇빛을 손에 받으며 세포 사이에 수지(tallow)의 흔적이 있는지 우둘투둘한 뿌리를 뒤져 보았다. 침입자가 나타나면 진균은 뿌리 세포를 감싸서 밀랍 색, 바닷물 색, 또는 장미 꽃잎 색 격자망, 즉 하르티히 망을 만든다. 진균은 이 하르티히 망을 통해서 오래된 나무들의 거대한 균사체가 공급해 주는 양분을 묘목에게 전달한다. 그 대가로 묘목은 진균에게 무척 미량이지만 광합성에 필요한 탄소를 제공한다.

이 작은 묘목들의 뿌리는 내가 그들의 토대를 뽑아내기 훨씬 전부터 뿌리를 잘 내리고 있었다. 풍부한 생명력을 지닌 오래된 나무들은 탄소와 질소를 물에 실어 싹에게 보내 주며 새로 돋은 어린뿌리와 떡잎, 즉 원시 잎을 돕는다. 오래된 나무들은 워낙 부유하고 가진 것이 많아서 싹에게 주는 데 쓴 비용은 새 발의 피 수준이다. 나무들은 인내에 대해, 오래된 나무와 어린 나무가 느리고도 끊임없이 함께 나누고 버티고 계속 살아나가는 방법에 대해 가르쳐 주었다. 내 딸들의 꾸준함이 나를 꾸준하게 만들어 준 것과도 같다. 나는 이 이별의 계절을 견딜 수 있을 만큼 강하다고 스스로에게 말해 주었다. 게다가 1년 후면 안식년일 테고, 또 닭봉, 오이 자른 것, 웃는 모양으로 자른 오렌지로 아이들에게 점심을 싸 줄 수 있을 것이라고, 또 아이들에게 고카트(go-cart, 장난감 자동차. — 옮긴이) 만드는 법, 꽃 심는 법을 알려 줄 것이라고. 또 나바와 함께 책을 더 많이 읽을 수 있을 테고, 『우리의 영웅 머시(*Mercy Watson to the Rescue*)』도 내가 한 번, 나바가 한 번, 번갈아가며 읽을 수 있을 거라고. 하지만 그런 마법 같은 1년이 올 때까지 나는 주말마다 딸들로부터 생명력을 다시 받으러 산맥을 가로질러 가야 할 테고, 내 엄마 노릇은 타임 랩스 사진처럼 될 터였다.

일단 하르티히 망이 새싹의 어린뿌리에 단단히 자리하고 나이든 나

2006년 브리티시 컬럼비아 주 넬슨 근처의 벌채지에서 허클베리를 따는 해나(오른쪽, 여덟 살)와 켈리 로즈(열 살). 숲은 가문비나무와 로키전나무로 잘 재생되고 있었다. 그루터기의 높이와 그을음을 보면 겨울에 벌목 후 남은 잔재(slash)가 불에 탔음을 알 수 있다.

무들이 자양분을 날라서 떡잎의 보잘것없는 광합성 속도를 보충하면, 진균은 물과 양분을 구하기 위해 토양을 탐색할 새 균 실을 기를 수 있다. 묘목의 자그마한 나무갓이 새 바늘잎을 틔우면 묘목도 스스로 광합성을 해서 만든 당분으로 균사체를 먹일 수 있게 될 것이고, 그러면 진균이 훨씬 더 먼 구멍까지 닿을 수 있다. 뿌리를 단단히 내리고 삶이 주식 시장 거래처럼 매끄럽게 돌아가면 자라나는 뿌리는 마치 균사체 겉옷을 입듯이 균의 균투, 즉 겉쪽 막을 지탱할 수 있게 되고 거기서부터 훨씬 더 많은 어린 균사가 토양으로 자라 나갈 수 있다. 균투가 두꺼울수록, 또 뿌리가 먹일 수 있는 균사가 더 많을수록 균사체는 더욱 넓은 곳까지 빛을 내며 토양 광물을 덮을 수 있고, 광물 알갱이에서 양분을 더 많이 취해서 뿌리로 다시 양분을 운반할 것이다. 뿌리는 진균을 낳는 뿌리를 낳는 진균을 낳는다. 나무가 만들어지고 10리터의 토양에 50킬로미터의 균사체가 들어찰 때까지 양성 되먹임 고리를 유지하는 동반자들이다. 동맥, 정맥, 모세혈관으로 구성된 우리 인간의 심혈관계와 같은 생명의 그물인 균사체. 나는 뒤집힌 묘목 두 그루를 머리카락에 꽂고서 다시 경사면을 오르기 시작했다.

우지끈 소리가 났다.

나는 사스카툰 덤불 쪽을 뚫어지게 쳐다보며 허리에 찬 홀스터(holster)에서 곰 쫓는 스프레이를 재빨리 꺼내고 주황색 안전 탭을 뽑았다. 가지를 뒤로 당기자 잎이 바스락 소리를 냈고 나는 안도의 한숨을 쉬었다. 불에 그을어서 곰의 털처럼 새까만 나무 껍질이 붙은 그루터기밖에 없었다. 아, 세상에. 나는 생각했다. 이른 아침부터 해안에서 차를 몰고 오느라 확실히 피곤했던 모양이야.

껍질이 두꺼운 고목의 나무갓 아래로 몸을 숙이면서, 모종이 흩뿌려진 풀이 무성한 틈을 거닐면서, 가늘고 삐죽한 묘목들이 얽힌 틈을 헤치면서 숲을 계속 헤집고 다녔다. 계산기 내부에서처럼 대학원생들의 데이터가 머릿속을 휘젓고 있었다. 이 어린 나무들은 거대한 균사체에 연결되어 스스로 충분한 바늘잎과 뿌리를 만들 수 있을 때까지 보조를 받으며 오래된 나무들의 그늘에서 삶을 시작했다. 대학원생 프랑수아(François)가 다 자란 나무 주변에 뿌린 미송 씨앗은 물 분자만 투과할 수 있는 구멍이 있는 자루에 넣어 분리했을 때보다 오래된 나무의 진균 연결망과 이어지도록 두었을 때 생존율이 더 높았다.

이 숲의 묘목들은 오래된 나무들의 연결망 속에서 재생되고 있었다.

둥치 위에서 쉬다가 한참 동안 물을 마시는데 지붕 못보다 크지 않은 묘목이 모여 자라는 무리가 눈에 들어왔다. 지하의 연결망은 묘목들이 수년, 심지어 수십 년 동안 그늘에서 살아남을 수 있는 이유를 설명해 줄 것이다. 이 오래된 숲은 스스로 재생될 수 있었는데, 어린 나무들이 제 발로 온전히 설 수 있도록 부모 나무들이 도왔기 때문이다. 결국 젊은 나무들은 수목 한계선을 물려받아 부양이 필요한 다른 나무들에게 손을 뻗을 것이다.

정통으로 머리 위를 내리쬐는 해를 받으며 블랙베리 휴대폰으로 시간을 다시 확인했다. 아직 넬슨까지 가려면 476킬로미터 더 가야 했고 자정까지 집에 도착하려면 오후 4시에는 떠나야 했다. 진은 이 고급 휴대폰을 사라고 설득하며 '블루베리'라는 별명을 붙여 주었다. 블랙베리는 내 인생을 바꾸어 놓았다. 길 위에서 너무도 오랜 시간을 보내게 된 내게는 이 휴대폰이 너무나 중요했다. 이메일을 확인했는데 한 연구비 제안서가 지원 불가 통보를 받았다. 하지만 건조한 내륙의 미송 숲 벌채 및 벌채가 균근 연결망의 온전함에 미치는 영향을 살펴보는 또 다른 제안서는 연구비를 받게 되었다. 됐다! 생각했다. 몇 주 동안 글과 예산을 분석한 보람이 있었다. 인터넷 때문에 내가 세상과 단단히 이어져 있음을 느낄 수 있다니 이 작은 기계가 정말 신기했다.

숲도 인터넷, 즉 월드 와이드 웹 같았다. 하지만 컴퓨터가 전선이나 전파로 연결되는 반면, 이 나무들은 균근균으로 연결되어 있었다. 숲은 오래된 나무들이 가장 큰 소통 허브를, 작은 나무들이 덜 분주한 노드를 구성하며 진균 연결을 통해 메시지를 주고받는 중심부와 위성들로 구성된 체계 같았다. 지난 1997년 내 논문이 《네이처》에 발표되었을 때 《네이처》는 내 논문을 "우드 와이드 웹"이라고 불렀는데, 상상했던 것보다도 훨씬 더 선견지명이 있는 표현이었다. 당시 나는 자작나무와 미송이 단순한 균근 짜임을 통해 탄소를 주고받는다는 것밖에 몰랐다. 하지만 이 숲은 내게 더 완전한 이야기를 들려주고 있었다. 오래된 나무들은 허브, 어린 나무들은 노드였고 균근균은 복잡한 패턴을 이루며 나무들을 서로 연결하고 숲 전체의 재생을 촉진하고 있었다.

나무 조각 옆의 구멍에 말벌 떼가 있었다. 말벌에 쏘인 나는 에스컬레이터만큼 가파른 언덕을 뛰어 올라갔다. 크루저 조끼가 방탄 조끼만큼 무거워서 산꼭대기에 주저앉아 부은 자리를 물병으로 눌렀다. 이 언덕의 노거수들은 서로 멀리 떨어져 있었고 묘목들은 더 적었고 간격도 더 넓었다. 가뭄으로 인해 제한이 생겼기 때문이다. 팀블베리와 허클베리가 이미 사라진 대신 잔뜩 모여 있는 파인그래스의 긴 잎, 비단루피너스 보닛, 또 간간이 보이는 솝베리 덤불이 그 자리를 차지하고 있었다. 루피너스와 솝베리는 느리게 자라는 임분에 질소를 더해 주는 질소 고정자이다. 비록 남향 비탈면은 건조했지만 식물 군집은 손상되지 않았고, 내가 주차해 둔 도로변을 따라 발을 뻗은 빠르게 퍼지는 잡초도 전혀 없었다. 이 숲은 매우 건조한 그레이트 베이슨(Great Basin) 분지 북쪽 끝에 위치해 있었지만 남쪽 지역은 나무가 자라기에는 지나치게 건조해서 토착 프레리에서는 나무 대신 번치그래스가 자란다. 이런 토착

초지는 외래종 잡초 침입 때문에 압박을 받고 있었는데, 이 경우 잡초가 균근 연결망의 생명력을 다 빨아 먹는다. 소떼가 퍼뜨리는 수레국화(knapweed)는 풀 곁순의 균근에 침투해서 풀뿌리에서 바로 인을 빼앗아간다. 수레국화의 진균은 자작나무와 전나무의 진균과 달리, 풀이 무성하게 도와주는 대신 인간이 소를 몰며 시작된 풀의 쇠퇴를 가속화했다. 수레국화의 진균이 토착 풀들에게 독극물이나 감염물을 보내서 살해를 마무리했을 수도 있다. 또는 풀의 에너지를 탈취하고 굶겨 죽이며 토착 프레리를 황폐화했을 것이다. 시체 도둑(body snatcher)이 쳐들어오듯이, 유럽 인이 아메리카 대륙을 식민지화한 것처럼 말이다.

나이테 측정기로 언덕의 매우 오래된 나무 몇 그루에서 나무속을 채취하니 가장 오래된 나무는 302세였고, 가장 어린 나무는 227세였다. 가장 크고 오래된 나무들은 숲의 어른들이었다. 이 나무들의 두꺼운 껍질에는 화염으로 인한 상흔이 있었는데, 아래쪽의 습한 지역 나무들보다 상처가 더 두드러졌다. 여기가 더 덥고 건조해서 번개가 자주 치기 때문이었다. 이로써 나무의 연령대가 넓은 이유도 설명할 수 있었다. 휴대폰을 또 확인했다. 2시였다. 1시간 후면 돈이 해나와 나바를 데리러 학교로 갈 것이다.

모종삽으로 흙을 긁어내 보았다. 물가의 오래된 나무들처럼 이 산 꼭대기 위의 나무들도 트러플과 뿌리혹(tubercule, 균이 껍질처럼 덮인 균근 덩어리이다.), 또 뿌리혹에서 별똥별처럼 퍼져 나오는 금색 진균 실들로 꾸며져 있었다. 이곳의 나무와 진균들 또한 긴밀한 망 속에 있었다. 아래 지대의 나무들과 비교하면 토양이 더 건조하고 나무들이 더 스트레스를 받는 곳에 연결이 훨씬 더 많았다. 말이 된다! 이곳 산마루에서 나무들은 균근균에게 보답을 더 많이 바랐기에 균근균에 더 많은 투자를 했다.

키가 최소 25미터는 될 듯하고 고래 갈비뼈 같은 가지가 달린 가장 오래된 나무에 기댔다. 씨에서 자란 묘목들이 나무의 북쪽 드립라인(dripline, 나무나 식물에서 비가 오면 잎에서 물이 떨어지는 범위. — 옮긴이)을 따라 초승달 모양을 이루었고, 묘목의 바늘잎은 거미 다리처럼 뻗어 있었다. 나는 묘목 한 그루를 칼로 파 보았다. 진균 실들이 묘목 뿌리 끝에서 흘러나오자 취한 듯 말벌에 쏘인 것도 진즉에 잊고 집에 가서 더 자세히 살펴보기 위해 묘목과 묘목의 털실 같은 균근을 공책 책장 속에 끼웠다. 하지만 나는 이 작은 묘목들은 오래된 나무들의 연결망과 이어져 있으며 여름의 가장 건조한 날들을 견디기 충분한 물을 받고 있음을 이미 알고 있었다. 학생들과 나는 뿌리 깊은 나무들이 밤에 수력 상승(hydraulic lift)을 통해 물을 토양 표면으로 끌어올리고, 뿌리가 얕은 식물과 수분을 공유해 군도(archipelago)가 장기적 가뭄에서 온전히 유지되도록 돕는다는 것을 이미 알고 있었다.

이런 연결이 없다면 무더운 8월에 묘목은 거의 다 죽을 수도 있다. 바늘잎이 붉게 변하고 나무줄기의 부푼 부분에는 불탄 상처가 나고 눈이 내린 흔적은 전혀 남지 않는다. 신출내기 나무들이 매우 연약한 순간에는 아주 적은 자원만 보태 주어도 딜러 카드의 양면처럼 삶과 죽음이라는 아주 큰 차이가 생길 수 있다. 하지만 묘목 뿌리와 균근이 토양 입자에 수분이 막처럼 달라붙는 적갈색 구멍의 미로에 닿으면 나무들은 차차 판을 키워 가며 토대를 기른다. 이처럼 기회에 제약이 없는 뿌리 체계는 묘목장의 스티로폼 튜브에서 자란 두툼한 피스톤 모양의 뿌리보다 탄력성이 한층 우수하다. 조림지에 심을 묘목을 기르는 묘목장에는 물과 양분이 꽉 차 있어서 묘목은 토양과 연결해 주는 진균과 동반 관계를 맺기 적절한 뿌리를 틔우지 못할뿐더러, 그럴 필요도 없다. 묘목장 묘목의 두꺼운 바늘잎은 8월의 뜨거운 태양 아래에서 물줄기가 필요했지만, 두꺼운 뿌리가 감옥에 갇힌 양 계속 자라나기에 메마른 벌채지에서 땅이 갈라질 때 오래된 나무에게로 뻗어가서 도움을 청할 수도 없다.

북쪽의 묘목 초승달에서 오래된 나무로 다시 걸어가니 고목 나무갓 바로 아래에는 심지어 풀도 없는 맨땅이 있었다. 여기서는 단 한 그루의 묘목도 자라지 않았다. 고목의 나무갓은 너무나 촘촘해서 강수와 햇빛 대부분을 막았고 뿌리도 너무 굵어서 양분과 물 대부분을 흡수해 버렸다. 하지만 프랑수아는 나중에 나무갓 가장자리 드립라인에 도넛 모양의 취약 지점(sweet spot)이 있음을 발견한다. 거기서는 고목의 나무갓 제일 바깥쪽 바늘잎에서 물이 떨어져 내리고 묘목 몇몇이 매우 잘 자랐다. 너무 가까워서 오래된 나무에게 필요한 것이 많아 묘목이 굶는 곳보다 멀고, 너무 멀어서 중간에 있는 초원의 풀이 묘목에게 필요한 것들을 다 갖고 가 버리는 곳보다 가까운 곳이었다.

나는 해가 내리쬐는 남쪽을 보며 오래된 나무의 나무갓 반대편 가장자리 아래로 몸을 숙이고 자갈 사면으로 변해 가는 비탈길을 내려다보았다. 이쪽은 너무 건조해서 연결망조차도 묘목이 타 죽는 것을 막을 수 없었다. 사막과 같은 극한 상황에서는 진균조차도 나무에 생명력을 불어넣지 못할 수 있다. 오래된 통나무가 누워 쉬는 각도로 놓인 채 부서진 돌 위로 굴러갈 태세를 갖추고 있었고, 심재(心材, heartwood) 덩어리들이 새로이 드러났다. 딱정벌레와 개미가 흰 진균을 움켜잡고 줄지어 가고 있었다. 발톱 자국이 보였다. 곰이라는 생각이 들었다. 적어도 며칠 전 자국이다. 미송 묘목들은 길이를 따라 약간의 그늘이 있는 통나무 북쪽에서 쏟아져 내려서 숲 바닥까지 다다른다. 그늘의 혜택을 약간이라도 본다는 것은 물 손실이 좀 적고 토양 기공을 씌운 막이 약간 더 두꺼우며, 생존 여부의 차이가 난다는 뜻이었다. 나는 흰색으로 퍼져 나간 균사체가 오래된 나무와 연결되어 나무가 촉촉하게 유지되게끔 돕고 있는 것은 아닌지 궁금했다. 이 묘목들이 살아 있는 단 하나의 이유는 진균이 어딘가에서 물을 끌어오기 때문이라고 생각했다.

피부가 타는 듯했다. 나는 그늘로 돌아가 말벌에 쏘인 자리를 살펴봤다. 아이들에게 베이킹 소다로 찜질하는 법을 알려 주어야겠다. 나는 균근 연결망을 통해 초승달 모양을 이루며 자라는 묘목들을 양육하는 오래된 나무에 등을 기대앉았다. 어린 나무들의 바늘잎이 오후의 바람에 흔들렸다.

오래된 나무들은 숲의 어머니였다.

어머니 나무들이 허브였다.

글쎄, 어머니 나무이자 아버지 나무였다. 미송에는 수꽃 꽃가루 방울 열매와 암꽃 밑씨 방울 열매가 동시에 열리니까.

하지만…… 내게는 나무가 엄마 노릇을 하는 것처럼 느껴졌다. 오래된 나무들이 어린 나무들을 돌보는 만큼. 맞다, 바로 그거다. 어머니 나무들. 어머니 나무들은 숲을 연결한다.

이 어머니 나무는 주변에 자리한 모종과 묘목의 중심 허브였고, 다양한 진균 종에서 뻗어 나온 갖가지 색과 무게의 실이 나무들을 겹겹이 튼튼하고 복잡한 망으로 연결했다. 나는 연필과 공책을 꺼내 지도를 만들었다. 어머니 나무, 묘목, 모종. 나무들 사이에 선을 그려 보았다. 그림에서 신경 연결망 같은 모양이 떠올랐다. 우리 뇌의 뉴런들처럼 일부 노드가 다른 노드보다 더 많이 연결되어 있었다.

이럴 수가.

만약 균근 연결망이 신경 연결망의 복사판이라면 나무 사이를 이동하는 분자들은 신경 전달 물질에 해당한다. 나무들 사이의 신호는 인간의 생각과 의사 소통을 가능하게 해 주는 뉴런 사이의 전기 화학적 자극처럼 예리할 것이다. 인간이 자신의 생각과 기분에 민감한 것처럼 나무들도 이웃에 대해 민감할까? 아니면 더 나아가서, 나무들 사이의 사회적 소통도 대화하는 두 사람만큼이나 그들이 공유한 현실에 영향을 줄 수 있을까? 나무들도 우리만큼 빠르게 파악할 수 있을까? 나무도 우리처럼 신호와 상호 작용에 기초해 측정, 조정, 조절을 계속할 수 있을까? 돈이 "수즈."라고 말하는 어조만으로도, 또 짧은 눈빛만으로도 나는 그의 의중을 이해한다. 어쩌면 나무들도 이렇게 감정선을 맞추어 가며 세상을 이해하기 위해 인간 뇌의 뉴런처럼 정교하게 신호를 보내면서 서로 민감하게 공감하고 있는지도 모른다. 나는 우리의 동위 원소 연구를 토대로 계산식을 빠르게 휘갈겨 썼다. 질소 대비 이동한 탄소량이 글루탐산이라는 아미노산에 함유된 질소 대 탄소 분자량과 놀라울 만큼 비슷하다는 생각이 들었다. 우리 실험의 정확한 목적이 글루탐산의 탄소-질소 이동 추적은 아니었지만, 다른 연구자들은 아미노산 자체가 균근 연결망을 통해 이동했음을 확인한 바 있었다.

나는 블랙베리로 재빨리 검색해 보았다. 글루탐산은 인간의 뇌에서 가장 풍부한 신경 전달 물질로, 다른 신경 전달 물질이 발달할 수 있는 기반을 마련한다. 글루탐산은 탄소 대 질소 비율이 아주 약간 더 높은 세로토닌보다도 훨씬 더 풍부하다.

매가 호를 그리며 내 옆에 있던 언덕을 맴돌다가 이제는 다른 매 두 마리와 합류해서 자갈 비탈이 숭숭 뚫린 숲 위로 그림자를 드리웠다. 균근 연결망은 실제로 신경 연결망과 얼마나 비슷할 수 있을까? 물론 연결망의 모양이나 연결을 통해 노드에서 노드로 전달되는 분자가 유사할 수는 있다. 하지만 시냅스의 존재는 어떨까? 시냅스야말로 신경 연결망의 신호에서 반드시 필요한 것 아닐까? 시냅스는 나무가 이웃 나무가 스트레스를 받고 있는지 건강한지 감지하는 데도 중요할 수 있다. 신경 전달 물질이 시냅스 간극을 가로질러 뇌의 한 뉴런에서 다른 뉴런으로 신호를 전달하듯이 균근 내에서 서로 접하는 균과 식물 막 사이의 시냅스 너머로 신호가 퍼져 나갈 수도 있다.

균근 연결망에서도 우리 뇌에서와 같은 방식으로 시냅스 건너편까지 정보가 전달될까? 아미노산, 물, 호르몬, 방어 신호, 타감 물질(allelochemical, 독극물) 등과 기타 대사 물질들은 이미 진균과 식물 조직 사이의 시냅스를 건너는 것으로 알려져 있었다. 다른 나무에서 균근 연결망을 통해

미송 어머니 나무. 이 나무는 브리티시 컬럼비아 연안 우림에서 1세기를 살았다. 근처에 있는 나무들은 미송, 이엽솔송나무, 투야 플리카타이고, 숲 하층부에는 폴리스티쿰 무니툼(*Polystichum munitum*), 레드 허클베리(*Vaccinium parvifolium*)가 풍성하다. 태평양 북서부 선주민들은 폴리스티쿰 무니툼 잎을 화덕 보호용 덮개, 음식 보관 포장 용기, 마루, 침구로 사용했다. 봄에는 지하의 뿌리줄기를 파서 굽고 껍질을 벗겨 먹었다. 허클베리의 붉은 열매는 하천에서 물고기 미끼로 사용했고, 말리고 으깨서 케이크를 만들거나 즙을 짜서 식욕 촉진제, 구강 청결제로 썼다.

하이다 과이 야쿤(Yakoun) 강 강가, 이엽솔송나무와 어린 가문비나무로 둘러싸인 시트카가문비나무 어머니 나무가 있다. 일부 어린 나무가 썩어 가는 보모 통나무 위에서 재생하고 있다. 보모 나무는 어린 나무를 포식자, 병원체, 가뭄으로부터 보호한다. 하이다, 틀링깃, 슴시안 등 북아메리카 대륙 서해안의 사람들은 가문비나무 뿌리를 수확해 물이 들어오지 않는 모자나 바구니를 만들었고 나무 속껍질은 바로 먹거나 말려서 케이크로 만들어 베리와 곁들여 먹었다. 조리하지 않은 어린 순은 훌륭한 비타민 C 공급원이다.

수일루스 라케이 버섯, 흰 균사가 버섯대 밑동에서 뻗어 나오고 있다. 버섯은 숲 바닥에 퍼져서 근처의 나무들을 잇는 진균 균사에서 열매를 맺는다. 진균이 흙에서 모아온 양분을 받는 대가로 나무는 광합성으로 만든 당분을 진균에게 준다.

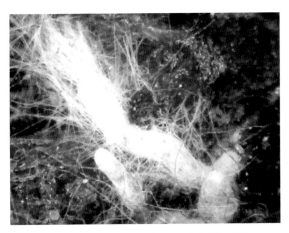

외생균근 진균 균사가 풍성히 붙은 뿌리 끝. 이 사진은 오크리지 국립 연구소(Oak Ridge National Laboratory)의 미니라이존트론(minirhizontron, 땅속에 투명한 튜브를 넣어 뿌리 사진을 찍는 기구. — 옮긴이)으로 촬영했다.

흑곰의 어미와 새끼.

흰머리수리.

투야 플리카타.

넓게 깔린 있는 외생균근 매트에서 나온 진균의 균사다발.

토양 단면의 위쪽의 외생균근 진균 연결망.

1,000년 정도 산 투야 플리카타 어머니 나무. 브리티시 컬럼비아 주 밴쿠버 스탠리 파크에 있다. 세로로 난 상처는 전통적 껍질 채취의 흔적이다. 그래서 이 나무는 CMT(culturally modified tree), 즉 문화적으로 변형된 나무라고 불린다.

투야 플리카타 어머니 나무에 기대 앉아.

도착하는 모든 분자 또한 시냅스를 통과해 전달될 수 있다.

혹시 내가 특별한 것을 발견한 것은 아닐까? 신경 연결망과 균근 연결망은 둘 다 시냅스 너머로 정보 분자를 전달한다. 분자는 인접한 식물 세포들 사이의 가름막을 건너거나 맞닿은 진균 세포 말단의 구멍을 통해서만 이동하는 것이 아니라, 다양한 식물 뿌리나 다양한 균근 끄트머리에 있는 시냅스 너머로도 이동한다. 화학 물질이 시냅스로 배출되고 나면 정보는 신경계의 작동 방식과 비슷하게 전기 화학적 소스–싱크 기울기를 따라 진균–뿌리끝에서 진균–뿌리끝으로 이동해야 한다. 인간의 신경망에서 일어나는 것과 동일한 기본적 과정이 균근균 연결망에서 일어나는 것 같았다. 우리가 문제를 해결하거나 중요한 결정을 내리거나 관계를 조정할 때 우리에게 순간적인 엄청난 번뜩임을 주면서. 이 두 연결망 모두에서 연결, 소통, 결집이 드러나는 것은 아닐까?

식물이 신경과 유사한 생물학적 기능과 작용을 사용해 환경을 감지함은 이미 널리 받아들여져 있었다. 식물의 잎, 줄기, 뿌리는 주변 환경을 느끼고 이해한 후 생장, 양분을 찾는 능력, 광합성 속도, 물을 아끼기 위한 기공 폐쇄율 등 생리를 조절한다. 진균의 균사도 처한 환경을 인식하고 자신의 구조와 생리를 조절한다. 부모와 자식들처럼, 내 딸들과 돈과 나처럼, 변화에 적응하고 새로운 것들을 배우기 위해 정비하고, 견디는 방법을 알아내면서. 오늘 밤에는 집에 갈 수 있다. 엄마 노릇을 하러.

라틴 어 동사 intelligere는 이해한다, 감지한다는 뜻이다.

지능.

균근 연결망은 지능의 특성을 갖고 있을 수도 있다.

숲의 신경 연결망 허브에는 어머니 나무들이 있었다. 내가 해나와 나바의 안녕에 있어 가장 중요하듯, 작은 나무들의 삶에는 어머니 나무들이 가장 중요하다.

시간이 가고 있어서 일어섰다. 등을 기댔던 나무 껍질을 따뜻하게 만들어서 미안했다. 하지만 들떠서 숨도 못 쉴 지경이었고 생각에 잔뜩 취해 있었으며 어머니 나무와 동질감을 느꼈다. 나를 받아들이고 이런 통찰력을 준 어머니 나무가 고마웠다. 나는 임도로 통하는 작은 길을 기억하며 산마루 정상까지 걸어 올라갔고 대략 그 방향으로 향하는 사슴이 지나간 길을 따라갔다. 질긴 알버섯 트러플의 두꺼운 균사 가닥, 연약한 윌콕시나 버섯의 가는 균사판, 또 이 오래된 숲에 사는 수백 종의 다양한 진균 종들은 특유의 구조, 그리고 획득, 수송, 전달 능력을 갖고 있었다. 진균은 긴 균사를 보물을 향해 뻗고, 덩굴 같은 손가락으로 전리품을 감쌌다. 정보를 전달하는 화학 물질들은 다양한 경로를 따라 이런 진균 고속 도로를 통해 전송되어야 한다. 가진 자와 못 가진 자 사이의 소스-싱크 기울기에 따라서.

내가 가던 작은 길이 마치 밧줄에 이어진 닳은 실처럼 다른 길과 합류했다. 지선 같은 역할을 하는 가는 균사 거즈가 고속 도로 같은 두꺼운 끈들을 에워싼 그 연결망이 복잡하다는 것은 나도 알고 있었다. 두꺼운 끈은 서로 얽힌 단순한 균사 여러 개로 만들어져 있었고, 공간 주변 바깥쪽 껍질을 형성했다. 정보 전달 화학 물질은 수도관을 통해 이동하는 물처럼 균사 끈을 통해 이동할 수 있다.

임도가 넓어졌고 몇 번 더 커브를 돌고 나니 작은 길이 앞에 펼쳐졌

미송 어머니 나무.

12장 9시간의 통근

다. 알버섯 같은 진균 종의 두꺼운 관은 장거리 소통을 위해 고안되었고, 윌콕시나 같은 진균 종의 가늘고 넓게 퍼진 균사는 빠른 반응에 능숙해야 한다. 빠른 성장과 변화를 일으키기 위해 화학 물질을 신속하게 전달할 수 있도록. 위니 할머니가 알츠하이머 진단을 받았을 때 나는 무엇이 인간의 뇌에 가소성과 경직성을 부여하는지에 대해 읽어 보았다. 아마 장거리를 관장하는 알버섯은 인간의 뇌에서 반복, 가지치기, 퇴행으로 인한 강력한 연결에 해당하는 것 같다. 혹시 더 빠르고 풍성하게 자라는 가느다란 윌콕시나 균사가 균근 연결망이 새로운 기회에 적응하도록 보조하는 것은 아닐까. 우리 인간도 이와 별반 다르지 않은, 새로운 상황에 신속하고 유연하게 대처하는 능력을 지니고 있는데, 할머니는 바로 그 능력을 잃어가고 있었다.

위니 할머니는 장기 기억을 여전히 가지고 있었다. 옷을 입어야 된다는 것을 알았지만 날이 더워지면 웃옷을 몇 개 입어야 하는지, 브라를 앞에서 채우는지 뒤에서 채우는지 기억해 내지 못했을 뿐이다. 마치 알버섯 균사가 해답을 장거리로 운반하는 것처럼 옷 입기에 대한 할머니의 기억은 평생에 걸쳐 형성된 뇌 회로에서 비롯된 것이었다. 하지만 빠르게 적응하는 능력과 단기 기억은 새 시냅스 손실과 더불어 감퇴하는 중이었는데, 할머니는 윌콕시나 균사판이 나무에게 만들어 준 연결과 비슷한 무언가를 잃어 가고 있는 것 같았다.

어머니 나무에서 뻗어 나온 두껍고 복잡한 가닥들은 재생 중인 묘목을 향한 효율적 다량 전송 능력을 갖추어야만 한다. 가늘게 퍼져 나가는 균사는 싹이 유독 더운 날 새 물웅덩이를 어떻게 발견할 것인가 등 긴급하고 신속한 요구에 대처해야 한다. 유동성 지능(fluid intelligence, 다양한 새 정보를 실시간으로 생성, 변환, 조직하는 추론 능력. — 옮긴이)처럼 고동치며 활동적으로 적응력을 발휘하며 자라나는 식물을 먹여 살리면서 말이다.

새 연구비는 결국 벌채 때문에 복잡한 균근 연결망이 흐트러지고 혼란에 빠짐을 드러낼 것이다. 어머니 나무가 없어지면 숲은 진중함을 잃는다. 하지만 몇 년이 지나 모종이 묘목으로 자라나면 새 숲은 또 다른 연결망으로 천천히 재편성될 것이다. 어머니 나무가 이끌어 주지 못하면 새 숲 연결망은 결코 전과 같을 수 없다. 특히 광범위한 벌목과 기후 변화 때문에라도 그렇다. 숲에 있는 탄소, 또 토양, 균사체, 뿌리에 저장된 나머지 절반의 탄소가 기후 변화를 더욱 악화시키면서 공기 중으로 증발할 수도 있다. 그 후에는 무슨 일이 일어날까?

이것이야말로 우리 삶에서 가장 중요한 질문 아닐까?

나는 거대한 나무, 성곽으로 다가갔다. 가지가 땅에 닿을 만큼 굵었고 거목의 가지는 다른 나무만큼 컸다. 이웃 나무에 비해 크기도 크고 수령도 오래된 장대한 나무였다. 어머니 나무의 어머니 같은 모습을 하고서. 임업인들이 '늑대 나무(wolf tree)'라 부르는 나무. 이 나무는 다른 나무보다 훨씬 오래되고 크고 나무갓도 훨씬 더 넓은 나무로, 이전에 일어난 재난에서 유일하게 살아남은 나무였다. 나무는 다른 나무들이 한두 번씩은 겪고 그에 굴복했을 법도 한 지중화를 수 세기 동안 겪었다. 나는 거목의 나무갓 가장자리를 찾아 묘목의 돌풍 속을 헤매다 다람쥐가 자른 듯한 방울 열매를 주웠는데, 포엽에는 흰색 포자가 흩뿌려져 있었다. 나무의 삶은 쉐크웨펨크(Secwepemc) 사람들이 이 땅을 돌보던 시절, 유럽 인들이 도래하기 한참 전부터 시작되었다. 본디 그곳에 살던 사람들은 주기적으로 불을 붙여 사냥감이 살 곳을 만들거나 귀한 토착 식물이 잘 자라게 하고 인근 지역 사람들과 거래할 길을 개척했으며 산불 연료가 될 것을 줄여 절대로 화염이 나무의 두꺼운 껍질을 다 태울 만큼 강하지 않게 했다. 만일 거목의 목편을 채취해서 나이를 측정했다면 나이테가 마치 얼룩말 줄무늬처럼 약 20년 간격으로 그을음 때문에 굳어 있을 것이라고 확신했다. 나는 거목의 인내와 수 세기에 걸친 리듬에 충격을 받았다. 선택도 방종도 아닌 생존의 문제였다. 빛이 나무 껍질을 스치고 지나갔다. 엄청나게 밝은 빛이. 해가 떨어졌다.

광휘.

최대한 빠르게 어머니 나무에 대한 논문을 출간하겠다고 다짐하며 산길로 돌아갔고, 도로에 다다르기 전에 마지막으로 모퉁이를 돌았다.

불과 2미터 떨어져 있는 길 가장자리에 테디 베어만 한 새끼 곰 두 마리가 보라색 델피니움(larkspur)과 분홍복주머니란(pink lady-slipper orchid) 틈으로 쳐다보고 있었다. 한 마리는 갈색이고 다른 한 마리는 검은색이었는데, 나를 얌전하게 바라보았다. 새끼들 뒤로 검정 털가죽을 입은 어미 곰이 있었다. 어미가 으르렁거리자 곰들은 놀란 나를 남겨 두고는 허클베리와 자작나무 속으로 뛰어 들어갔다. 나를 혼자, 손대지 않고 멀쩡하게 남겨 두고.

곰들이 종일 나와 있었던 것은 아닌지 궁금해하며 나는 서둘러 산길을 타고 임도로 달려갔다.

2007년 마흔일곱 살 때 길에서 우리 VW 밴에 타고 일하는 모습.

· · ·

모내시 산맥 너머로 항하며 나는 U자 급커브 길을 힘들고 느리게 겨우 지나갔다. 땅거미가 지고 있었다.

앞의 미등이 휘청했다.

다리였다. 내 트럭만큼 긴 다리가 무스 몸통에 붙어 있었다.

피곤해서 격한 반응을 보일 수는 없었지만 핸들을 왼쪽으로 확 꺾은 후 속도를 늦췄다. 무스를 지나쳐 가며 차창 앞 유리를 통해 무스의 눈을 똑바로 보았는데 암컷 무스는 어둠 속으로 슬며시 들어갔다. 나를 꿰뚫어 본 늙은 눈들이. 그들은 내가 이 속도를 유지할 수 없음을 알고 있었다.

새벽 2시에 넬슨 집 진입로에 도착했는데 너무 피곤해서 밴에 치이

기라도 한 것 같았다. 해나의 방에 몰래 들어가 이마에 입을 맞추자 해나가 몸을 꿈틀했다. 나는 나바의 이불 속으로 기어 들어갔다. 밴쿠버에서 옮겨 온 나바의 침대는 우리 둘이 겨우 누울 크기였다. 내 양손으로 나바의 손을 잡아 보니 지난 주에 비해 나바의 손가락이 길어졌다고 장담할 수 있었다. 나바가 내 손을 꽉 쥐었다.

2008년의 안식년은 꿈꾸었던 안락함을 가져다주었고 나는 어머니 나무를 주제로 한 논문 두 편을 출간했다. 하지만 이듬해 가을에는 다시 직장으로 돌아갔고 끝도 없는 9시간 통근이 다시 시작되었다. 딸들은 학교를 다니고 춤을 췄고, 돈은 아이들을 돌보며 스키를 탔고, 간혹 컴퓨터 모형 연구 일 의뢰를 받았다. 하지만 나는 점점 더 피로해졌고 우리는 더 많이 다투었다.

연구실은 분주했고 나는 연구비를 좇아 더 많은 논문을 썼다. 계속 학생들을 가르치며 자유 성장 문제를 연구했고 2010년에는 기후 온난화 때문에 자유 성장 로지폴소나무 조림지가 위기에 처했다는 학술지 논문 세 편을 출간했다. 진이 자료 수집을 도와주면 돈이 자료를 분석했고, 우리는 이 지역 소나무 중 절반 이상이 충해, 병, 가뭄 등의 문제들로 인해 죽어 가고 있음을 발견했다. 조림지 중 4분의 1 이상이 입목 축적 부족으로 간주될 것이다.

2010년 8월 말, 매해 열리는 가을 연구 캠프를 마치고 집으로 돌아가던 길이었다. 지역 학회에서 소나무 연구를 발표한 지 얼마 되지 않은 시점이었고 나는 주유소에 들러 아이폰을 확인했다. 정책 쪽 사람들에게 메시지를 받았는데, 우리가 손상 원인 50종 중 하나인 서부소나무

혹병(Western gall rust)을 측정한 방식이 구식이라고 주장하는 내용이었다. 이제는 원줄기에서부터 4센티미터가 아니라 2센티미터 이내에 발생한 가지 감염만 치명적인 것으로 간주해야 한다고 했다. 어쩌다 그들이 갑자기 4센티미터 지점의 감염은 문제가 아닌데 2센티미터 지점의 감염은 문제인지 알아냈는지 좀 이상했다. 우리가 논문을 출간한 그 순간 그들이 발견했으니 말이다. 비록 다른 독립적 연구가 소나무 조림지 대부분의 건강 상태가 좋지 못함을 확인했지만. 하지만 나를 제일 화나게 했던 것은 오래도록 존경받은 정부 소속 통계학자에게 받은 이메일이었다. 나 또한 존경했던 분이자 우리의 표본 추출법을 승인한 당사자가 이메일로 우리의 연구 설계가 충분한 횟수만큼 반복 검증되지 않았다는 의견을 내비쳤다.

밴쿠버와 넬슨 사이의 산을 이리저리 가로지르며 좀벌레가 죽인 숲이 피부병으로 상처 난 벌채지로 변해 가는 것을 바라보며, 임업 관행에 대한 분노가 커져 갔다. 나는 노던 브리티시 컬럼비아 대학교(Uniersity of Northern British Columbia) 소속 동료인 캐시 루이스(Kathy Lewis) 박사와 함께 《밴쿠버 선》에 「우리 산림 보호에 필요한 새 정책(New Policies Needed to Save Our Forests)」 논설을 기고했다. 우리는 벌채지가 어떻게 "경관의 복잡성을 감소시키고 수문 현상, 탄소 플럭스, 종 이동 등 광범위한 생태 과정에 영향을 미치고 있는지" 언급하며 벌채지가 수도 없이 많음을 강조했다. 우리는 곤충, 질병 및 비생물적 피해로 말미암아 쇠퇴 중인 젊고 단일 종만을 식재한 단순한 숲들에 대해 논했고, 기후 변화로 인해 이 양상이 더욱 악화될 것이라고 언급했다. 산림 과학에 대한 연구비의 대폭 삭감으로 인해 브리티시 컬럼비아가 지역 소재 산림의 진정한 현황을 평가하고 적절하게 대응할 능력도 크게 줄어들었다. 우리는 브리티시 컬럼비아의 환경과 경제 탄력성을 높이기 위한 정책 변화를 촉구하는 구호로 논설을 끝맺었다. 이 글에 이어 우리는 문제 해결 방법을 제안하는 또 한 편의 논설을 썼다.

첫 논설이 나온 날 아침에 나는 집에 있었고, 수도에서 독설이 쏟아질 것을 상상하며 거실을 서성였다. 피곤했지만 불붙은 듯 열정이 가득했다. 그날 동안 100명의 임업인들이 신문 논설에 동의하는 답신의 글을 썼고, 그중 하나는 "케이티, 수잔, 브리티시 컬럼비아의 추잡하고 소소한 비밀들에 대해 탁월하고 정확하게 그려 주어 고마워요."라고 말했다. 나는 동료 수십 명의 서명을 받아 산림청에 주 전체의 연구비를 삭감 전으로 되돌려줄 것을 청원했다. 브리티시 컬럼비아 대학교의 한 명예 교수는 "브라바(Brava)."라고 적어 주었지만 서명한 교수는 거의 없었다.

주말 동안 집에서 나는 잠을 잘 수 없었다. 어느 날 밤에는 고개를 건너 운전하다가 사슴을 쳤다. 또 어느 날 밤에는 차량 발전기가 섭씨 -20도에 작동을 멈춰 버리는 바람에 코스트다운(cost-down, 고속 주행 후 변속기를 중립으로 바꾼 후 주행하는 것. ─ 옮긴이)으로 산을 넘고 주차장까지 가지도 못할 뻔한 날도 있었다.

어느 늦은 일요일 밤 다시 출근길 운전을 하던 중, 내 눈이 아니라 다크서클이 백미러에 비친 것을 보고 더는 이렇게 살 수 없음을 깨달았다. 돈도 한계까지 와 있었다. 나는 통근 스트레스에 파묻혀 죽을 지경이었고 돈은 내가 그만두지 않으리라는 사실에 좌절하고 있었다. "우리는 너희를 정말로 사랑하지만 아빠와 나는 헤어지기로 결정했어." 2012년 7월 20일, 나는 거실에서 열네 살이던 해나와 열두 살이던 나바에게 이렇게 말했다. 돈은 창백해졌고 나는 몸을 웅크렸다. 너무 놀라 멍하니 앉아 있던 해나를, 영문을 모르고 언니를 바라보던 나바를 지켜주고 싶은 마음뿐이었다.

돈은 애써 더 똑바로 앉았고 "재미있을 거야. 너희도 각자 자기 방을 하나씩 더 갖게 될 거야!"라는 말을 생각해 냈다. 해나가 밝아졌고 더블베드를 놓아도 되는지 물어보았다. 나바는 해나를 쳐다보고는 소파 위에서 한 번인가 두 번쯤 뛰었다.

엄마의 도움과 약간의 행운 덕에, 돈의 집에서 멀지 않은 곳에 1세기쯤 된 작은 집 한 채가 매물로 나왔고, 딸들과 나는 머지않아 그 집으로 이사할 수 있었다. 우리는 나바의 방을 지빠귀 알 같은 옥색으로, 해나의 방을 미색으로, 나바의 2층 침실 발코니는 라임그린 색으로 칠했고 저녁에 나바 방 발코니에 앉아 호수 건너편 산을 바라보았다. 나는 아이들을 끌어안고 아이들의 냄새를 맡았고, 가끔은 산 공기가 하루 종일 휩쓸고 간 곳에서 잠이 들었다. 아이들을 파국에서 보호할 수 있었다면 좋았을 텐데, 하지만 길게 보면 아이들에게는 건강한 엄마, 행복한 아빠가 더 좋다. 그것은 나도 알고 있었다. 한여름에 기온이 치솟아 오르고 가뭄 때문에 숲이 메마르자 곳곳에서 불이 났고 골짜기에는 연기가 감돌았다.

12장 9시간의 통근

13장

[코어 샘플링]

"여유 있게 꼭대기까지 갔다가 어둡기 전에 돌아올 수 있겠다." 오름(분석구 트레일, cinder trail, 화산 폭발물이 분화구 주변에 쌓여 만든 원뿔형의 가파르고 작은 언덕길. — 옮긴이)에 들어서며 메리가 말했다.

해가 중천에 뜬 오후였다. 나는 아직 '메리 시간'에 적응하는 중이었는데, 메리 시간이란 크림을 탄 커피를 마시고 등산 계획을 짜기 위해 지도를 샅샅이 살핀 후 느긋하게 출발하는 것을 뜻했다. 나는 서두르는데 익숙했고 또 심지어 짧은 등산을 할 때도 아이들, 먹을거리, 짐까지 차에 잔뜩 실어 나르곤 했다. 하지만 오늘은 나도 메리네 정원에서 점심에 먹을 토마토와 오이를 따고 느지막이 출발했다. 메리는 등산로의 모든 등고선, 제일 좋아하는 풍경까지 가려면 얼마나 걸리는지, 얼마 동안 호박과 콩을 돌봐야 되는지 알고 있었다.

"JIT네, 우리." 오후 2시, 기점에 도착했을 때 메리는 나에게 미소를 건네며 말했다. JIT란 'Just in Time.', 즉 '시간에 딱 맞다.'라는 뜻이었는데, 우리의 모험에서 소중한 요소였다. 오름 사이의 오래된 소나무처럼 편안해 보였던 메리는 닳은 신발 끈을 꽁꽁 묶고, 낡은 허리 주머니를 단단히 차고, 밀짚모자 끈을 턱 아래에 묶고 자기 동네를 활보하듯이 걸어갔다. 젊은 등산객들이 이미 내려와서 초현실적인 짐을 내려놓아도 전혀 신경 쓰지 않는 것 같았다. 현무암 고원 둘레의 높이는 약 300미터였고 흰머리수리(bald eagle)가 비바람에 시달린 나무들 위를 날고 있었다. 저녁 시간을 누구의 방해도 받지 않고, 메리와 함께 이 트레일에서 보낼 수 있다니 너무나 사랑스러웠다. 완벽했다. 나는 메리 시간을 더 갖고 싶었다. 메리의 어깨를 살짝 밀며 말했다. "해 질 무렵이면 레지(ledge, 암벽 일부의 튀어나온 곳. ― 옮긴이)까지 갈 수 있겠다."

메리는 돈과 내가 코밸리스에서 박사 공부를 하던 시절 이웃이었다. 나는 8월 말, 학회에서 균근 연결에 대한 논문을 발표할 때 메리네 집에 며칠 동안 묵었다. 저녁 때 시작된 대화는 흐르고 흘러서 여행, 카누, 우리가 읽은 책, 우리가 본 영화, 어쩌다 벌써 나바가 8학년이고 해나가 10학년이 되었는지, 어쩌다 메리는 우리 아이들을 유치원생일 때 보고 한 번도 못 보았는지, 또 오리건 캐스케이드 산맥에 흰수피잣나무를 보러 가기까지 이르렀다. "어머니 나무를 보여 줄 수 있을까?" 최근 발견한 것들에 대한 내 조잘거림을 듣고 메리가 말했다. 메리는 캘리포니아 시에라 산맥 근처에서 자란 경험 많은 하이커였고 호주에서 박사 후 과정을 마친 후 기업 연구소의 물리 화학자로 일하며 코밸리스에 정착했다. 나는 연결망을 통해 이동하는 화학 물질이 무엇인지 알아내는 데 메리가 도움을 줄 수 있을 것 같다고 말했다. 메리는 잉크젯 프린터용 잉크를 개발하는 일을 했는데, 그동안 한 친구를 떠나보내고 또 다른 친구를 다치게 했으며 본인 또한 교통사고로 크게 다쳐 그 상처들을 회복하는 데 집중하면서 한동안 혼자 살던 중이었다.

"이 축축한 덩어리는 뭐야?" 메리가 길을 따라 늘어선 죽은 로지폴 소나무 껍질 위의 노란색 진액(pitch)을 가리키며 말했다.

"소나무좀벌레 때문에 생긴 진액 방울이야." 나는 공기가 희박한 해발 2,000미터에서 숨을 고르며 말했다. 판을 대고 나사를 박아 고정한 메리의 오른쪽 다리는 왼쪽 다리보다 2.54센티미터는 더 짧았지만, 나는 메리를 따라가기조차 힘들었다. 나는 오래된 껌처럼 딱딱한 송진 한 덩어리를 집어서 메리의 손에 쥐어 주었다. "이것 때문에 소나무가 죽은 건가?" 메리가 물어보았다. 한 갈래로 묶은 메리의 머리에서 금색 머리카락이 삐져나왔고, 선글라스는 끈으로 고정되어 있었다. 좀벌레가 껍질을 뚫고 들어오면 소나무가 좀벌레를 내쫓거나 제거하려고 애쓰지만, 결국 소나무가 죽은 이유는 좀벌레 다리에 붙어온 청변균(blue-stain fungus)이었다고 설명했다. 병원체는 물관부를 통해 퍼져 나가며 세포를 막아서 토양에서 올라오는 물을 차단했다.

"이 나무는 목이 말라서 죽었어." 내가 말했다.

"세상에, 나무가 죽는다는 건 이렇게나 분명치 않구나." 자기는 입도 대지 않고 내게 먼저 물이 든 병을 건네며 메리가 말했다. "전혀 상상도 못 했을 거야."

13장 코어 샘플링

우리 눈에 보이는 죽은 나무들을 모두 살펴보았다. 몇몇은 바늘잎이 붉었고, 다른 나무들은 여전히 초록색이었다. 회색 줄기 틈에서도 루피너스는 여전히 밝은 보라색이었고 그라우스베리(grouseberry) 관목은 아무도 쓰지 않은 햇빛과 물을 십분 이용하며 빛나고 있었다. 그라우스베리의 자홍색 열매는 라즈베리 잼처럼 달았다. "좀벌레가 오래된 소나무를 죽이고 나면 불이 방울 열매의 수지를 녹이고 씨를 내보내. 그래서 어린 로지폴소나무는 불이 난 후에 빽빽한 덤불에서 자라게돼." 나는 빗방울보다 딱히 크지 않은 열매 몇 개를 메리의 손바닥에 올려 주었고 이 숲들이 예전에는 균일하지 않았다고 설명하면서 어린 소나무 무리를 가리켰다. 한때 이 숲은 나이가 제각각인 임분 모자이크였다. 어떤 임분은 오래되었지만 대부분은 벌레의 침략을 지원하기에는 너무나 어렸던. "지금은 상황이 달라." 내가 말했다. 산불을 진압했기 때문에 나무들 상당수는 나이가 매우 많아질 때까지 살 수 있게 되었고, 애벌레가 떼 지어 자랄 수 있을 정도로 크기도 크고, 체관부도 두꺼웠다. 좀벌레 병은 브리티시 컬럼비아 주 북서부에서 시작되어 오리건 주까지 남쪽으로 퍼져 나갔고, 북아메리카 전역에서 4000만 헥타르 이상의 숲이 이미 죽었거나 죽어 가고 있다.

좀벌레와 진균은 소나무와 공진화했지만 지난 수십 년간의 산불 진압 때문에 기록적 충해가 생길 수 있을 만큼 무르익고 성숙한 소나무가 가득한 광활한 경관이 만들어졌다. 겨울 온도가 -30도까지 떨어지는 기간이 체관부에서 먹고 사는 유충을 죽일 만큼 길지 않아서, 생명 종 사이에서 미세하게 조정된 공생이 깨졌다. 이 분야 관계자들조차 크게 동요할 만큼 광범위하게 충해가 발생하고 있었다.

"이 나무들도 전부 다 죽게 되는 거야?" 메리가 다시 산길로 돌아가며 물었고, 겨울 나무를 들여오느라, 뼈를 다시 맞춘 데 오랫동안 적응한 걸음걸이 때문에 근육 잡힌 메리의 종아리, 맨팔 위로 적갈색 먼지가 내려앉았다.

"몇몇은 살겠지, 하지만 대부분 죽을 거야." 내가 대답했다. 소나무는 좀벌레를 막기 위해 갖가지 방어 화합물, 즉 **모노테르펜**(monoterpene)을 생성한다. 메리도 나무들을 걱정해 주어서 정말 좋았다. 죽은 나무의 줄기를 손으로 쓰다듬으며 메리는 내가 살펴볼 수 있도록 붉은 바늘잎을 한 줌 쥐어주었다. "병이 너무 강하다 보니 대부분의 나무들은 벌레를 못 쫓을 거야. 심지어 인공 위성에서도 벌레 떼가 감지됐대." 내가 말했다.

메리는 바늘잎이 짙은 옥색인 작은 지대를 보여 주며 어쩌면 미래가 온통 암담하지만은 않을 수도 있다고 했다. 나도 좀 멋쩍게나마 동의했다. 서부 전역에서 숲을 휩쓰는 죽음은 보는 것만으로도 불안했다. 일부 살아남은 소나무 개체들이 모노테르펜 생산을 늘려서 방어력을 강화할 수 있었지만, 그렇다고 해도 병을 이겨내고 생존한 소나무는 소수에 불과했다. 죽은 소나무 아래에 로키전나무가 새순을 틔웠지만 서부의 침엽수림에 서식하는 또 다른 곤충인 서부가문비잎말이나방 유충(Western spruce budworm)이 바늘잎과 싹을 뜯어먹고 있었다. 하지만 벌레가 전나무 싹에, 좀벌레가 소나무에 파고 들었음에도 불구하고 이곳의 숲은 결코 죽은 것은 아니었다. 건강 상태가 좋은 묘목도 많았고 죽은 소나무가 쓰러지고 생긴 틈에 식물이 퍼지고 있었다. "생존자들은 좀벌레를 더 잘 쫓아내도록 적응한 새 세대를 생산해야 할 거야." 내가 말했다. 죽어 가는 나무에 너무 매달리지 말고 더 장기적 안목을 가져야 했다. 메리가 내 팔을 잡고 말했다. "두고 봐, 수지, 결국에는 더 좋아질 거야." 메리 말이 맞다고 생각했다. 하지만 상황이 궤도를 너무나 안 좋게 벗어나 버렸다. 유콘에서 캘리포니아에 이르는 골짜기의 소나무가 모조리 다 죽었다.

"심지어 전나무와 소나무는 서로에게 해충 침입에 대해 알려줄 수 있어." 나는 길을 따라 계속 가며 말했다. 중국 출신 과학자 송위안위안(宋圓圓) 박사와 나는 잎말이나방이 침투한 전나무가 인근의 소나무에게 대비하라는 경고 메시지를 보낼 수 있는지 알아보는 공동 연구를 하던 중이었다. 어느 날 갑자기 송 박사에게서 자신이 연구실 토마토 사이에서 감지한 경고 시스템이 숲속 침엽수에서도 발생하는지를 검증하기 위한 5개월간의 박사 후 과정 연구가 가능한지 문의하는 연락이 왔다. 송 박사는 이미 토마토가 주변의 다른 토마토와 스트레스에 대해 소통한다는 것을 발견했고 우리 둘 모두는 나무 사이에서도 비슷한 신호가 오가는지 알고 싶었다.

퀴-오. 회색 어치가 메리 앞을 날아가며 소리를 낮춰 웃었다.

1시간도 채 되지 않아 고원에 도착했고, 베어그래스(beargrass)와 화산암 초원을 지나자 로키전나무가 줄어들었다. 메리는 배낭에 반짝이는 흑요석 덩어리들과 가벼운 부석 조각들을 넣었고 내 가방에도 몇 개 넣어 주었다. "이건 나바가 좋아할 것 같아." 돌을 티셔츠 옷단으로 반질반질하게 닦으며 메리가 말했다. 우리는 둘레길에 도착해서 가장자리를 둘러싼 길을 따라 걸었고, 절벽 아래로는 현무암 기둥이 뻗어 있었다. 1,000년은 산 흰수피잣나무 무리가 급경사면 등고선을 따라 이어지며 수목 한계선을 형성했다.

나는 메리에게 흰수피잣나무 가지에서는 바늘잎 5개가 다발을 이루어 자라기에 바늘잎 2개가 모여 엽속(fascicle)을 이루는 로지폴소나무와 다르다는 것을 보여 주었다.

흰수피잣나무는 산갈가마귀에 의존해 씨를 퍼뜨리는 반면, 로지폴소나무 방울 열매가 열리려면 불이 나야 한다. 마치 신호라도 받은 양 회색과 검은색을 띤 새가 부리에 방울 열매를 물고 나무에서 급히 날아올라 용암류 위를 쓸고 갔다. 아마도 바위틈에 있는 좋아하는 구멍에 방울 열매를 저장하기 위해서인 듯했고, 그래서 흰수피잣나무는 대개 무리를 지어 자란다. 이 두 종은 상호 관계를 맺고 있었는데, 새가 영양이 풍부한 식사를 비축한 대가로 비옥한 토양에 씨를 뿌리며 새와 나무는 혹독한 고산 환경에서 공진화했다. 두 종 모두의 유전자는 빙하가 일으키는 변화처럼 매우 느린 변화에 조금씩 적응하며 재조합과 돌연변이를 통해 철저하게 형성되었다.

"이 흰수피잣나무가 어머니 나무야?" 메리가 바람 방향으로 가지를 뻗은 주름진 나무 세 그루로 이루어진 작은 땅 주변을 돌며 말했다. 어젯밤 우리는 대학원생과 대학 겸임 교수이기도 한 영화 감독과 함께 만든 짧은 다큐멘터리 「어머니 나무가 숲을 연결한다(Mother Trees Connect the Forest)」를 보았고, 메리는 이 아고산 나무들을 우림의 나무들과 비교하려 했다. 나는 나무 무리 중 제일 키가 큰 나무를 가리키면

13장 코어 샘플링

서 어머니 나무는 제일 크고 제일 오래된 나무들이라고 했다. 나는 나무뿌리가 이웃 나무의 뿌리를 감싸고 있는지 보기 위해 메리의 손을 잡고 나무갓 아래로 몸을 숙여 들어갔다. 메리는 나무갓 가장자리에 자잘하게 많이 돋은 묘목들을 향해 손짓을 했다. 굵은 뿌리가 마구 뻗어 나가는 기는 줄기에 엮여 있던 이 잡목림은 틀림없이 균근 연결망으로 결속되어 있었다.

우리는 해가 서쪽으로 떨어질 때 메리가 제일 좋아하는 레지에 도착했는데, 2,500미터 둘레길이 아래에 있는 붉은색, 초록색 숲 위에 그림자를 드리우고 있었다. 그때 나는 내가 나아갈 다음 단계는 나무들이 서로에게 질병이나 위험에 대해 경고하는지, 죽어 가는 종이 계속 버틸지 아니면 다른 종이 그 영역을 차지하게 될지 알아보는 것임을 알게 되었다. 메리는 토마토와 오이로 만든 랩을 꺼냈고 나는 길게 이어진 고대 화산들, 그러니까 남쪽으로는 스리 시스터스, 북쪽으로는 제퍼슨, 워싱턴, 애덤스 같은 화산들이 노란색에서 분홍색으로 변해 가는 모습을 보며 포도주를 땄다. 산들은 기념비처럼 서 있었고 그들의 산꼭대기는 산비탈을 왜소하게 보이게 하고 있었다. 산들은 봉우리가 빽빽하게 쌓여 있었고 변성암과 퇴적층이 함께 기울어져 있었다. 아레트가 옆 아레트 때문에 비좁게 자리한 고향의 로키 산맥과 달랐다. 메리의 얼굴에 태양의 마지막 광선들이 스몄고, 우리 둘 다 함께 이 자유를 즐겼다. 나는 산에 쌓이는 눈처럼 부드럽고 깊게 떨어지는 그 오래된 감각을 느꼈다.

이튿날 아침 메리는 흙내 나는 달콤한 블루베리를 따서 블랙베리와 섞었고, 우리는 메리의 마르멜루 나무 그늘 아래에서 베리를 먹었다.

메리는 나에게 켄 키지(Ken Kesey)의 『때로는 위대한 생각(*Sometimes a Great Notion*)』에서 발췌한 부분을 읽어 주었고, 가을에 윌래밋(Willamette) 강에서 같이 카누를 타자고 초대했다. 나는 떠나기 싫었다. 몸의 모든 세포가 전율했다. 나는 이튿날 현장 수업을 해야 하는 북쪽으로 1,100킬로미터 떨어진 곳에 자정에 겨우 도착할 때까지 미적거렸다. 메리 시간. 내가 사랑에 빠진 걸까? 캐나다 국경을 지나 100킬로미터 떨어진 곳에서, 나무들을 물어뜯던 가을 추위 속에서 공중 전화 부스

2012년 브리티시 컬럼비아 주 넬슨에 있는 로빈과 빌의 뒷마당에서 이엽솔송나무 뿌리를 살펴보는 중. 이엽솔송나무는 얕은 뿌리 체계를 형성하는데, 젊은 빙퇴석 토양에서 부족한 양분을 찾는 데 도움이 된다. 많은 브리티시 컬럼비아 사람들처럼 로빈과 빌도 숲가에 산다. 그들은 숲 하부에서 작은 나무들을 베어 연료량을 줄이고 불이 잘못 붙어서 나무갓과 사람들이 사는 집을 태워 버릴 가능성을 줄인다. 기후 변화로 인해 브리티시 컬럼비아 주의 작은 마을들의 화재 위험은 급속히 높아지고 있다.

13장   코어 샘플링

에 들러 메리에게 전화를 했다. 오리건의 태양을 받아 아직 따스했던 내 맨팔이 눈 때문에 깜짝 놀랐다. 나는 9월에 대학으로 돌아가면 카누를 타러 가겠다고 했다.

전화선에서 나는 잡음이 가장 깊은 고요함이 만든 소리로 웅웅거렸다. "너무 기다려져." 메리가 말했다.

• • •

1주 후 해나와 나바의 개학 준비를 돕기 위해 넬슨으로 차를 몰고 돌아가던 중, 나는 좀벌레 때문에 죽은 회색 나무들이 160킬로미터에 걸쳐 있던 구간을 지나갔다. 길을 따라 가니 캠룹스 서쪽에 폰데로사소 나무 한 그루가 외따로 서 있었고, 나무의 붉은 나무갓은 지친 듯 굽어 있었다. 그 나무가 몇 살에 죽었는지, 나무를 대체하기 위해 재생 중인 나무가 있기는 한지 알아보고 싶었다. 이 어머니 나무를 향해 걸어가자 나무의 말라 죽은 바늘잎이 발아래에서 탁탁 소리를 냈다. 어머니 나무가 활짝 뻗은 팔에서 끼-끼-끼-끼 소리를 내며 노래하는 동고비도 없었다.

어머니 나무의 적갈색 껍질에 나이테 측정기 비트를 집어넣었지만 코일이 마른 코르크를 뚫고 들어가지 않았다. 물기 없는 얇은 나무 조각이 부름켜(cambium, 물관부와 체관부 사이의 층. ― 옮긴이) 아래의 희어진 나무와 함께 퍼즐 조각처럼 흩어지며 떨어졌다. 나무의 손가락 끝에는 비늘이 열리고 씨가 튕겨져 나온, 어머니 나무가 마지막으로 거둔 숨을 담은 마른 방울 열매가 달려 있었다. 모양새로는 어머니 나무가 죽은 지 적어도 1년은 된 것 같았다. 내 발치에는 나무의 가지에서 떨어졌음이 분명한 가는 뼈와 깨진 알껍질이 들어 있는 새 둥지가 있었다. 흙은 메말랐고 틈이 깊었다. 죽음이 사슬을 타고 내려와 다람쥐와 진균의 목숨도 앗아 갔다. 톰슨 강 계곡 너머의 공기는 산불 연기로 자욱했고, 강은 푸른빛이 아니라 잿빛이었다. 골짜기 바닥의 초지 사이에 낀 폰데로사소나무 전부, 또 산지의 미송도 전부 죽어 있었다. 서부가문비잎말이나방이 씹어 놓은 미송이 핏빛을 띠고 있었다. 숲속의 죽음에서 메리와 내가 탬 맥아더 림(Tam McArthur Rim)에서 본 광경이 떠올랐지만, 메리라면 여기에도 여전히 생명이 있다고 다시 한번 말해 주었을 것이다.

블랙베리가 집에 가기로 한 시간까지 7시간 남은 오후 3시를 표시하고 있었다. 나는 죽은 어머니 나무의 뼈만 남은 주변에 묘목이 있는지 확인하다 틈새에 웅크리고 있는 두 살짜리 묘목을 몇 그루 발견했다. 이 형제 나무들이 어머니 나무의 유전자를 보유한 나무 중 살아남은 전부였다. 자세히 보려고 무릎을 꿇자 척박한 토양에서 미친 듯 자라는 토착 식물 털빕새귀리(cheatgrass)의 축 늘어진 까끄라기 아래에서 메뚜기들이 뛰어올랐다. 만약 흰수피잣나무 묘목이 아고산대의 차가운 토양에서 살 수 있다면 이 폰데로사소나무 묘목도 이쪽 아래 지역에서 분명히 살아남을 수 있다. 이 나이대의 나무들은 땅을 단단히 붙들어야 하지만 진균과 세균이 더 이상 모래와 실트 알갱이를 덩어리지도록 붙여 주지 않아서 토양 구조에 힘입어 물을 저장할 수도 없었다. 중성자 수분 측정기 이후 대단히 발전한 새 토양 수분 감지 센서의 금속 탐침을 느슨한 진흙 틈으로 밀어 넣고 토양 수분 함량을 측정했다. 단 10퍼센트라는 결과가 표시되었는데, 빠듯한 수준이었다. 이 묘목들이 살아남았다

13장 코어 샘플링

는 것이 믿기지 않을 정도였다. 아마 묘목의 균근이 건조한 알갱이에서 얼마 안 되는 물을 끌어오는 것 같았다. 어머니 나무의 부러진 뼈가 여전히 그늘을 조금 드리웠고 나는 어머니 나무가 도움을 주기에 충분한 기간 동안 살아 있었는지 궁금했다. 죽어 가는 풀들이 수지상균근 연결망을 통해 인과 질소를 자손에게 전달했다는 글을 읽은 적이 있었는데, 어머니 나무도 죽을 때 그렇게 하는지 궁금했다. 갖고 있던 마지막 물 몇 방울, 약간의 양분과 음식까지 자손들에게 보내는지.

나무들은 너무 쉽게 스러졌고 좀벌레는 너무나 빨리 번졌고 여름은 너무나도 급속히 더워져서 자연이 변화를 파악하고 그에 맞춰 따라갈 여력조차 없는 듯했다. 켈 트리스테스.(Quelle tristesse. 얼마나 슬프던지.) 심지어 이 모종들이 어린 시절 동안은 살아남았다 해도 아마 묘목이 되기 전에 제대로 적응하지 못해서 감염과 병충해에 취약해지고 기후 과학자들의 예상대로 불행한 결말을 맞게 될 수도 있다. 폰데로사소나무 삼림 지대는 초지로 변해 갔고, 미송 숲은 폰데로사소나무에게 점령당하고 있었다.

이것이 숲이 바란 최선이었을까? 아마 높은 확률로 적어도 이곳, 계곡 아래의 메마른 땅을 채우는 데는 치트그래스, 또 점박이수레국화(spotted knapweed), 우엉 종류(common burdock)가 나무보다 더 성공적일 것이다. 이 식물들은 종자 생산량이 풍성하고 성장 속도도 빠르기 때문에 산불 진압과 극단적 기후로 인해 약해진 숲에 쉽게 침입할 수 있다. 이 나무들은 인간의 편의를 위해 희생된 것 같았다. 아이러니하게도 숲을 죽이고 있는 바로 그 잡초와 곤충이 기온 상승과 강우 변화에도 살아남는 유전자를 가진 생물들인 것 같았다.

태양이 멀리 있는 미송의 물어뜯긴 나무갓 위로 진홍빛을 드리웠다. 그렇지만 그들 사이에 섞인 폰데로사소나무들은 에메랄드처럼 반짝이고 있었다. 폰데로사소나무는 높은 고도에서도 살아남았다. 좀벌레 습격에서도 생존했다. 비가 더 많이 내리는 오르막이 소나무에게 스트레스를 덜 주는 환경일 수도 있다. 하지만 이 이행대(ecotone), 즉 저지대 숲과 고지대 숲의 군집 사이에서 식생이 변하는 지역의 소나무와 달리, 미송은 가뭄을 감지하고 있었고 원뿌리가 모재(다소 풍화된 광물 또는 유기물. —옮긴이)에 소나무만큼 깊숙이 닿지 않기에 미송과 공진화한 초식 동물의 침입에 대한 저항력이 떨어졌다. 이런 요인들로 말미암아 미송은 잎말이나방 때문에 잎이 다 떨어져서 말라 죽은 것 같았다.

폰데로사소나무들이 잘 살아 있던 원인은 깊은 원뿌리와 위쪽 지역에 비가 많이 내리기 때문일까, 아니면 이웃 미송들과의 연결 때문일까? 내 예전 박사 과정 지도 교수인 데이브 페리는 이미 폰데로사소나무와 미송이 오리건의 숲에서 균근 연결망으로 연결되어 있을 가능성을 발견한 바 있다. 그리고 그는 미송이 폰데로사소나무의 성장률에 영향을 주기에 충분한 양분을 공유한다고 생각했다. 나는 이곳에서도 마찬가지일 것이라고 추측했다.

균근 망에서 두 종의 통합은 단순한 자원 교환을 위한 경로 그 이상을 충분히 제공할 수 있다. 가뭄으로 죽어 가는 미송은 온난해지는 기후에 더 잘 적응한 소나무에게 그 자리를 내주었는데, 심지어 죽어 가면서도 미송은 여전히 소나무와 연결되어 소통하고 있을까? 미송은 소나무에게 새 지역에 스트레스가 있다고 경고할 수 있었을까? 혹시 미송들이 질병에 대한 정보를 소나무에게 보냈을 수도 있다.

내 동료인 송위안위안의 토마토는 토마토끼리 연결하는 수지상균근 연결망을 통해 이웃 토마토로 경고 신호를 전송했고, 또 이웃 토마토는 신호에 응답해 방어 유전자를 상향 조정했다. 이에 더해 이웃 토마토의 유전자가 실제로 작용해서 방어 효소를 풍부하게 생산했다. 이 방어 효소는 병원체를 확실히 가라앉게 했을 텐데, 신호를 엿들은 토마토에게 진균을 접붙이면 신기하게도 질병이 생기지 않았기 때문이다. 송 박사는 병을 앓고 있는 미송도 똑같이 하는지 질문하는 나를 도우러 왔다. 미송이 그들이 겪던 곤경의 본질에 대한 신호를 보내 준 덕분에 소나무들이 새로운 환경에서 더 나은 기회를 갖게 되었는지 알아보기 위해서.

퍼즐 조각같이 생긴 어머니 나무 껍질 두 조각을 집어 들었다. 하나는 해나를 위해, 하나는 나바를 위해서. 그리고 행운을 빌기 위해 나무 껍질을 차 계기판 앞에 올려 두었다. 눈이 자동차 헤드라이트에 익숙해지기 전, 도로의 윤곽이 흐릿해 보이는 밤이 시작될 무렵, 나는 모내시 고개를 빠르게 넘었다. 페리가 애로 호수 건너편에 날 내려 주었을 때 나는 죽을 듯이 피곤했다. "해 질 녘 사슴을 조심하렴." 위니 할머니는 익숙한 불안을 일깨우며 늘 당부했다. 최근에 가슴에서 발견한 멍울을 만지며 어서 병원에 가 보자고 다짐했다. 할머니 말씀이 옳다고 확신했다. 별일도 아니었다. 제일 최근에 한 유방 조영술 결과에는 아무 문제가 없었다.

어머니 나무를 찾아서

···

"18게이지 주세요." 종양 전문의가 간호사에게 트레이 위에 있는 가늘고 짧은 바늘을 가리키며 말했다.

나는 높여 놓은 수술대 위에 엎드려 누운 채 수술대 아래에서 가슴에 닿을 수 있도록 달덩이만 한 구멍으로 왼쪽 가슴을 드리우고 있었다. 방부제와 체취가 작은 생검실을 압도하고 있었다. 넓게 팔을 벌린 어머니 나무의 달콤한 그늘로 달아나고 싶었다. 어머니 나무의 생사는 상관없었다. 내 앞의 화면이 내 가슴 속 흰 거미를 보여 주고 있었다. 나는 진이 가르쳐 준 주문을 거듭 말했다. 아주 작은 것까지 전부 다 괜찮을 것이다. 나는 숲에 살았고 배낭을 메고 여행을 했고 백컨트리 스키를 탔고 유기농 식품을 먹었고 비흡연자였으며 두 아이에게 모유 수유를 한 엄마였다. 메리가 내 손을 꽉 쥐고 속삭였다. "괜찮을 거야."

생검총 바늘이 펑 소리를 냈고 가슴이 아파서 후끈거렸다.

"흠. 16게이지 주세요." 의사가 말했다.

간호사가 더 큰 바늘을 집어 들었다. 바늘은 가늘고 짧은 것부터 두껍고 긴 것까지 줄 세워져 있었다. 댄과 내가 묘목 위에 씌운 봉지 안으로 ^{13}C-CO$_2$를 주입했을 때 쓰던 바늘이 생각났다. 모든 바늘에는 절삭 덮개가 있었는데 마치 뿌리 틈을 가르고 토양 표본을 채취하기 위한 매우 날카로운 오크필드 코어(Oakfield core) 같았다. 메리는 벽에 살짝 기댄 채 화면에 써진 글자를 읽고 바늘을 보았다. 비록 탬 맥아더 림에서 오랫동안 등산할 만큼 용감했지만 고통 받는 사람을 보자 메리도 무너졌다. 나는 켈리가 죽었을 때 메리가 보낸 편지를 절대 잊을 수 없었다.

13장 코어 샘플링

411

나도 너무 슬프다, 네가 얼마나 힘든지 나도 알고 있다, 가끔은 나아지기도 전에 더 힘들어지더라는 말들을 적어 보낸 편지를. 메리의 친절함 덕분에 나는 너무나 슬픈 동안에도 덜 외로울 수 있었다.

"멍울이 돌처럼 단단하네요. 이 바늘도 안 들어가요." 의사의 목소리에서 긴장감이 솟구쳤다. "14게이지로 한 번 해 봅시다."

'질병'이라는 단어가 마음속에 떠올랐다. 신체의 기능 이상을 의미하는.

아주 작은 것까지 전부 다 괜찮을 것이다.

"자, 지금까지 표본 하나를 끝냈고요, 4개 더 갑시다." 의사의 이마에서 땀방울이 반짝였고 숨에서 퀴퀴한 커피 냄새가 났다.

4개나 더? 큰일이다 싶었다. 간호사가 기구를 옮겼다. 메리의 손가락이 미끄러워졌지만 나는 절벽에서 떨어지기라도 하는 듯 메리의 손가락에 매달렸다. 그때 하이킹을 하며 지나쳤던 흰수피잣나무, 어머니나무, 좀벌레와 녹병에서 살아남은 나무들, 여름이 시작된 후에도 한동안 눈이 쌓여 있는 곳에 그들의 자손 나무들이 이룬 작은 숲을 생각하자.

바늘이 어떤 이의 두 손에서 다른 이의 두 손으로 능숙하게 전달되었다. 오가는 말은 거의 없었다.

"어디가 끝인지 모르겠네." 의사가 침통하게 말했다.

머리에서 피가 빠져나가는 것 같았다. 도대체 무슨 뜻일까? 메리가 내 손을 떨어뜨렸고 간호사가 서둘러 와서는 메리를 부축해서 의자에 앉혔다. 의사는 갑자기 수술용 장갑을 벗었고 1주 후에 결과가 나올 거라고 말하고는 걸어 나갔다. 간호사는 위로의 말을 중얼거렸고 메리는 더듬거리며 내가 셔츠 단추 잠그는 것을 도와주었다. 심지어 늘 차분했던 메리의 손가락마저 떨렸다.

우리는 병원 뒷골목에 주차한 차에 타서 주저앉았고 나는 어쩔 줄 몰랐다. 어떻게 해야 하지? 해나와 나바에게 전화를 해야 되나? 세상에. 암이면 어떻게 하지?

"아이들을 놀라게 하고 싶지는 않아." 메리가 말했다. 메리는 내 손목을 잡고 천천히 코로 숨을 쉬라고 했다. "그리고 뭐든 정확히 알려면 생검 결과가 나올 때까지 기다려야 해."

열쇠를 돌려 시동을 걸었지만 메리는 나에게 멈추라고 말했다. "안 되겠어, 진정될 때까지 기다리자." 다시 메리 시간이었다. 메리가 내 등에 손을 얹고 있는 동안 나는 핸들을 팔로 감싼 채 핸들에 기대 있었다. 여기서 도망치기 위해 주차장에서 서둘러 나가 상황을 더 안 좋게 만들어 버릴 수도 있었을 것이다.

캠퍼스의 아파트에서 나는 울면서 매달렸다. 아이들이 놀이터에서 소리를 지르고 있었다. 창틀에 둔 식물들이 빛을 찾아 안간힘을 쓰고 있어 나는 자동 조종 장치처럼 일어나 물을 주려고 했다. 엄마와 로빈, 그리고 엄마의 사촌이자 유방암을 이겨 낸 간호사인 바버라(Barbara)에게 전화를 했다. 바버라는 계속 잘 지켜봐 주겠다고 했다. 진은 걱정을 감추지 못했고 "괜찮을 거야, HH."라고 말했다. HH는 진이 대학 시절 내게 지어 준 별명인 "호머 호그(Homer Hog)"의 약자인데, 내가 마멋처럼 땅파기를 워낙 좋아해서 붙은 별명이었다. 내 별명을 부드럽게 불러 준 진 덕분에 마음이 좀 편안해졌다. 나는 다른 차원에 있는 양 붕 떠서 아파트 이곳 저곳을 떠돌아다녔다. 그동안 메리는 내가 배가 고플 거라며 냄비 소리를 내고 찬장을 뒤지고 초콜릿과 칠리 통조림을 찾아서 치킨 몰레(chicken mole, 멕시코 양념인 몰레 소스를 곁들인 닭고기 요리. — 옮긴이)를 만들었다.

메리가 전적으로 옳았다. 메리에게 기대니 허기가 몰려왔다.

· · ·

"이 작은 나의 혹, 양성인 걸 알지." 메리와 나는 동요 「이 작은 나의 빛」 곡조에 맞춰서 노래를 불렀다. 로빈은 불안한 기분이 들면 즉시 이 노래를 부르라고 권했다. 메리와 나는 냉장고만큼 큰 바위와 땅밀림 때문에 권총자루처럼 몸통이 굽은 산솔송나무(mountain hemlock)로 둘러싸인 가파른 길을 올라갔다. 우리는 밴쿠버 근처의 스콰미시 강(Squamish)과 애슐루(Ashlu) 강이 합류하는 사이거드 피크 트레일(Sigurd Peak Trail)에서 하이킹을 하기로 했던 주말 계획을 변경 없이 따르기로 했다. 집에서 조바심이나 내고 있느니 그쪽이 훨씬 나았다. 돈과 나는 암일 확률이 낮으므로 아이들에게는 알리지 않기로 했다. 알리지 않았다고 해서 아이들에게 상처가 되지는 않을 것이다.

나는 머리를 식히기 좋은 가파른 고갯길을 짧고, 신중한 보폭으로 걷는 동안 노래를 거듭해 부르며 걱정을 하다 말기를 되풀이했다. 솔송나무는 조금도 걱정하지 않는 듯했는데 그 침착한 태도가 고마웠다. 솔송나무들은 작업을 위해 만들어졌고 산양처럼 바위에 달라붙었으며 최악의 상황조차 두려워 않고 동전을 던지듯 방울 열매를 던졌다. 산꼭대기에서는 기후 변화를 이기지 못하고 봉우리들에서 흘러 내려오는 빙하가 언뜻 보였다. 불안한 에너지를 다 써 버리기 위해 계속 가고 싶었지만 메리는 털썩 주저앉더니 싸 온 도시락을 꺼냈다.

"넌 아픈 사람 같지 않아." 메리가 사과와 남은 몰레를 채워 만든 랩을 꺼내 차리며, 내 식욕이 상당히 끝내 준다는 것을 지적하며 말했다. "지금까지 2시간에 600미터 넘게 등산했고, 게다가 계속 갈 거라며 안달을 내고 있거든."

"그런데 평소에는 왜 피곤한지 모르겠어." 나는 겨드랑이의 응어리를 습관적으로 만지며 말했다.

내가 오트밀 쿠키를 정말 좋아한다는 것을 알고 있던 메리는 오트밀 쿠키를 좀 가져가라고 했다. 내가 떨고 있으니까 털모자를 쓰라고 했고 플리스를 한 벌 더 갖고 온 것이 얼마나 똑똑하고 잘한 일인지 수다를 떨며 눈을 낮게 깔고 내가 혹 이야기를 못 하도록 몰고 갔다. 메리 뒤에 앉아 팔다리로 그녀를 감싸 안자 메리는 내게 기댔고 나는 "고마워."라고 속삭였다. 우리가 다시 기점에 돌아왔을 즈음에는 이미 18킬로미터 거리를 하이킹한 터였고 목이 타도록 노래를 한 후였다. 생검 결과를 기다리는 동안 머릿속에서 괴로운 생각을 지울 것이다. 며칠만 더. 기다리면 된다. 게다가 올해 초 송위안위안과 한 온실 실험의 탄소-13 질량분석계 자료가 곧 도착할 것이다. 미송이 받은 스트레스를 폰데로사소나무에게 전달하는지를 알아보는 실험이었고 나는 실험 결과를 간절히 기다리고 있었다.

수업을 2개 해야 한다는 것은 말할 나위도 없었다. 게다가 챙겨야 하는 대학원 신입생이 5명, 박사 후 연구원도 1명 있었고, 그들의 연구는 내 연구 프로그램의 주요 연구 문제를 중점적으로 다룰 터였다. 균근 연결망이 기후 변화 환경에서 숲 재생에 어떤 영향을 미치는지를.

우리는 곧장 차를 몰고 펍에 갔고 메리는 빙하의 푸른빛을 띤 스쾌미시 강이 내려다보이는 덱으로 흑맥주를 갖고 왔다. 탠털러스 산맥 (Tantalus Range)의 눈 덮인 정상이 지는 해를 배경으로 윤곽을 드러내며 서 있었다. 메리는 잔을 내 잔에 부딪치며 "슬란체!(Sláinte!, 게일 어로 건배, 건강. ─ 옮긴이)"라고 게일 어 억양을 한껏 흉내 내며 말했다. k. d. 랭의 목소리가 벨벳처럼 바 안에서 흘러 나왔고 나는 의자를 메리 쪽으로 좀 더 당겨 앉았다. 메리는 내 손을 꼭 잡고서 나를 향해 그녀 특유의 '우리가 이렇게 못된 짓을 하다니 좀 신나지 않아?' 하는 미소를 지어 보였다. 메리는 고개를 뒤로 젖히고 흐려지는 빛을 흠뻑 받았고, 나는 상류에서 물수리(osprey)가 덤불만 한 둥지에 내리는 모습을 쳐다보았다. 하지만 두려움이 엄습했다.

· · ·

새 자료가 화면에 떴다.

나는 충격을 받았다.

송위안위안과 내가 서부가문비잎말이나방으로 병들게 한 미송은 광합성으로 생산한 탄소의 절반을 뿌리와 균근으로 보내 버렸고, 10퍼센트가 이웃의 폰데로사소나무로 직접 이동했다. 하지만 지금은 푸젠 농림 대학교 교수가 된 송위안위안에게 단숨에 이메일을 쓰게 만든 것은 미송과의 연결이 제한되어 있던 소나무 말고 죽어 가는 미송과 균근 연결망으로 이어져 있던 소나무만이 이 유산의 수혜자라는 사실이었다.

전송 버튼을 누르기 전 나는 창밖으로 태평양을 바라보았다. 흰머리수리가 부리에 꿈틀거리는 은색 물고기를 물고 미송이 있는 해안선에 내리려고 공중에 떠 있었다. 이번 주가 다 갔지만 아직 의사에게서 전화를 받지 못했다. 음성 사서함을 다시 확인했고 무소식이 희소식일 수도 있다고 생각했다.

자료를 다시 한번 읽고, 눈으로 데이터 행을 살펴보며 나는 혼잣말로 속삭였다. "생 샤!(Saint chats! 이것 참!)" 나는 송위안위안에게 이메일을 보내고 편히 앉아 미소를 지었다.

1년 동안 꼬박 작업한 후 얻게 된 보상이었다. 이제 답은 이곳에 있었다. 나는 즉시 송위안위안의 제안에 따라 공동 작업을 시작했다. 이미 나는 리뷰 논문에서 송위안위안의 연구를 언급했고 그녀가 한 발견에 대해 수업에서 토론하기도 했다. 그녀는 실험실에서 기른 식물에 다수의 연결망 균사체를 접붙여서 무엇이 식물 사이의 연결을 구성하는지 불안해서 어찌할 줄 모르던 지난 역사를 쌩 지나치며 균근 연결망에 대한 지식을 대담하게 발전시켰다. 일부 과학자들은 연결망과 이어지면 수혜자 식물의 안녕에 영향이 있는가에 대해 여전히 의아해했지만 송위안위안은 이미 거기서 훨씬 먼 곳까지 가 있었다. 그녀는 수령자 토마토의 성장 반응을 검증했을 뿐만 아니라 수령자 토마토의 방어 유전자 활동, 방어 효소 생산, 질병에 맞서는 저항력도 측정했다. 그녀는 배짱 있고 자유로운 영혼이었고 토마토 실험 연구를 《네이처》의 《사이언티픽 리포트(Scientific Reports)》에 게재했다. 나는 충해 발병 때문에 숲이 죽은 나무 천지로 변해 버린 이후에 싹튼 생각을 적어 그녀에게 답장을 했다. 만일 죽어 가는 나무들이 새로 유입되는 종과 소통한다면 이 지식을 활용해 오래된 숲이 기존에 살던 곳에 적응하기 어려워질 때 새로운 종이 유입되도록 도울 수 있을지도 모른다. 경고 및 지원 시스템, 예컨대 감염된 미송이 소나무에게 더 좋은 방어 무기를 갖추라고 하는 체계는 오래된 숲이 죽어 감에 따라 새로운 종이나 혈통(유전자형)의 성장에 중요할 수 있다.

다친 어머니 나무는 서서히 카드 패를 접으며 자신에게 남아 있는 탄소와 에너지를 자손에게 전달할까? 동적인 사망 과정의 일부로. 마치 늙어 가는 풀이 제게 남아 있는 동화 산물을 물려주며 다음 세대를 부양하듯이. 에너지는 생성되지도 소멸되지도 않기에, 단순히 죽어 가는 세포의 내용물을 생태계의 나머지 부분에 무작위로 퍼뜨리는 것일지도 모른다.

만일 이 모든 것이 밝혀질 수만 있다면 우리는 기후 온난화에 따라 수종들이 북쪽이나 고도상 위쪽, 즉 그들의 유전자에 더 잘 맞는 장소로 이동할 것인지 더 잘 예측할 수 있을 것이다. 기후가 더워지면 이미 그렇게 되고 있듯, 숲이 병들고 수많은 나무가 죽어 나갈 것이다. 하지만 더 온난한 조건에 이미 적응한 새로운 종들이 이동해 죽어 나간 나무들의 자리를 다시 채울 것이다. 마찬가지로 죽어 가는 숲의 수종이 남긴 종자는 이제 그들의 유전자에 맞는 새로운 장소로 퍼져 나가야 한다. 이와 같은 예측이 지닌 한 가지 문제점은 최근에 확인된 1년에 100미터 미만이 아니라 기록적 속도, 즉 1년에 1킬로미터 이상의 속도로 나무가 이동할 것이라고 가정했다는 것이다. 하지만 오래된 숲이 완전히 죽기라도 한다는 듯, 순전히 빈 공간으로 나무가 이동할 것이라는 또 다른 가정도 널리 퍼져 있는 듯했다. 잡초목을 제거한 벌채지 같은 곳에 식재한 나무의 새 물결이 백지 위에, 어떤 노목의 방해도 받지 않고 자리를 잡는 것처럼 말이다. 마치 나무들이 짐을 싸서 떠나고, 심지어 바닥 청소도 깔끔하게 마치고서 새 나무들에게 자리를 비워 주는 듯이. 하지만 나는 이 가정이 이치에 맞지 않다고 생각했다. 적어도 오래된 나무 중 일부, 즉 이전 숲의 유산은 남아 있을 것이다. 메리와 내가 탬 맥아더 림에서 보았듯, 나무가 전부 죽지는 않을 것이다. 이런 유산은 새로 이주한 나무의 정착을 돕는 데 무척 중요할 것이다. 이주 초기에 양분을 더해 주기 위해 새로 유입된 나무들을 균근 연결망에 포함시켜 준다거나, 불타는 태양, 여름의 서리를 피할 곳을 제공하리라.

송위안위안이 1년 전인 2011년 가을에 여기 왔을 때, 우리는 캠룹스 근처의 미송 숲, 폰데로사소나무 숲에서 표토를 양동이에 모았다. 이미 이메일로 실험 설계를 진전시켜 두고 그녀가 오면 바로 실험을 할 수 있도록 준비해 놓았다. 해안가 산들을 넘어 건조한 내륙 숲에 흙을 푸러 가며 우리는 많이도 웃었고, 그녀의 조용한 웃음은 깊고 결의에 차 있었다. 우리는 이내 강한 유대감을 느꼈다. 아마 여성 과학자로서 겪는 비슷한 어려움, 식물 간의 연결망에 대한 공통된 관심사 때문 아니었을까? 나는 곧장 작업을 하러 가려는 그녀의 추진력, 답을 찾고자 하는 열정, 삽에 손을 대려는 열의에 감탄했다.

대학 온실에서 우리는 작업대에 1갤런 화분 90개를 놓고 숲에서 퍼 온 흙을 채워 넣었다. 모든 화분에 미송 묘목 한 그루와 폰데로사소나무 묘목 한 그루씩을 심되, 다만 소나무가 미송 균근에 연결되는 정도를 다양하게 만들었다. 폰데로사소나무 중 3분의 1은 균근의 균사는 통과할 수 있지만 뿌리는 구멍을 통과해 자랄 수 없는 메시 봉투에 흙을 채운 후 심었다. 또 다른 3분의 1은 구멍이 무척 작아서 미송과 소나무 사이에 물만 통과할 수 있는 메시 봉투에 넣어서 심었다. 마지막 3분의 1은 소나무의 균사가 미송과 자유롭게 이어지고 뿌리가 서로 섞일 수 있도록 폰데로사소나무를 맨 흙에 직접 심었다. 이와 같은 토양 처치 조건 각각에 대해, 미송 중 3분의 1은 서부가문비나무잎말이나방으로 감염시켰고, 또 다른 3분의 1은 가위로 바늘잎을 잘랐고, 마지막 3분의 1은 대조군이므로 어떤 처치도 하지 않았다. 토양 조건과 잎 제거 조건을 완전히 교차한 총 아홉 가지 조건에 대해, 각 조건을 10회씩 반복했다.

우리는 기다렸고, 5개월이라는 시간이 빠르게 지나가자 비자가 만료되기 전에 실험을 마칠 수 있을 만큼 묘목이 균근과 연결되기를 바라던 송위안위안은 점점 더 초조해했다.

4개월 후, 일부 묘목 뿌리를 해부 현미경에 놓고 확인해 보았고 내가 뿌리가 헐벗어 보인다고 하자 송위안위안은 당황했다. 그 후 얇은 단면을 채취해 슬라이드에 끼워 넣고 복합 현미경으로 보았다. 하르티히 망이 있었다. 미송 뿌리와 폰데로사소나무 뿌리 모두에 균근의 일종인 윌콕시나가 서식하고 있었다. 미송과 소나무가 가는 메시 망 조건을 제외한 모든 조건에서 윌콕시나 균근 연결망으로 이어져 있음을, 또 다음 단계인 잎 제거로 넘어갈 수 있음을 의미했다.

송위안위안은 꿈틀거리는 잎말이나방 유충을 가지러 곤충 사육 연구실로 달려갔다. 나는 가위와 소독용 알콜을 가지러 균근 연구실로 뛰어갔다. 우리는 묘목에서 바늘잎을 없애러 함께 온실로 갔다. 송위안위안은 묘목 중 3분의 1에만 공기가 통하는 봉지를 씌우고 봉지 1개당 두어 마리의 잎말이나방을 넣어 바늘잎을 포식하게 했다. 나는 또 다른 3분의 1의 묘목에서 광합성을 할 잔가지만 몇 개 남겨 두고 바늘잎을 짧게 잘랐다. 나머지 3분의 1은 아무것도 하지 않고 그냥 두었다.

잎을 제거하고 나서 하루가 지난 후 미송 위에 밀폐 비닐봉지를 씌우고 나무에 $^{13}C\text{-}CO_2$를 주입했다. 또 기다렸다, 밀크셰이크가 빨대를 통과하듯 연결망을 통해 이동하는 당 분자를 상상했다. 그날 밤 집에 전화를 했는데 나바는 발레에서 뿌엥뜨(pointe) 연습을 할 생각에 들떠 있었고, 해나는 힙합 댄스 스텝을 훤히 알고 있었다. 아이들의 댄스 공연이 몇 달 후인 어머니날 열릴 예정이었고 나는 집에 갈 때가 너무나 기다려졌다. 이튿날 송위안위안과 나는 소나무 바늘잎 표본을 채취했고, 다음 날, 또 그다음 날도 똑같이 표본을 채취해서 방어 효소 생산에 대해 알아보았다. 6일이 지난 후 우리는 미송이 진균 연결을 통해 소나무에 탄소 동위 원소를 보냈는지 확인하기 위해 모든 묘목을 뽑은 후 잘게 간 표본을 질량 분석계가 있는 실험실로 보냈다.

몇 달이 지난 지금 우리는 자료를 보고 있었다. 중국 푸저우(福州)에서, 나는 밴쿠버에서.

"잎을 더 심하게 제거할수록 더 많은 탄소가 미송 뿌리로 흘러 들어간 게 보이죠?" 나는 송위안위안에게 이메일을 보냈다. 지구 정반대편에 있던 우리는 스프레드시트로 하나로 뭉쳤다. "네, 그런 결과가 나올 거라고 생각했어요." 송위안위안이 답신을 입력하며 이와 같은 양상은 공격받은 나무들이 차후의 잎 제거에서 생존하기 위해 취하는 것으로 잘 알려져 있는 행동 전략이라고 설명했다. 몇 분 후, 송위안위안이 덧붙였다. "하지만 잎을 제거한 후 이웃 나무의 싹으로 탄소가 이동하는 것은 본 적이 없어요." 잎을 제거하자 미송은 더 거대한 탄소 공급원이 되었고, 빠르게 자라는 소나무는 탄소를 원줄기까지 곧장 빨아들였다.

"방어 효소 데이터와 맞아 떨어지네요." 송위안위안이 타이핑하고 나서 5분 뒤 그래프를 보내 주었다. 잎말이나방이 침입하자 미송은 방어 효소 생산량을 늘렸는데, 정상적인 반응이었다. 하지만 하루 안에 폰데로사소나무도 똑같이 했다. "그런데 한 번 보세요." 나도 타이핑을 했다. "두 수종이 연결망으로 이어져 있지 않으면 이런 현상이 전혀 일어나지 않아요."

송위안위안의 이메일이 받은 편지함에 딩동 소리를 내며 도착했다. "우와!"

소나무의 방어 효소 중 네 가지는 방출한 탄소와 완벽히 동기화되어 엄청나게 증가했고, 이러한 경향은 소나무가 지하에서 미송과 연결된 경우에만 발견되었다. 심지어 미송이 아주 조금만 상처를 입어도 소나무에 효소 반응이 일어났다. 미송은 자신이 받은 스트레스를 24시간 이내에 소나무로 전달했다.

나무들이 드러내는 바는 이치에 맞았다. 수백만 년에 걸쳐 나무들은 생존을 위해 진화해 왔고 상리 공생체(mutualist)나 경쟁자와 관계를 정립했으며 하나의 체계 내에서 동반자들과 통합되었다. 미송은 숲에 위기가 찾아왔다는 경보를 보냈고 메시지를 받는 능력을 타고난 소나무들은 침착하게 균형을 유지하되 단서를 엿들으며 경계 태세를 취했다. 나무들은 이렇게 군집이 온전하도록, 여전히 자손을 길러 낼 수 있는 건강한 장소로 유지될 수 있도록 노력했다.

샘물처럼 맑은 깨달음이 찾아왔다. 나는 두렵지만 아이들 곁에 있어야 했다. 죽어 가는 나무들이 그네들의 아이들 곁을 지키는 것처럼. 나는 컴퓨터를 로그아웃하고 생검 이후 줄어든 멍울을 만져 보았다. 나는 막 내게 전화하려던 중이었다던 오리건으로 돌아간 메리에게 전화를 걸었다.

"집에 가서 아이들에게 말해야겠어." 송위안위안과 내가 죽어 가는 미송이 소나무에게 탄소를 전해 주었음을 발견했다고 설명하며 나는 말했다. 그리고 종합해 보면 내가 본 죽은 어머니 나무도 똑같이 했으리라는 것을 알아냈다고도 했다. 바로 이 방식으로 죽어 가던 어머니 나무의 두 살배기 묘목들은 가뭄에서 살아남았다. 이것은 내 딸들에게 내 사랑을 주라는, 나도 죽을 수 있으니 그에 대비해서 아이들에게 물려줄 수 있는 것들을 모두 전해 주라는 신호였다. 통근하느라 아이들과 함께하지 못한 시간을 만회하려면 지금 당장 그렇게 해야 했다. 서둘러야 했다.

"천천히 말해, 너 지금 말도 안 되는 소리를 하고 있어." 자료가 나더러 집에 가고, 앞으로 일어날지도 모르는 일들에 대비하라고 했다며 중얼거리는 나에게 메리가 말했다. "게다가 아직 의사 이야기를 듣지도 못했잖아."

메리는 내가 아이들에게 말할 때 같이 있어 줄 수 있게 비행기를 타고 넬슨에 오겠다고 했다. 아이들은 메리의 직설적인 유머 감각, 소박함, 물건 고치는 능력을 너무 좋아했다. 메리가 공구를 갖고 와서 1시간 안에 우리 집의 기우뚱한 의자 나사를 전부 조여 준 적도 있었다. 메리라면 무슨 일이 있었는지 사실대로 말해 줄 거라고 아이들도 기대할 수 있었다. 하지만 나는 혼자 아이들에게 가야 했다. 함께, 우리가 할 수 있는 한 자유롭게 이 일을 깊이 받아들이기 위해서.

나는 메리에게 그냥 혼자 집에 가라고 했고 메리가 쉬기를 원했다.

로빈은 모두 함께 내 종양이 양성인 것을 축하할 수 있도록 수업을 마치고 와주겠다고 했다. 로빈은 낙관적이었다. "집에 가." 로빈이 말했다. 아이들 곁에 있어 주고 상황을 안정시키고 아이들에게 내가 침착하다는 것을 보여 주라고.

나는 학과장에게 다음 주에 돌아오겠다고 말했다.

생검을 한 지 거의 2주가 지났다. 만일 내일까지 아무 연락도 없으면 병원으로 전화를 해 볼 셈이었다. 나는 엄마에게 우리집에 와서 전화를 할 때 같이 있어 달라고 했고, 더불어 오촌이자 간호사인 바버라까지도 내커스프에서 차를 몰고 올 것이다.

고개 너머로 운전을 하며 나는 죽어 가는 숲에 대한 동정심을 느꼈다. 숲과 동화되었고, 위니 할머니가 내게 해 주었듯 다음 세대로 지혜를 전해 주도록 타고난 숲의 아름다움과 하나가 되었다. 하지만 병충해를 입은 나무들은 베어 나갔고, 죽은 나무들도 건져져 시장으로 보내졌다. 돈을 벌려는 우리의 열망 때문에 죽어 가는 나무들이 새 묘목과 소통할 기회를 차단한 것은 아닌지 생각했다.

피자를 갖고 도착하니 해나와 나바가 기다리고 있었고 돈도 거기 같이 있었다. 딸들을 끌어안고 해나의 이마에, 또 나바의 이마에 입을 맞췄다. 해나는 새 생물학 도구 세트를 보여 주며 선생님이 너무 좋다고 말했고, 그들은 이미 삼림 생태학에 관한 이야기를 나누고 있었다. 나바는 아라베스크를 하고 나서 팡셰(penché)를 하려고 내 손을 잡고 기댔고, 봄 공연을 위해 「하얀 겨울 찬가(White Winter Hymnal)」에 맞춰 안무를 하는 중이며 파란 드레스를 입고 머리에는 꽃을 달 거라고 했다. 우리는 피자를 먹으면서 부엌 카운터에 기대 서 있었고, 돈은 산봉우리에 새로 내린 눈에 대해, 올 겨울이 얼마나 빨리 올지, 얼마나 스키 타기 좋을지 이야기했다. 딸들은 아이팟을 들으러 새 더블 베드로 뛰어 올라갔고 나는 아이들을 앉혀 놓고 곧장 이야기를 하지 않은 것을 후회했다. "걱정하는 거 알아, 수즈." 돈은 아이들이 잽싸게 계단을 올라가자 말했다. "그렇지만 당신은 늘 건강했잖아. 분명히 별일 아닐 거야." 돈은 주머니에 손을 넣고 편안하게 웃으며 말했다. 돈은 항상 나를 위로할 줄 알았다.

"고마워, 돈." 나는 눈을 피하며 말했다.

돈이 부츠를 신는 동안 눈물을 참느라 내 얼굴이 일그러지자 돈은 나를 안아 주었다. "있잖아, 난 당신을 알아. 당신은 황소처럼 강인하고 무슨 일이 생기든 잘 헤쳐 나갈 거야. 그래도 결과가 나오면 전화해." 우리는 변해 버린 질서에 생경함을 느끼며 잠시 서 있었다. 돈은 코트를 집어 들고 뒷문으로 사라졌고 차 미등이 골목길을 따라 흐려져 갔다. 나는 남은 피자를 들고 계단을 올라갔다. 딸들과 나는 나바 방의 발코니에 서서 엘리펀트 마운틴 너머로 지는 해를, 분홍색 빛 속에서 반짝이는 눈 위에 어린 색조를 보았다.

밖에 앉아 있기에는 너무 추워져서 나바의 침대 위에 앉은 채 아이들에게 내가 검사를 좀 했고 내일 결과가 나올 거라고 말해 주었다. 아이들은 눈이 휘둥그레져서 쳐다보았지만 나는 덧붙였다. "결과가 어떻든 엄마는 괜찮을 거라는 것을 너희도 알아줬으면 좋겠어. 우리 모두 다 괜찮을 거야."

해나는 검사를 어떻게 하냐고, 나바는 유방암이 뭐냐고 물어보았다. 나는 내가 알고 있는 바를 아이들에게 말해 주었고 아이들도 자라면 어떻게 검진을 받아야 하는지 말해 주었다. 여성이라면 누구나 그렇게 스스로를 돌봐야 한다고. 아이들은 나를 껴안았고 나도 사랑한다고 말했다. 아이들에게 잘 자라고 입맞춤해 줄 즈음에는 기분이 조금 가벼워졌다.

금요일 아침, 아이들은 학교까지 걸어갔고 나는 제일 좋아하는 등산로로 뛰어 올라갔다. 전화하기를 또 몇 시간 미루고 싶어서 나는 탁 트인 숲, 폰데로사가 훨씬 위쪽의 미송, 사시나무, 로지폴소나무에게 자리를 내어주고 있는 곳을 빠르게 달렸다. 길에 내린 10월의 서리가 깃털 같은 얼음으로 얼어붙어 있었고 언덕으로 가는 길에서 잘 익은 허클베리를 마구 먹고 있던 불곰 두 마리를 지나쳤다. 정상에서 메리에게 전화해서 의사와 이야기할 준비가 되었다고 말했다. 돌아오는 길에는 곰이 있던 곳 근처를 크게 돌아서 왔다. 우리 모두 힘의 위계를 아주 제대로 알고 있었다. 폰데로사의 바닐라향이 나를 가득 채워 주었다. 아주 작은 것까지 전부 다 괜찮을 것이다. 나는 폰데로사소나무를 미송과 이어 주는, 로지폴 소나무와 사시나무를 이어 주는 진균 틈으로 스며드는 물방울을 상상했다. 나는 이 나무들, 정겨운 친구들, 마음을 터놓을 수 있는 절친한 친구들과 함께 집에 있었다.

엄마가 커피 몇 잔을 들고 골목길을 내려오고 있었다. 흰 머리를 빛내며 정원을 가꿀 때 하는 붉은 고무 장화와 낡은 작업복 차림으로. 바버라는 햄버거 스튜 한 냄비를 들고 나타났다. 냄비 위에 부엌 수건을 덮어서. 그들은 우리 집 현관 벤치에 앉아 커피를 홀짝였고 우리집 전화 벨이 울렸다. 나는 전화를 받으러 집 안에 들어갔다가 수화기를 밖으로 갖고 나왔다. 엄마와 바버라는 갑자기 하던 이야기를 멈추고 컵에서 나오는 김 틈으로 나를 쳐다봤다.

의사의 말을 들었다. 검사와 선택지와 귀에 들어오지도 않던 너무나 많은 단어들을. 나는 어머니 나무가 안식처와 양분과 태양을 피할 그늘을 주었던 것을, 심지어 그들이 스러지던 순간에도 다른 이들을 보호하고 돌보았던 것을 생각했다. 우리 딸들을 생각했다. 자라나고 피어나는 눈부신 꽃, 내 아름답고 소중한 딸들을.

나는 눈을 감았다.

심지어 어머니 나무조차 영원히 살 수는 없다.

13장 코어 샘플링

14장

[생일들]

"여기 살아남은 이들이 몇 있네요." 어머니 나무의 드립라인에 웅크리고 앉아 있던 내 석사 학생 어맨다(Amanda)가 말했다. 10월 말이었고, 캠룹스와 내가 30년 전 켈리를 지켜보았던 로데오 경기장 사이 중간쯤인 이곳에 눈이 아기 숨결만큼 보드랍게 내리고 있었다.

미송 어머니 나무는 산전수전을 다 겪은 것 같은 모양새였는데, 이웃 나무들이 벌채되는 바람에 나무갓이 들쑥날쑥해졌고 몸통에는 스키더(skidder, 갈퀴 달린 트랙터. ─ 옮긴이)가 후진하며 들이받은 상처가 있었음에도 어머니 나무는 지난 여름 방울 열매를 많이도 맺었다. 쇠박새는 풍성한 방울 열매 때문에 어머니 나무를 아주 좋아했고 나무 가지를 따라 깡충깡충 뛰었다. 나는 자신이 잃은 것들 때문에 입은 충격에도 불구하고 아이들을 계속 보살피려는 어머니 나무의 의지에 감탄했다. 유방 절제술까지는 한 달이 남아 있었고, 또 암이 림프절까지 퍼져 나갔는지에 따라 후속 처치가 달라질 예정이었다. 바버라는 나에게 혹시나 이렇게 되면 어쩌지 하는 두려운 가상 시나리오는 돌려 보지 말라고 조언했다. 균근균 연결망 구성에 대해 연구실 사람들과 함께 쓴 논문 출간, 어머니 나무에 대해 내가 개념화한 것, 또 우리 영화 「어머니 나무가 숲을 연결한다」를 향한 대중의 따뜻한 반응이 도움이 되었다. 무척 존경받는 어떤 과학자는 나에게 편지를 보내서 이 발견은 "숲을 보는 사람들의 시각을 영원히 바꿀 것"이라고 했다. 이곳에 나와서 어머니 나무와 함께 있는 것도 도움이 되었다.

나는 우리가 일반적으로 인간과 동물의 속성이라 여기는 친족 인식이 미송에서도 일어날 가능성에 대해 곰곰이 생각하던 중이었다. 오래 운전한 후 주유를 하러 멈춘 동안 아직 다 하지 못한 일 목록과 함께 이 생각을 적어 두었다. 운전대에서 늦은 밤에 피곤해서 갑자기 든 생각은 아니었다. 다른 사람이 내 머리에 넣어 준 아이디어였다. 나는 캐나다 맥마스터 대학교 수전 더들리(Susan Dudley) 박사의 논문을 읽었는데, 그는 오대호 사구에 사는 서양갯냉이(searocket, *Cakile edentula*)를 통해 한해살이 식물이 친족(같은 어머니에게서 난 형제자매)과 다른 어머니에게서 난 이웃들을 구별할 수 있으며, 구별을 위한 단서는 뿌리를 통해 전달되었음을 발견했다. 달빛 아래에서 절벽 둘레로 차를 몰다가 침엽수도 친족을 인식할 수 있을지 궁금해졌다. 미송 숲은 유전적으로 다양했고 바람에 날린 꽃가루로 인해 친족 묘목들과 비친족 묘목들이 어머니 나무 주변에 자리 잡고 있었다. 어머니 나무는 자신과 친족 관계가 있는 묘목과 없는 묘목을 구별할 수 있을까?

미송 묘목이 오래된 나무들의 균근 연결망과 이어져 자란다는 것을 발견한 이래로 나는 친족 인식이 일어난다면, 또 수전이 서양갯냉이에서 발견한 것처럼 뿌리 단서와 관련이 있다면, 모든 뿌리에 균근균이 덮여 있으므로 균 연결을 통해 신호가 전달될 것이라고 예측했다. 또 지역 계곡의 유전적 변이가 산악 지역의 유전적 변이보다 적기 때문에 미송 개체군이 지역별로 구분된다는 점을 감안하면 어머니 나무 근처에는 친척 나무들이 많을 것임에 분명하다. 만일 친척 나무들이 수 세기 동안 근처에 함께 모여 살았다면 상호 인식에 따르는 건강상의 이점이 분명히 존재할 것이라고 생각했다. 서로 도와가며 대를 이으면서. 아마 어머니 나무가 친족들의 건강 증진을 위해 행동 양식을 바꾸거나 행동에 여지를 둘 수도 있다. 또는 자기 자손에게 양분과 신호를 전달할 수도 있다. 또는 토양이 좋지 않으면 심지어 자손들을 멀리 쫓아버릴 수도 있다. 숲의 적응력, 강인함, 탄력성을 보장하기 위한 유전적 다양성 유지가 갖는 중요한 역할을 별 것 아니라고 치부하는 것은 아니다. 하지만 그런 다양한 유전자군에 있는 오래된 나무에게 지역에 적응한 종자를 떨구거나 친족을 양육하는 역할 또한 존재할 수도 있다.

나는 늘 한계를 넘어설 의향이 있었지만 최근 몇 년간 과학자로서 조금 더 여유가 생겼고 균근 연결망에 대한 내 논문들도 요즘 들어 좀 더 호의적 평가를 받고 있었다. 이유는 알 수 없었다. 더 많은 연구들이 자작나무와 미송이 탄소를 공유한다는 나의 원래 발견을 뒷받침하고 있기 때문이거나 아니면 단순히 경력을 감안하면 내가 좀 더 유명해진

단계에 있기 때문일 수도 있었다. 어쨌든 나는 좀 더 대담한 질문을 할 수 있는 자유를 즐기던 중이었다. 그리고 어맨다는 나와 즐겁게 같이 다니고 있었다. "헛수고가 될 수도 있어요." 미송 어머니 나무가 친족 인식을 할 가능성이 낮아서 아무런 결과가 나오지 않을 수도 있지만 적어도 실험하는 방법은 배울 것이라고 미리 알려 주었다.

"어떻게 되어 가죠?" 6개월 전 어맨다가 흙 속에 묻어 놓은 점심 도시락만 한 메시 봉지 둘레 안에 에워싸인 작은 초록색 파라솔 3개를 조사하며 내가 물어보았다. 175센티미터 키에 국가 대표 야구 팀, 하키 팀 선수로 활약한 강인한 어맨다는 눈에도 아랑곳 않고 또 다른 봉지를 확인했다. 그녀는 붉은 묘목들이 모여 있는 무리를 가리키며 말했다. "친족들은 많이 살아 있는데, 비친족은 죽었어요." 어머니 나무와 친족 관계가 아니거나 연결되어 있지 않은 비친족 나무들은 여름의 가뭄 때문에 죽었다.

벌목꾼들이 야생 동식물의 서식지로 남겨 둔 다른 14그루의 어머니 나무 쪽으로 걸어가면서 생각이 암울한 구석으로 살며시 빠져들었다. 친구가 어떤 영향력 있는 동료가 "당신은 나무들이 서로 협력한다는 사실을 믿지 않지요, 맞죠?"라고 그 친구에게 말했다는 이야기를 내게 전했다. 예전 스타일 임업인들이 그럴 수 있다는 예상은 했지만 학문적 자유의 전당에서 이럴 줄은 몰랐다. 숲에서 식물 간의 소통에 있어 오직 경쟁만이 중요하다는 확고한 신조를 두고 30년간 싸워 온 전쟁에서 오늘 나는 패배하고 말았다.

어맨다를 따라 통나무와 웅덩이를 건너 다음 어머니 나무에게 가니 가지에는 새로 내린 눈이 흩뿌려져 있었다. 어맨다는 혹시 쉬고 싶은지 물어보았다. 이해가 갔다. 말을 더듬으며 "괜찮아요."라고 했지만 그녀가 봉지를 계속 확인하는 동안 메모를 하다가 그루터기에 주저앉아버렸다. 이 어머니 나무 아래에서도 처음 본 나무에서와 마찬가지로 친족 묘목이 비친족 묘목보다 더 많이 살아남았고, 특히 연결망과 이어질 수 있던 봉지에서 자란 묘목이 더 잘 살아남았다. 나는 연필 끝을 씹었다. 혼효림분의 자작나무도 미송보다 친족 관계인 자작나무로 탄소를 더 많이 보낼 가능성이 있지만, 내 박사 연구에서는 이 가능성을 검증하지 않았다. 또 송위안위안과 함께한 실험에서 밝혀졌듯이 죽어 가는 미송은 소나무보다 다른 미송으로 탄소를 더 많이 보낼 수도 있었다. 하지만 우리가 심은 미송-미송 쌍은 실험을 할 수 있을 만큼 온실에서 잘 자리 잡지 못했다. 어느 대학원생은 미송 어머니 나무가 미송 묘목이 정착하도록 도와준다는 것을 밝혔으나, 당시 우리는 어머니 나무가 친족 관계가 없는 묘목보다 친족 관계가 있는 묘목을 선호하는지 검증해 볼 생각까지는 못 했다. 종을 막론하고 어머니 나무가 자신의 자손 나무들을 선호하는 것은 진화론적으로도 이치에 맞았다.

어맨다는 1년 전인 2011년 가을, 즉 우리가 균근 연결망 지도 논문을 출간한 후 석사 학위 과정을 시작했다. 다음 순서임에 분명한 질문, 즉 서양갯냉이처럼 어머니 나무도 자신의 자손을 알아보고 특별한 호의를 베푸는지 알아보기로 했다. 나는 이미 어머니 나무가 혈육이 아닌 나무와도 자원을 공유한다는 것을 알고 있었고, 학생들과 나는 내가 수전 더들리 박사의 연구에 대해 알게 되기 전부터도 이 현상에 대해 조사를 많이 했다. 만일 어머니 나무도 친족 인식을 한다면, 특히 균근 연결망을 통해 친족을 인식한다면, 인식 결과는 적응도 형질(fitness trait)로 발현될까? 즉 친족 나무가 비친족 나무보다 더 크고 더 잘 살아남을까? 아니면 친족 인식은 뿌리나 싹 성장 등 적응 형질(adaptive trait)로 발현될까? 어맨다는 이 현장 실험과 대학에서의 온실 실험을 통해 이와 같은 질문들을 검증하고 있었다.

나는 어맨다가 메시 봉지 여러 개를 더 확인하는 동안 쉬고 있었다. 봄에 어맨다는 이 벌채지에 있는 어머니 나무 15그루 주변에 각각 메시 봉지를 24개씩 설치했다. 봉지 중 12개는 어머니 나무의 균근 균사가 뚫고 자라서 발아체에 서식할 수 있을 만큼 구멍이 컸다. 나머지 봉지 12개는 구멍이 너무 작아서 연결망이 형성될 수 없었다. 이 두 종류의 메시 봉지에 어맨다는 어머니 나무에게서 얻은 종자(친족) 6개와 다른 어머니 나무에게서 얻은 종자(비친족) 6개씩을 심었다. 네 가지 조건, 즉 두 가지 메시 봉지, 두 가지 관계를 완전히 교차한 총 네 조건을 15그루의 어머니 나무 전체에 적용했는데, 우리가 발견하게 될 경향성에 확신을 가질 수 있을 정도의 숫자였다. 이 발견이 이 지역에서만 일어나는 특이한 양상이 아니라는 것을 검증하기 위해 우리는 현장 두 군데에서 실험을 반복 시행했다. 이 캠퍼스 근처 벌채지가 가장 덥고 건조했고, 훨씬 북쪽에 있는 다른 두 실험장은 더 서늘하고 습했다.

친족 종자를 뿌리기 위해 어맨다는 지난 가을 총 45그루의 어머니 나무에서 방울 열매를 수집했다. 어머니 나무 높이가 10미터 미만인 곳에서는 전정 가위를 사용했지만 나무가 더 높은 경우 엽총을 쏠 젊은 여자를 한 명 고용했다. 나는 그녀의 어깨 위에 놓인 윈체스터 총을 상상했다. 높이 겨눈 총신, 귀청 떨어지는 탕 소리, 푹 떨어지는 가지와 방울 열매, 숨기 위해 재빠르게 움직이는 다람쥐, 횡재를 노리는 눈길들을. 겨울 동안 우리는 수많은 학부 학생을 고용해서 방울 열매 비늘을 열고 종자를 모으고 종자가 생존 가능한지 시험하는 작업을 했다. 특히 이번 해에는 기후가 미송과 딱히 잘 맞지 않아서 많은 종자가 이미 죽어 있었다.

이 현장의 마지막 어머니 나무에 도착해 어맨다는 나를 위해 그루터기에서 눈을 털어 주었다. 어맨다가 따라 준 차에서 나온 김이 내 손과 얼굴을 데워 주었다. 그동안 어맨다는 이 마지막 봉지들을 꼼꼼하게 확인하면서 생존자 수를 불러 주었다.

전화벨이 울렸다. 메리는 집에 도착했고 식물들을 겨울을 날 곳으로 옮겨 놓기만 하고 즉시 돌아오기로 했다. 내가 진단을 받은 후 메리는 서둘러 넬슨으로 왔다. 같은 날 나는 친척들에게 여자 친구가 있다고 말했는데, 엄마는 그저 내게 누군가가 있어서 기쁘다고 말했다. 나는 이 상황을 받아들여 주고, 우리 모두 있는 그대로 괜찮다는 가족이 자랑스러웠다.

눈이 더 세차게 내리고 있었다. 심지어 숫자를 더해 보기도 전이었지만, 어맨다와 내가 미송 묘목은 건강하며 친족이 아닌 미송 어머니 나무와 이어져 있을 때 더 잘 생장한다는 경향 그 이상을 확인했음을 알 수 있었다. 어머니 나무의 친족 묘목들은 더 잘 살아남았고 연결망으로 이어져 있던 비친족 묘목보다 눈에 띄게 더 컸다. 미송 어머니 나무들이

14장 생일들

435

친족을 알아본다는 강력한 암시였다. 나는 이 묘목들을 1년 더 추적해 보자고 제안했다.

"그렇게 하면 더 좋을 것 같아요." 어맨다는 가방에 메모를 넣으며 말했다. 어맨다는 자신의 첫 실험인 이 실험을 좋아했다. 나는 그녀가 그녀의 묘목들이 살아 있는 한 계속 이곳으로 돌아오게 되리라 생각했 다. 어머니 나무가 만들어 준 이 기분 좋은 안식처에서라면 고생도 보람 이 있었다.

· · ·

진은 밴쿠버에서 열린 인스파이어헬스(InspireHealth)의 암 이겨 내 기 워크숍에 나와 같이 갔다. 전문가들이 우리에게 암 생존 가능성을 향상시키는 방식에 대해 소개했다. 운동하고 잘 먹고 잘 자고 스트레스 를 줄이라고 했다. 하지만 제일 중요한 것은 인연을 강하게 유지하기, 또 우리의 감정에 대한 소통을 계속하기라고 했다. 우리는 우리가 맺은 인 연들로 정의된다. 어느 의사는 말했다. 암을 이겨 낸 사람들에게는 한 가 지 특징이 있었다. 그들은 절대 희망을 버리지 않았다.

몽 듀! 세 사!(Mon Dieu! C'est ça! 아니, 세상에! 바로 그거야!) 나는 생각 했다. 이것이야말로 내가 계속 할 수 있는 일이라고. 나는 그때까지도 너 무나 내성적이었고, 예민했고, 남들의 생각 때문에 너무 쉽게 엎어져 버 리곤 했다. 나는 어떤 임업인이 "나는 빌어먹을 어머니 나무를 죄다 잘 라 버리고 싶어요. 어차피 죽을 나무인데 돈이라도 벌어야죠."라고 말 했을 때도 과하게 유쾌하게 굴었다. 신념을 강하게 주장하기도, 있는 힘 을 다해 싸우기도 여전히 두려웠다. 하지만 이것이 내 나무들이 내게 보여 준 것 아닐까? 건강은 연을 맺고 소통하는 능력에 달려 있다는 것도. 이번 암 진단은 속도를 늦춰야 한다고, 배짱을 키워야 한다고, 그리고 내가 숲에서 배운 것에 대해 거침없이 말해야 한다고 내게 이야기해 주었다.

외과의가 내 양쪽 유방을 모두 절제한 후 깨어났더니 메리, 진, 바버라, 로빈이 내 주위에 빙 둘러서 있었다. 나는 납작해진 가슴을 보고 모르핀 펌프를 눌렀다. 며칠 후 내 아파트에 돌아와 케일과 연어를 먹을 정도가 되었을 무렵 상처는 붉었고 멍은 가지만큼 보라색이었다. 100미터를 걷고, 또 100미터, 또 100미터를 걸었다. 크리스마스를 보내기 위해 해나와 나바가 있는 집으로 갈 준비를 하며. 전체 생검 결과만이 남아 있었다. "림프절만 깨끗하면 치료가 다 끝난 것일 수도 있어." 바버라가 내게 말했다.

동네를 떠나는 길에 우리는 암이 림프절까지 전이되었음을 알게 되었다.

두 종양 전문의, 즉 넬슨의 맬패스(Malpass) 박사, 밴쿠버의 선(Sun) 박사가 새 '용량 밀도' 요법에 따라 4개월 동안 2주 1회, 총 8회의 항암제 주입을 받을 것이라고 했는데, 이 방식이 내가 앓는 암 종류에 가장 효과가 좋다고 했다. 그들은 내가 이 치료를 감당하기에 충분히 젊고 건강하다고 생각했다. 초반 절반에는 오래전부터 있던 약물이자 바버라가 '붉은 악마'라 부르는 시클로포스파미드(cyclophosphamide)와 독소루비신(doxorubicin)을 사용하고, 후반부 절반에는 태평양주목(Pacific yew)에서 추출한 파클리탁셀(paclitaxel)을 사용할 예정이었다. 깡마르

14장 생일들

437

고 인정 많은 맬패스 박사는 항암 화학 요법을 받는 동안 나를 담당할 예정이었고 아담하고 잘 웃는 선 박사가 후반부에 이어서 치료를 맡기로 했다. 그들이 일어날 수 있는 부작용에 대해 설명하는 동안 이런 생각이 들었다. 넬슨으로 이사해서 가족과 조용하게 살았어야 했구나. 부작용 중에는 구토, 피로, 감염 등 일반적 부작용도 있었다. 하지만 흔치 않은 뇌졸중, 심장 마비, 백혈병 등의 부작용도 있었다. 돈이 옳았다. 나는 절대로 대학에서 직장을 잡고 일하지 말았어야 했다. 그리고 아무도 모를 일이지만, 처음 실험을 할 때 라운드업을 뿌리지도, 중성자 측정기의 안전 걸쇠 확인을 잊지도, 방사성 묘목을 분쇄할 때 분진 마스크 코받침 누르기를 잊지도 말았어야 했다. 그리고 결혼 생활이 파탄에 이를 때 받은 스트레스도 분명 악영향을 미쳤다.

. . .

몇 주 후인 2013년 1월 초, 간호사가 내 피부에 바늘을 꽂자 체리색 붉은 악마가 혈관을 타고 들어갔다. 병원 창문으로 홀로 서 있는 나무 위로 떨어지는 눈을 바라보며 암 세포가 줄어드는 상상을 했다. 나무는 병원을, 아랫마을을, 물푸레나무와 밤나무와 느릅나무가 줄지어 선 거리를, 나무를 돕는 나무들과 사람을 돕는 사람들을 굽어보고 지켜 주며 서 있었다. 힘을 내자. 만일 이 나무가 야생의 숲에서 단절되어 뿌리가 잘린 채로도 살 수 있다면 나도 이겨 낼 수 있다. 다음 날, 내가 암보다 더 강하다는 것을 증명이라도 하듯 빌과 로빈이 내 뒤를 밟게 두고 제일 좋아하는 길을 따라 20킬로미터 거리를 스키를 타고 올라갔다. 벌채지를 지나며 보니 심어 놓은 소나무들은 작년보다 키가 1미터 더 자라 있었고 나는 가장자리를 따라 자리한 나무들에게 묘목들이 잘 자라도록 도와주어서 고맙다고 인사했다. "나도 너희의 도움이 필요해. 나아야 되거든." 나는 길의 고개, 나무들이 견고하게 미동도 없이 서 있던 곳에서 말했다. 스키를 타고 눈을 지쳤고, 위의 나뭇가지 중 몇몇이 내 팔에 닿았다. 다음 날, 겨우 1킬로미터 루프를 돌았을 뿐인데 몸이 젖은 시멘트 포대같이 느껴져서 소파에 눌어붙어 버렸고 빌이 내 상태를 확인했다. 빌은 영화 감독이고 창의력도 뛰어난 사람이었지만 오랫동안 충전 중이어서 나를 도와주기 위해 왔다. 빌은 참을성 있게 함께 앉아 있었다. 말도 많지 않고 소란도 피우지 않으면서 그냥 거기에 같이 있어 주었다. 한 주가 지나자 약물이 세포에 정착했고 다시 2킬로미터, 5킬로미터, 10킬로미터까지 거리를 늘려 가며 스키를 타자 빌은 내가 괜찮은지 확인하려고 뒤를 따랐다.

· · ·

"내 피루엣 좀 봐요." 나바가 발끝으로 서서 말했다. 나는 나바의 손을 머리 위로 잡았고, 나바는 팽이처럼 뱅그르르 돌았다. 해나는 준벅 할머니가 준 반짝이는 검은색과 금색 하이탑 신발을 신고 브레이크 댄스, 터팅, 스와이프를 했다. 나도 스텝을 밟아 보려 했지만 발에 감각이 없었다. 아이들의 공연에서 멋지게 안무한 춤, 정교하게 훈련된 몸이 오가는 동안 눈물이 가득 고인 내 눈은 내 아이들에게, 오직 아이들에게만 고정되어 있었다.

나는 아이들이 하는 가장 큰 마지막 공연인, 1년에 한 번씩 하는 봄 쇼케이스가 열릴 주말인 어머니날까지 항암 화학 요법이 끝날 것이라고 믿고 있었지만 두 번째 주입 때 맬패스 박사는 나에게 흉부 엑스선 사진을 보여 주었다. 꽃무늬 유니폼을 입은 경험 많은 항암 화학 요법 간호사 셰릴(Cheryl)이 걱정스러운 듯 화면을 바라보았고, 다른 간호사인 아네트(Annette)는 링거 줄을 단 환자들의 팔을 쓰다듬으며 몸이 어떤지 물어보고 있었다. "이런 경우는 본 적이 없습니다. 환자 분 심장이 지난 2주간 25퍼센트 커졌어요." 맬패스 박사는 엑스선 사진을 가리키며 말했는데, 내 오른쪽 빗장뼈 아래로 외과 의사가 넣어 놓은 포트(항암 주사를 맞기 위해 피하에 삽입하는 기구. ─ 옮긴이)가 눈에 띄었다. 전후 사진 속 내 허파, 갈비뼈, 심장 주변에 뚜렷한 윤곽선이 그려져 있었다. 그게 나였다. 가슴과 자처럼 생긴 갈비뼈 위를 손으로 만져 보며 생각했다. 나는 이렇구나, 적어도 새로운 나는.

"알겠습니다." 내가 속삭였다.

"심장마비가 올 수도 있어요." 그가 말했다. "검사를 더 해 봐야 해요. 그리고 스키는 그만 타시죠. 암 투병에 집중하실 수 있도록."

해나는 스키 대신 산책을 제안했다. 그날 밤 해나는 우리가 드라마 「글리(Glee)」를 보는 동안 내게 폭 기대 있었다. 내 노트북은 오크 커피 테이블 위에 있던 책 무더기 위에 올려 두었고, 딸들은 숙제를 내팽개쳐 버렸다. 우리는 퇴창 옆에서 병아리콩, 고구마, 밥을 먹었다. 엘리펀트 산이 호수 너머에서 빛을 발했다. 우리는 커트와 블레인, 브리트니와 산타나의 더블 웨딩을, 산타나의 할머니가 결국 두 여성도 결혼할 수 있다는 것을 받아들이는 장면을 보았다. 살짝 부끄러웠지만 해나도 나바도 그 장면을 좋아했고 나는 아이들이 요즘 더 개방적인 것에 대해 행운의 별

2013년 1월, 항암 치료를 시작한 지 2주 후, 머리가 빠지기 직전에.

에게 감사했다. "굽 없는 신발을 신어야만 걸을 수 있어." 방송이 끝나고 내가 말했다. 나는 한 번도 스키 시즌을 놓친 적이 없었고 걸음마를 할 줄 알자마자 스키를 타기 시작한 아이들도 마찬가지였다. 하지만 나바는 당당하게 말했다. "어쨌든 내년에 눈이 더 좋을 거예요, 엄마."

우리는 견뎌 낼 것이다. 견뎌야만 했다.

메리는 다음 항암 치료 기간 동안 나를 도와주러 왔고 내 마음에 공습 경보 해제 사이렌이 울렸다. 도착해 보니 체구가 자그마하고 손수건을 두른 일흔 살 된 여성이 창가 의자에 앉아 있었다. "우리 자리를 빼앗아 갔어." 메리가 속삭였다. 우리는 다른 자리를 찾았다. 방의 네 모퉁이

자리를 각각 베이지색 커튼이 최소한으로 가려 주고 중앙에는 간호사 실이, 다른 구석에는 전망창이 있었다. 그 여성은 내가 먹는 데 전문가가 다 된 약과 똑같은 알약이 든 약봉지를 만지작거렸다. 메스꺼움을 줄여 주는 분홍색 알약, 칸디다 구내염을 다스리는 파란색 알약, 장 운동을 지속시키는 맛이 지독한 알약이었다. 나는 커튼 밖으로 슬쩍 나가 인사 를 했다. 그녀의 이름은 앤(Anne)이었고 앤의 남편은 다른 병실에서 심 부전으로 죽어 가고 있었다.

이튿날 샤워를 하다가 발을 보니 머리카락이 발치에 있었다. 비에 젖은 가발처럼. 머리를 만져 보았는데 남은 머리카락도 민들레 씨처럼 빠져나가고 있었다. 거울 앞을 지나가면서도 거울을 쳐다 볼 수 없었다. "숲에 가자." 메리가 말했고 나는 따뜻한 모자를 2개 썼다. 하나는 머 리카락 대신, 두 번째는 바람 때문에 두피가 얼지 않도록. 우리는 오래 된 나무들 주변에 작은 나무들이 둥글게 겹겹이 층을 만들고 있는 시 더 사이로 내리는 눈 속을 걸었다. "역시 그런 거구나." 묘목들을 지나쳐 가며 속삭였다. 묘목들은 멀리 있는 어머니 나무들 사이의 중간 노드일 테고, 그들도 결국 어머니 나무가 될 거라고 생각했다. 모든 생물이 그러 하듯, 나이든 이와 젊은이 사이의 끊어지지 않은 선, 즉 세대 간의 연결 은 숲의 유산이자 우리의 생존의 뿌리이다.

메리는 매일 아침 침대로 아침 식사를 갖다주고 『뜻밖의 스파이 폴 리팩스 부인(The Unexpected Mrs. Pollifax)』 한 장을 읽어 준 후, 우리가 바람 부는 쿠트니 호수의 호숫가를 절뚝거리며 함께 걸을 수 있도록 내 팔을 붙잡아 주었다. 메리는 캐나다 케일은 손톱마냥 질기다고 타박하면서 연어와 케일 요리를 만들었고 또 치킨 팟 파이와 아이스크림을 몰래 들여오기도 했다.

3차 항암 치료 때 맬패스 박사는 다른 환자와 이야기를 나눠 보라고 했다. 로니(Lonnie)와 로니의 언니는 40대 중반이었는데, 내가 앉아 있던 의자 근처로 와서 나와 같은 요법인 자신의 '용량 밀도' 요법에 대해 이야기했다. 로니는 내 혈관으로 들어가는 관을 쳐다보며 옛스러운 키싱 클래스프(kissing clasp)가 달린 손가방을 꽉 쥐었다. "그렇게 나쁘진 않아요." 회차가 거듭될 때마다 더 피곤하긴 했지만 나는 말했다.

"머리가 빠지는 건 싫어요." 로니가 내 튜크를 쳐다보며 긴장한 목소리로 말했다. 우리가 가장 필요로 할 때 정체성의 일부를 잃게 된다니, 얼마나 막심한 손해인가. 첫 치료를 마치면 우리 집 소파에 와서 누워 있다 가라고 초대하자 로니는 그러겠다고 했다. 그다음에도 로니는 또 왔다. 이내 우리는 항암이 끝나면 소파도, 옷도, 모자도, 가발도 갖다 버리자는 농담을 주고받게 되었다. 로니는 동네에서 30분 정도 거리에 있는 숲에 살았고, 우리는 때때로 로니의 체스터필드 소파에 앉아서 나무와 로니의 집을 감싸 안는 눈을 바라보며 봄을 기다렸다.

"앤을 만나 보세요." 내가 말했고 우리 셋은 서로 문자를 주고받는 사이가 되었다.

나는 피로감, 기분, 흐릿함 등을 1점부터 10점까지 점수로 매기며 매일의 기록을 남겼다. 사람들이 '항암 두뇌'라고 부르는 흐릿함 때문에 생각이 정리되지 않고, 단어를 기억하거나 문장으로 말하는 능력이 떨어졌다. 기운은 활력에 따라 함께 요동쳤다. 항암을 마친 후 며칠 동안

14장 생일들

443

은 무척 우울했다. 그냥 동네를 한 바퀴 도는 것도 거친 물살을 거스르며 헤엄치는 것처럼 느껴졌고, 인생의 종말이 어떤 느낌인지, 단 한 발짝도 더 뗄 기운이 없으면 어떤지 알게 되었다. 먹지도 못하고 화장실도 못 가고 소파에서 일어날 수도 없으면 죽는 것도 나쁜 선택지는 아니었다. 스키를 신고 강을 따라 난 길을 내려올 수도 없고 아이들에게 저녁도 만들어 줄 수 없다면 말이다. 다시 정상이 되고 딸들과 스키를 타고 싶은 마음에 일기에 "나로 살아가기 위해 힘겹게 노력하는 중이다." 라고 썼다. 하루는 좀 살 만하다가 다음날은 또 쓰러질 것 같았고, 또 괜찮다가 또 힘들다가 겨우겨우 살 만하면 이내 또 약을 주입할 때가 왔다 뱀처럼 구불구불한 그래프를 보여 주자 선 박사는 나에게 "환자 분, 더블 딥(좀 좋아졌다가 더 나빠지는 양상의 반복. ─ 옮긴이)을 겪고 계시네요." 라고 했다.

네 번째, 그리고 마지막 붉은 악마 주입 때 나는 맬패스 박사에게 더 할 수 있을지 확신이 서지 않는다고 했다. 눈물조차 아팠다. 맬패스 박사는 명상, 수면제, 햇빛 보기를 추천했고, 주목으로 만든 약으로 바꾸는 후반 4회차에는 꼭 더 나아질 것이라고 장담했다.

앤이 문자를 보냈다. "어떤 사람이 되고 싶은지 생각하라. 어떤 사람이 되기 싫은지 생각하지 마라." 내 나무들처럼, 내 단풍나무(maple)처럼 강건해지고 싶다는 생각이 들었다. 그날 오후 나는 단풍나무 밑동 근처에 앉았고 그네는 움직이지 않았다. 등을 나무에 기대고 따뜻함에 얼굴을 묻고 나무의 뿌리로 스며드는 내 자신을 느꼈다. 즉시 나는 단풍나무 속으로 들어갔고 나무의 섬유질이 내 섬유질과 한데 엮였고 나는 나무의 심재로 빨려 들어갔다.

• • •

벌채지 세 군데에서 수행된 어맨다의 친족 인식 실험은 시작에 불과했다. 실패할 수도 있는 현장 연구에 어맨다의 석사 학위가 좌지우지되게 둘 수는 없었기에 우리는 현장 연구에 대응하는 온실 실험을 했다. 온실 실험에서는 실험 목적상 '어머니 나무'라고 부른 묘목 100그루를 8개월에 걸쳐 길렀다. 그중 50개의 화분에는 묘목 옆에 형제 묘목을, 나머지 50개에는 남을 심었다. 친족 또는 남이라는 두 가지 이웃 조건 내에서 25개의 이웃은 균근 연결이 신호를 주고받을 수 있는 구멍이 큰 메시 봉투에서 자랐고 다른 25개의 이웃은 균근 연결망이 형성될 수 없는 세밀한 구멍이 난 봉투에서 자랐다. 우리는 어머니 나무가 1세가 되고 새 이웃이 4개월이 될 때까지 이 나무 쌍들을 길렀다.

지난 3월, 붉은 악마 4차 주입 직전에 어맨다가 화분 100개를 수확할 준비가 되었다는 이메일을 보내왔다. "수확하기 전에 브라이언(Brian)과 함께 어머니 나무에 ^{13}C-CO_2 표지를 해서 어머니 나무가 남보다 친족과 탄소를 더 많이 공유했는지 확인해 보세요."라고 답장을 했다. 내 몸 안에 갇힌 나는 어머니 나무가 자기 자식을 어느 선까지 알아보는지뿐만 아니라 자기 자식에게 유리하도록 탄소 전달량을 어느 정도까지 바꾸는가에 집착하고 있었다. 브라이언은 대학원생들의 실험실 연구와 데이터 분석을 돕기 위해 새로 들어온 박사 후 연구원이었다. "걱정 마요 수잔, 제가 처리할게요." 브라이언의 영국식 어투가 나를 안심시켜 주었다. 스카이프 회의 시간은 내 체력에 따라 정해야 했다. 그들이 탄소 표지를 한 날, 나는 공기 없는 산을 오르는 듯한 느낌을 받았다. 게임에 참여하기를 바라지만 내가 그 자리에 없어도 그들이 계속 일하고 있음에 감사했다. "온실에서 밤을 꼬박 새웠어요." 브라이언은 나무를 수확하고 균근을 세고 탄소-13 분석을 위해 조직을 분쇄한 후 이메일을 보냈다. 나는 한숨을 쉬며 소파에 기대앉았다.

한 달 후 우리는 어맨다가 만든 자료 표와 그래프를 화면에 띄워 놓고 스카이프에서 만났다. 그녀는 "오, 선생님. 좋아 보이시는데요."라며 이야기를 시작했다.

"네, 고마워요, 버티는 중이죠." 어맨다가 하키 채를 놀리듯 내가 자료를 살펴보게 돕는 동안 나는 다크서클이 가려지기를 바라면서 노트북을 기울이며 말했다. 해나와 나바와 함께 어맨다가 출전한 하키 경기에 갔는데, 우리 뒷줄에서 어맨다의 부모인 로리스(Loris)와 조지(George), 이모 다이앤(Diane)이 응원했다. 어맨다는 UBC 여자 아이스하키 팀 주장이었는데 스케이트도 빠르고 하키 채 놀리는 솜씨도 능숙했다. 어맨다는 목표를 조준하며 사물을 정렬할 줄 알았다.

"비친족 이웃보다 친족 이웃에서 철 함유량이 더 높았습니다." 어맨다가 커서로 두 가지 이웃 조건 사이의 차이점을 훑으며 말했고, 이어서 구리와 알루미늄에서도 동일한 양상이 나타났음을 보여 주었다. "어머니 나무가 자신의 자손 나무에게 이 영양소들을 전달한 것 같네요." 어맨다가 센터 선수에게 퍽(puck, 아이스하키 공. — 옮긴이)을 날카롭게 패스하는 장면에 강한 인상을 받은 내가 말했다. 센터 선수는 골문을 향해 퍽을 세게 날린 후 어맨다가 블루 라인(아이스하키에서 전체 링크를 3등

분하는 센터 라인과 평행한 선. — 옮긴이)에서 수비를 맡는 동안 재빠르게 윙맨에게 퍽을 패스했다. "이 세 미량 영양소는 광합성과 묘목 성장에 반드시 필요합니다." 우리는 철, 구리, 알루미늄이 어머니 나무에서 친족 나무로 이동하는 신호 분자에 속할 가능성에 대한 가벼운 대화를 주고받았다.

마치 퍽을 패스하듯이.

"또한 친족 묘목의 뿌리 끝은 타인 묘목의 뿌리 끝에 비해 무거웠고, 친족 나무의 뿌리 끝에 어머니 나무의 균근도 더 많이 서식했습니다." 어맨다는 데이터 포인트 위로 커서를 띄우며 말했다.

"아, 딱 들어맞네요!" 내가 말했다.

"친족 곁에 있을 때 어머니 나무도 더 크다는 것을 발견했는데, 이것도 중요하다고 생각하시나요?" 어맨다가 말했다. "만일 그들이 신호를 주고받는다면 앞뒤가 맞는데요."

당연히 앞뒤가 맞다. 연결과 소통은 아이들에게 영향을 미치는 만큼 부모에게도 영향을 준다.

이튿날 나는 어맨다와 브라이언과 함께 동위 원소 자료를 살펴보기 위해 스카이프를 클릭했다. 그들의 영상에 초점이 맞춰지기도 전에 브라이언은 신이 나서 말했다. "이것 보세요!"

"양은 적지만." 어맨다가 말했다. "어머니 나무가 타인 나무보다 자손 나무의 균근균으로 더 많은 탄소를 보냈어요! 친족 인식 분자에 탄소와 미량 영양소가 있는 것 같네요." 마우스의 화살표 모양이 화면 가장자리로 이동했다.

14장   생일들

"와, 아주 그냥 대단한데요." 탄소가 아직 친족 묘목의 순까지 도달하지 않았음에도 불구하고 브라이언은 부드럽게 말했다. 나는 탄소가 자작나무에서 미송 순으로, 죽어 가는 미송으로부터 미송과 이어진 소나무 순으로 이동한 것을 이미 관찰했기에 어머니 나무가 전달한 탄소가 친족 나무의 순이 아닌 균근균에서 멈춘 것을 보고 놀랐다. 하지만 송위안위안과 한 미송 잎 제거 실험의 수령자 소나무에 비하면 어맨다의 친척 묘목들은 무게가 5분의 1에 불과했기에 나는 소나무와 달리 어맨다의 친족 미송은 아직 너무 작아서 순까지 탄소를 끌어들일 만큼 강한 흡수원을 생성할 수 없었다고 생각했다. 게다가 어맨다의 공여자 미송의 공급원은 아마 송위안위안의 죽어 가는 미송 공급원보다 약할 텐데, 왜냐하면 공여자 미송이 대부분의 탄소를 연결망에 버리기보다는 자신의 성장과 유지를 위해 사용하고 있었기 때문이다. 나는 생각했다. 이 빌어먹을 화학 요법만 마치면, 나중에 다른 실험에서 이 양상을 죽어 가는 어머니 나무와 더 큰 친족 나무로 검증해야겠다고.

"어린 묘목이 작은 시기에는 묘목의 균근균 속으로 이동한 극미량의 자원조차 묘목에게는 삶과 죽음의 차이를 의미할 수도 있어요." 나는 말했다. 깊은 그늘이나 건조한 여름날 생존을 위해 투쟁하는 새싹들은 적절한 시기에 주어진 무척 미미한 부양책, 너무도 적은 혜택만으로도 죽지 않고 살 수 있다. 또한 어머니 나무가 더 크고 더 건강할수록 어머니 나무는 더 많은 탄소를 주었다.

로그아웃을 하며 여기에 심지어 더 많은 것들이 있다고 생각했다. 부엌에서는 서리가 창 너머로 슬금슬금 나타나고 있었다. 나는 메리가, 또 진이 와 주기를 너무나 기다리고 있었다. 친척 간의 소통은 중요하지만 전체 군집에서의 소통도 중요했다. 실험에서 설정한 두어 가족에서 어머니 나무는 심지어 친족에게 준 만큼 남의 균근에게도 주었다. 물론 모든 가족이 똑같지는 않다. 숲 또한 모자이크 같다. 바로 그 이유로 숲은 번성할 수 있다. 자작나무와 미송은 비록 다른 종이지만 탄소를 서로에게 전달했고 자신만의 독특한 수지상균근 연결망에 있는 시더에게도 탄소를 전달했다. 이처럼 오래된 나무들은 친족에게 호의적이었을 뿐만 아니라 친족을 건강하게 기르고 있는 군집의 건강 또한 확보하고 있었다.

"비앵 쉬르!(Bien sûr! 물론이다!)" 어머니 나무는 자신의 자녀들이 유리한 위치에서 시작하도록 출발선을 당겨 주지만, 자손을 위해 마을이 번창하도록 가꾸는 일도 잊지 않는다.

어맨다와 나는 현장 자료를 샅샅이 살펴보았다. 단 9퍼센트의 종자만이 벌채지 세 군데에서 싹을 틔웠다. 나는 어맨다가 봉지를 확인할 때 통나무에 앉아 메모했던 기억이 났다. 피곤하다는 것이 진정 무엇을 의미하는지 그때는 알 수 없었다. 하지만 재난에서부터 가끔은 황금이 빛나고, 나는 흥미진진해 보이는 경향을 제쳐 두는 사람이 아니다.

"자리 잡은 친족 나무 수와 기후 건조도 사이의 상관 관계는 낮습니다." 거의 미안하다는 듯 어맨다가 말했다. "하지만 온실 실험에서도 같은 경향을 분명히 보았습니다." 친족은 습한 기후 지대보다 건조한 지역에서 어머니 나무에 더 많이 의존하는 것 같았다. 어머니 나무는 특히 가장 건조한 부지에서 묘목을 돕기 위해 개입했는데, 아마 연결망을 통해 자신의 묘목들에게 물을 운반한 것 같았다.

일기를 쓰고 있자니 절반쯤 마신 클럽 소다 잔들이 책상을 어지럽히고 있었다. 오늘 내 활력은 5점, 기분은 이례적으로 좋음. 어쩌면 사회가 어머니 나무를 거의 다 베어 버리는 대신, 어머니 나무를 보존해서 그들이 자연적으로 종자를 퍼뜨리고 자신의 묘목을 기를 수 있도록 해야 하지 않을까? 아마 오래된 나무를 벌채하는 것은 심지어 오래된 나무들이 부실하다 해도 딱히 좋은 생각 같지 않았다. 죽어 가는 나무도 아직 줄 것을 많이 갖고 있다. 우리는 이미 오래된 나무들은 노숙림에 의존하는 새, 포유류, 진균의 서식지라는 것을 알고 있었다. 오래된 나무들은 어린 나무들보다 탄소를 훨씬 많이 저장한다. 오래된 나무들은 흙 속에 어마어마한 분량의 탄소를 숨겨 보존하고 있으며 맑은 물과 깨끗한 공기의 원천이다. 그 오래된 영혼들은 대단한 변화를 겪었고, 이것이 그들의 유전자에 영향을 주었다. 변화를 거치며 그들은 반드시 필요한 지혜를 모았고 이 모두를 자손들에게 다 주었다. 보호, 새 세대가 시작할 터, 성장할 토대를 제공하면서.

문이 쾅 닫혔다. 나바와 해나가 눈 덮인 튜크를 쓰고 학교에서 집에 왔다. 해나가 수학 공부를 도와 달라고 해서 같이 책을 폈다.

아직 채 마치지 못한 내 일, 아직 내게 남은 중요한 질문은 다음과 같았다. 나이를 먹고 건강을 잃은 나무, 즉 질병을 앓거나 기후 변화 때문에 가뭄 스트레스를 받거나 그냥 죽을 때가 다 된 미송 어머니 나무는 허락된 마지막 순간들을 바쳐 남아 있는 에너지와 물질을 자손에게 전달할까? 너무나 많은 숲이 죽어 가고 있기에 우리는 노목이 유산을 남기는지 알아내야만 한다. 송위안위안과 나는 이미 스트레스를 받는 미송이 건강한 미송보다 더 많은 탄소를 이웃 소나무로 전달했음을 발견했고, 어맨다도 비슷한 현상을 발견했다. 건강한 어머니 나무 묘목 근처에서 친족 묘목이 비친족 묘목보다 영양 상태도 더 좋고, 균근균으로도 더 많은 탄소를 받았다는 것을. 지금까지는 죽어 가는 어머니 나무가 균근망 너머에 있는 제 자손 묘목의 생명선, 싹까지 탄소라는 유산을 물려주었는지는 알 수 없었다. 그래서 진균으로 흘러 들어간 탄소가 실제로 친족 묘목의 건강 증진에 쓰였는지 확인할 길이 없었다. 진균이 마치 중간상인처럼 제 몫의 탄소를 챙기고 있었는지, 아니면 어머니 나무가 보낸 탄소가 실제로 자식 나무의 생존율 향상에 쓰였는지 알 수 없었으니 말이다.

만일 갑작스럽게 죽음이 닥칠 때 어머니 나무가 자녀의 광합성 조직으로 물질을 훨씬 더 많이 내보낸다면, 이는 전 생태계에 영향을 미칠 수 있다.

충분한 대답이 나오기까지는 오랜 시간이 걸릴 것이다. 하지만 우선 파클리탁셀 주입을 시작하기 위해 병원 계단을 조금씩 천천히 올라가야 했다.

주목에서 추출한 약이었다.

• • •

"나바를 봐서라도 네가 힘을 내야지." 로빈이 걱정을 감추려 애쓰며 말했다. 나는 포장해야 되는 선물들을 쳐다보았다. 포트는 바늘 자국으로 벌집이 되어 있었고 목구멍은 감염 때문에 하얘졌고 머리가 다 빠져

14장 생일들

버린 두피가 가려웠다. 생일 파티를 위해 만들려던 살라미 샌드위치 때문에 구역질이 났다. 어마어마하게 많은 약을 관리하는 메리의 차트와 함께 내 약 더미가 장식장에 쌓여 있었다. 위장으로 조혈제 필그라스팀 (filgrastim)을 주입하는 바늘이 밤마다 치르는 의식을 상기시키며 겉으로 드러나 있었다. 내 입에서 말 그대로, 똥 맛이 났다. 파클리탁셀 주입을 하니 메스꺼움은 너무 심하지 않았지만 피로감이 더 심했다. 나에게 제일 중요한, 내 딸들과 보내는 시간을 즐기는 일조차 힘겨웠다.

"못하겠어."

"아니, 넌 할 수 있어." 로빈은 조용히 말했다. 로빈은 샌드위치를 다 만들고 유산지로 쌌다.

로빈은 최근 몇 주간 메리가 없는 동안 우리 집에 들어와 살고 있었다. 내 침실 밖 복도에서 잠을 자고 내가 앓는 소리를 낼 때마다 잠을 깼다. 로빈은 매일 1학년 수업이 끝나자마자 집에 와서 저녁 식사를 만들었다.

나바가 문에서 기웃거렸다. 오늘 나바는 열세 살이 되었다. 나바는 3월 22일이 춘분 바로 다음날임을 상기시키는 분홍 꽃무늬가 있는 고동색 원피스를 입었다. 제일 좋아하는 옷이었다. 친구 다섯이 1시간 후에 우리 집에서 몇 블록 떨어져 있는 레이크사이드 공원으로 올 예정이었다. 나바는 바다색 같은 초록색 눈으로 나를 바라보며 파티를 해도 정말 괜찮은지 물어보았다.

"오, 우리 예쁜아." 나는 의자에서 몸을 폈다. "엄마가 지금 당장 공원으로 갈게."

샌드위치, 탄산 음료, 초콜릿 케이크. 나는 파티 음식과 풍선을 실은 수레를 피크닉 테이블로 끌고 갔다. 눈이 군데군데 쌓여 있었고 단풍나무와 밤나무 가지는 헐벗었고, 장미는 마대로 덮여 있었지만 물가로 통하는 모래밭에는 온통 발자국이 나 있었다. 로빈 이모가 나바가 제일 좋아하는 색인 노란색 냅킨과 컵을 놓고 있을 때 해나와 준벅 할머니가 도착했고, 생일 주인공이 선물을 풀어 봐야 한다고 고집을 부렸다. 선물은 검은 글씨로 "나바"라고 써 있는 청록색 머그잔이었다. 준벅 할머니는 나바 앞에 작은 상자를 놓고 말했다. "위니 할머니가 내가 열세 살 때 이 시계를 주셨어. 이제 네가 이 시계를 가졌으면 해." 엄마는 가끔 너무나 정확하게 맞춘다. 나바가 시계를 차 보았다. 타원형 시계 창에는 진주가 박혀 있었고, 금 하트, 은 하트를 이어서 만든 줄이 달린 시계였다.

종이 접시에는 발레리나 무늬가 있었다. 아이들은 샌드위치를 먹고

2013년 3월 22일 열세 번째 생일을 맞은 나바.

14장 생일들

입술을 물들여 가며 오렌지 소다를 마셨고, 우리는 케이크에 초를 꽂았다. 초콜릿 프로스팅에 노란색으로 "나바"라고 쓴 케이크였다. 전에는 아이들 생일에 정교한 단서, 미로, 상품을 준비해서 보물찾기를 했다. 오늘은 해나가 달걀 들고 달리기를 하자고 제안해서 달걀 한 통, 숟가락 6개를 갖고 왔다. 해나가 졸라서 나 역시 각자 들고 있던 숟가락 위에 달걀을 올려놓은 아이들과 함께 줄을 서서 "출발!"이라고 외쳤다. 나바까지 모든 아이들이 웃으면서, 철퍼덕 소리가 나게 달걀을 떨어뜨려 가면서 결승선을 향해 내달렸다.

호수에서 산들바람이 불어왔고 올해 첫 요트가 찬바람을 등지고 방향을 바꾸었다. 사시나무 클론의 헐벗은 가지는 희게 떠올랐고, 자작나무 나무갓은 붉게 빛났으며 폰데로사와 자작나무는 봄을 기다리며 가지를 짙게 뻗고 있었다.

나는 케이크에 초를 꽂고 성냥을 솜씨 없게 만지작거리고는 바람 때문에 촛불이 다 꺼지지 않게 웅크렸다. "소원 빌어야지!" 로빈 이모가 말했고, 나바가 숨을 들이쉴 때 나도 같이 소원을 빌었다. 우리 모두가 건강하기를, 그리고 머지않아 나무들과 다시 함께할 수 있기를. 만전을 기하기 위해 모두 함께 촛불을 불었다. 마지막 불꽃이 깜빡이다가 불어오는 바람 때문에 꺼졌고, 우리는 생일 축하 노래를 불렀다. 회색어치가 맴돌았다. 나바는 달처럼 활짝 미소 지으며 "엄마 고마워요."라고 말했다. "예쁜아, 네 앞에는 온 세상이 펼쳐져 있단다." 나는 속삭였다. 나도 다시 태어나 덤으로 사는 느낌이 들었고, 새로운 기분이 나를 구해 주었다. 나바의 어깨를 돌리자 나바는 우아하게 빙글빙글 돌며 셋네

(chaîné) 턴을 다섯 번 연달아 했고, 한 번 돌 때마다 나바의 눈이 내 눈과 마주쳤다. 나바는 턴을 다 돌기 전에 마지막으로 내 손가락을 톡 두드렸다.

나는 여기 머물며 아이들 졸업식에 꼭 가 보겠다고 결심했다. 4월 22일에는 해나가 열다섯이 될 것이다. 지구의 날에. 나바는 봄이 시작할 때 태어났다. 하던 일을 잠시 멈추고 대지, 바다, 새, 동식물, 그리고 서로에 대해 생각하라고 만든 날에 태어난 것이다. 이 신기한 우연, 내가 아이들을 이 세상에 데려온 묘한 시기를 어떻게 즐기지 않고 지나칠 수 있을까?

그해 가을, 나는 내 친족 사회를 넘어 다른 아이들까지 양육하고자 모험을 감행한다. 계속 탈진을 겪으면서도 나는 뉴올리언스에서 빈 백 의자에 앉은 100명의 열네 살짜리 아이들에게 테드 유스(TED Youth) 강연을 했다. 영상이 유튜브에 올라가도 괜찮을 만큼 강연이 잘 될 때까지 메리와 연습을 했고, 메리는 지겹도록 연습하는 나를 잘 참아 가며 받아 주었다. 화학 요법을 마치고 이어지는 방사선 치료에 아직도 간혹 머리가 안 돌아갈 때도 있었지만 그 와중에도 문장을 이어 갈 수 있도록 메리는 내게 이런 저런 연상 기억법을 알려 주었다. 과학자들이 비판할 줄 알았던 의인화 때문에 고민했지만 나는 아이들의 개념 이해를 돕기 위해 '어머니,' '그녀,' '자녀들' 같은 용어를 쓰기로 했다. 주최자는 알고 보니 찬란한 개성의 소유자였고 그의 애니메이션이 내 내향성의 해결사 역할을 했다. 나는 7분 동안 빌이 찍어 준 아름다운 숲과 연결망 사진 앞에 서서 연결의 중요성에 대해 이야기했고, 주최자는 너무나 기뻐하면서 서 있었다. 강의 동영상은 결국 인터넷에 올라갔고 7만 건 이상의 조회수를 기록했다. 그리고 2년 후, 나는 테드의 메인 무대 출연 초청을 받게 된다. 최근 연구에 대한 평이 좋아서, 또 내가 쓴 리뷰 논문 여러 편의 인용 수가 1,000건을 넘어서서 정말 기뻤다.

· · ·

나바의 파티가 끝나고 얼마 지나지 않아 로니, 앤, 나는 암 환자 지원 그룹에서 드니즈(Denise) 주변에 모여들었다. 화학 요법실에 처음 갔던 날, 거의 다 죽어 가면서 의자에 앉아 있던 나를 보고 그것이 자신의 가까운 미래라고 생각했기에 드니즈는 울면서 도망치려고 했다. 앤, 로니와 나는 이미 함께 연결망 속에서 서로 아픔과 두려움에 대한 문자를 주고받고, 서로에게 행운의 돌과 시를 보내고, 인후통과 두드러기를 없애 줄 이 크림, 저 묘약에 대한 정보를 공유하고 있었다. 앤은 이런 문자를 보내 주곤 했다. "육체는 사고를 따라간다. 그러므로 치유의 사고를 하라." 우리가 마지막 주입을 향해 힘겹게 나아가는 동안 앤이 우리의 어머니 나무가 되어 주었다.

드니즈는 점심 모임에 합류해 곧장 우리 자매애 공동체의 일원이 되었다. 우리 집 원탁에서 로니는 보르시를, 드니즈는 글루텐프리 크래커를, 나는 케일 샐러드를 차렸다. 앤은 자기는 규칙을 전부 다는 따르지는 못하겠다며 다크 초콜릿을 내 놓았다. 나는 칸디다 구내염 때문에 난리였고, 로니는 잠을 잘 못 잤고, 드니즈는 발이 저렸고, 앤은 우리에게 이제 화학 요법이 거의 다 끝났다고 재차 알려 주었다. "상에 주목하자." 앤이 말했다. 진정한 상이란, 우리 모두 알고 있었듯, 우리가 함께한다는 사실이었다. 충격적 진단과 고생 속에 뒤엉켜 싹튼 우리의 우정이, 하나가 되어 죽음을 마주하고, 결코 서로 포기하게 내버려 두지 않으며, 더는 못할 것 같던 순간에 서로에게 용기를 준 우리가 함께한다는 그 사실. 그때 나는 내 연줄이 항상 강력했음을, 심지어 죽음 속에서도 나는 괜찮을 것임을 깨닫게 되었다. 로니는 금발 가발이 원래 자기 머리보다 더 잘 어울리는지 물어보았고 우리는 "그럼!"이라고 외쳤다.

"우리 모임 이름을 지어 봐요." 로니가 말했다. "가친영, 가슴 없는 친구들이여 영원히." "그런데 난 아직 젖이 있는데요." 드니즈가 말했다.

나는 드니즈가 받은 유방 종양 절제도 자격 요건을 충족한다고 말했다.

1주일 후, 3차 주입을 마친 앤은 화학 요법실에서 나가고, 나는 화학 요법실로 들어가던 길에 마주쳤다. "우리 불쌍한 댄이 곧 죽을 것 같아." 앤이 스카프를 만지작거리며 말했다. 그러고는 내가 속상하다는 말을 꺼내기도 전에 내 팔을 쓰다듬었다.

몇 시간 후, 앤은 댄이 품 안에서 숨을 거두었다는 문자를 보냈다.

• • •

맬패스 박사가 옳았다. 파클리탁셀 주입은 이전의 항암제보다 더 흡수하기 편했고 나는 다시 기운을 차리고 숲속을 걷기 시작했다. 파클리탁셀은 오래된 시더, 단풍나무, 미송 아래에서 자라는 키 작은 관목인 주목의 부름켜에서 유래한 약이다. 토착민들은 주목의 효능을 알고 질병 치료를 위해 주목으로 차나 찜질약을 만들었고, 힘을 얻기 위해 주목 바늘잎을 피부에 문질렀고, 몸을 정결하게 할 준비를 하기 위해 주목으로 목욕을 했다. 그들은 이 나무를 사용해서 그릇, 빗, 눈신을 만들었고 고리, 창, 화살 공예를 했다. 주목의 항암 성질은 현대 제약 산업계의 관심을 촉발했고 주목에는 현상금이 걸렸다. 껍질이 다 벗겨진 채 내버려진, 가지가 줄기 길이나 다름없는 작은 주목을 찾아볼 수 있었다. 십자가 같은, 학대당한 유령 같은 모습을 하고서. 최근 의약품 연구소에서 인공적으로 파클리탁셀을 합성하는 방법을 알아내는 바람에 사람들은 다시 주목이 숲의 시원한 나무갓 아래에서 잘 자라도록 내버려 두었다. 하지만 오래된 숲에서 큰 나무들을 얻기 위해 벌채를 하면 이 작고 비늘 덮인 나무는 뜨거운 태양을 받으며 허약해져 간다.

메리가 도착하자 우리는 주목을 찾으러 갔다. 시더와 단풍나무 그림자가 흔들리는 곳 아래에서 찾아낸 주목 가지는 풍성했고 껍질은 중세풍으로 텁수룩했으며 수고는 호빗보다 딱히 크지 않았다. 주목의 아래쪽 가지가 땅에 닿은 곳에서는 새 줄기에서 뿌리가 내려서 어머니 나무 주위를 휘감고 있었다. 어머니 나무의 가지 하나를 손으로 훑어보았다. 둘씩 짝을 이루며 줄지어 돋은 바늘잎의 빛깔은 나무 위쪽에서는 짙은 초록색, 아래쪽에서는 회색이 감도는 초록색이었다.

주목 어머니 나무 껍질은 촉감이 비단결 같았다. 친척 중 제일 나이가 많은 영국에 사는 주목은 수천 살이었다. 나는 나무 껍질을 당기며 안녕 하고 인사를 했는데 껍질이 벗겨져서 내 손 위로 떨어졌다. 껍질 아래의 부름켜가 보라색으로 빛났다.

마지막 파클리탁셀이 혈관에 주입되었고 나는 이 작은 숲으로 해나와 나바를 데리고 왔다. 스프링 뷰티(spring beauty)와 앉은부채꽃이 활짝 피어 있었다. "이게 내 약 재료인 주목이야." 우리는 주목의 울퉁불

통한 몸통 주변에 팔을 둘렀다. 나는 주목들에게 그들이 나를 돌봐 주었듯 내 딸들, 세상의 모든 딸들을 돌봐 달라고 부탁했다. 보답으로 나도 그들을 보호해 주겠다는 약속을 했다. 그들에 대한 질문을 던지고 여태껏 밝혀지지 않은 보물들을 찾을 것이라고 약속했다. 이곳의 침엽수 대부분과 달리 주목은 수지상균근과 관계를 맺는다. 그렇다면 주목은 시더, 단풍나무와 이어져 있을까? 나는 주목이 더 큰 나무들, 또 쥐오줌풀, 클라이토니아 비르기니카(rose twisted stalk), 큰두루미꽃(false lily of the valley) 같은 뿌리 근처의 작은 식물들과 수다를 떨 것이라고 추측했다. 번성하고 망에 얽힌 이웃들은 주목이 더 풍성하고 더 강력한 효능을 가진 파클리탁셀을 생산할 수 있도록 힘을 실어 주는지도 모른다.

돌려주지 못한다면 나는 무엇이란 말인가?

회복한 내가 주목 사이를 거닐고 톡 쏘는 주목 수액 향을 맡으며 그늘에서 주목에 대해 연구하는 모습을 상상했다. 나는 딸들에게 내 생각에 대해 말했고 우리는 주목 위로 우뚝 솟은 시더와 단풍나무 사이를 걸어갔다. 해나는 말했다. "엄마, 꼭 그렇게 하세요." 우리는 어머니 나무의 나무갓 아래 몸을 숙이고 어머니 나무의 아이들 틈을 뛰어다녔다. 나바는 메리가 준 스카프를 풀어서 제일 오래된 나무에게 감아 주었다. 나무의 가지는 땅에 닿을 만큼 길었다.

현대 인간 사회는 나무에게 인간과 같은 능력이 없다고 가정해 왔다. 나무에게는 양육 본능이 없다고. 나무는 서로를 치유하지 못하며 서로 돌보지도 못한다고. 하지만 이제 우리는 어머니 나무들이 그들의 자녀 나무를 진정으로 양육할 수 있음을 알게 되었다. 미송은 친족을 알아보고 다른 가족, 다른 종과 제 친족을 구별한다고 밝혀졌다. 나무들은 소통하고 제 친족의 균근뿐 아니라 군집 내의 다른 구성원에게 생명의 구성 요소인 탄소를 보낸다. 군집이 온전하게 지켜지도록 돕기 위해서다. 어머니가 딸들에게 최고의 요리법을 전수하듯이 나무들도 자손들과 관계를 맺는다. 삶을 계속 살아나가기 위해 그들이 지닌 삶의 에너지와 지혜를 전달한다. 주목도 이 망 안에, 평생 가는 동료와의 관계 속에, 또 병에서 회복하거나 그냥 주목 숲을 걷는 나 같은 사람들과 함께 있었다.

마지막 치료가 끝나고 며칠 후, 파클리탁셀이 내 세포에서 마지막 작업 중이었고, 진은 내가 정원에 씨 심는 것을 도와주기 위해 모내시를 넘어 먼 길을 왔다. 다시 야외에 나오게 된 것을 기념하기 위해서였다. "좋아 보이네, HH." 혈색은 나빴지만 진은 이렇게 말해 주었다. 우리는 오랫동안 일했다. 흙을 뒤집었고 벌레가 꿈틀거렸고 알갱이가 축축해졌다. 허리가 아파오고 손에 물집이 잡힐 때까지 일하고 나서 우리는 뻗어 버렸고 그늘에서 콤부차를 마셨다. 다음날 우리는 콩, 옥수수, 호박씨를 심었다. 씨에서 싹이 트면 어린뿌리에서는 긴밀한 망으로 식물을 연결하는 수지상균근균의 신호를 보낼 것이다. 호수 건너의 주목, 시더, 단풍나무 사이에서도 이런 일이 일어나리라고 내가 상상했던 것처럼. 높은 시더는 잠이 덜 깬 작은 주목에게 당분을 주입하기 시작하며 주목을 깨울 테고, 주목은 텁수룩한 껍질과 파클리탁셀 방울을 만들기 위해 에너지를 사용할 것이다. 단풍의 잎이 열리면 단풍나무는 시더, 그늘에 사는 주목으로 설탕물을 보내서 건조한 여름 동안 마실 물이 충분하도록 도와줄 것이다. 주목은 늦가을에 초록색 세포에 저장해 둔 당분을 단풍나무와 시더에게 보내서 이웃들이 겨울 동안 곤히 잘 수 있도록 도우며 은혜를 갚을 것이다. 균근균은 진드기, 선충, 세균을 깨우며 무기물 알갱이 주위를 감싸기 시작할 것이다.

나는 땅을 눌러 판 구덩이에 흰 씨앗을 넣었다. 몇 주 후면 흙이 비옥해질 것이고 어머니날까지 생명이 세 자매 씨앗에서 깨어날 것이다.

• • •

암 완치 판정을 받던 날 맬패스 박사는 암이 재발하면 살아남지 못할 것이라고 했다. 나는 괜찮을 거라는 확신을 원했지만 그는 어깨를 으쓱하며 말했다. "수잔, 그게 바로 생명의 신비이고, 받아들이는 것은 당신 몫입니다."

집에서 새 잎이 돋아나는 내 단풍나무 아래에 앉아 나무갓으로 기어 올라가는 다람쥐가 내는 소리를 들었다. 단풍나무는 겨우내 큰 가지 하나를 잃었고 수액이 상처를 여몄지만 아직도 모든 것을 다 바쳐서 잎을 만들고 있었다. 나무는 새 씨앗을 많이도 만들었다. 어쩌면 나무의 마지막 씨앗이 될 수도 있겠다. 일부는 어린 나무가 될 것이고, 나머지는 다람쥐가 먹게 될 것이다.

삶과 이별하는 어머니 나무에 대한 끝없는 의문이 남아 있었다. 병든 어머니는 남아 있는 탄소를 친족에게 보내 줄까? 자신이 가진 모든 것들을 어서 전해 주려고 말이다. 병든 어머니가 보낸 탄소는 어린 나무의 뿌리를 감싸는 진균 거미줄 너머에 있는 새로 돋은 잎까지 이동하며 새로 만들어진 광합성 조직의 성장을 도울 수 있을까? 어머니 나무의

14장 생일들

마지막 숨을 자손의 안으로 들여보내서 자손의 일부가 되며.

　나는 콩에 싹이 텄는지 보려고 마당을 찔러 보다 흔들리는 덩굴손 틈에서 자라는 단풍나무 묘목을 보고 깜짝 놀랐다.

15장

[지팡이 물려주기]

해나가 목에 붙어 있던 B-52 폭격기만 한 모기를 때려잡았다. 어린 미송 뿌리를 둘러싸고 있던 너덜너덜한 플라스틱 테두리 위를 넘어가는 해나에게 나는 말했다. "우선 나무 껍질부터 만지면서 존중을 표해야지, 예쁜아." 해나는 어린 미송의 매끄러운 표면에 손을 대고 나서 나무 몸통에 줄자를 두르고 지름이 얼마인지 외쳤다. "8센티미터!" 소프트볼 둘레였다. 그러고는 "둘!"이라고 소리쳤다. '부족한 상태'라는 뜻이었는데, 누런 바늘잎은 뿌리병의 징후이다. 진이 데이터 용지에 숫자를 적었다. 조카 켈리 로즈는 주머니만 한 레이저 측고기(hypsometer)를 뿌리에 한 번 겨눈 후 끝눈에 한 번 더 겨눴다. "수고 7미터." 켈리 로즈가 외쳤다. 나바와 나는 크기가 미송 절반 정도인 이웃 자작나무에서 측정을 하는 중이었다. 나무의 아랫부분은 뽕나무버섯으로 장식되어 있었다.

우리는 내가 1993년에 나무를 서로 연결하는 균근 연결망을 끊기 위해 미송과 자작나무 사이에 1미터 깊이의 참호를 파고 플라스틱으로 각 나무뿌리 실린더를 감싼 예전 현장 중 한 곳인 애덤스 호수에 다시 가 보았다. 21년이 지난 지금, 2014년 7월에 우리는 서로 단절된 나무들이 면역 체계 약화와 활력 저하 때문에 고통당하고 있음을 볼 수 있었다. 고작 30미터 밖에는 내가 균사 연결을 그대로 둔, 돈도 안 쓴 대조군이 있었다.

항암 화학 요법을 마친 지 1년이 좀 지나 진과 나는 각각 열넷, 열여섯, 열여덟인 나바, 해나, 켈리 로즈를 데리고 현장에 왔다. 숲의 방식을 배우고 생태계가 실제 모두 하나로 이어져 있는지, 내가 수십 년간 연구를 통해 밝힌 대로 전 세계 토착민들이 오래도록 지니고 살던 지혜처럼 생물 종들이 온전히 상호 의존적인지 알아보기 위해서였다. 숲에서 여름날을 함께 보내며 이 모든 것들을 딸들에게 보여 줄 기회였다.

"자, 이 방충망을 쓰렴." 진이 말했다. 진은 작업 조끼에서 초록색 양봉 모자를 꺼냈고 아이들이 한 갈래로 꼬아 올린 머리 위로 모자를 뒤집어쓰는 법을 알려 주었다. "이 모자 너무 좋은데요." 켈리 로즈가 즉시 안도하며 말했다.

현장에는 내가 제일 오래전에 한 실험 중 일부가 남아 있었다. 우리는 참호를 판 부지에 있던 나무 59그루를 모두 측정한 후 참호를 파지 않은 대조군 지대로 넘어갔는데, 대조군 숲의 하부에는 팀블베리와 허클베리 관목이 무성했다. "적어도 이 자작나무 아래는 시원하네요." 나바가 말했다. 나바는 170센티미터까지, 로빈 키만큼 쑥 자랐고, 위니 할머니 키인 157센티미터에서 멈춘 해나와 켈리 로즈 위로 우뚝 솟아 있었다. 세 아이들은 모두 위니 할머니처럼 조용하고 강인했다. 끈기 있게 일했고 별로 유난도 떨지 않았고 잘 웃고 친절하고 순했으며 서로를 보살폈다. 겁도 망설임도 없이 나무를 올라가고 나뭇가지에서 흔들흔들하다가 제일 높은 데 있는 사과를 따고 바닥을 딛고 내려와서는 애플파이를 만들거나 했다. 나바는 종이처럼 얇은 나무 껍질 가닥을 벗기고 나무 둘레를 쟀다. "이건 왜 생겼어요?" 나바는 둘레 주변에 난 매우 작은 구멍이 만든 완벽한 줄 6개를 가리키며 말했다.

"즙빨기딱따구리야." 내가 말했다. "안에 있는 수액과 곤충을 잡아먹으려고 나무를 쪼아." 살아 있는 스니치(「해리 포터」 시리즈에 나오는 새처럼 날개 달린 공. — 옮긴이)가 추, 추, 추 지저귀며 나바의 빨간 조끼 근처에서 바르르 떨자 나바가 몸을 획 돌렸다. "오." 나는 웃으며 말했다. "벌새도 좋아하네." 적갈색 보석 같은 새가 씨앗 날개와 거미줄로 만든 둥지로 재빠르게 날아갔고, 조그만 부리 4개가 쭉 늘어나며 열렸다. 다음 자작나무는 부드러운 순을 씹어 먹은 무스 때문에 굽어 버렸다. 여기서 0.5킬로미터 동쪽에 있는 애덤스 강 강둑의 자작나무들은 키가 30미터인데, 거기 사는 엘크, 사슴, 눈덧신토끼도 자작나무 가지와 싹눈을 먹는다. 비버는 자작나무의 방수 줄기로 집을 짓고, 뇌조는 자작나무 잎에 둥지를 틀고, 즙빨기딱따구리와 딱따구리는 구멍을 내고, 나중에 올빼미와 매가 이 구멍을 사용한다. 이 굉장한 자작나무의 뿌리는 빙하물로 채워진 강물을 마시고, 가을에 이 강물은 산란하는 연어로 붉게 변한다.

15장 지팡이 물려주기

자작나무가 강둑으로 다시 스며든 물고기 시체에서도 양분을 얻는지 알고 싶었다.

몇 시간 내로 우리는 뿌리가 자유롭게 자라서 미송과 연결된 자작나무들이 참호를 판 지대의 자작나무보다 2배 정도 더 크고 병도 없다는 것을 발견했다. 20년 전 인근 냇가에서 우리가 솎은 자작나무에 비하면 이 나무들은 더 작았지만 건강했고 종이 같은 껍질도 두꺼웠으며 피목(눈구멍)도 작고 뚜렷했고 가지는 몇 없었고 바구니를 만들기에 값진 재료였다. 큰 자작나무들은 특히 쉐크웨펨크 네이션의 큰 어른인 메리 토머스(Mary Thomas)가 껍질을 수확하기 좋다고 한 딱 그 종류였다. 메리 토머스의 할머니인 매크릿(Macrit)은 메리 토머스에게 나무가 다치지 않게 껍질을 벗기는 방법을 알려 주었다. 할머니의 할머니가 가르쳐 준 것처럼, 또 메리가 자기 손자 손녀들에게 가르쳐 줄 것처럼. 아이들이 펄프 같은 부름켜에 상처를 내지 않아서 상처 회복을 나무가 준비할 수 있도록, 그래서 나무가 새 세대의 싹을 내릴 수 있도록 말이다. 그들은 나무 껍질로 크고 작은 바구니를 만들었고 팀블베리, 크랜베리, 딸기 바구니도 만들었다. 강가에 사는 제법 큰 자작나무 껍질은 물이 스며들지 않아서 카누를 만들기에 제격이고, 풍성한 잎은 비누와 샴푸를, 수액은 강장제와 약을, 제일 좋은 목재는 그릇과 터보건을 만드는 데 썼다. 비옥한 땅에 좋은 이웃들, 적절한 수의 이웃과 심고, 뿌리를 제한해서 가두지 않고 잘만 보살핀다면 심지어 이 고지대 자작나무도 숲에서 중요한 공급자가 될 수 있다.

자작나무 틈에 얽혀 있던 미송들도 우리가 나무 사이에 참호를 파

놓은 곳의 미송보다 좀 더 컸고 상태도 매우 좋았다. 초기에는 자작나무와의 균근 연결이 어린 미송이 더 높이 자라도록 도와주었고, 어른이 되어서도 여전히 어릴 때 잘 꿰어 둔 첫 단추의 효과가 있었다. 20년 후, 자작나무 이웃 사이에서 자란 미송은 이웃으로부터 단절되거나 미송 이웃밖에 없는 곳에서 자란 미송보다 잘 지내고 있었다. 영양 많은 자작나무 잎이 토양을 만들어 준 덕분에 영양분도 더 잘 받았고, 아밀라리아뿌리썩음병도 덜 생겼으며, 자작나무 뿌리를 따라 서식하는 세균이 강력한 항생 물질과 억제 화합물을 조합해서 질소와 면역을 제공했다. 끈끈한 연줄과 함께 자란 이 숲은 20년 전 우리가 종 사이에 참호를 파 놓은 임분에 비해 생산성이 거의 2배 높았다. 이 양상은 일반적 임업인들의 예측과는 정반대였다. 그들은 자작나무의 방해 없이 자란 미송 뿌리가 주어진 자원 파이 중 더 많은 부분을 취할 것이라고 생각했다. 마치 생태계가 제로섬 게임처럼 작동하는 양, 종 사이의 상호 작용으로 인해 총생산이 더 많아질 리가 없다는 확고한 믿음이 있었다. 자작나무도 미송의 덕을 보았다는 것이 심지어 더 놀라웠다. 자작나무도 마찬가지로 혼자 자랐을 때보다 미송과 가까이 이어져 자랐을 때 2배 빠른 속도로 자랐고 뿌리 감염도 적었다. 어린 시절 미송에게 음식과 건강을 전해 주던 자작나무는 지금 어른이 되어 더 커진 미송에게 호혜적 관계 속에서 도움을 받고 있었다. 미송이 하늘 높이 자라는 동안 자작나무는 주춤했지만, 이런 숲이 나이가 들면 자연히 생기는 일이었다. 그래도 자작나무 뿌리는 여전히 흙 속 깊은 곳에 있었고, 그들의 진균과 세균 유산은 온전했으며 생명선은 캔버스에 지울 수 없게 새겨졌다. 화재, 충해 발

15장 지팡이 물려주기

병, 병원균 감염 등 다음에 큰 혼란이 닥치면 뿌리와 둥치에서 다시 싹이 터서 미송만큼이나 순환의 한 축을 담당할 새 세대의 자작나무가 태어날 것이다.

제멋대로 뻗은 자작나무 아래에 앉아 점심을 먹었다. 야영장에서 만든 연어 샌드위치와 길에서 딴 베리, 베이븐비 상회에서 사 온 쿠키까지. 켈리 로즈는 상자에서 초콜릿을 고르듯 핏빛 팀블베리를 하나씩, 하나씩 먹었다. "자작나무 밑에 있는 식물은 왜 달콤해요, 수지 이모?" 켈리 로즈가 물어보았다.

뿌리와 진균이 땅속 깊은 곳에서 물을 빨아들이고, 물과 함께 칼슘, 마그네슘 및 다른 미네랄도 얻고, 이렇게 얻은 영양분이 잎으로 가서 당분을 만든다고 나는 켈리 로즈에게 말했다. 자작나무는 진균 케이블로 다른 나무와 식물들을 한데 엮고, 자작나무의 망을 통해서 흙에서 끌어 온 영양 많은 액도, 또 잎에서 만든 당분과 단백질도 서로 나누기 때문이라고. "가을에 자작나무 잎이 떨어지면, 자작나무는 보답으로 토양에 양분을 공급해." 나는 말했다.

메리 토머스의 어머니와 매크릿 할머니는 메리에게 자작나무에게 감사를 표해야 하고, 필요한 이상은 갖고 가지 말아야 하고, 감사드리며 공물을 두라고 가르쳤다. 메리 토머스는 심지어 내가 어머니 나무 개념을 예기치 않게 발견하기 한참 전부터 자작나무를 어머니 나무들이라고 불렀다. 메리의 사람들은 그들의 소중한 집인 숲에 살며 자작나무의 속성을 수천 년간 알고 있었고 살아 있는 모든 존재로부터 배웠으며 그들을 동등한 동반자로 존중했다. '동등'이라는 말은 서양 철학이 능숙하게 다루지 못하는 부분이다. 서양 철학은 인간은 우월하며 자연에 속하는 만물을 지배한다고 주장한다.

"땅속에서 진균 망을 통해 자작나무와 미송이 서로 이야기를 나눈다고 말한 것 기억나?" 나는 손을 귀에, 손가락을 입에 대고 아이들에게 물어보았다. 아이들은 내 말을 들었고, 그들의 귀에는 모기 노랫소리가 가득했다. 나는 아이들에게 내가 이 사실을 최초로 발견한 사람이 아니라고, 이 사실은 수많은 선주민들의 오래된 지혜이기도 하다고 말했다. 워싱턴 주 올림픽 반도 동쪽에 사는 스커코미시 네이션(Skokomish Nation)의 지금은 고인이 된 브루스 '수비예이' 밀러(Bruce 'Subiyay' Miller)는 공생하는 자연과 숲의 다양성에 대해 이렇게 이야기했다. 숲의 바닥에는 "숲을 강인하게 유지해 주는 뿌리와 진균이 만드는 복잡하고 어마어마한 체계가 있다."

"이 팬케이크 버섯은 땅속 연결망의 열매야." 나는 흙내가 나는 그 물버섯을 켈리 로즈에게 건네며 말했고, 켈리 로즈는 버섯의 아주 작은 주름살을 살펴보고는 왜 모든 사람들이 이 사실을 이해하는 데 그토록 오랜 시간이 걸렸는지 물었다.

나는 뜻밖의 행운을 만난 것처럼 서양 과학의 경직된 시각을 통해 이상을 엿볼 수 있었다. 대학에서는 숲을 객관적으로 바라볼 수 있도록 생태계를 분해하고 부분을 떼어 내서 나무, 식물, 토양을 각기 따로 연구하는 훈련을 받았다. 이와 같은 분해, 통제, 분류, 제거 작업을 통해 모든 발견에 명확성, 신뢰성, 타당성을 부여하기 위해서였다. 부분을 살펴보기 위해 체계를 분해하는 과정을 따르면 연구 결과를 발표할 수 있었고, 이내 생태계 전체의 다양성과 연결에 대한 연구 논문을 게재하기는 거의 불가능하다는 것을 깨닫게 되었다. 대조군이 없다! 심사자들은 내 초기 논문에 대해 이렇게 소리쳤다. 어쩌다 보니 라틴 방진, 요인 설계를 하고, 동위 원소, 질량 분석계, 신틸레이션 계수기를 사용하고, 훈련을 통해 통계적으로 유의미하고 분명한 차이만을 고려하게 되자, 나는 온전히 한 바퀴를 돌아 다시 선주민들의 이상 중 일부에 닿게 되었다. 다양성이 중요하다는, 그리고 우주의 모든 것들이 서로 연결되어 있다는. 숲과 초원이, 대지와 물이, 하늘과 땅이, 영혼과 육신이, 인간과 모든 다른 생명체들이.

우리는 이슬비를 맞으며 이웃이 거의 없는 순수한 임분에서 침엽수가 어떻게 자라는지 보기 위해 침엽수를 다양한 밀도로 심은 곳으로 걸어갔다. 나무 전부, 필지 전부, 구석에 박아 둔 기둥까지 전부 다 기억났다. 나는 어디에 잎갈나무를 심었고 어디에 시더를 심었는지, 어디에 미송과 자작나무를 심었는지도 알았다. 나는 아이들에게 어쩌다 이 미송이 너무 깊게 심어져 버렸는지, 이 자작나무는 무스 때문에 부러졌는지, 이 잎갈나무는 흑곰이 옆으로 밀어 버렸는지 보여 주었다. 또 5년 동안 매년 나무를 심었지만 나무가 절대 자라지 못한 곳도 있었다. 지금 그곳은 아름다운 백합밭이 되어 있었다. 그렇게 되라고 타고 난 장소였으니까. 혼합 부지에서는 시더가 자작나무 아래에 무성하게 자라고 있었는데, 시더는 연약한 잎의 색소를 보호하기 위해 덮개가 필요했다. 내가 떠들다 멈추고 고개를 들자 진과 아이들이 웃고 있었다.

우리는 자리를 잡고 다양한 밀도로 심은 미송을 측정했다. 자작나무 이웃이 없으면 20퍼센트에 달하는 미송에서 뽕나무버섯 뿌리 감염이 나타났고 미송이 빽빽하게 무리를 이룬 곳에서 뿌리병이 더 심했다. 미송 뿌리는 토양의 감염낭 안으로 자라서 병원체가 나무 껍질 아래로 퍼졌고 체관부를 조였으며 이를 막아 줄 자작나무 뿌리는 없었다. 일부 감염된 미송은 아직 살아 있었지만 바늘잎이 노랗게 변하는 중이었고 다른 나무들은 죽은 지 오래라 가지가 회색이고 마른 껍질이 벗겨지고 있었다. 그들의 자리에서는 다른 식물들이 자라고 있었는데, 심지어 자작나무도 씨를 좀 내려서 솔새(warbler), 곰, 다람쥐를 부르고 있었다. 어느 정도의 죽음은 나쁘지 않다. 죽음은 다양성, 재생, 복잡성을 위한 여지를 만든다. 죽음은 벌레를 가라앉히고 방화대를 만들었다. 하지만 떼죽음은 변화의 폭포를 유발하며 경관에 파장을 일으키고 균형을 망쳐 놓는다.

진은 아이들에게 미송 껍질에서 나이테 측정기 비트 켜는 법을 알려 주었다. "측정기가 안 들어가도 두 번 이상은 더 하지 마. 나무가 다치지 않도록." 진은 아이들에게 말했다. 켈리 로즈가 한 번 해 보고 싶다고 했다. 몇 분 안에 켈리 로즈는 나무 속, 과녁 한가운데를 명중시켰고 진은 목편 표본을 빨간 빨대 속에 넣고 양 끝을 마스킹 테이프로 막은 후 표시를 했다.

빽빽한 부지에 식재한 미송들은 불과 몇 미터 간격을 두고 있었고 숲 하부는 어두웠다. 숲 바닥에는 녹슨 것 같은 적갈색 바늘잎 빼고는 아무것도 없는 것 같았고, 바늘잎의 산도가 양분 순환을 더디게 만들고 있었다. 나무 틈을 비집고 지나가자 회색 가지가 뚝 부러졌다. 나는 균근 연결망이 나무를 심은 자리를 따라 난 무늬처럼, 줄줄이 선 전신주처럼 나무를 서로 이어 주고 있는 것은 아닌지 상상했다. 큰 나무들이 가지와 뿌리를 넓게 펴고 다른 나무들이 죽어 나가서 넓어진 공간을 차지하면 연결망의 모양은 더 복잡해질 것이다.

정강이가 긁혀 가며 미송이 5미터 간격까지 훨씬 넓게 떨어져 있던 부지로 갔는데 그곳의 나무 둘레는 좀 더 튼실한 편이었다. 여러 해 동안 씨앗은 나무를 심은 곳 사이의 빈 땅에 떨어졌는데, 그중 일부 씨앗은 친척일 수도 있고 다른 씨들은 제거한 나무의 자손일 테고 또 다른 나무들은 주변 숲의 미송에서 온 씨앗일 것이다. 이웃 나무나 다른 골짜기의 미송 꽃가루로 수정되어 개체군은 회복력을 확실히 갖추게 된다. 이 새로운 나무 중 일부는 걸음마를 하는 아이였고, 다른 나무는 유치원생, 또 다른 나무는 초등 저학년 정도여서 다양성과 친족 관계가 있는 숲속의 이 부지가 점점 학교 건물처럼 보이기 시작했다. 균근 연결망은 숲이 나이가 들고 가장 큰 나무들이 허브, 즉 어머니 나무가 되면 점점 더 복잡해질 것이라는 상상을 해 보았다. 결국 이 숲의 균근 연결망도 내가 몇 년 전 미송 노숙림에서 지도를 만든 연결망처럼 될 것이다.

마지막 나무를 측정한 후 우리는 무스 트레일을 따라 트럭을 주차해 둔 강 쪽으로 내려갔다. 숲이 천천히 내 실험을 점령하고 있었고, 실험을 반복한 곳은 놀랄 거리로 가득했다. 수목 한계선에서 자연적으로 씨를 내린 나무 열두어 종, 심어 놓은 자작나무를 먹은 무스, 나무를 감염시키는 뽕나무버섯, 자작나무를 돕는 미송, 해를 피하고 자신을 보호하기 위해 잎 넓은 나무 아래에 웅크린 어린 시더들처럼. 제대로 시작하게만 허락한다면 이 숲은 자연스럽게 스스로 기운을 차리는 법을 알고 있었다. 잘 받아 주는 토양에 씨를 내리고, 있을 곳이 아닌 장소에 내가 심은 나무들을 죽이고, 숲이 하는 이야기를 내가 듣기를 침착하게 기다리면서 말이다. 이 자료는 논문으로 출간하기 어렵겠는데. 혼자 생각했다. 자연은 알아서 내 실험의 엄밀함을 흐려 놓았고, 종의 구성과 밀도에 대해 원래 내가 세웠던 가설은 새로 들어온 나무들 때문에 더는 검증할 수 없게 되었다. 하지만 내 의도를 강요하고 답을 요구하는 대신 숲의 이야기를 경청함으로써 훨씬 더 많은 것을 배웠다.

산을 넘어 가파른 고갯길을 운전해 가는 동안 아이들은 뒷좌석에서 잠이 들었고 진은 자료 용지를 분류했으며 나는 내게 행운이 따른 덕에 숲이 이 기나긴 지난 시간 동안 나에게 나눠준 것들에 대해 곰곰이 생각했다. 자작나무가 균근을 통해 탄소를 미송으로 전달하는지를 검증하는 첫 실험에서는 무슨 결과라도 나오면 다행이라고 생각했지만 나중에는 씨앗이 정착하는 것을 원조할 만큼 강한 박동을 감지했다. 미송이 자작나무에게 봄 동안 새 잎을 만드는 데 필요한 에너지를 되돌려주는 것도 보았다. 그리고 내 학생 여럿이 자작나무와 미송뿐만 아니라 다양한 나무들 사이에서 이와 같은 호혜성을 거듭 발견하고 확인했다.

균근 연결망 지도를 만들며 나는 연결 고리를 몇 개 발견하리라고 생각했다.

대신 태피스트리가 나타났다.

송위안위안과 함께 나는 죽어 가는 미송이 폰데로사소나무에게 메시지를 전송한다니, 그런 일은 일어나지 않을 것 같다고 생각했다. 하지

15장 지팡이 물려주기

473

만 미송은 메시지를 전송했다. 또 다른 학생이 두 번째 연구에서 동일한 양상을 재확인했다. 세계 각지의 연구실 소속 연구자들이 그랬던 것처럼. 그 후, 나는 균근 연결망을 통해 신호가 이동하는 것은 고사하고, 미송 어머니 나무가 친족을 인식한다니 그건 도박이라고 생각했다. 몽듀!(Mon Dieu! 오, 신이시여!) 미송은 자기 친척을 알아보았다! 어머니 나무는 균근균 공생자를 지원하기 위해 탄소를 보냈을 뿐만 아니라 자기 친족의 건강도 어떻게든 증진했다. 그리고 자기 친족뿐만 아니라 남의 건강도, 다른 종들의 건강도 증진하며 군집의 다양성을 늘렸다. 이 모든 것이 우연이었을까?

나무들이 계속해서 내게 무언가를 말해 주고 있었다는 생각이 들었다.

나는 지난 1980년에 본 그 작고 노란 묘목들, 나를 이 평생에 걸친 긴 여정으로 보낸 이들이 토양과 이어질 수 없는 헐벗은 뿌리 때문에 고통받고 있다는 예감을 느꼈다. 이제 나는 그들에게는 균근균이 부족했고 균근균의 균사는 숲 바닥에서 양분을 추출할 뿐만 아니라 묘목이 자립할 수 있을 때까지 어머니 나무로부터 탄소와 질소를 받을 수 있도록 묘목과 어머니 나무 사이에 연줄을 대어 준다는 것을 알고 있다. 하지만 묘목의 뿌리는 오래된 나무들로부터 동떨어진 채 플러그에 갇혀 있었다. 반면 어머니 나무 외곽에서 자연스럽게 재생한 로키전나무들은 자양분을 받아 무성했다.

하지만 내가 병을 앓은 이후 계속 떠돌던 의문은 여전히 나를 사로잡고 있었다. 우리가 자연 속의 만물과 동등하다면, 죽음에 있어서도 같은 목표를 갖고 있을까? 할 수 있는 한 제일 잘 지팡이를 물려주겠다는 목표. 아이들에게 가장 중요한 요소를 물려준다는 목표를. 필수 에너지가 그냥 땅속의 연결망으로만 가는 것이 아니라 어머니 나무의 자손, 줄기, 바늘잎, 싹으로 **직접** 가지 않는다면, 나는 연결이 진균의 건강을 넘어 묘목의 건강까지 증진하는지 확신할 수 없을 것이다.

새 박사 과정 대학원생인 모니카(Monika)가 이 지식 연쇄에 또 다른 연결 고리를 추가했다. 2015년 가을에 모니카는 화분 180개로 온실 실험을 시작했다. 모든 화분에는 친족 관계가 있는 두 묘목과 없는 묘목 하나, 이렇게 세 묘목을 심었고 친족 관계가 있는 두 묘목 중 한 묘목이 '어머니 나무'가 될 예정이었다. 상처를 입게 되면 어머니 나무에게는 최후의 에너지를 어디로 보낼지 선택지가 있다는 생각이었다. 어머니 나무는 에너지를 피붙이, 남, 또는 땅속으로 보낼 수 있다. 모니카는 균근 연결을 허용하거나 제한하는, 구멍 크기가 다양한 메시 봉투 안에서 묘목을 길렀고 일부 어머니 나무 묘목에 전정 가위나 서부잎말이나방으로 상처를 입혔다. 그 후 모니카는 탄소가 이동한 곳을 추적하기 위해 어머니 나무에 탄소-13 펄스 표지를 했다.

자연의 변덕스러운 본성을 떠오르게 해 주듯, 폭염 때문에 온실 천장 환풍기가 쓰러져서 실험 묘목 중 일부가 죽었다. 모니카와 내가 줄지은 화분 근처에 무릎을 꿇고 화분을 하나하나씩 살피며 완전히 바짝 마른 흙을 검사하던 중, 온실 고양이인 뚱뚱한 오렌지색 줄무늬 고양이가 꼬리를 휘둘러댔다. 우리는 운이 좋았다. 심지어 많은 환경적 요인이 통제 아래 있는 온실 실험에서도 여전히 일은 잘못 돌아갈 수 있다. 온실 실험은 최고로 잘 짜놓은 현장 실험에 견주어 보면 전혀 상대가 되지 않는다. 현장 실험에서는 무수한 재난이 발생할 수 있고, 특히 장기적 양상 조사에 소요되는 수십 년 동안 별별 일이 다 일어난다. 과학자들이 대부분 실험실에서 연구하는 것도 당연하다는 생각이 들었다.

하지만 우리는 실험을 내팽개치지 않았다. 게다가 모니카의 친족 묘목은 어맨다의 친족 묘목보다 몇 배 더 컸고, 상처 입은 어머니 나무가 방출한 탄소를 묘목의 싹에 흡수할 수 있을 만큼 모니카의 묘목이 강력한 흡수원인지 궁금해서 죽을 지경이었다. 살아남은 묘목들을 사용해서 모니카와 내가 영화를 보듯이 자료 그래프를 훑어볼 그날이 왔다. 우리가 검증한 요인인 묘목이 어머니 나무와 친족 관계가 있는지, 묘목이 어머니 나무와 연결되어 있는지, 또 어머니 나무가 다쳤는지는 모두 유의미했다.

모니카의 어머니 나무 묘목은 브라이언과 어맨다가 전에 발견한 대로 비친족 묘목보다 친족 묘목으로 탄소를 더 많이 전달했다. 하지만 친족 묘목의 균근균까지 탄소가 이동한 것밖에 감지하지 못한 앞선 연구와 달리, 모니카는 지금 탄소가 친족 묘목의 긴 원줄기까지 곧장 들어갔음을 발견했다. 어머니 나무 묘목은 자신의 탄소 에너지로 균근 연결망을 차고 넘치게 했고, 탄소는 어머니 나무 친족의 바늘잎까지 진출해서 이내 어머니 나무의 자양분이 그 안에 들어가게 된다. 에 브왈라!(Et voilà! 또 보시라!) 자료에 따르면 서부잎말이나방 때문이든, 전정 가위 때문이든 부상을 당하면 어머니 나무 묘목은 친족에게 탄소를 심지어 더 많이 보냈다. 불확실한 미래에 직면한 어머니 나무는 생명력을 자손에

2017년 테드 밴쿠버, 스탠리 파크에서 테드 워크(Ted.Walk) 중.

게 곧장 물려주어 자손들이 앞으로 다가올 변화에 대비할 수 있도록 돕는다.

죽음은 삶을 가능하게 했다. 나이든 자들은 제 어린 것들의 힘을 돋운다.

어머니 나무로부터의 에너지 흐름은 대양의 조수처럼 강력하고, 태양의 광선처럼 강렬하고, 산맥의 바람처럼 억누를 수 없고, 제 자식을 보호하는 어미처럼 말릴 수 없다고 상상했다. 나는 심지어 숲의 대화를 들춰내기 전부터 내 안의 어떤 힘에 대해 알고 있었다. 생명의 신비를 받아들이라는 맬패스 박사의 지혜에 대해 깊이 생각하는 동안 내 집 마당 단풍나무의 에너지에서 어떤 힘이 흘러나와 내 안에 들어오는 것을 느꼈다. 우리가 함께 일할 때 마법처럼 생겨나는 현상을, 우리 사회와 생태계를 그릇된 방식으로 단순화하도록 우리를 이끄는 환원주의 과학이 너무나도 자주 놓치는 시너지를 느끼며.

변화에 가장 더 잘 적응하는 유전자를 가진 다음 세대 나무들은 앞으로 다가올 그 어떠한 혼란에서도 가장 성공적으로 회복할 것이다. 그들의 부모는 다양한 기후 조건을 통해 형성되었고, 새 세대의 나무들은 부모의 스트레스에 적응했으며, 견고한 방어 무기와 강장제를 갖고 있었다. 현장 적용, 즉 산림 관리에서 이와 같은 양상의 의의는 기후 변화에서 살아남은 고목들을 살려 두어야 한다는 것이다. 노목이 씨를 교란된 지역에 퍼뜨려서 그들의 유전자, 활력, 복원력을 미래로 전달해야 하기 때문이다. 숲의 다양성과 적응력을 보장하기 위해 비단 노목 몇 그루뿐만 아니라 폭넓은 종류와 다양한 유전자형, 친족과 비친족이 자연스럽게 섞인 채로 두어야 한다.

죽어 가는 어머니 나무를 대상으로 한 피해목 이용 수확에 대해 한 번 더 고민해 보았으면 하는 바람이 있다. 자기 자손뿐만 아니라 이웃 나무도 포함하여, 젊은 나무들을 돌보도록 죽어 가는 어머니 나무의 일부라도 꼭 남겨 두게 하는 것은 어떨까? 가뭄, 좀벌레, 나방 유충, 화재로 인한 고사의 여파로 목재 업계는 숲속의 거대한 부분을 한 방에 베어 버리는 중이었고, 벌채지들은 합쳐져 유역 전체로 번졌고, 골짜기 전부가 싹 밀려 버렸다. 죽은 나무는 화재 위험 요소로 여겨졌지만 그보다는 편리한 상품에 더 가까웠다. 다수의 건강한 이웃 나무도 부수적 피해로 간주되어 포획당해 제재소로 끌려갔다. 피해목 벌채는 탄소 배출량을 증가시키고 유역의 계절적 수문 현상을 바꾸어 놓았으며, 일부 사례에서는 강기슭의 하천 범람을 초래했다. 나무가 얼마 남지 않으면 퇴적물은 강줄기를 따라 이미 기후 변화로 인해 따뜻해진 강으로 흘러들어가며 연어의 산란 여행에 더욱 심한 피해를 주고 있다.

이 생각이 나를 또 다른 모험으로 인도해 나는 지금도 이 문제를 탐구하는 중이다. 이 문제야말로 우리가 간과하는 종 사이의 연결에 대해 너무도 생생하게 논하기 때문이다. 나보다 이전 과학자들은 이미 부패한 연어에서 나온 질소를 연어가 살던 강 근처 나무의 나이테에서 발견했다. 나는 연어에서 나온 질소가 어머니 나무의 균근균에 흡수된 다음 연결망을 통해 숲속 깊은 곳의 다른 나무로 전해졌는지 알아보고 싶었다. 더 궁금했던 것은 연어 개체 수가 감소하고 서식지가 사라짐에 따라 연어가 숲에 주는 영양분이 줄면 숲이 피해를 입는지였다. 만일 그렇다면, 이 문제는 해결할 수 있을까?

• • •

모니카의 실험으로부터 몇 달 후, 나는 브리티시 컬럼비아 중부 해안에 위치한 벨라 벨라(Bela Bela)에 있는 하일척(Heiltsuk) 사람들의 연어 숲에 있었다. 우리의 스키프(skiff, 가볍고 작은 보트. — 옮긴이)는 자연 그대로인 강어귀로 미끄러져 들어갔고, 하일척 사람인 가이드 론은 문중의 영역을 표시하는 오커 그림 문자를 가리켰다. 수직 암벽과 장대한 숲 위로 비단 같은 태평양 안개가 쏟아져 내렸다. 나와 함께 있던 이들은 진균 연결망의 모양을 연구하기로 한 박사 신입생 앨런 라로크(Allen Larocque)와 박사 후 연구원인 테리사 '슴하이예스크' 라이언

(Teresa 'Sm'hayetsk' Ryan) 박사였다. 테리사는 북쪽 스키나 강의 승시 안(Tsimshian) 네이션으로, 전통 시더 바구니를 짜는 공예가이자 캐나 다-미국 태평양 연어 위원회의 연합 치누크 기술 위원회 소속 연어 어 로 과학자 등 많은 직책을 맡고 있었다. 테리사는 선주민이자 과학자로 서 물때에 따라 돌로 물을 막는 전통적 어업 관행을 복원하면 연어 개 체수가 식민지 개척자들이 어업을 통제하기 전 수준으로 다시 증가할 수 있을지 알고 싶어 했다. 연어가 다시 늘어나면 결국 테리사가 나무 껍질을 채취하는 시더에 영양이 공급될 수도 있다.

우리는 곰, 늑대, 흰머리수리가 숲으로 옮겨 놓은 연어의 뼈를 찾 아다녔다. 고기를 먹고 남은 조직이 썩고, 양분이 숲 바닥으로 스며 들고 나면 뼈만 남았다. 이 강어귀에서 빅토리아 대학교의 톰 라임켄 (Tom Reimchen) 박사와 사이먼 프레이저 대학교의 존 레이놀즈(John Raynolds) 박사는 시더와 시트카가문비나무 나이테, 또 식물, 곤충, 토 양에서 연어에 있던 질소를 발견했다. 앨런은 균근균이 연어를 어떻게 숲으로 이동시키는지, 또 연어의 질소가 나무와 나무 사이에서 이동하 는지 알아보는 연구의 첫걸음으로 균근균 군집이 다양한 연어 개체 수 크기에 따라 어떻게 달라지는지 알아보고 있었다. 이 우림의 엄청난 지 력을 진균의 차이, 연어에서 나온 양분을 전달하는 진균의 능력 차이로 설명할 수 있을까? 앨런, 테리사와 함께 어부복을 입고 사초(sedge, 습한 곳에서 자라는 풀. — 옮긴이) 틈으로 뛰어들어 물가로 향하던 나는 흥분 을 가라앉힐 수 없었다.

"곰이 다니는 길이에요." 테리사가 길을 가리키며 말했다. "최근에 곰이 왔다 갔네요."

"계속 갑시다." 나는 목줄을 당기는 개 같았다.

물가를 따라 새먼베리(salmonberry)가 만들어 놓은 담 사이에 난 길을 수월하게 따라간 곳에는 가시 돋친 줄기가 울창했다. 30분 동안 부식토에서 손과 무릎을 땅에 대고 기어다니는데 테리사가 갑자기 이렇게 말했다. "여러분 모두 제정신이 아니네요. 금방 왔다 간 곰 흔적이 있는데 이러다 큰일난다고요." 테리사는 론과 함께 기다리려고 다시 보트로 향했다.

앨런이 얼마나 불안해 하는지 알아보려고 앨런을 쳐다봤지만, 긴장한 것 같지는 않았다. "내가 곰이라면 방해받지 않는 곳으로 연어를 갖고 갔을 거예요." 앨런도 모험에 뛰어든 것에 기뻐하며 나는 말했다. 우리는 새먼베리 틈에 난 굴을 통해 높은 강기슭에 있는 50미터 높이의 시더 쪽으로 계속 기어갔다. 나무의 원줄기가 칸델라브라처럼 갈라졌는데, 이런 나무를 하일척 사람들은 할머니 나무라고 불렀다.

산란하는 연어를 잡아먹는 곰은 한 마리당 하루에 150마리 정도의 연어를 숲으로 옮겨 놓았는데, 숲속 나무의 뿌리는 부패한 단백질과 양분을 찾아 먹었고 연어 살이 나무에게 필요한 질소량 중 4분의 3 이상을 공급했다. 나이테에 들어 있는 연어 유래 질소는 토양 질소와 구별되었는데, 바닷물고기에는 무거운 동위 원소인 질소-15가 풍부하기에 숲에서 연어 수도(abundance)의 천연 추적자 역할을 할 수 있다. 과학자들은 나이테 내 질소의 연간 변화량을 추적해 연어 개체수, 기후 변화, 삼림 파괴, 어업 관행 변화와의 상관 관계를 살펴볼 수 있었다. 오래된 시

15장 지팡이 물려주기

481

더 한 그루는 산란 회귀 연어에 대한 기록 1,000년 치를 보유할 수 있다.

할머니 시더가 있는 레지 근처로 가 소리쳤다. 유후! 비록 나의 외침은 새먼베리 잎 담벼락 때문에 뭉개져 버렸지만. 여기 회색곰이 나타나면 곧 죽는다는 뜻이었다. 그래도 평온했다. 항암 치료 후에는 이것도 더없이 행복했다. 최근 밴프(Banff)에서 카메라와 사람들 1,000명이 내가 움직일 때마다 따라다니던 큰 테드 무대에 섰을 때보다 훨씬 차분했다. 나는 환한 빛 안에 발을 들여놓으며 메리가 단추가 떨어진 것을 알아차리고 내가 예전부터 좋아하던 푸른 셔츠 위에 검정 코트를 입으라고 한 것에 대해 행운의 별에게 감사했다. 나는 청중이 지천에 널린 고개를 끄덕이는 양배추라고 생각하고 강연했다. 연단에서 내려오며 해냈다는 생각이 들었다. 수줍음을 극복한 것이, 진심에서 우러나는 말을 한 것이, 사람들이 스스로에게 필요한 것을 얻어 갈 수 있도록 내가 배운 바를 펼쳐 놓은 것이 자랑스럽고 뿌듯했다. 시카고의 어떤 여성은 영상을 본 후 "내 안 깊은 곳에서는 나무들이 이렇다는 것을 항상 알고 있었어요."라는 글을 썼다. 라디오랩(Radiolab)의 로버트 크룰위치(Robert Krulwic)는 팟캐스트를 제작하자고 연락을 해 왔다. 내셔널지오그래픽에서는 기사를 쓰고 영화를 제작하고 싶어 했다. 수천 통의 이메일과 편지를 받았다. 아이들, 어머니들, 아버지들, 예술가들, 법조인들, 샤먼들, 작곡가들, 학생들로부터. 세계 각지의 사람들은 그들의 이야기, 시, 그림, 영화, 책, 음악, 무용, 교향곡, 축제를 통해 그들이 나무와 맺은 인연을 표현했다. "균근 연결망 모양을 모방해서 도시를 디자인하고 싶습니다."라고 밴쿠버의 어떤 도시 계획가가 글을 썼다. 어머니 나무 개념과 어머니 나무가 주변 나무와 맺고 있는 관계는 심지어 할리우드까지 진출해서 영화 「아바타(Avatar)」에 등장하는 나무의 주요 개념으로 사용되었다. 이 영화가 일으킨 커다란 반향은 어머니, 아버지, 자녀, 내 가족과 다른 이들의 가족, 그리고 나무와 동물과 자연의 모든 생명체들과 하나로 연결되는 것이 얼마나 자연스럽게 중요한지를 돌이켜보게 했다.

나는 내 메시지를 가지고 세상 밖으로 나갔고 반응이 빗발쳤다. 사람들은 숲을 아꼈고 도움이 되고 싶어 했다.

"우리가 하는 일은 소용이 없습니다." 어느 정부 소속 임업인은 이런 글을 썼다. 듣던 중 반가운 소리였다. 우리는 수확 후 대지의 치유를 돕기 위해 어머니 나무를 어떻게 남겨 둘지 논의했다. 아직 충분한 임업인들이 이 생각을 받아들이지 않았지만 적어도 미약하나마 시작은 되었다.

앨런과 나는 기어 올라가 강기슭 주변을 훑어보았다. "뿌뗑 드 메르드!(Putain de merde! 이런 젠장맞은!)" 나는 소리쳤다. "보세요!" 오래된 어머니 나무 가지 아래에 어미 곰과 새끼 곰이 너끈히 누울 만한 포근한 이끼 밭이 있었다. 연어의 흰 골격 열두어 개가 카펫에서 빛을 내고 있었다. 살은 썩은 지 오래고 등뼈는 흐트러졌으며 가는 코르셋 같은 뼈는 나비 날개같이 접혔고 비늘과 아가미는 산산조각 난 채였다. 연어의 정수는 뿌리가 천천히 흡수해 나무의 목질로 보내졌고 다음 생명체에게로 전달되었다.

나무 뼈들.

앨런과 나는 뼈 아래에서 토양을 채취하고 비교를 위해 뼈가 없던 장소에서도 토양을 채취했다. 우리는 테리사와 론에게 돌아가 고조위

선에서 보트로 뛰어 올라갔고, 미생물의 DNA 손상을 막기 위해 얼음에 표본을 보관했다. 론은 느리게 철벅철벅 소리를 내며 물가에서 멀어져 갔고 하구 한쪽 끝에서 반대편 끝까지 해안선 윤곽을 따라 이어진 돌 벽을 훑어보았다. 벽은 하일척 사람들이 태평양 해안선을 따라 지은 수백 개의 어살(tidal trap) 중 하나였는데, 누차눌스(Nuu-Chah-Nulth), 꽈꺼껴'왁(Kwakwaka'wakw), 슴시안, 하이다, 틀링깃(Tlingit) 사람들이 짓는 어살과 비슷했다. 연어를 수동적으로 수확하고, 개체군 수를 추적하고, 그에 따라 수확을 조정하기 위한 것이었다. 그들은 썰물 때 갇힌 연어를 잡고 알을 밴 제일 큰 암컷들은 놓아 주어서 강 상류에서 알을 낳게 했다. 연어를 훈제하고 말리거나 요리하고 내장은 숲 바닥에 묻었고, 생태계에 양분을 공급하기 위해 뼈는 물로 돌려보냈다. 이와 같은 관행은 연어 개체 수와 숲, 강, 하구의 생산성을 향상했다. 연어로 비옥해진 숲은 강에 그늘을 드리우고, 물로 영양분을 흘리고, 곰, 늑대, 흰머리수리에게 서식지를 제공하며 은혜를 갚았다.

테리사는 식민지 개척자들이 물과 숲 관할권을 차지하며 돌 어살 사용을 금지했다고 설명했다. 연어는 초창기 20년간 남획되었고 아직도 다 회복하지 못했다. 기후 변화와 태평양의 온난화로 인해 바다에서 마라톤을 하는 연어가 탈진해서 태어난 산란 하천에 성공적으로 회귀하는 연어가 감소한다는 새로운 문제가 생겨났다. 이것은 상호 연관된 서식지 파괴의 일반적 양상에 해당한다. 북쪽 하이다 과이에서는 그레이엄(Grahan) 섬에 있던 최후의 시더(일부 개체는 1,000년 이상 된 나무였다.)들이 벌채 대상이 되어 산란 하천 주변의 숲이 황폐해졌고, 하이다 사람들은 그들의 생활 양식이 어떻게 될지 궁금해하고 있었다.

언제 이것이 끝날 것인가, 이 혼란이?

우리가 벨라 벨라를 향해 서둘러 강어귀를 빠져나오는 동안 론은 오른쪽 뱃전 쪽으로 몇백 미터 떨어진 곳에서 수면으로 올라온 혹등고래를 가리켰다. 난데없이 낫돌고래 수십 마리가 우리 배에 합류해서 물 위에서 활 모양을 그리고 공중제비를 돌고 서로 휘파람을 불었다. 나는 너무나 놀랍고 너무나 행복해서 일어섰고, 앨런과 테리사도 일어섰고, 소금물이 우리 위로 튀었다.

이 연구는 진행 중이지만 초기 데이터에 따르면 연어 숲의 균근균 군집은 태어난 곳으로 회귀하는 연어의 수에 따라 달라진다. 아직은 숲 속 어디까지 균근 연결망이 연어 유래 질소를 운반하는지, 또 과연, 내지 어떻게 물때를 활용하는 돌 어살 복원이 삼림 건강에 영향을 미치는지 알아내지 못했지만, 우리는 일부 돌벽을 재구성하는 연구를 시작해서 해답을 찾아가는 중이다. 나 또한 연어가 내륙으로 흐르는 강으로부터 메인랜드의 숲도 비옥하게 하는지를 확인해야 할지 고민 중이다. 산란하는 연어가 산속으로 수천 킬로미터나 뻗어 있는 강가의 시더, 자작나무, 가문비나무에 먹이를 줄까? 내 실험 부지 아래를 흐르는 애덤스 강가 같은 곳 말이다. 연어는 이렇게 대양과 대륙을 연결한다. 쉐크웨펨크 사람들은 연어가 내륙 숲과 그들의 생계에 얼마나 중요한지 알고 있었고, 상호 연결이라는 폭넓은 원칙에 따라 연어 개체수를 돌봤다.

• • •

그해 추수 감사절을 맞아 나는 좀벌레가 득실대는 어머니 나무들을 전기톱이 쓰러뜨리는 벌채지를 지나 차를 몰고 갔다. 어머니 나무의 종자가 새로 생긴 퇴적 부식층에서 싹이 트기도 전에. 노목의 잔목 더미는 아파트 건물만큼 높이 서 있었고, 임도가 계곡을 이러저리 가로질렀고, 하천은 퇴적물로 막혔다. 식재한 묘목은 흰 플라스틱 튜브에 싸인 채 십자가처럼 서 있었다.

균열이 무척 잘 보였다.

나는 나무꾼 가족 출신이고 생계를 위해 나무가 필요함을 모르는 것은 아니다. 하지만 연어를 찾아 떠난 여행은 나에게 무언가를 취하면 돌려줄 의무가 뒤따른다는 것을 보여 주었다. 최근 나는 나무를 사람처럼 이야기하는 수비예이의 이야기에 점점 매료되는 중이었다. 우리 인간처럼 지능 비슷한 것이 있고 심지어 우리 인간과 다를 바 없는 영적인 성질도 갖춘 나무 이야기였다.

단순히 인간과 견줄 만하거나 인간과 같은 특징이 있을 뿐 아니라.

나무들은 사람이다.

나무 사람.

선주민들의 지식을 충분히 이해했다고 자처하는 것은 아니다. 선주민의 지식은 내 자신의 문화와는 다른 세상을 아는 방식 내지 인식론에서 발로한 것이다. 선주민의 지식은 비터루트(bitterroot) 개화, 연어의 산란 여행, 달의 주기에 적응하는 것에 대해 논한다. 또 우리가 땅, 즉 나무, 동물, 흙, 물과 얽혀 있음을, 서로와 얽혀 있음을 알고, 우리에게 이런 인연과 자원을 돌볼 책임이 있음에 대해 논한다. 미래 세대를 위해 이 생태계의 지속 가능성을 보장하고 이전에 다녀간 이들을 존중할 의무에 대해. 살짝만 디디고 우리에게 필요한 선물만을 취하고 돌려주는 것에 대해. 이 생의 순환 안에서 우리와 이어져 있는 모든 것에 대해 겸손과 관용을 보이는 것에 대해. 하지만 내가 업계에 종사한 오랜 시간 동안 임업계에서는 너무 많은 의사 결정자들이 이러한 자연관을 무시하고 과학의 특정 부분에만 의존하는 모습을 보여 주었다. 이로 인한 영향은 무시할 수 없을 만큼 너무나 파괴적이었다. 갈가리 찢기고 각 자원이 나머지 자원으로부터 격리된 것으로 여겨지는 대지의 상태와 쉐크웨펨크 사람들의 '우리는 모두 친척이다(k'wseltktnews)' 원칙이나 세일리시 사람들의 '우리는 하나다(nácaʔmat ct)' 개념에 따라 관리된 땅의 상태를 비교할 수 있다.

누군가가 우리에게 주고 있는 해답을 마음에 새겨야 한다.

나는 이처럼 변화를 가져오는 사고가 우리를 구원해 줄 존재라고 믿는다. 세상의 생물들, 세상의 선물을 우리와 동등한 중요한 존재로 대하는 철학 말이다. 이 철학은 나무와 식물에도 행위자성(agency)이 있음을 인정하기로부터 시작된다. 나무와 식물은 인지하고 관계를 맺고 소통한다. 그들은 다양한 행동을 수행한다. 협동하고 결정하고 배우고 기억한다. 이는 우리가 보통 통찰력, 지혜, 지능의 결과로 간주하는 특징들이다. 나무, 동물, 심지어 진균까지, 즉 인간이 아닌 모든 생물 종이 이런 주체성을 가진다는 것에 주목하면 그들도 우리가 스스로에 부여한 만큼의 존중을 받은 자격이 있음을 받아들이게 된다. 우리는 매년 증가하는 온실 기체로 지구의 균형이 깨지도록 계속 밀어붙일 수도 있고, 아니면 생물 종 하나, 숲 하나, 호수 하나를 해치면 복잡한 거미줄 전체에

15장 지팡이 물려주기

파장이 일어난다는 것을 인정하고 균형을 되찾을 수도 있다. 한 생물 종에 대한 학대는 전체 생물 종에 대한 학대이다.

지구상의 나머지 존재들은 우리가 그 사실을 알아내도록 참고 기다리는 중이다.

이렇게 탈바꿈하기 위해 인간은 모든 것을 착취 대상으로 취급하는 대신에 다시 자연과 숲, 초원, 대양과 이어져야만 한다. 우리의 현대적 방식, 우리의 인식론과 과학적 방법론을 확장해 선주민의 뿌리를 보완하고 그에 기반해 발전시키고 그에 맞춰 가는 것을 의미한다. 물질적 풍요라는 황당한 꿈을 좇아 우리가 할 수 있다는 이유만으로 숲을 다 밀어

2019년 7월 스물한 살 때 해나. 숲에서
일하며 허클베리 먹는 중.

어머니 나무를 찾아서

버리고 물을 착취하다가 우리는 스스로를 궁지에 몰아넣었다.

집에서 겨우 30분 거리에 있는 캐슬거(Castlegar)에서 컬럼비아 강을 건너는데도 해나와 나바가 보고 싶어서 두근거렸고, 메리가 캐나다 추수 감사절 명절을 지내러 북쪽까지 와 준 것이 고마웠다. 강의 수위는 낮았고, 상류의 자연적 유량은 컬럼비아 강 유역의 댐 60개 중 마이카(Mica) 댐, 레블스토크(Revelstoke) 댐, 휴 킨리사이드(Hugh Keeleyside) 댐, 이 세 댐이 제어했다. 이 댐들은 애로 호수에서 연어가 없어지고, 조상들의 영토가 모내시 산맥에서 동쪽으로 퍼셀 산맥까지, 컬럼비아 강 원류에서 워싱턴 주까지 이르렀던 시나이크스트 네이션의 마을, 묘지, 교역로가 물에 잠긴다는 것을 의미했다. 캐나다 정부가 시나이크스트 네이션 절멸을 선언하고 댐을 짓고 벌채하고 그들의 경관에서 채굴을 하기 전에 이 땅은 어떤 모습이었을지 궁금했다. 시나이크스트 사람들은 회복력이 있었고, 땅의 법칙(whuplak'n)을 견지하며 컬럼비아 강 유역 복구를 돕기 위해 힘을 모았다.

집에 도착하자 달이 눈 덮인 산맥 위에 높이 떴고 메리와 온 가족이 모여 있었다. 이번 추수 감사절이 특히 기억에 남게 생겼는데, 탁자 위에 둔 차 향기 나는 초들이 넘어지면서 칠면조까지 불꽃이 번졌기 때문이었다. 그레이비를 젓다가 고개를 들어보니 방울양배추를 삶으려던 냄비 물을 돈(그의 새 여자 친구는 자기 아이들과 휴가를 보내고 있었다.)이 불타는 칠면조 위에 끼얹는 사이 로빈과 빌은 포도주로 냅킨을 적시고 있었다. 준벅 할머니는 바닥에서 『해리 포터』를 읽던 올리버를 넘어 가며 트라이플(trifle, 술에 담근 케이크, 휘핑 크림, 젤리 등을 쌓아 만든 잉글랜드식 과

일 디저트. — 옮긴이)을 날랐다.

가족. 그 모든 불완전함, 차질, 작은 화재 속에 있던 가족. 우리는 가족이 중요할 때 서로를 위해 그곳에 있었다.

벌채지에도 불구하고, 연구와 기후 변화에 대한 걱정, 건강과 아이들 걱정, 또 내 소중한 나무들을 포함한 다른 모든 것들에 대한 걱정에도 불구하고 집에 있다는 것, 우리 모두와 함께 있다는 것이 너무나, 그냥 너무나 좋았다.

...

해나는 나를 따라 절벽의 블랙홀 아래 바위틈에 있는 솔송나무 숲속으로 들어갔다. 블랙홀은 구리와 아연을 찾기 위해 광부들이 1세기 전 산을 폭파해 지은 수 킬로미터의 터널로 통하는 입구였다. 우리는 나무들 사이에 흙구덩이를 팠는데, 일부 광물 알갱이는 초록색, 다른 것들은 녹슨 색이었다. 손은 수술용 장갑으로 보호했고 팔도 긴 소매로 덮었다. 입구에서 나온 침출수에는 구리나 납 같은 금속들이 잔뜩 있었고, 이들이 숲 바닥을 오염시켰다. 금속은 세균의 도움으로 광석 내의 황화물과 결합해 산성 광산 배수를 형성했는데, 산성 광산 배수는 토양 깊숙한 곳의 폐암 더미에서 침출된다. 그러나 이곳에서도 나무는 자랐고 느리지만 숲의 회복을 지원하기 위해 제 전부를 바치고 있었다.

2017년 여름이었다. 우리는 밴쿠버에서 북쪽으로 45킬로미터 떨어진, 스콰미시 네이션의 비양도 구역(unceded territory) 하우 사운드(Howe Sound) 해변의 브리타니아 광산에 있었다. 이 광산은 영국 제국 최대의 광산으로 화성 쇄설물이 퇴적암에 흘러들어 변성된 결과물이 심성 관입암과 접촉해 생긴 광석을 채굴하기 위해 1904년에 문을 열었다. 광부들은 풍부한 광석이 매장된 단층과 파쇄대에서 광석을 캤고, 브리타니아 크리크 북쪽 측면부터 남쪽으로는 퍼리 크리크(Furry Creek)에 이르는 약 40제곱킬로미터 면적을 차지하는 브리타니아 산을 직통으로 뚫었다. 그들은 210킬로미터에 이르는 터널과 갱도로 통하는 24개 입구를 남겼고, 터널과 갱도는 해저 650미터에서 해발 1,100미터에 걸쳐 있었다.

산 안쪽에서 밖으로 이어진 철로를 따라 운반된 광석은 광물 수송 차량과 노면 전차에 실렸고 폐암은 입구에 내버려진 채 쌓여 갔다. 심지어 1974년 광산 폐쇄 이후에도 브리타니아 광산은 여전히 북아메리카 해양 환경의 가장 큰 금속 오염원 중 하나였다. 해안선을 메우기 위해 광물 찌꺼기와 폐암을 사용했고, 수 킬로그램의 구리를 함유한 브리타니아 크리크는 맑지만 생명체는 살지 못했고, 그 물이 하우 사운드로 흘러 들어가 해안을 따라 최소 2킬로미터의 해양 생물이 죽었다. 브리타니아 크리크 물은 광산 폐쇄 시점에 유독성이 너무나 높아서 치누크 연어 치어가 들어오면 48시간 내에 죽을 정도였다. 수년간의 복원 후 연어는 성공적으로 브리나티아 크리크에 산란을 위해 회귀했고 브리타니아 해변의 해안선은 다시 살아나 바위에 식물과 무척추동물이, 하우 사운드에 돌고래와 범고래가 돌아왔다.

지구가 용서할 수 있다는 징조였다.

나는 폐석 더미가 주변 삼림에 미치는 영향을 평가하기 위해 환경 독성학자 트리시 밀러(Trish Miller)의 요청으로 해나와 함께 이곳에 왔다. 폐석의 영향은 크리크에만 국한되지 않고 숲속까지 멀리 퍼져 나왔으며, 트리시는 일반적으로 시행되는 평가 이상으로 광범위한 평가를 원했다. 나는 트리시와 함께 연구할 기회에 뛰어들었다. 수년간 환경 복원에 대한 트리시의 강연을 들었고 우리는 아이들이 어릴 때부터 친구로 지내 왔다. 파괴된 생태계를 치유하는 숲의 능력, 맨땅에 씨를 내리는 오래된 나무의 능력, 균근과 미생물 연결망의 손상 복구 능력을 찾아내고 싶었다. 폐석 더미가 주위를 둘러싼 금속에 오염된 숲에서 나무는 얼마나 잘 자랄 것인가? 숲은 회복하는 중일까? 인간이 더 많은 작업을 해야 하나, 아니면 숲은 서서히 스스로 치유할 수 있을까?

숲이 입은 상해가 얼마나 크고 깊으면 치유 불능 상태가 될까?

해나와 나는 솔송나무 틈에 숨은 입구를 발견했다. 솔송나무는 동굴로 통하는 입을 벌린 관문을 나무로 된 숄처럼 둘러싸고 있었다. 오리나무와 자작나무가 손으로 깎은 광로와 바윗덩어리에 높이 자리한 터널에서 내려오는 선로를 따라 늘어서 있었다. 이끼와 지의류가 광부들이 자던 야영지를 덮었고 광부 가족들이 살던 마을 터는 고요했다. 폐암 더미를 후광처럼 둘러싼 숲은 오염되지 않은 주변 숲보다 부식토도 더 척박했다. 하지만 나무뿌리가 밖으로 드러난 돌들을 휘감고 있었고, 산성을 좋아하는 로도덴드론 멘지에시과 검은 허클베리, 고사리 등이 오염된 숲을 발 디딜 곳으로 삼았다. 빗물이 떨어지는 솔송나무 가지 아래에 서서 지구에 치유의 힘을 가진 장소가 존재한다면 바로 이곳, 세계에서 가장 생산성 높은 우림 중 하나인 태평양 연안일 것이라는 느낌을 받았다.

이번 일은 또 해나에게 수목, 식물, 토양, 이끼의 파괴를 평가하는 방법을 알려줄 기회이자 심지어 혈관 표면에서 출혈이 있을 때도 회복하는 자연의 능력을 보여 줄 기회였다. 이 폐암 더미는 수백 미터씩 이어지는 벌채지, 골짜기 너머까지 합쳐진 벌채지 1,000곳, 세계 각지의 노천 구리 광산 수천 곳에 비하면 규모가 작았다. 벌채로 인한 교란이 즉각적이고 극심해도 숲 바닥이 온전한 곳에서 숲이 바로 회복할 수 있는 반면, 토양을 제거하고 지구 깊은 곳에서 광물을 캐면 숲과 하천은 장기적 영향을 받는다.

"나무들이 돌아오고 있어서 다행이에요." 해나는 작은 솔송나무에서 목편을 채취하며 말했다. 썩어 가는 나무에서 틈새를 찾아 보병처럼 줄지어 선 나무 열두어 그루 중 하나였다. 나무의 씨는 인근의 건강한 숲에서 들어와 뿌려졌고, 나무의 뿌리가 썩어 가는 보모 통나무를 차지해 진균 공생체가 거기서 귀한 양분을 빨아들였으며, 스펀지 같은 셀룰로스가 물을 빨아들였고, 숲 상부에서는 가는 빛이 옅게 들어왔다. 해나의 나무는 주변 고목에 비하면 겨우 절반 속도로 자라는 중이었다. 나무의 뿌리는 얕고 나무갓은 듬성듬성했다. 하지만 나는 나무가 살아남을 것임을 알았다. 내 석사 학생인 게이브리얼(Gabriel)은 심지어 이런 어린 솔송나무도 뿌리가 보모 통나무를 붙들면 근처의 어머니 나무와 이어질 수 있고, 스스로 자급 자족하는 생산자가 될 때까지 어머니 나무의 강력한 나무갓이 만든 탄소를 받을 수 있다는 것을 발견했다. 숲 하부의 식물 군집도 회복 중이었다. 지금 작은 땅뙈기 여러 군데에 사는 오래된 관목과 초본 절반은 솔송나무처럼 산성을 선호하는데, 이들이 느리게 토양을 바꾸고 양분 순환을 가속화하고 있었다. 이런 되먹임은 나무가 다시 탄력을 회복하는 데 반드시 필요했다. 흙구덩이에서 숲 바닥, 즉 낙엽층, 분해층, 부식층 깊이를 측정하니 이곳의 숲 바닥 깊이는 이미 인근의 건강한 지역 숲 바닥 깊이의 절반 정도였다.

아래에 깔린 광물 토양을 살펴보려고 숲 바닥을 벗겨내자 도롱뇽만큼 큰 구릿빛 지네가 나타나 내 손에서 발버둥을 쳤다. "아!" 절지동물을 통나무 쪽으로 집어 던지며 나는 소리를 쳤고, 지네는 비틀대다 부식토에 떨어졌다. 화가 잔뜩 난 지네가 진흙이 휘저어질 만큼 빠르게 꿈틀댔다. 숲 바닥이 회복 중이라는 신호, 충격적인 신호였다. 더 작은 벌레를 잡아먹는 작은 벌레를 지네가 잡아먹고 배설하며 양분을 순환시키고 나무가 자라도록 돕는 활동의 연쇄인 하루 일과를 계속하러 보이지 않는 곳으로 파고 들어갔다. 해나와 나는 토양의 깊이와 질감, 나무의 키와 나이, 식물의 종과 피도(cover, 각 식물 종이 지표면을 덮는 비율. ― 옮긴이), 새와 동물의 흔적을 측정해 기록하기 전에 초콜릿 칩 쿠키를 먹었다.

우리는 차를 몰고 산 위로 5킬로미터 더 올라가서 폐암 자갈 비탈 건너의 식물과 토양을 조사했다. 70퍼센트 경사도는 너무나 가팔라서 작업자들의 하강을 돕기 위한 줄이 매어져 있었다. 테일러스 중간 부분은 대부분 맨땅이었고 일부 지의류만 바위 파편 위를 기어 다녔으며 이상한 풀이 뿌리를 내렸다. 티끌만큼 있는 부식토에 뿌리내린 솔송나무 새싹들이 질소 부족 때문에 병적으로 창백한 것을 백화(chlorotic)라고 한다. 아주 예전에 릴루엣 산맥에서 본 작고 누런 모종 생각이 났다. 우리가 가파른 테일러스를 쑤시고 다니는 동안 해나가 내 뒤에서 속도를 맞춰 주었다. 주변의 어머니 나무에서 씨를 내린 솔송나무는 수목 한계선 근처로 갈수록 점점 더 튼튼해졌다. 안개로 뒤덮인 숲 가장자리에 있던 묘목들은 더 컸고 잎도 더 밝았고 균근이 광물과 뒤엉켜 스스로 흙을 만들고 있었다. 조금씩 조금씩 어머니 나무의 도움을 받아 생명체들, 즉 진균과 세균, 식물과 지네가 힘을 모아 착취당한 이 장엄한 공간의 상처를 치유해 가고 있었다.

"오래된 숲에서 흙을 갖고 와도 도움이 될 거야." 나는 위니 할머니가 어떻게 퇴비로 정원을 만들었는지, 또 어떻게 라즈베리 줄기 아래에 버트 할아버지가 잡아 온 생선 내장을 넣었는지를 떠올리며 말했다. 마치 하일척 사람들과 곰과 늑대가 할머니 시더를 연어 뼈로 비옥하게 하고, 되돌려 주며 순환을 완성한 것처럼. 할머니가 일하던 곳의 베리가 제일 달았다. 장담할 수 있다. 할머니가 할머니네 옥수수밭이며 감자밭을 다닐 때 내가 따라다녔던 것처럼 해나가 나를 따라오고 있어서 정말로 좋았다.

"자작나무랑 오리나무를 여기 심어도 되겠어요." 해나가 하천가의 오리나무와 오래된 광로를 따라 난 자작나무 종자를 채취하자고 제안하며 말했다.

"좋은 생각이네." 내가 말했다. "그리고 무리 지어 심자. 줄지어서 심지 말고." 나무들은 서로 가까이 있어야 하고, 수용성 좋은 토양에 정착해야 하고, 한데 모여 생태계를 구축해야 하고, 다른 종과 섞여서 우드 와이드 웹을 만들어 내는 패턴 속에서 관계를 맺어야 한다. 숲이 회복할 힘은 이런 복잡성에서 나오기 때문이다. 요즘 과학자들은 숲은 조정하고 학습하는 다양한 종으로 구성된 복잡 적응계로 숲은 오래된 나무, 종자 은행, 통나무 등의 유산을 포함하며, 이런 부분이 복잡한 동적 연결망 안에서 정보의 되먹임과 자기 조직화를 통해 상호 작용한다고 기꺼이 말한다. 여기에서 부분의 합 그 이상인 체계 수준의 특징이 드러난다. 생태계의 속성은 건강, 생산성, 아름다움, 정신으로 숨 쉰다. 깨끗한 공기, 깨끗한 물, 비옥한 토양. 숲은 이런 방식으로 치유하도록 만들어져 있고, 숲의 인도를 따르면 숲을 도울 수 있다.

제일 높은 입구의 폐암 언덕에 도착하자 폭파 때문에 높이가 수백 미터에 이르고 폭도 그 정도인 동굴 같은 흉터가 드러났다. 바닥에는 폐암이 줄지어 쌓여 있었다. 공기는 희박했고 구름이 화강암 탑 위에 피어올랐고 차가운 비가 우리 위로 퍼부었다. 입구 주변의 산솔송나무는 여전히 생기가 넘쳤고 바늘잎은 벨벳 같았고 나뭇가지는 바람에 헝클어졌고 꼭대기는 눈이 퍼부은 만큼 휘어져 있었다. 나무뿌리는 늙은 손을 가로지르는 혈관처럼 숲 바닥 아래에 퍼져서 화강암을 숲으로 순환시키고 식물과 동물을 먹인다.

하지만 그 후 상처 자리에서, 그러니까 깊은 땅속의 금속 때문에 바위가 빛나던 곳에서 뿌리가 멈췄다. 아래쪽에 있던 입구에서 갑자기 공중에 멈춘 선로처럼, 사람들이 강에 돌진해 몸을 던져 목숨을 끊은 것처럼 말이다. 이 구멍은 너무 깊어서 뿌리가 계속 이어질 수 없었고 파낸 바위는 너무 날 것이라 양분을 공급할 수 없었으며 물은 너무 산성이라 마실 수 없었고 상처는 봉합할 수 없었다. 암반에서 스며 나온 물

아래로 금속성 암석이 반짝거렸고, 심지어 평화의 1세기가 지난 후에도 입자에는 여전히 지의류와 이끼가 없었다. 상처가 너무 심하면 지구도 견뎌 내지 못할 때가 있고, 회복하지 못한다는 것을 보고 해나가 얼마나 놀랐는지 알 수 있었다. 지구가 버틸 수 있는 상처에도 정도가 있다. 심지어 강력한 어머니 나무의 장엄함, 치유하는 뿌리, 끈질김에도 불구하고 연결이 너무나 심하게 손상되고 출혈이 과도할 때도 있다.

우리는 제일 아래에 있는 입구까지 내려갔다. 이 고도에서는 광산을 만드느라 뚫은 구멍이 더 작았다. 이곳의 숲은 회복할 것이다. 해나는 오늘의 마지막 나이테를 측정해 고리를 셌고 "87"이라고 적었다. 해나는 연필로 표시한 나이테 목편을 다시 나무속에 넣었고, 상처를 수지로 봉한 다음 나무 껍질을 토닥였다.

"정말 좋은 건." 나는 말했다. "추진력만 아주 조금 주어지면, 이 현장을 조금만 도와주면 식물과 동물이 다시 돌아올 거란 거야." 그들이 숲을 다시 온전하게 만들고 숲의 회복을 도울 것이다. 대지는 스스로 치유하고자 한다. 내 몸이 그랬던 것처럼, 나는 생각했다. 이곳에 있을 수 있어서, 연구를 계속하고 내 딸을 가르칠 수 있음에 감사했다. 체계가 급변점에 일단 도달하면, 일단 괜찮은 결정이 내려지고 실행되면, 그리고 부품과 공정이 다시 결합되면 토양이 재건되고 적어도 일부 지역에서는 회복이 가능하다. 우리는 장비를 챙기고 비탈을 돌아 내려왔다. 흙에는 아직 구리 같은 초록색 얼룩이 있었고 스며 나온 물도 여전히 약간 산성이었지만, 이 모든 것들이 서서히 변해 가고 있었다.

무성한 묘목이 이룬 카펫이 우리의 발목을 휘감았다. 키가 더 큰 솔

15장   지팡이 물려주기

브리티시 컬럼비아 주 넬슨 근교 내륙 우림에 있는 어머니 나무.

어머니 나무를 찾아서

송나무가 쓰러진 통나무를 따라 줄을 지어 행진했고, 솔송나무 원줄기는 태양을 찾아 혈안이 되어 있었으며, 뿌리는 숲에 휘감겨 있었다. "삼림 생태학자가 되고 싶어요, 엄마." 딸은 묘목의 깃털 같은 바늘잎을 손으로 훑으며 말했다.

나는 멈춰 서서 뒤를 돌아보았다. 석양에 윤곽을 드러낸, 다른 이들 위에 솟은, 그녀를 길러 준 화산암에 뿌리를 내린 이는 이 넓은 구획에 자리한 묘목들의 어머니 나무였다. 수 세기 동안 쌓인 눈에 울퉁불퉁해진 가지를 팔처럼 뻗고, 상처는 아문 지 오래고, 손끝에 방울 열매를 잔뜩 달고 있는 어머니 나무. 나는 평온하고 행복했지만 쉬고 싶기도 했다. 버지니아의 어느 학급에서는 나에게 「엄마 나무」라는 시를 보내 주었다. 시에 나오는 어머니는 우리 모두에게 이렇게 말한다. 잘 자라, 내 사랑. 잘 시간이야. 오늘 저녁 나는 스콰미시 강으로 가는 작은 길을 따라 왜가리와 같이 강둑에 앉아서 포근한 공간에서 눈을 감을 것이다.

해나는 조끼 주머니에서 카메라와 GPS 장치를 꺼내서 늙은 어머니 나무와 자녀 묘목들 사진을 찍고 위치를 기록했다. "이것도 보고서에 넣을까 봐요." 해나가 말했다. 무한히 자라 나가는 숲을 보는 해나의 능력이.

제멋대로 뻗은 어머니 나무의 나무갓 뒤로 해가 저물어 가는 사이 흰머리수리가 나무에서 제일 높은 가지에 올라가 방울 열매를 흩어 놓았다. 수리는 우리를 똑바로 내려다보는 방향으로 흰 머리를 틀었다. 나는 거친 숨을 내쉬었고, 내 숨이 세찬 산 공기와 합쳐졌다. 내 숨이 수리에게 닿았다고 생각하고 싶었다. 딱 그때 수리가 그 엄청난 날개를 들었으니까. 이제 나는 이유를 안다. 나는 왜 묘목들이 상하고 망가졌음에도 건강한지 알게 되었다. 내 인생을 바치겠다는 약속을 받은, 아주 오래전 릴루엣 산맥에 있던 작은 노란 묘목과 달리 이곳의 씨앗은 이 어버이 나무의 거대한 균근 연결망 속에서 싹을 틔웠기 때문이다.

묘목의 갓 난 뿌리는 어머니 나무의 망을 통해 영양 많은 액을 받아 마셨다. 묘목 순은 그들이 유리하게 시작할 수 있게 해 주는 어머니가 지난 세월 겪은 고생에 대한 메시지를 받았다.

그들은 이 에메랄드빛 깃털로 화답했다.

갑자기 흰머리수리가 상승 기류를 타고 솟아오르더니 산봉우리 너머로 사라졌다. 이 세상에 지나치게 사소한 순간은 없다. 잃어버려도 괜찮은 것은 없다. 만물에는 목적이 있고 만물에는 보살핌이 필요하다. 이것이 내 신조이다. 만물에는 목적이 있고 보살핌이 필요하다는 것을 받아들이자. 이 생각이 비상하는 것을 지켜보자. 바로 이렇게 항상 풍요함과 우아함이 솟아오를 것이다.

해나가 토양 표본을 짐에 쑤셔 넣었다. 고사리가 빗방울 틈에서 떨었고 후드를 뒤집어 쓴 해나가 수리가 어디로 날아갔는지 살짝 엿본 후 화강암 아레트 위에서 무리에 합류하는 수리를 가리켰다.

바람이 어머니 나무의 바늘잎 틈을 할퀴고 지나갔지만 나무는 꿋꿋이도 서 있었다. 어머니 나무는 지금껏 수없이 다양한 모습을 한 자연을 보았다. 모기떼가 들끓는 더운 여름날을, 몇 주 동안 억수같이 퍼붓는 비를, 가지를 부러뜨릴 만큼 쏟아지던 눈을, 긴 가뭄이 지나간 후 오래도록 이어지던 습한 시기까지 보았다. 하늘에 붉은 물이 들었고,

나무의 가지에 불이 붙었고, 피가 솟구치며 함성을 질렀다. 나무는 수백 년 후에도 이 자리를 지키며 회복을 이끌며 제 전부를 바칠 것이다. 내가 죽고 나서 오랜 시간이 흐른 뒤에도. 잘 있어요, 사랑하는 엄마. 고단했던 나는 서툴게 조끼 지퍼를 올렸다. 해나는 무거운 짐을 어깨 위에 둘러메고서 짐을 바루고 버클을 조였다. 무게는 거의 느끼지 못했다.

해나가 삽을 가져가며 내 짐을 덜어 주었고, 내 손을 꽉 쥐고 집으로 돌아가는 길로 이끌었다.

15장 지팡이 물려주기

501

에필로그

[어머니 나무 프로젝트]

나는 2015년, 암 투병 후 새로 태어나던 시기에 어머니 나무 프로젝트를 시작했다. 이 프로젝트는 내가 여태껏 한 실험 중 가장 규모가 컸고 실험 지침은 심지어 기후 변화 속에서도 숲이 재생 가능하도록 어머니 나무를 보존하고 숲속의 연결을 유지하는 것이었다.

어머니 나무 프로젝트는 브리티시 컬럼비아 주 남동쪽 구석의 덥고 건조한 임분부터 북부 중앙 내륙의 춥고 습한 임분까지, 브리티시 컬럼비아 '기후 무지개'를 관통하는 실험 삼림 아홉 곳으로 구성되어 있다. 이 프로젝트에서는 숲의 구조와 기능을 조사한다. 즉 관계의 망이 실제 환경에서 어떻게 작동하는지, 관계망이 벌채 방식, 보존하는 어머니 나무 수, 수종이 다양한 방식으로 섞인 조림지 환경에 따라 어떻게 달라지는지 살펴본다. 지구가 직면하고 있는 스트레스에 대한 탄력성을 최대화하는 목재 수확과 식재 조합법, 숲에서 자원을 얻으려는 인간의 필요를 충족하는 동시에 건강한 연결이 번창하게 하는 방법에 대한 합리적 추측을 하고자 한다.

우리의 목표는 신흥 철학인 복잡성 과학을 더욱 발전시키는 것이다. 경쟁에 더해 협동을 포용하고 사실상 숲을 구성하는 다채로운 상호 작용 전반을 연구함으로써 복잡성 과학은 임업 관행이 적응성과 총체성을 갖추도록 변모시키고, 과도한 권위주의와 단순화에서 멀어지게 해 줄 것이다.

현 시점에는 모든 이들이 기후 변화의 결과에 대해 알고 있으며, 기후 변화의 직접적 분노를 피할 수 있는 사람은 거의 없다. 이산화탄소 농도는 1850년의 285피피엠 수준(공기 분자 100만 개 중 이산화탄소 분자가 285개 있다는 뜻이다.)에서 1958년에는 315피피엠으로 폭증했다. 내가 여기 앉아 글을 쓰고 있는 지금, 대기 중 이산화탄소 농도는 412피피엠을 이미 넘어섰다. 지금 추세대로라면 해나와 나바가 아이들을 기를 즈음이 되면 과학자들이 급변점이라고 생각하는 450피피엠에 도달할 것이다.

하지만 나는 희망을 갖고 있다. 가끔 아무것도 꿈쩍하지 않을 것 같을 때도 달라지는 것은 있다. 내 연구에 기반해 자유 성장 정책은 지난 2000년에 수정되었고 브리티시 컬럼비아 주 일부 지역에서는 몇몇 자작나무와 사시나무를 용인하게 되었다. 비록 근본적 태도가 완전히 변하지는 않았고 이 잎투성이 나무들은 여전히 경쟁자이자 거슬리는 존재 취급을 받고 있지만 현업에 종사 중인 젊은 임업인들은 사려 깊은 지침을 작성하며 오래된 나무를 보호하고 숲의 다양성을 장려하겠다는 생각을 적용하는 중이다.

우리에게는 방침을 바꿀 힘이 있다. 끊어진 연결, 또 자연의 놀라운 능력에 대한 이해 상실이 우리를 몰아붙여 수많은 절망을 겪게 했고, 특히 식물은 우리의 학대 대상이 되었다. 감각을 느끼는 식물의 성질을 이해하면 나무, 식물, 숲에 대한 공감과 사랑이 자연스럽게 깊어질 것이며 혁신적인 해결책도 찾을 수 있을 것이다. **자연 자체의 지능에 기대는 것이 관건이다.**

이것은 우리 개개인 또 우리 모두의 몫이다. 내 식물이라 부를 수 있는 식물과 인연을 맺기 바란다. 도시라면 발코니에 화분을 두면 된다. 마당이 있다면 뜰을 가꾸거나 마을 텃밭에 참여하기 바란다. 지금 당장 할 수 있는 간단하면서도 심오한 일도 있다. 나무, 나만의 나무를 찾으러 가 보는 것은 어떨까. 내 나무의 연결망과 연을 맺고, 망으로 이어져 있는 근처의 다른 나무들과도 인연을 맺는다고 상상해 보자. 감각을 확장하며.

더 많은 일을 해 보고 싶다면 어머니 나무 프로젝트의 핵심으로 초대하겠다. 생물 다양성, 탄소 저장, 우리의 생명 유지 체계를 떠받치는 수많은 생태적 재화와 용역을 보호하고 강화하는 기술 및 해결책을 알아 가실 수 있다. 우리의 상상만큼 기회도 무한하다. 숲속 깊은 곳에서 이루어지는 이 학제 간 연구에 참여하고 세상의 숲을 구하고 싶은 과학자, 학생, 일반인들은 http://mothertreeproject.org에서 더 많은 정보를 얻을 수 있다.

비브 라 포레!(Vive la forêt! 숲이여, 영원하여라!)

에필로그

감사의 글

『어머니 나무를 찾아서』에 상세히 기술한 연구를 수행할 수 있도록 도움을 주신 수많은 분들의 성원과 헌신에 더없이 감사한다. 각 장에는 여럿이 함께한 노력이 반영되어 있는데, 이 이야기를 짓게 하고 빛을 보게한, 나와 함께 살며 일하고 곁에서 함께 배운 많은 사람들에게 진 신세는 영원히 다 갚지 못할 것만 같다. 가족과 친구, 학생, 스승, 동료, 글쓰기 코치, 에이전트, 출판사 담당자 여러분의 애정 어린 기여 덕분에 힘과 인내, 버틸 수 있는 용기를 얻었다.

아이디어 아키텍츠(Idea Architects)의 더글러스 에이브럼스(Douglas Abrams)와 래러 러브 하딘(Lara Love Hardin) 덕분에 이 책을 시작할 수 있었다. 그들의 관심, 통찰력, 창의력이 없었다면 이 책은 지금만 못했을 것이다. 글쓰기 코치 캐서린 바즈(Katherine Vaz)와 긴밀히 작업할 수 있었음에 특히 감사드린다. 캐서린은 모든 장에 들어간 내 기억과 생각을 다듬고 중요한 세부 사항들을 이끌면서 어색한 구절을 없애고 독자가 글을 계속 읽고 싶도록 이야기를 풀어갔다. 캐서린은 첫 단어부터 마지막 단어까지 나를 응원하고 격려했고 우리가 작업을 마칠 즈음에는 캐서린도 나만큼 내 인생에 대해 많이 알고 있다는 느낌을 받았다. 우리는 만나자마자 우정을 키워 가게 되었다. 이 책이 빛날 수 있도록 도와준 대단한 캐서린에게 깊은 감사를 전한다.

크노프 더블데이(Knopf Doublday) 출판 그룹의 편집자인 비키 윌슨(Vicky Wilson)에게 감사드린다. 나무에 대한 책 초고에 관심을 표하고, 숲을 황폐하게 만든 세계관과 동일한 세계관이 사회에 경련을 일으킨다는 것을 알아준 데다가 이런 문제들을 해결하려면 우리 스스로에 대해, 자연 속에서 우리의 자리에 대해 깊이 고민해야 하며, 또 자연이 가르쳐 준 것들을 살펴봐야 함을 알아주어서 고마웠다. 나와 우리 가족 모두는 예전 사진들을 책 속 이곳저곳에 넣겠다는 비키의 아이디어 덕분에 큰 덕을 보았다. 이 책의 진가를 알아봐 주고 생생한 활력을 불어넣어 준 비키에게 감사한다.

영국 펭귄(Penguin) 사의 편집자 로라 스티크니(Laura Stickney)는 신중한 시선으로 과학과 관련된 구절들을 명확하게 다듬도록 도와주었다. 로라의 집중력, 책 작업 후반 단계에 너무나 중요했던 로라의 편집 기술에 고마움을 표하고 싶다.

이 책은 내가 가족들에게 보내는 사랑의 편지이다. 어머니 쪽 조부모인 위니와 버트, 더 넓게는 가드너(Gardner) 집안, 퍼거슨 집안에, 또

아버지 쪽 조부모인 헨리와 마사, 시마드 집안, 앤틸라(Antilla) 집안에 보내는 내 감사의 시이다. 그들은 나에게 물, 개천, 숲에 대해 알려 주었고, 그들로부터 우리가 이 땅에 정착했을 때 고생 속에서도 어떻게 즐겁게 살았는지 배울 수 있었다. 그리고 특히 내 부모님, 엘렌 준 시마드와 어니스트 찰스(피터) 시마드, 형제자매인 로빈 엘리자베스 시마드와 켈리 찰스 시마드. 이 책 속 모든 문장은 우리, 우리가 온 곳, 우리를 만들어 준 숲에 대한 것이다. 이 책은 그들의 가족에게 드리는 선물이기도 하다. 특히 올리버 레이븐 제임스 히스, 켈리 로즈 엘리자베스 히스, 매슈 켈리 찰스 시마드, 티파니 시마드에게 드리는 선물이다. 이 책에 담긴 이야기들은 그들의 삶 속에 살아 숨 쉬고 있다.

아름다운 내 친구들에게, 내 개성과 독특함을 사랑해 준 만큼, 나도 여러분의 개성과 독특함을 사랑한다. 특히 누구나 정말 갖고 싶을 아름다운 우정을 쌓아 간 제일 친한 친구이자 지난 40년간 함께 인생을 숲에 바쳐 온 위니프리드 진 로치(결혼 전 성은 매더(Mather))에게 감사한다. 또 바브 지머닉(Barb Zimonick)에게도 감사한다. 산림청에서 10년도 넘게 기술자로 내 업무를 담당하며 정산, 트럭, 장비, 여름 학기 학생들을 챙겨 주어 정말 고마웠다. 심지어 바브의 아이들이 어릴 때도 우리가 오랫동안 다른 동네에서 일해야 했다. 그렇게 오랜 시간을 함께해 준 바브와 가족들에게 내 진심 어린 감사를 전하고 싶다.

브리티시 컬럼비아 대학교에서 나를 돕고 내게 연구를 수행할 영감을 준 학생들, 박사 후 연구원들, 연구원들에게 충분히 감사의 말을 전하기란 불가능한 일이라는 것을 안다. 여러분의 연구는 내가 이 책에서 다룬 과학에 담겨 있다. 나와 함께 공부한 순서대로 여러분께 감사드리고자 한다. 론다 들롱(Rhonda DeLong), 캐런 베일수터(Karen Baleshta), 리앤 필립(Leanne Philip), 브렌던 트위그(Brendan Twieg), 프랑수아 테스테(François Teste), 제이슨 바커(Jason Barker), 마르커스 빙험(Marcus Bingham), 마티 크래너베터(Marty Kranabetter), 줄리아 도델(Julia Dordel), 줄리 드슬립(Julie Deslippe), 케빈 베일러(Kevin Beiler), 페데리코 오소리오(Federico Osorio), 섀넌 구이숑(Shannon Guichon), 트레버 블레너해셋(Trevor Blenner-Hassett), 줄리아 챈들러(Julia Chandler), 줄리아 애머롱건 매디슨(Julia Amerongen Maddison), 어맨다 어세이(Amanda Asay), 모니카 고즐랙(Monika Gorzelak), 그레고리 펙(Gregory Pec), 게이브리얼 오리고(Gabriel Orrego), 우아마니 오리고(Huamani Orrego), 앤서니 룽(Anthony Leung), 어맨다 매티스(Amanda Mathys), 카밀 드프렌(Camille Defrenne), 딕시 모디(Dixi Modi), 케이티 맥마헨(Katie McMahen), 앨런 라로크(Allen Larocque), 에바 스나이더(Eva Snyder), 얼렉시아 컨스탠티누(Alexia Constantinou), 조지프 쿠퍼(Joseph Cooper). 나와 함께 한 박사 후 연구원들과 연구자들께. 여러분이 이 연구의 이름 없는 영웅이다. 테리사 라이언 박사, 브라이언 피클스 박사, 송위안 위안 박사, 올가 카잔체바(Olga Kazantseva) 박사, 시빌 호이슬러(Sybille Haeussler) 박사, 저스틴 카스트(Justine Karst) 박사, 톡탐 사지디(Toktam Sajedi) 박사. 내가 지난 20년간 가르친 수천 명의 학부생들에게. 나에게 가르치는 법을 가르쳐 주어서, 흙구덩이에 들어가고 숲에서 굴러다니며 흙과 숲의 놀라움을 보고, 만지고, 들어주어 고맙다. 항상 나를 매료

시킨 대상에 대한 내 열정 중 일부를 여러분에게 물려주었기를 바란다.

지난 세월 함께 일하는 즐거움을 누린 동료들이 너무나 많아서 일일이 이름을 부르지 못할 것 같지만, 특히 댄 듀럴 박사, 멜라니 존스 박사, 랜디 몰리나(Randy Molina) 박사에게 숲의 지하 세계에 대한 열정에 함께 해 주어 고맙다고 전하고 싶다. 정부와 학계에서 다양한 경력을 가진 드보라 들롱(Deborah DeLong)에게도 감사드린다. 우리가 가는 길은 가장 흥미진진했던 때에 하나가 되었다. 또 경력 초기에 산림청에서 임학 일을 함께한 동료들께도 감사드린다. 특히 데이브 코우츠(Dave Coates)와 테리사 뉴섬(Teresa Newsome), 그리고 초기에 나와 공동 저술을 한 진 하이네먼(Jean Heineman)에게 감사드린다.

삼림 과학에 대한 관심을 더 깊게 해 준 멘토와 스승께 감사드린다. 제일 처음 지도 교수가 되어 주신 레스 라브쿨리치(Les Lavkulich)는 토양 화학 분야의 개척자로 탁월한 교수자란 어떤 분인지 몸소 보여 주며 토양 발생학을 세상에서 가장 흥미진진한 주제로 만들어 주었고 내 학사 논문을 지도했다. 내가 1990년에 산림청에서 임학 연구원으로 일했을 때, 앨런 바이스는 나를 챙기고 숲을 온전한 총체로 만드는 것이 무엇인지에 대한 시각을 잃지 않는 동시에 과학 기술을 습득할 수 있도록 영감을 주었다. 앨런은 내가 대학원에서 삼림 생태학 관련 연구를 할 수 있게 무척 많은 기회를 주었다. 앨런, 당신이 가르쳐 준 모든 것들과 내게 준 모든 기회에 대해 영원히 감사할 것입니다. 이학 석사 과정 지도 교수인 스티브 래도세비치(Steve Radosevich)는 농학에서의 종 간 상호 작용에 대한 정밀한 연구를 삼림으로 갖고 온 분이며, 나중에는 식물 군집에서 식물 자신들만큼이나 인간도 중요하다는 것을 알게 되었다. 생태학의 눈을 통해 임업을 이해하는 방식을 알려 준 박사 지도 교수 데이비드 페리에게도 감사를 표한다. 이들의 제자였음이 자랑스럽다.

내 연구에 관심을 기울이고 더 많은 것을 볼 수 있도록 조명한 수많은 예술인, 작가, 영화 감독 들과 공동 작업을 할 수 있었음에 감사드린다. 특히 「우븐 우즈(The Woven Woods)」를 만든 로레인 로이(Lorraine Roy), 「판타스틱 진균(Fantastic Fungi)」의 루이 슈워츠버그(Louie Schwartzberg), 「오버스토리(The Overstory)」의 리처드 파워스(Richard Powers)」, 「스마티 플랜츠(Smarty Plants)」의 어나 버피(Erna Buffie), 「어머니 나무가 숲을 연결한다(Mother Trees Connect the Forest)」의 댄 맥키니(Dan McKinney)와 줄리아 도델(Julia Dordel)에게 감사드린다. 형부인 빌 히스(Bill Heath)와 함께 내 연구를 테드 무대에 올리고, 어머니 나무 프로젝트와 연어 숲 프로젝트에 대한 다큐멘터리 영화를 만들 수 있어 정말로 기뻤다. 빌은 또한 우리 가족과 인생의 역사적 사진 보관소를 만들었으며, 그중 일부는 이 책에 실려 있다.

책에 실린 모든 연구는 다양한 기관, 연구비 지원 기관과 재단으로부터의 재정 지원과 도움이 없었다면 불가능했을 것이다. 브리티시 컬럼비아 삼림 및 산지부(British Columbia Ministry of Forests and Range), 브리티시 컬럼비아 대학교, 캐나다 자연 과학 공학 연구 협회(Natural Sciences and Engineering Research Council of Canada, NSERC), 캐나다 혁신 재단(Canadian Foundation for Innovation, CFI), 지놈 BC(Genome BC), 브리티시 컬럼비아 산림 개선 협회(Forest Enhancement Society of British

Columbia, FESBC), 산림 탄소 이니셔티브(Forest Carbon Initiative, FCI) 등에서 도움을 받았다. 연어 숲 프로젝트를 아낌없이 지원한 도너 캐나디안 재단(Donner Canadian Foundation), 어머니 나무 프로젝트를 아낌없이 지원한 제나 앤드 마이클 킹 재단(Jena and Michael King Foundation)에 깊은 감사를 드린다.

초고를 읽고 평하며 엄청나게 큰 도움이 된 피드백을 해 준 중요한 사람들이 있었다. 준 시마드, 피터 시마드, 로빈 시마드, 빌 히스, 돈 색스, 트리시 밀러, 진 로치, 앨런 바이스에게 감사드린다. 또한 슴시안 네이션의 테리사 라이언 박사께 감사드린다. 선주민에 대한 내용을 검토하고 나에게 세상을 보는 선주민의 방법을 알려 주었으며 이 작은 과학적 발견을 꿰어 선주민식 생활 양식의 기반이 되는 심층적 사회 생태학적 연결로 발전시키는 작업의 가치를 알아봐 주어 감사드린다. 책의 초안을 꼼꼼히 제작, 편집한 펭귄 랜덤 하우스의 제작 편집자 노라 라이커드(Nora Reichard)에게 감사드린다.

코스트 세일리시, 하일척, 슴시안, 하이다, 애서배스컨(Athabascan), 인테리어 세일리시(Interior Salish), 투나하(Ktunaxa) 네이션과 함께 일하고 논의할 수 있었음에, 또한 그들의 전통적인, 조상 때부터의 미양도 지역에서 우리가 살아가고 이 연구를 수행할 수 있음에 감사드린다.

인생에서 가장 힘들었던 시기와 제일 즐거웠던 시기에 나와 함께했으며 우리의 아름다운 딸들인 해나 리베카 색스와 나바 소피아 색스에게 멋진 아빠가 되어 준 돈에게 고맙다. 항상 사랑과 응원에 감사하고 싶다.

감사의 글

마지막으로 메리에게 감사의 인사를 전하고 싶다. 늘 나를 수습해 주고 다음 모험을 위해 신중하게 준비해 주어서 고맙다고.

이 책의 최종 내용은 전적으로 내 책임이다. 정직한 역사의 중개인이 되고자 노력했지만 종종 기억이 빠진 부분을 창의적으로 채워 넣거나 개인 정보 보호를 위해 작은 변화를 주기도 했다. 일부 인명은 간결하게 쓰기 위해 제외하거나 개인 정보 보호 목적으로 변경했지만, 기여에 대한 감사를 표해야 할 때 부디 적절히 언급했기를 바란다. 학생들과 동료들에게. 이름을 언급하지 않거나 성은 빼고 이름만 적은 경우는 있으나, 여러분의 중요한 연구는 참고 문헌에 인용했다.

참고 문헌

서문 [인연]

Enderby and District Museum and Archives Historical Photograph Collection. *Log chute at falls near Mabel Lake in Winter. 1898.* (Located near Simard Creek on the east shore of Mabel Lake.) www.enderbymuseum.ca/archives.php.

Pierce, Daniel. 2018. 25 years after the war in the woods: Why B.C.'s forests are still in crisis. *The Narwhal.* https://thenarwhal.ca/25-years-after-clayoquot-sound-blockades -the-war-in-the-woods-never-ended-and-its-heating-back-up/.

Raygorodetsky, Greg. 2014. Ancient woods. Chapter 3 in *Everything Is Connected.* National Geographic. https://blog.nationalgeographic.org/2014/04/22/everything -is -connected-chapter-3-ancient-woods/.

Simard, Isobel. 1977. The Simard story. In *Flowing Through Time: Stories of Kingfisher and Mabel Lake.* Kingfisher History Committee, 321 – 22.

UBC Faculty of Forestry Alumni Relations and Development. Welcome forestry alumni. https://getinvolved.forestry.ubc.ca/alumni/.

Western Canada Wilderness Committee. 1985. Massive clearcut logging is ruining Clayoquot Sound. *Meares Island*, 2–3.

1장 [숲속의 유령]

Ashton, M. S., and Kelty, M. J. 2019. *The Practice of Silviculture: Applied Forest Ecology*, 10th ed. Hoboken, NJ: Wiley.

Edgewood Inonoaklin Women's Institute. 1991. *Just Where Is Edgewood?* Edgewood, BC: Edgewood History Book Committee, 138–41.

Hosie, R. C. 1979. *Native Trees of Canada*, 8th ed. Markham, ON: Fitzhenry & Whiteside Ltd.

Kimmins, J. P. 1996. *Forest Ecology: A Foundation for Sustainable Management*, 3rd ed. Upper Saddle River, NJ: Pearson Education.

Klinka, K., Worrall, J., Skoda, L., and Varga, P. 1999. *The Distribution and Synopsis of Ecological and Silvical Characteristics of Tree Species in British Columbia's Forests*, 2nd ed. Coquitlam, BC: Canadian Cartographics Ltd.

Ministry of Forest Act. 1979. *Revised Statutes of British Columbia*. Victoria, BC: Queen's Printer.

Ministry of Forests. 1980. *Forest and Range Resource Analysis Technical Report*. Victoria, BC: Queen's Printer.

National Audubon Society. 1981. *Field Guide to North American Mushrooms*. New York: Knopf.

Pearkes, Eileen Delehanty. 2016. *A River Captured: The Columbia River Treaty and Catastrophic Challenge*. Calgary, AB: Rocky Mountain Books.

Pojar, J., and MacKinnon, A. 2004. *Plants of Coastal British Columbia*, rev. ed. Vancouver, BC: Lone Pine Publishing.

Stamets, Paul. 2005. *Mycelium Running: How Mushrooms Can Save the World*. Berkeley, CA: Ten Speed Press.

Vaillant, John. 2006. *The Golden Spruce: A True Story of Myth, Madness and Greed*. Toronto: Vintage Canada.

Weil, R. R., and Brady, N. C. 2016. *The Nature and Properties of Soils*, 15th ed. Upper

Saddle River, NJ: Pearson Education.

2장 [나무꾼들]

Enderby and District Museum and Archives Historical Photograph Collection. *Henry Simard, Wilfred Simard, and a third unknown man breaking up a log jam in the Skookumchuck Rapids on part of a log drive down the Shuswap River. 1925.* www.enderby museum.ca/archives.php.

———. *Moving Simard's houseboat on Mabel Lake. 1925.* www.enderbymuseum.ca /archives.php.

Hatt, Diane. 1989. Wilfred and Isobel Simard. In *Flowing Through Time: Stories of Kingfisher and Mabel Lake.* Kingfisher History Committee, 323–24.

Mitchell, Hugh. 2014. Memories of Henry Simard. In Flowing Through Time: Stories of Kingfisher and Mabel Lake. Kingfisher History Committee, 325.

Oliver, C. D., and Larson, B. C. 1996. *Forest Stand Dynamics*, updated ed. New York: Wiley.

Pearase, Jackie. 2014. Jack Simard: A life in the Kingfisher. In *Flowing Through Time: Stories of Kingfisher and Mabel Lake.* Kingfisher History Committee, 326–28.

Soil Classification Working Group. 1998. *The Canadian System of Soil Classification*, 3rd ed. Agriculture and Agri-Food Canada Publication 1646. Ottawa, ON: NRC Research Press.

3장 [바짝마른]

Arora, David. 1986. *Mushrooms Demystified*, 2nd ed. Berkeley, CA: Ten Speed Press.

British Columbia Ministry of Forests. 1991. *Ecosystems of British Columbia.* Special Report Series 6. Victoria, BC: BC Ministry of Forests. http://www.for.gov.bc.ca/ hfd/pubs /Docs /Srs/SRseries.htm.

Burns, R. M., and Honkala, B. H., coord. 1990. *Silvics of North America.* Vol. 1, *Conifers.* Vol. 2, *Hardwoods.* USDA Agriculture Handbook 654. Washington, DC: U.S. Forest Service. Only available online at http://www.na.fs.fed.us/spfo/

pubs /silvics %5Fmanual.

Parish, R., Coupe, R., and Lloyd, D. 1999. *Plants of Southern Interior British Columbia*, 2nd ed. Vancouver, BC: Lone Pine Publishing.

Pati, A. J. 2014. *Formica integroides* of Swakum Mountain: A qualitative and quantitative assessment and narrative of *Formica* mounding behaviors influencing litter decomposition in a dry, interior Douglas-fir forest in British Columbia. Master of science thesis, University of British Columbia. DOI: 10.14288/1.0166984.

4장 [나무로]

Bjorkman, E. 1960. *Monotropa hypopitys* L.—An epiparasite on tree roots. *Physiologia Plantarum* 13: 308–27.

Fraser Basin Council. 2013. *Bridge Between Nations*. Vancouver, BC: Fraser Basin Council and Simon Fraser University.

Herrero, S. 2018. *Bear Attacks: Their Causes and Avoidance*, 3rd ed. Lanham, MD: Lyons Press.

Martin, K., and Eadie, J. M. 1999. Nest webs: A community wide approach to the management and conservation of cavity nesting birds. *Forest Ecology and Management* 115: 243–57.

M'Gonigle, Michael, and Wickwire, Wendy. 1988. *Stein: The Way of the River*. Vancouver, BC: Talonbooks.

Perry, D. A., Oren, R., and Hart, S. C. 2008. *Forest Ecosystems*, 2nd ed. Baltimore: The Johns Hopkins University Press.

Prince, N. 2002. Plateau fishing technology and activity: Stl'atl'imx, Secwepemc and Nlaka'pamux knowledge. In *Putting Fishers' Knowledge to Work*, ed. N. Haggan, C. Brignall, and L. J. Wood. Conference proceedings, August 27–30, 2001. Fisheries Centre Research Reports 11 (1): 381–91.

Smith, S., and Read, D. 2008. *Mycorrhizal Symbiosis*. London: Academic Press.

Swinomish Indian Tribal Community. 2010. *Swinomish Climate Change Initiative: Climate Adaptation Action Plan*. La Conner, WA: Swinomish Indian Tribal

Community. http://www.swinomish-nsn.gov/climate_change/climate_main.html.

Thompson, D., and Freeman, R. 1979. *Exploring the Stein River Valley*. Vancouver, BC: Douglas & McIntyre.

Walmsley, M., Utzig, G., Vold, T., et al. 1980. *Describing Ecosystems in the Field*. RAB Technical Paper 2; Land Management Report 7. Victoria, BC: Research Branch, British Columbia Ministry of Environment, and British Columbia Ministry of Forests.

Wickwire, W. C. 1991. Ethnography and archaeology as ideology: The case of the Stein River valley. *BC Studies* 91–92: 51–78.

Wilson, M. 2011. Co-management re-conceptualized: Human-land relations in the Stein Valley, British Columbia. BA thesis, University of Victoria.

York, A., Daly, R., and Arnett, C. 2019. *They Write Their Dreams on the Rock Forever: Rock Writings in the Stein River Valley of British Columbia*, 2nd ed. Vancouver, BC: Talonbooks.

5장 [흙죽이기]

British Columbia Ministry of Forests. 1986. *Silviculture Manual*. Victoria, BC: Silviculture Branch.

———. 1987. *Forest Amendment Act (No. 2)*. Victoria, BC: Queen's Printer. This act enabled enforcement of silvicultural performance and shifted cost and responsibility for reforestation to companies harvesting timber.

British Columbia Parks. 2000. *Management Plan for Stein Valley Nlaka'pamux Heritage Park*. Kamloops: British Columbia Ministry of Environment, Lands and Parks, Parks Division.

Chazan, M., Helps, L., Stanley, A., and Thakkar, S., eds. 2011. *Home and Native Land: Unsettling Multiculturalism in Canada*. Toronto, ON: Between the Lines.

Dunford, M. P. 2002. The Simpcw of the North Thompson. *British Columbia Historical News* 25 (3): 6–8.

First Nations land rights and environmentalism in British Columbia. http://www.

first nations .de/indian_land.htm.

Haeussler, S., and Coates, D. 1986. *Autecological Characteristics of Selected Species That Compete with Conifers in British Columbia: A Literature Review.* BC Land Management Report 33. Victoria, BC: BC Ministry of Forests.

Ignace, Ron. 2008. Our oral histories are our iron posts: Secwepemc stories and historical consciousness. PhD thesis, Simon Fraser University.

Lindsay, Bethany. 2018. "It blows my mind": How B.C. destroys a key natural wildfire defence every year. CBC News, Nov. 17, 2018. https://www.cbc .ca /news / canada /british –columbia /it –blows –my –mind –how –b–c –destroys –a–key –natural –wildfire –defence –every –year –1.4907358.

Malik, N., and Vanden Born, W. H. 1986. *Use of Herbicides in Forest Management.* Information Report NOR–X–282. Edmonton: Canadian Forestry Service.

Mather, J. 1986. *Assessment of Silviculture Treatments Used in the IDF Zone in the Western Kamloops Forest Region.* Kamloops: BC Ministry of Forestry Research Section, Kamloops Forest Region.

Nelson, J. 2019. Monsanto's rain of death on Canada's forests. Global Research. https://www .globalresearch .ca/monsantos –rain–death–forests/5677614.

Simard, S. W. 1996. Design of a birch/conifer mixture study in the southern interior of British Columbia. In *Designing Mixedwood Experiments: Workshop Proceedings, March 2, 1995, Richmond, BC,* ed. P. G. Comeau and K. D. Thomas. Working Paper 20. Victoria, BC: Research Branch, BC Ministry of Forests, 8–11.

———. 1996. Mixtures of paper birch and conifers: An ecological balancing act. In *Silviculture of Temperate and Boreal Broadleaf-Conifer Mixtures: Proceedings of a Workshop Held Feb. 28–March 1, 1995, Richmond, BC,* ed. P. G. Comeau and K. D. Thomas. BC Ministry of Forests Land Management Handbook 36. Victoria, BC: BC Ministry of Forests, 15–21.

———. 1997. Intensive management of young mixed forests: Effects on forest health. In *Proceedings of the 45th Western International Forest Disease Work Conference, Sept. 15–19, 1997,* ed. R. Sturrock. Prince George, BC: Pacific

Forestry Centre, 48–54.

——. 2009. Response diversity of mycorrhizas in forest succession following disturbance. Chapter 13 in *Mycorrhizas: Functional Processes and Ecological Impacts*, ed. C. Azcon-Aguilar, J. M. Barea, S. Gianinazzi, and V. Gianinazzi-Pearson. Heidelberg: Springer-Verlag, 187–206.

Simard, S. W., and Heineman, J. L. 1996. *Nine-Year Response of Douglas-Fir and the Mixed Hardwood-Shrub Complex to Chemical and Manual Release Treatments on an ICHmw2 Site Near Salmon Arm*. FRDA Research Report 257. Victoria, BC: Canadian Forest Service and BC Ministry of Forests.

——. 1996. *Nine-Year Response of Engelmann Spruce and the Willow Complex to Chemical and Manual Release Treatments on an Ichmw2 Site Near Vernon*. FRDA Research Report 258. Victoria, BC: Canadian Forest Service and BC Ministry of Forests.

——. 1996. *Nine-Year Response of Lodgepole Pine and the Dry Alder Complex to Chemical and Manual Release Treatments on an Ichmk1 Site Near Kelowna*. FRDA Research Report 259. Victoria, BC: Canadian Forest Service and BC Ministry of Forests.

Simard, S. W., Heineman, J. L., and Youwe, P. 1998. *Effects of Chemical and Manual Brushing on Conifer Seedlings, Plant Communities and Range Forage in the Southern Interior of British Columbia: Nine-Year Response*. Land Management Report 45. Victoria, BC: BC Ministry of Forests.

Swanson, F., and Franklin, J. 1992. New principles from ecosystem analysis of Pacific Northwest forests. *Ecological Applications* 2: 262–74.

Wang, J. R., Zhong, A. L., Simard, S. W., and Kimmins, J. P. 1996. Aboveground biomass and nutrient accumulation in an age sequence of paper birch (*Betula papyrifera*) stands in the Interior Cedar Hemlock zone, British Columbia. *Forest Ecology and Management* 83: 27–38.

6장 [오리나무 습지]

Arnebrant, K., Ek, H., Finlay, R. D., and Söderström, B. 1993. Nitrogen translocation between *Alnus glutinosa* (L.) Gaertn. seedlings inoculated with *Frankia* sp. and Pinus contorta Doug, ex Loud seedlings connected by a common ectomycorrhizal mycelium. *New Phytologist* 124: 231–42.

Bidartondo, M. I., Redecker, D., Hijri, I., et al. 2002. Epiparasitic plants specialized on arbuscular mycorrhizal fungi. *Nature* 419: 389–92.

British Columbia Ministry of Forests, Lands and Natural Resources Operations. 1911–2012. Annual Service Plant Reports/Annual Reports. Victoria, BC: Crown Publications, www.for.gov.bc.ca/mof/annualreports.htm.

Brooks, J. R., Meinzer, F. C., Warren, J. M., et al. 2006. Hydraulic redistribution in a Douglas-fir forest: Lessons from system manipulations. *Plant, Cell and Environment* 29: 138–50.

Carpenter, C. V., Robertson, L. R., Gordon, J. C., and Perry, D. A. 1982. The effect of four new *Frankia* isolates on growth and nitrogenase activity in clones of *Alnus rubra* and *Alnus sinuata. Canadian Journal of Forest Research* 14: 701–6.

Cole, E. C., and Newton, M. 1987. Fifth-year responses of Douglas fir to crowding and non-coniferous competition. *Canadian Journal of Forest Research* 17: 181–86.

Daniels, L. D., Yocom, L. L., Sherriff, R. L., and Heyerdahl, E. K. 2018. Deciphering the complexity of historical hire regimes: Diversity among forests of western North America. In *Dendroecology*, ed. M. M. Amoroso et al. Ecological Studies vol. 231. New York: Springer International Publishing AG. DOI 10.1007/978-3-319-61669-8_8.

Hessburg, P. F., Miller, C. L., Parks, S. A., et al. 2019. Climate, environment, and disturbance history govern resilience of western North American forests. *Frontiers in Ecology and Evolution* 7: 239.

Ingham, R. E., Trofymow, J. A., Ingham, E. R., and Coleman, D. C. 1985. Interactions of bacteria, fungi, and their nematode grazers: Effects on nutrient cycling and plant growth. *Ecological Monographs* 55: 119–40.

Klironomos, J. N., and Hart, M. M. 2001. Animal nitrogen swap for plant carbon. *Nature* 410: 651–52.

Querejeta, J., Egerton-Warburton, L. M., and Allen, M. F. 2003. Direct nocturnal water transfer from oaks to their mycorrhizal symbionts during severe soil drying. *Oecologia* 134: 55–64.

Radosevich, S. R., and Roush, M. L. 1990. The role of competition in agriculture. In *Perspectives on Plant Competition*, ed. J. B. Grace and D. Tilman. San Diego, CA: Academic Press, Inc.

Sachs, D. L. 1991. *Calibration and initial testing of FORECAST for stands of lodgepole pine and Sitka alder in the interior of British Columbia*. Report 035-510-07403. Victoria, BC: British Columbia Ministry of Forests.

Simard, S. W. 1989. *Competition among lodgepole pine seedlings and plant species in a Sitka alder dominated shrub community in the southern interior of British Columbia*. Master of science thesis, Oregon State University.

———. 1990. *Competition between Sitka alder and lodgepole pine in the Montane Spruce zone in the southern interior of British Columbia*. FRDA Report 150. Victoria: BC: Forestry Canada and BC Ministry of Forests, 150.

Simard, S. W., Radosevich, S. R., Sachs, D. L., and Hagerman, S. M. 2006. Evidence for competition/facilitation trade-offs: Effects of Sitka alder density on pine regeneration and soil productivity. *Canadian Journal of Forest Research* 36: 1286–98.

Simard, S. W., Roach, W. J., Daniels, L. D., et al. Removal of neighboring vegetation predisposes planted lodgepole pine to growth loss during climatic drought and mortality from a mountain pine beetle infestation. In preparation.

Southworth, D., He, X. H., Swenson, W., et al. 2003. Application of network theory to potential mycorrhizal networks. *Mycorrhiza* 15: 589–95.

Wagner, R. G., Little, K. M., Richardson, B., and McNabb, K. 2006. The role of vegetation management for enhancing productivity of the world's forests. *Forestry* 79 (1): 57–79.

Wagner, R. G., Peterson, T. D., Ross, D. W., and Radosevich, S. R. 1989. Competition thresholds for the survival and growth of ponderosa pine seedlings associated with woody and herbaceous vegetation. New Forests 3: 151–70.

참고 문헌

Walstad, J. D., and Kuch, P. J., eds. 1987. *Forest Vegetation Management for Conifer Production*. New York: John Wiley and Sons, Inc.

7장 [술집에서의 다툼]

Frey, B., and Schüepp, H. 1992. Transfer of symbiotically fixed nitrogen from berseem (*Trifolium alexandrinum* L.) to maize via vesicular-arbuscular mycorrhizal hyphae. *New Phytologist* 122: 447-54.

Haeussler, S., Coates, D., and Mather, J. 1990. *Autecology of common plants in British Columbia: A literature review*. FRDA Report 158. Victoria, BC: Forestry Canada and BC Ministry of Forests.

Heineman, J. L., Sachs, D. L., Simard, S. W., and Mather, W. J. 2010. Climate and site characteristics affect juvenile trembling aspen development in conifer plantations across southern British Columbia. *Forest Ecology & Management* 260: 1975-84.

Heineman, J. L., Simard, S. W., Sachs, D. L., and Mather, W. J. 2005. Chemical, grazing, and manual cutting treatments in mixed herb-shrub communities have no effect on interior spruce survival or growth in southern interior British Columbia. *Forest Ecology and Management* 205: 359-74.

———. 2007. Ten-year responses of Engelmann spruce and a high elevation Ericaceous shrub community to manual cutting treatments in southern interior British Columbia. *Forest Ecology and Management* 248: 153-62.

———. 2009. Trembling aspen removal effects on lodgepole pine in southern interior British Columbia: 10-year results. *Western Journal of Applied Forestry* 24: 17-23.

Miller, S. L., Durall, D. M., and Rygiewicz, P. T. 1989. Temporal allocation of 14C to extramatrical hyphae of ectomycorrhizal ponderosa pine seedlings. *Tree Physiology* 5: 239-49.

Molina, R., Massicotte, H., and Trappe, J. M. 1992. Specificity phenomena in mycorrhizal symbiosis: Community-ecological consequences and practical implications. In *Mycorrhizal Functioning: An Integrative Plant-Fungal*

Process, ed. M. F. Allen. New York: Chapman and Hall, 357–423.

Morrison, D., Merler, H., and Norris, D. 1991. *Detection, recognition and management of Armillaria and Phellinus root diseases in the southern interior of British Columbia.* FRDA Report 179. Victoria, BC: Forestry Canada and BC Ministry of Forests.

Perry, D. A., Margolis, H., Choquette, C., et al. 1989. Ectomycorrhizal mediation of competition between coniferous tree species. *New Phytologist* 112: 501–11.

Rolando, C. A., Baillie, B. R., Thompson, D. G., and Little, K. M. 2007. The risks associated with glyphosate-based herbicide use in planted forests. *Forests* 8: 208.

Sachs, D. L., Sollins, P., and Cohen, W. B. 1998. Detecting landscape changes in the interior of British Columbia from 1975 to 1992 using satellite imagery. *Canadian Journal of Forest Research* 28: 23–36.

Simard, S. W. 1993. *PROBE: Protocol for operational brushing evaluations (first approximation).* Land Management Report 86. Victoria, BC: BC Ministry of Forests.

———. 1995. *PROBE: Vegetation management monitoring in the southern interior of B.C.* Northern Interior Vegetation Management Association, Annual General Meeting, Jan. 18, 1995, Williams Lake, BC.

Simard, S. W., Heineman, J. L., Hagerman, S. M., et al. 2004. Manual cutting of Sitka alder-dominated plant communities: Effects on conifer growth and plant community structure. *Western Journal of Applied Forestry* 19: 277–87.

Simard, S. W., Heineman, J. L., Mather, W. J., et al. 2001. *Brushing effects on conifers and plant communities in the southern interior of British Columbia: Summary of PROBE results 1991–2000.* Extension Note 58. Victoria, BC: BC Ministry of Forestry.

Simard, S. W., Jones, M. D., Durall, D. M., et al. 2003. Chemical and mechanical site preparation: Effects on *Pinus contorta* growth, physiology, and microsite quality on steep forest sites in British Columbia. *Canadian Journal of Forest Research* 33: 1495–515.

참고 문헌

525

Thompson, D. G., and Pitt, D. G. 2003. A review of Canadian forest vegetation management research and practice. *Annals of Forest Science* 60: 559-72.

8장 [방사능]

Brownlee, C., Duddridge, J. A., Malibari, A., and Read, D. J. 1983. The structure and function of mycelial systems of ectomycorrhizal roots with special reference to their role in forming inter-plant connections and providing pathways for assimilate and water transport. *Plant Soil* 71: 433-43.

Callaway, R. M. 1995. Positive interactions among plants. *Botanical Review* 61 (4): 306-49.

Finlay, R. D., and Read, D. J. 1986. The structure and function of the vegetative mycelium of ectomycorrhizal plants. I. Translocation of 14C-labelled carbon between plants interconnected by a common mycelium. *New Phytologist* 103: 143-56.

Francis, R., and Read, D. J. 1984. Direct transfer of carbon between plants connected by vesicular-arbuscular mycorrhizal mycelium. *Nature* 307: 53-56.

Jones, M. D., Durall, D. M., Harniman, S. M. K., et al. 1997. Ectomycorrhizal diversity on *Betula papyrifera* and *Pseudotsuga menziesii* seedlings grown in the greenhouse or outplanted in single-species and mixed plots in southern British Columbia. *Canadian Journal of Forest Research* 27: 1872-89.

McPherson, S. S. 2009. *Tim Berners-Lee: Inventor of the World Wide Web*. Minneapolis: Twenty-First Century Books.

Read, D. J., Francis, R., and Finlay, R. D. 1985. Mycorrhizal mycelia and nutrient cycling in plant communities. In *Ecological Interactions in Soil*, ed. A. H. Fitter, D. Atkinson, D. J. Read, and M. B. Usher. Oxford: Blackwell Scientific, 193-217.

Ryan, M. G., and Asao, S. 2014. Phloem transport in trees. *Tree Physiology* 34: 1-4.

Simard, S. W. 1990. *A retrospective study of competition between paper birch and planted Douglas-fir*. FRDA Report 147. Victoria, BC: Forestry Canada and BC Ministry of Forests.

Simard, S. W., Molina, R., Smith, J. E., et al. 1997. Shared compatibility of ectomycorrhizae on *Pseudotsuga menziesii* and *Betula papyrifera* seedlings grown in mixture in soils from southern British Columbia. *Canadian Journal of Forest Research* 27: 331–42.

Simard, S. W., Perry, D. A., Jones, M. D., et al. 1997. Net transfer of carbon between tree species with shared ectomycorrhizal fungi. *Nature* 388: 579–82.

Simard, S. W., and Vyse, A. 1992. *Ecology and management of paper birch and black cottonwood.* Land Management Report 75. Victoria, BC: BC Ministry of Forests.

9장 [응분의 대가]

Baleshta, K. E. 1998. The effect of ectomycorrhizae hyphal links on interactions between *Pseudotsuga menziesii* (Mirb.) Franco and Betula papyrifera Marsh. seedlings. Bachelors of natural resource sciences thesis, University College of the Cariboo.

Baleshta, K. E., Simard, S. W., Guy, R. D., and Chanway, C. P. 2005. Reducing paper birch density increases Douglas-fir growth and Armillaria root disease incidence in southern interior British Columbia. *Forest Ecology and Management* 208: 1–13.

Baleshta, K. E., Simard, S. W., and Roach, W. J. 2015. Effects of thinning paper birch on conifer productivity and understory plant diversity. *Scandinavian Journal of Forest Research* 30: 699–709.

DeLong, R., Lewis, K. J., Simard, S. W., and Gibson, S. 2002. Fluorescent pseudomonad population sizes baited from soils under pure birch, pure Douglas-fir and mixed forest stands and their antagonism toward *Armillaria ostoyae* in vitro. *Canadian Journal of Forest Research* 32: 2146–59.

Durall, D. M., Gamiet, S., Simard, S. W., et al. 2006. Effects of clearcut logging and tree species composition on the diversity and community composition of epigeous fruit bodies formed by ectomycorrhizal fungi. *Canadian Journal of Botany* 84: 966–80.

Fitter, A. H., Graves, J. D., Watkins, N. K., et al. 1998. Carbon transfer between plants and its control in networks of arbuscular mycorrhizas. *Functional Ecology* 12:

Fitter, A. H., Hodge, A., Daniell, T. J., and Robinson, D. 1999. Resource sharing in plant-fungus communities: Did the carbon move for you? Trends in *Ecology and Evolution* 14: 70 –71.

Kimmerer, Robin Wall. 2015. *Braiding Sweetgrass: Indigenous Wisdom, Scientific Knowledge and the Teachings of Plants.* Minneapolis: Milkweed Editions.

Perry, D. A. 1998. A moveable feast: The evolution of resource sharing in plant-fungus communities. *Trends in Ecology and Evolution* 13: 432 –34.

———. 1999. Reply from D. A. Perry. Trends in *Ecology and Evolution* 14: 70 –71.

Philip, Leanne. 2006. The role of ectomycorrhizal fungi in carbon transfer within common mycorrhizal networks. PhD dissertation, University of British Columbia. https://open.library.ubc.ca/collections/ubctheses/831/items/1.0075066.

Sachs, D. L. 1996. Simulation of the growth of mixed stands of Douglas-fir and paper birch using the FORECAST model. In *Silviculture of Temperate and Boreal Broadleaf-Conifer Mixtures: Proceedings of a Workshop Held Feb. 28–March 1, 1995, Richmond, BC*, ed. P. G. Comeau and K. D. Thomas. BC Ministry of Forests Land Management Handbook 36. Victoria, BC: BC Ministry of Forests, 152 –58.

Simard, S. W., and Durall, D. M. 2004. Mycorrhizal networks: A review of their extent, function and importance. *Canadian Journal of Botany* 82: 1140 – 65.

Simard, S. W., Durall, D. M., and Jones, M. D. 1997. Carbon allocation and carbon transfer between *Betula papyrifera* and *Pseudotsuga menziesii* seedlings using a 13C pulse-labeling method. *Plant and Soil* 191: 41 –55.

Simard, S. W., and Hannam, K. D. 2000. Effects of thinning overstory paper birch on survival and growth of interior spruce in British Columbia: Implications for reforestation policy and biodiversity. *Forest Ecology and Management* 129: 237 –51.

Simard, S. W., Jones, M. D., and Durall, D. M. 2002. Carbon and nutrient fluxes within and between mycorrhizal plants. In *Mycorrhizal Ecology*, ed. M. van der

어머니 나무를 찾아서

528

Heijden and I. Sanders. Heidelberg: Springer-Verlag, 33 – 61.

Simard, S. W., Jones, M. D., Durall, D. M., et al. 1997. Reciprocal transfer of carbon isotopes between ectomycorrhizal *Betula papyrifera* and *Pseudotsuga menziesii*. *New Phytologist* 137: 529 – 42.

Simard, S. W., Perry, D. A., Smith, J. E., and Molina, R. 1997. Effects of soil trenching on occurrence of ectomycorrhizae on *Pseudotsuga menziesii* seedlings grown in mature forests of *Betula papyrifera* and *Pseudotsuga menziesii*. *New Phytologist* 136: 327 – 40.

Simard, S. W., and Sachs, D. L. 2004. Assessment of interspecific competition using relative height and distance indices in an age sequence of seral interior cedar–hemlock forests in British Columbia. *Canadian Journal of Forest Research* 34: 1228 – 40.

Simard, S. W., Sachs, D. L., Vyse, A., and Blevins, L. L. 2004. Paper birch competitive effects vary with conifer tree species and stand age in interior British Columbia forests: Implications for reforestation policy and practice. *Forest Ecology and Management* 198: 55 – 74.

Simard, S. W., and Zimonick, B. J. 2005. Neighborhood size effects on mortality, growth and crown morphology of paper birch. *Forest Ecology and Management* 214: 251 – 69.

Twieg, B. D., Durall, D. M., and Simard, S. W. 2007. Ectomycorrhizal fungal succession in mixed temperate forests. *New Phytologist* 176: 437 – 47.

Wilkinson, D. A. 1998. The evolutionary ecology of mycorrhizal networks. *Oikos* 82: 407 – 10.

Zimonick, B. J., Roach, W. J., and Simard, S. W. 2017. Selective removal of paper birch increases growth of juvenile Douglas fir while minimizing impacts on the plant community. *Scandinavian Journal of Forest Research* 32: 708 – 16.

10장　[돌에다 색칠하기]

Aukema, B. H., Carroll, A. L., Zhu, J., et al. 2006. Landscape level analysis of mountain pine beetle in British Columbia, Canada: Spatiotemporal development and spatial synchrony within the present outbreak. *Ecography* 29: 427-41.

Beschta, R. L., and Ripple, W. L. 2014. Wolves, elk, and aspen in the winter range of Jasper National Park, Canada. *Canadian Journal of Forest Research* 37: 1873 – 85.

Chavardes, R. D., Daniels, L. D., Gedalof, Z., and Andison, D. W. 2018. Human influences superseded climate to disrupt the 20th century fire regime in Jasper National Park, Canada. *Dendrochronologia* 48: 10 –19.

Cooke, B. J., and Carroll, A. L. 2017. Predicting the risk of mountain pine beetle spread to eastern pine forests: Considering uncertainty in uncertain times. *Forest Ecology and Management* 396: 11 –25.

Cripps, C. L., Alger, G., and Sissons, R. 2018. Designer niches promote seedling survival in forest restoration: A 7-year study of whitebark pine (*Pinus albicaulis*) seedlings in Waterton Lakes National Park. *Forests* 9 (8): 477.

Cripps, C., and Miller Jr., O. K. 1993. Ectomycorrhizal fungi associated with aspen on three sites in the north-central Rocky Mountains. *Canadian Journal of Botany* 71: 1414 –20.

Fraser, E. C., Lieffers, V. J., and Landhäusser, S. M. 2005. Age, stand density, and tree size as factors in root and basal grafting of lodgepole pine. *Canadian Journal of Botany* 83: 983 – 88.

———. 2006. Carbohydrate transfer through root grafts to support shaded trees. *Tree Physiology* 26: 1019 –23.

Gorzelak, M., Pickles, B. J., Asay, A. K., and Simard, S. W. 2015. Inter-plant communication through mycorrhizal networks mediates complex adaptive behaviour in plant communities. *Annals of Botany Plants* 7: plv050.

Hutchins, H. E., and Lanner, R. M. 1982. The central role of Clark's nutcracker in the dispersal and establishment of whitebark pine. *Oecologia* 55: 192 –201.

Mattson, D. J., Blanchard, D. M., and Knight, R. R. 1991. Food habits of Yellowstone grizzly bears, 1977–1987. *Canadian Journal of Zoology* 69: 1619 –29.

McIntire, E. J. B., and Fajardo, A. 2011. Facilitation within species: A possible origin of group-selected superorganisms. *American Naturalist* 178: 88–97.

Miller, R., Tausch, R., and Waicher, W. 1999. Old-growth juniper and pinyon woodlands. In *Proceedings: Ecology and Management of Pinyon-Juniper Communities Within the Interior West, September 15–18, 1997, Provo, UT,* comp. Stephen B. Monsen and Richard Stevens. Proc. RMRS-P-9. Ogden, UT: U.S. Department of Agriculture, Forest Service, Rocky Mountain Research Station.

Mitton, J. B., and Grant, M. C. 1996. Genetic variation and the natural history of quaking aspen. *BioScience* 46: 25–31.

Munro, Margaret. 1998. Weed trees are crucial to forest, research shows. *Vancouver Sun,* May 14, 1998.

Perkins, D. L. 1995. A dendrochronological assessment of whitebark pine in the Sawtooth Salmon River Region, Idaho. Master of science thesis, University of Arizona.

Perry, D. A. 1995. Self-organizing systems across scales. *Trends in Ecology and Evolution* 10: 241–44.

———. 1998. A moveable feast: The evolution of resource sharing in plant-fungus communities. *Trends in Ecology and Evolution* 13: 432–34.

Raffa, K. F., Aukema, B. H., Bentz, B. J., et al. 2008. Cross-scale drivers of natural disturbances prone to anthropogenic amplification: Dynamics of biome-wide bark beetle eruptions. *BioScience* 58: 501–17.

Ripple, W. J., Beschta, R. L., Fortin, J. K., and Robbins, C. T. 2014. Trophic cascades from wolves to grizzly bears in Yellowstone. *Journal of Animal Ecology* 83: 223–33.

Schulman, E. 1954. Longevity under adversity in conifers. *Science* 119: 396–99.

Seip, D. R. 1992. Factors limiting woodland caribou populations and their interrelationships with wolves and moose in southeastern British Columbia. *Canadian Journal of Zoology* 70: 1494–1503.

———. 1996. Ecosystem management and the conservation of caribou habitat in British Columbia. *Rangifer* special issue 10: 203–7.

참고 문헌

Simard, S. W. 2009. Mycorrhizal networks and complex systems: Contributions of soil ecology science to managing climate change effects in forested ecosystems. *Canadian Journal of Soil Science* 89 (4): 369–82.

———. 2009. The foundational role of mycorrhizal networks in self-organization of interior Douglas-fir forests. *Forest Ecology and Management* 258S: S95–107.

Tomback, D. F. 1982. Dispersal of whitebark pine seeds by Clark's nutcracker: A mutualism hypothesis. *Journal of Animal Ecology* 51: 451–67.

Van Wagner, C. E., Finney, M. A., and Heathcott, M. 2006. Historical fire cycles in the Canadian Rocky Mountain parks. *Forest Science* 52: 704–17.

11장 [미스자작나무]

Baldocchi, D. B., Black, A., Curtis, P. S., et al. 2005. Predicting the onset of net carbon uptake by deciduous forests with soil temperature and climate data: A synthesis of FLUXNET data. *International Journal of Biometeorology* 49: 377–87.

Bérubé, J. A., and Dessureault, M. 1988. Morphological characterization of *Armillaria ostoyae* and *Armillaria sinapina* sp. nov. *Canadian Journal of Botany* 66: 2027–34.

Bradley, R. L., and Fyles, J. W. 1995. Growth of paper birch (*Betula papyrifera*) seedlings increases soil available C and microbial acquisition of soil-nutrients. *Soil Biology and Biochemistry* 27: 1565–71.

British Columbia Ministry of Forests. 2000. *Establishment to Free Growing Guidebook*, rev. ed, version 2.2. Victoria, BC: British Columbia Ministry of Forests, Forest Practices Branch.

British Columbia Ministry of Forests and BC Ministry of Environment, Lands and Parks. 1995. *Root Disease Management Guidebook. Victoria*, BC: Forest Practices Code. http://www.for.gov.bc.ca/tasb/legsregs/fpc/fpcguide/root/roottoc.htm.

Castello, J. D., Leopold, D. J., and Smallidge, P. J. 1995. Pathogens, patterns, and processes in forest ecosystems. *BioScience* 45: 16–24.

Chanway, C. P., and Holl, F. B. 1991. Biomass increase and associative nitrogen fixation of mycorrhizal *Pinus contorta* seedlings inoculated with a plant growth promoting Bacillus strain. *Canadian Journal of Botany* 69: 507 –11.

Cleary, M. R., Arhipova, N., Morrison, D. J., et al. 2013. Stump removal to control root disease in Canada and Scandinavia: A synthesis of results from long-term trials. *Forest Ecology and Management* 290: 5 –14.

Cleary, M., van der Kamp, B., and Morrison, D. 2008. British Columbia's southern interior forests: Armillaria root disease stand establishment decision aid. *BC Journal of Ecosystems and Management* 9 (2): 60 –65.

Coates, K. D., and Burton, P. J. 1999. Growth of planted tree seedlings in response to ambient light levels in northwestern interior cedar-hemlock forests of British Columbia. *Canadian Journal of Forest Research* 29: 1374 –82.

Comeau, P. G., White, M., Kerr, G., and Hale, S. E. 2010. Maximum density-size relationships for Sitka spruce and coastal Douglas fir in Britain and Canada. *Forestry* 83: 461 –68.

DeLong, D. L., Simard, S. W., Comeau, P. G., et al. 2005. Survival and growth responses of planted seedlings in root disease infected partial cuts in the Interior Cedar Hemlock zone of southeastern British Columbia. *Forest Ecology and Management* 206: 365 –79.

Dixon, R. K., Brown, S., Houghton, R. A., et al. 1994. Carbon pools and flux of global forest ecosystems. *Science* 263: 185 –91.

Fall, A., Shore, T. L., Safranyik, L., et al. 2003. Integrating landscape-scale mountain pine beetle projection and spatial harvesting models to assess management strategies. In *Mountain Pine Beetle Symposium: Challenges and Solutions. Oct. 30–31, 2003, Kelowna, British Columbia*, ed. T. L. Shore, J. E. Brooks, and J. E. Stone. Information Report BC-X-399. Victoria, BC: Natural Resources Canada, Canadian Forest Service, Pacific Forestry Centre, 114 –32.

Feurdean, A., Veski, S., Florescu, G., et al. 2017. Broadleaf deciduous forest counterbalanced the direct effect of climate on Holocene fire regime in hemiboreal/boreal region (NE Europe). Quaternary Science Reviews 169: 378 –90.

참고 문헌

Hély, C., Bergeron, Y., and Flannigan, M. D. 2000. Effects of stand composition on fire hazard in mixed-wood Canadian boreal forest. Journal of Vegetation Science 11: 813–24.

———. 2001. Role of vegetation and weather on fire behavior in the Canadian mixedwood boreal forest using two fire behavior prediction systems. *Canadian Journal of Forest Research* 31: 430–41.

Hoekstra, J. M., Boucher, T. M., Ricketts, T. H., and Roberts, C. 2005. Confronting a biome crisis: Global disparities of habitat loss and protection. *Ecology Letters* 8: 23–29.

Hope, G. D. 2007. Changes in soil properties, tree growth, and nutrition over a period of 10 years after stump removal and scarification on moderately coarse soils in interior British Columbia. *Forest Ecology and Management* 242: 625–35.

Kinzig, A. P., Pacala, S., and Tilman, G. D., eds. 2002. *The Functional Consequences of Biodiversity: Empirical Progress and Theoretical Extensions*. Princeton: Princeton University Press.

Knohl, A., Schulze, E. D., Kolle, O., and Buchmann, N. 2003. Large carbon uptake by an unmanaged 250-year-old deciduous forest in Central Germany. *Agricultural and Forest Meteorology* 118: 151–67.

LePage, P., and Coates, K. D. 1994. Growth of planted lodgepole pine and hybrid spruce following chemical and manual vegetation control on a frost-prone site. *Canadian Journal of Forest Research* 24: 208–16.

Mann, M. E., Bradley, R. S., and Hughs, M. K. 1998. Global-scale temperature patterns and climate forcing over the past six centuries. *Nature* 392: 779–87.

Morrison, D. J., Wallis, G. W., and Weir, L. C. 1988. *Control of Armillaria and Phellinus root diseases: 20-year results from the Skimikin stump removal experiment*. Information Report BC x-302. Victoria, BC: Canadian Forest Service.

Newsome, T. A., Heineman, J. L., and Nemec, A. F. L. 2010. A comparison of lodgepole pine responses to varying levels of trembling aspen removal in two dry south-central British Columbia ecosystems. *Forest Ecology and Management* 259: 1170-80.

Simard, S. W., Beiler, K. J., Bingham, M. A., et al. 2012. *Mycorrhizal* networks: Mechanisms, ecology and modelling. *Fungal Biology Reviews* 26: 39-60.

Simard, S. W., Blenner-Hassett, T., and Cameron, I. R. 2004. Precommercial thinning effects on growth, yield and mortality in even-aged paper birch stands in British Columbia. *Forest Ecology and Management* 190: 163-78.

Simard, S. W., Hagerman, S. M., Sachs, D. L., et al. 2005. Conifer growth, *Armillaria ostoyae* root disease and plant diversity responses to broadleaf competition reduction in temperate mixed forests of southern interior British Columbia. *Canadian Journal of Forest Research* 35: 843-59.

Simard, S. W., Heineman, J. L., Mather, W. J., et al. 2001. *Effects of Operational Brushing on Conifers and Plant Communities in the Southern Interior of British Columbia: Results from PROBE 1991-2000.* BC Ministry of Forests and Land Management Handbook 48. Victoria, BC: BC Ministry of Forests.

Simard, S. W., and Vyse, A. 2006. Trade-offs between competition and facilitation: A case study of vegetation management in the interior cedar-hemlock forests of southern British Columbia. *Canadian Journal of Forest Research* 36: 2486-96.

van der Kamp, B. J. 1991. Pathogens as agents of diversity in forested landscapes. *Forestry Chronicle* 67: 353-54.

Vyse, A., Cleary, M. A., and Cameron, I. R. 2013. Tree species selection revisited for plantations in the Interior Cedar Hemlock zone of southern British Columbia. *Forestry Chronicle* 89: 382-91.

Vyse, A., and Simard, S. W. 2009. Broadleaves in the interior of British Columbia: Their extent, use, management and prospects for investment in genetic conservation and improvement. *Forestry Chronicle* 85: 528-37.

Weir, L. C., and Johnson, A. L. S. 1970. Control of *Poria weirii* study establishment and preliminary evaluations. Canadian Forest Service, Forest Research Laboratory, Victoria, Canada.

White, R. H., and Zipperer, W. C. 2010. Testing and classification of individual plants for fire behaviour: Plant selection for the wildland-urban interface. *International Journal of Wildland Fire* 19: 213-27.

12장 [9시간의 통근]

Babikova, Z., Gilbert, L., Bruce, T. J. A., et al. 2013. Underground signals carried through common mycelial networks warn neighbouring plants of aphid attack. *Ecology Letters* 16: 835-43.

Barker, J. S., Simard, S. W., and Jones, M. D. 2014. Clearcutting and wildfire have comparable effects on growth of directly seeded interior Douglas-fir. *Forest Ecology and Management* 331: 188-95.

Barker, J. S., Simard, S. W., Jones, M. D., and Durall, D. M. 2013. Ectomycorrhizal fungal community assembly on regenerating Douglas-fir after wildfire and clearcut harvesting. *Oecologia* 172: 1179-89.

Barto, E. K., Hilker, M., Müller, F., et al. 2011. The fungal fast lane: Common mycorrhizal networks extend bioactive zones of allelochemicals in soils. *PLOS ONE* 6: e27195.

Barto, E. K., Weidenhamer, J. D., Cipollini, D., and Rillig, M. C. 2012. Fungal superhighways: Do common mycorrhizal networks enhance below ground communication? *Trends in Plant Science* 17: 633-37.

Beiler, K. J., Durall, D. M., Simard, S,W., et al. 2010. Mapping the wood-wide web: Mycorrhizal networks link multiple Douglas-fir cohorts. *New Phytologist* 185: 543-53.

Beiler, K. J., Simard, S. W., and Durall, D. M. 2015. Topology of Rhizopogon spp. Mycorrhizal meta-networks in xeric and mesic old-growth interior Douglas-fir forests. *Journal of Ecology* 103: 616-28.

Beiler, K. J., Simard, S. W., Lemay, V., and Durall, D. M. 2012. Vertical partitioning between sister species of *Rhizopogon* fungi on mesic and xeric sites in an interior Douglas-fir forest. *Molecular Ecology* 21: 6163-74.

Bingham, M. A., and Simard, S. W. 2011. Do mycorrhizal network benefits to survival and growth of interior Douglas-fir seedlings increase with soil moisture stress?

Ecology and Evolution 3: 306–16.

――――. 2012. Ectomycorrhizal networks of old *Pseudotsuga menziesii* var. glauca trees facilitate establishment of conspecific seedlings under drought. *Ecosystems* 15: 188–99.

――――. 2012. Mycorrhizal networks affect ectomycorrhizal fungal community similarity between conspecific trees and seedlings. *Mycorrhiza* 22: 317–26.

――――. 2013. Seedling genetics and life history outweigh mycorrhizal network potential to improve conifer regeneration under drought. *Forest Ecology and Management* 287: 132–39.

Carey, E. V., Marler, M. J., and Callaway, R. M. 2004. Mycorrhizae transfer carbon from a native grass to an invasive weed: Evidence from stable isotopes and physiology. *Plant Ecology* 172: 133–41.

Defrenne, C. A., Oka, G. A., Wilson, J. E., et al. 2016. Disturbance legacy on soil carbon stocks and stability within a coastal temperate forest of southwestern British Columbia. *Open Journal of Forestry* 6: 305–23.

Erland, L. A. E., Shukla, M. R., Singh, A. S., and Murch, S. J. 2018. Melatonin and serotonin: Mediators in the symphony of plant morphogenesis. *Journal of Pineal Research* 64: e12452.

Heineman, J. L., Simard, S. W., and Mather, W. J. 2002. *Natural regeneration of small patch cuts in a southern interior ICH forest*. Working Paper 64. Victoria, BC: BC Ministry of Forests.

Jones, M. D., Twieg, B., Ward, V., et al. 2010. Functional complementarity of Douglas-fir ectomycorrhizas for extracellular enzyme activity after wildfire or clearcut logging. *Functional Ecology* 4: 1139–51.

Kazantseva, O., Bingham, M. A., Simard, S. W., and Berch, S. M. 2009. Effects of growth medium, nutrients, water and aeration on mycorrhization and biomass allocation of greenhouse-grown interior Douglas-fir seedlings. *Mycorrhiza* 20: 51–66.

Kiers, E. T., Duhamel, M., Beesetty, Y., et al. 2011. Reciprocal rewards stabilize cooperation in the mycorrhizal symbiosis. *Science* 333: 880–82.

Kretzer, A. M., Dunham, S., Molina, R., and Spatafora, J. W. 2004. Microsatellite markers reveal the below ground distribution of genets in two species of Rhizopogon forming tuberculate ectomycorrhizas on Douglas fir. *New Phytologist* 161: 313 –20.

Lewis, K., and Simard, S. W. 2012. Transforming forest management in B.C. Opinion editorial, special to the *Vancouver Sun*, March 11, 2012.

Marcoux, H. M., Daniels, L. D., Gergel, S. E., et al. 2015. Differentiating mixed-and high-severity fire regimes in mixed-conifer forests of the Canadian Cordillera. *Forest Ecology and Management* 341: 45 –58.

Marler, M. J., Zabinski, C. A., and Callaway, R. M. 1999. Mycorrhizae indirectly enhance competitive effects of an invasive forb on a native bunchgrass. *Ecology* 80: 1180 –86.

Mather, W. J., Simard, S. W., Heineman, J. L., Sachs, D. L. 2010. Decline of young lodgepole pine in southern interior British Columbia. *Forestry Chronicle* 86: 484 –97.

Perry, D. A., Hessburg, P. F., Skinner, C. N., et al. 2011. The ecology of mixed severity fire regimes in Washington, Oregon, and Northern California, Forest *Ecology and Management* 262: 703 –17.

Philip, L. J., Simard, S. W., and Jones, M. D. 2011. Pathways for belowground carbon transfer between paper birch and Douglas-fir seedlings. *Plant Ecology and Diversity* 3: 221 –33.

Roach, W. J., Simard, S. W., and Sachs, D. L. 2015. Evidence against planting lodgepole pine monocultures in cedar-hemlock forests in southern British Columbia. *Forestry* 88: 345 –58.

Schoonmaker, A. L., Teste, F. P., Simard, S. W., and Guy, R. D. 2007. Tree proximity, soil pathways and common mycorrhizal networks: Their influence on utilization of redistributed water by understory seedlings. *Oecologia* 154: 455 – 66.

Simard, S. W. 2009. The foundational role of mycorrhizal networks in self-organization of interior Douglas-fir forests. *Forest Ecology and Management*

258S: S95–107.

Simard, S. W., ed. 2010. *Climate Change and Variability*. Intech. https://www. intechopen .com /books/climate-change-and-variability.

———. 2012. *Mycorrhizal* networks and seedling establishment in Douglas-fir forests. Chapter 4 in *Biocomplexity of Plant-Fungal Interactions*, ed. D. Southworth. Ames, IA: Wiley-Blackwell, 85–107.

———. 2017. The mother tree. In *The Word for World Is Still Forest*, ed. Anna-Sophie Springer and Etienne Turpin. Berlin: K. Verlag and the Haus der Kulturen der Welt.

———. 2018. Mycorrhizal networks facilitate tree communication, learning and memory. Chapter 10 in *Memory and Learning in Plants*, ed. F. Baluska, M. Gagliano, and G. Witzany. West Sussex, UK: Springer, 191–213.

Simard, S. W., Asay, A. K., Beiler, K. J., et al. 2015. Resource transfer between plants through ectomycorrhizal networks. In Mycorrhizal Networks, ed. T. R. Horton. *Ecological Studies* vol. 224. Dordrecht: Springer, 133–76.

Simard, S. W., and Lewis, K. 2011. New policies needed to save our forests. Opinion editorial, special to the *Vancouver Sun*, April 8, 2011.

Simard, S. W., Martin, K., Vyse, A., and Larson, B. 2013. Meta-networks of fungi, fauna and flora as agents of complex adaptive systems. Chapter 7 in *Managing World Forests as Complex Adaptive Systems: Building Resilience to the Challenge of Global Change*, ed. K. Puettmann, C. Messier, and K. D. Coates. New York: Routledge, 133–64.

Simard, S. W., Mather, W. J., Heineman, J. L., and Sachs, D. L. 2010. Too much of a good thing? Planted lodgepole pine at risk of decline in British Columbia. *Silviculture Magazine Winter* 2010: 26–29.

Teste, F. P., Karst, J., Jones, M. D., et al. 2006. Methods to control ectomycorrhizal colonization: Effectiveness of chemical and physical barriers. *Mycorrhiza* 17: 51–65.

Teste, F. P., and Simard, S. W. 2008. *Mycorrhizal* networks and distance from mature trees alter patterns of competition and facilitation in dry Douglas-fir forests.

Oecologia 158: 193–203.

Teste, F. P., Simard, S. W., and Durall, D. M. 2009. Role of mycorrhizal networks and tree proximity in ectomycorrhizal colonization of planted seedlings. *Fungal Ecology* 2: 21–30.

Teste, F. P., Simard, S. W., Durall, D. M., et al. 2010. Net carbon transfer occurs under soil disturbance between Pseudotsuga menziesii var. glauca seedlings in the field. *Journal of Ecology* 98: 429–39.

Teste, F. P., Simard, S. W., Durall, D. M., et al. 2009. Access to mycorrhizal networks and tree roots: Importance for seedling survival and resource transfer. *Ecology* 90: 2808–22.

Twieg, B., Durall, D. M., Simard, S. W., and Jones, M. D. 2009. Influence of soil nutrients on ectomycorrhizal communities in a chronosequence of mixed temperate forests. *Mycorrhiza* 19: 305–16.

Van Dorp, C. 2016. Rhizopogon mycorrhizal networks with interior Douglas fir in selectively harvested and non-harvested forests. Master of science thesis, University of British Columbia.

Vyse, A., Ferguson, C., Simard, S. W., et al. 2006. Growth of Douglas-fir, lodgepole pine, and ponderosa pine seedlings underplanted in a partially-cut, dry Douglas-fir stand in south-central British Columbia. *Forestry Chronicle* 82: 723–32.

Woods, A., and Bergerud, W. 2008. *Are free-growing stands meeting timber productivity expectations in the Lakes Timber supply area?* FREP Report 13. Victoria, BC: BC Ministry of Forests and Range, Forest Practices Branch.

Woods, A., Coates, K. D., and Hamann, A. 2005. Is an unprecedented Dothistroma needle blight epidemic related to climate change? *BioScience* 55 (9): 761–69.

Zabinski, C. A., Quinn, L., and Callaway, R. M. 2002. Phosphorus uptake, not carbon transfer, explains arbuscular mycorrhizal enhancement of *Centaurea maculosa* in the presence of native grassland species. *Functional Ecology* 16: 758–65.

Zustovic, M. 2012. The effects of forest gap size on Douglas-fir seedling establishment in the southern interior of British Columbia. Master of science thesis, University of British Columbia.

13장 [코어 샘플링]

Aitken, S. N., Yeaman, S., Holliday, J. A., et al. 2008. Adaptation, migration or extirpation: Climate change outcomes for tree populations. *Evolutionary Applications* 1: 95 –111.

D'Antonio, C. M., and Vitousek, P. M. 1992. Biological invasions by exotic grasses, the grass/fire cycle, and global change. *Annual Review of Ecology and Systematics* 23: 63 –87.

Eason, W. R., and Newman, E. I. 1990. Rapid cycling of nitrogen and phosphorus from dying roots of *Lolium perenne. Oecologia* 82: 432.

Eason, W. R., Newman, E. I., and Chuba, P. N. 1991. Specificity of interplant cycling of phosphorus: The role of mycorrhizas. *Plant Soil* 137: 267 –74.

Franklin, J. F., Shugart, H. H., and Harmon, M. E. 1987. Tree death as an ecological process: Causes, consequences and variability of tree mortality. *BioScience* 37: 550 –56.

Hamann, A., and Wang, T. 2006. Potential effects of climate change on ecosystem and tree species distribution in British Columbia. *Ecology* 87: 2773 –86.

Johnstone, J. F., Allen, C. D., Franklin, J. F., et al. 2016. Changing disturbance regimes, ecological memory, and forest resilience. *Frontiers in Ecology and the Environment* 14: 369 –78.

Kesey, Ken. 1977. *Sometimes a Great Notion.* New York: Penguin Books.

Lotan, J. E., and Perry, D. A. 1983. *Ecology and Regeneration of Lodgepole Pine.* Agriculture Handbook 606. Missoula, MT: INTF&RES, USDA Forest Service.

Maclauchlan, L. E., Daniels, L. D., Hodge, J. C., and Brooks, J. E. 2018. Characterization of western spruce budworm outbreak regions in the British Columbia Interior. *Canadian Journal of Forest Research* 48: 783 –802.

McKinney, D., and Dordel, J. 2011. *Mother Trees Connect the Forest* (video). http://www.karmatube.org/videos.php?id=2764.

Safranyik, L., and Carroll, A. L. 2006. The biology and epidemiology of the mountain pine beetle in lodgepole pine forests. Chapter 1 in *The Mountain Pine Beetle: A Synthesis of Biology, Management, and Impacts on Lodgepole Pine*, ed. L. Safranyik and W. R. Wilson. Victoria, BC: Natural Resources Canada, Canadian Forest Service, Pacific Forestry Centre, 3 – 66.

Song, Y. Y., Chen, D., Lu, K., et al. 2015. Enhanced tomato disease resistance primed by arbuscular mycorrhizal fungus. *Frontiers in Plant Science* 6: 1 –13.

Song, Y. Y., Simard, S. W., Carroll, A., et al. 2015. Defoliation of interior Douglas-fir elicits carbon transfer and defense signalling to ponderosa pine neighbors through ectomycorrhizal networks. *Scientific Reports* 5: 8495.

Song, Y. Y., Ye, M., Li, C., et al. 2014. Hijacking common mycorrhizal networks for herbivore-induced defence signal transfer between tomato plants. *Scientific Reports* 4: 3915.

Song, Y. Y., Zeng, R. S., Xu, J. F., et al. 2010. Interplant communication of tomato plants through underground common mycorrhizal networks. *PLOS ONE* 5: e13324.

Taylor, S. W., and Carroll, A. L. 2004. Disturbance, forest age dynamics and mountain pine beetle outbreaks in BC: A historical perspective. In *Challenges and Solutions: Proceedings of the Mountain Pine Beetle Symposium. Kelowna, British Columbia, Canada, Oct. 30–31, 2003*, ed. T. L. Shore, J. E. Brooks, and J. E. Stone. Information Report BC-X-399. Victoria: Canadian Forest Service, Pacific Forestry Centre, 41 –51.

14장 [생일들]

Allen, C. D., Macalady, A. K., Chenchouni, H., et al. 2010. A global overview of drought and heat-induced tree mortality reveals emerging climate change risks for forests. *Forest Ecology and Management* 259: 660 –84.

Asay, A. K. 2013. Mycorrhizal facilitation of kin recognition in interior Douglas-fir (*Pseudotsuga menziesii* var. glauca). Master of science thesis, University of British Columbia. DOI: 10,14288/1,0103374.

Bhatt, M., Khandelwal, A., and Dudley, S. A. 2011. Kin recognition, not competitive interactions, predicts root allocation in young *Cakile edentula* seedling pairs. *New Phytologist* 189: 1135–42.

Biedrzycki, M. L., Jilany, T. A., Dudley, S. A., and Bais, H. P. 2010. Root exudates mediate kin recognition in plants. *Communicative and Integrative Biology* 3: 28–35.

Brooker, R. W., Maestre, F. T., Callaway, R. M., et al. 2008. Facilitation in plant communities: The past, the present, and the future. *Journal of Ecology* 96: 18–34.

Donohue, K. 2003. The influence of neighbor relatedness on multilevel selection in the Great Lakes sea rocket. *American Naturalist* 162: 77–92.

Dudley, S. A., and File, A. L. 2007. Kin recognition in an annual plant. *Biology Letters* 3: 435–38.

File, A. L., Klironomos, J., Maherali, H., and Dudley, S. A. 2012. Plant kin recognition enhances abundance of symbiotic microbial partner. *PLOS ONE* 7: e45648.

Fontaine, S., Bardoux, G., Abbadie, L., and Mariotti, A. 2004. Carbon input to soil may decrease soil carbon content. *Ecology Letters* 7: 314–20.

Fontaine, S., Barot, S., Barré, P., et al. 2007. Stability of organic carbon in deep soil layers controlled by fresh carbon supply. *Nature* 450: 277–80.

Franklin, J. F., Cromack, K. Jr., Denison, W., et al. 1981. *Ecological characteristics of old-growth Douglas-fir forests. General Technical Report PNW-GTR-118.* Portland, OR: U.S. Department of Agriculture, Forest Service, Pacific Northwest Forest and Range Experiment Station.

Gilman, Dorothy. 1966. *The Unexpected Mrs. Pollifax.* New York: Fawcett.

Hamilton, W. D. 1964. The genetical evolution of social behaviour. *Journal of Theoretical Biology* 7: 1–16.

Harper, T. 2019. Breastless friends forever: How breast cancer brought four women together. *Nelson Star*, August 2, 2019. https://www.nelsonstar.com /community /breastless -friends -forever -how -breast -cancer -brought-four-women- together/.

Harte, J. 1996. How old is that old yew? *At the Edge* 4: 1–9.

Karban, R., Shiojiri, K., Ishizaki, S., et al. 2013. Kin recognition affects plant communication and defence. *Proceedings of the Royal Society B: Biological Sciences* 280: 20123062.

Luyssaert, S., Schulze, E. D., Börner, A., et al. 2008. Old-growth forests as global carbon sinks. *Nature* 455: 213–15.

Pickles, B. J., Twieg, B. D., O'Neill, G. A., et al. 2015. Local adaptation in migrated interior Douglas-fir seedlings is mediated by ectomycorrhizae and other soil factors. *New Phytologist* 207: 858–71.

Pickles, B. J., Wilhelm, R., Asay, A. K., et al. 2017. Transfer of 13C between paired Douglas-fir seedlings reveals plant kinship effects and uptake of exudates by ectomycorrhizas. *New Phytologist* 214: 400–411.

Rehfeldt, G. E., Leites, L. P., St. Clair, J. B., et al. 2014. Comparative genetic responses to climate in the varieties of Pinus ponderosa and *Pseudotsuga menziesii:* Clines in growth potential. *Forest Ecology and Management* 324: 138–46.

Restaino, C. M., Peterson, D. L., and Littell, J. 2016. Increased water deficit decreases Douglas fir growth throughout western US forests. *Proceedings of the National Academy of Sciences* 113: 9557–62.

Simard, S. W. 2014. The networked beauty of forests. TED-Ed, New Orleans. https://ed.ted.com/lessons/the-networked-beauty-of-forests-suzanne-simard.

St. Clair, J. B., Mandel, N. L., and Vance-Borland, K. W. 2005. Genecology of Douglas fir in western Oregon and Washington. *Annals of Botany* 96: 1199–214.

Turner, N. J. 2008. *The Earth's Blanket: Traditional Teachings for Sustainable Living.* Seattle: University of Washington Press.

Turner, N. J., and Cocksedge, W. 2001. Aboriginal use of non-timber forest products in northwestern North America. *Journal of Sustainable Forestry* 13: 31–58.

Wall, M. E., and Wani, M. C. 1995. Camptothecin and taxol: Discovery to clinic— Thirteenth Bruce F. Cain Memorial Award Lecture. *Cancer Research* 55: 753–60.

Alila, Y., Kuras, P. K., Schnorbus, M., and Hudson, R. 2009. Forests and floods: A new paradigm sheds light on age-old controversies. American Geophysical Union. *Water Resources Research* 45: W08416.

Artelle, K. A., Stephenson, J., Bragg, C., et al. 2018. Values-led management: The guidance of place-based values in environmental relationships of the past, present, and future. *Ecology and Society* 23 (3): 35.

Asay, A. K. 2019. Influence of kin, density, soil inoculum potential and interspecific competition on interior Douglas-fir (*Pseudotsuga menziesii* var. *glauca*) performance and adaptive traits. PhD dissertation, University of British Columbia.

British Columbia Ministry of Forests and Range and British Columbia Ministry of Environment. 2010. *Field Manual for Describing Terrestrial Ecosystems*, 2nd ed. Land Management Handbook 25. Victoria, BC: Ministry of Forests and Range Research Branch.

Cox, Sarah. 2019. "You can't drink money": Kootenay communities fight logging to protect their drinking water. *The Narwhal*. https://thenarwhal.ca /you -cant -drink -money -kootenay -communities -fight -logging -protect-drinking-water/.

Gill, I. 2009. *All That We Say Is Ours: Guujaaw and the Reawakening of the Haida Nation*. Vancouver: Douglas & McIntyre.

Golder Associates. 2014. *Furry Creek detailed site investigations and human health and ecological risk assessment*. Vol. 1, *Methods and results*. Report 1014210038-501-R-RevO.

Gorzelak, M. A. 2017. Kin-selected signal transfer through mycorrhizal networks in Douglas-fir. PhD dissertation, University of British Columbia. DOI: 10.14288 /1.0355225.

Harding, J. N., and Reynolds, J. D. 2014. Opposing forces: Evaluating multiple ecological roles of Pacific salmon in coastal stream ecosystems. *Ecosphere* 5: art157.

Hocking, M. D., and Reynolds, J. D. 2011. Impacts of salmon on riparian plant diversity. *Science* 331 (6024): 1609–12.

Kinzig, A. P., Ryan, P., Etienne, M., et al. 2006. Resilience and regime shifts: Assessing cascading effects. *Ecology and Society* 11: 20.

Kurz, W. A., Dymond, C. C., Stinson, G., et al. 2008. Mountain pine beetle and forest carbon: Feedback to climate change. *Nature* 452: 987–90.

Larocque, A. 2105. Forests, fish, fungi: Mycorrhizal associations in the salmon forests of BC. PhD proposal, University of British Columbia.

Louw, Deon. 2015. Interspecific interactions in mixed stands of paper birch (*Betula papyrifera*) and interior Douglas-fir (*Pseudotsuga mensiezii* var. *glauca*). Master of science thesis, University of British Columbia. https://open .library .ubc .ca / collections /ubctheses /24/items/1.0166375.

Marren, P., Marwan, H., and Alila, Y. 2013. Hydrological impacts of mountain pine beetle infestation: Potential for river channel changes. In *Cold and Mountain Region Hydrological Systems Under Climate Change: Towards Improved Projections, Proceedings of H02, IAHS-IAPSO-IASPEI Assembly, Gothenburg, Sweden, July 2013.* IAHS Publication 360: 77–82.

Mathews, D. L., and Turner, N. J. 2017. Ocean cultures: Northwest coast ecosystems and indigenous management systems. Chapter 9 in *Conservation for the Anthropocene Ocean*, ed. Phillip S. Levin and Melissa R. Poe. London: Academic Press, 169–206.

Newcombe, C. P., and Macdonald, D. D. 1991. Effects of suspended sediments on aquatic ecosystems. *North American Journal of Fisheries Management* 11: 1, 72–82.

Palmer, A. D. 2005. *Maps of Experience: The Anchoring of Land to Story in Secwepemc Discourse.* Toronto, ON: University of Toronto Press.

Reimchen, T., and Fox, C. H. 2013. Fine-scale spatiotemporal influences of salmon on growth and nitrogen signatures of Sitka spruce tree rings. *BMC Ecology* 13: 1–13.

Ryan, T. 2014. Territorial jurisdiction: The cultural and economic significance of eulachon *Thaleichthys pacificus* in the north-central coast region of British Columbia. PhD dissertation, University of British Columbia. DOI: 10.14288/1.0167417.

Scheffer, M., and Carpenter, S. R. 2003. Catastrophic regime shifts in ecosystems: Linking theory to observation. *Trends in* Ecology and Evolution 18: 648–56.

Simard, S. W. 2016. How trees talk to each other. TED Summit, Banff, AB. https://www .ted.com/talks/suzanne_simard_how_trees_talk_to_each_other?language=en.

Simard, S. W., et al. 2016. From tree to shining tree. *Radiolab* with Robert Krulwich and others. https://www.wnycstudios.org/story/from-tree-to-shining-tree.

Turner, N. J. 2008. Kinship lessons of the birch. *Resurgence* 250: 46–48.

———. 2014. *Ancient Pathways, Ancestral Knowledge: Ethnobotany and Ecological Wisdom of Indigenous Peoples of Northwestern North America*. Montreal, QC: McGill-Queen's Press.

Turner, N. J., Berkes, F., Stephenson, J., and Dick, J. 2013. Blundering intruders: Multi-scale impacts on Indigenous food systems. *Human Ecology* 41: 563–74.

Turner, N. J., Ignace, M. B., and Ignace, R. 2000. Traditional ecological knowledge and wisdom of Aboriginal peoples in British Columbia. *Ecological Applications* 10: 1275–87.

White, E. A. F. (Xanius). 2006. Heiltsuk stone fish traps: Products of my ancestors' labour. Master of arts thesis, Simon Fraser University.

에필로그 [어머니 나무 프로젝트]

Aitken, S. N., and Simard, S. W. 2015. Restoring forests: How we can protect the water we drink and the air we breathe. *Alternatives Journal* 4: 30–35.

Chambers, J. Q., Higuchi, N., Tribuzy, E. S., and Trumbore, S. E. 2001. Carbon sink for a century. *Nature* 410: 429.

Dickinson, R. E., and Cicerone, R. J. 1986. Future global warming from atmospheric trace gases. *Nature* 319: 109–15.

Harris, D. C. 2010. Charles David Keeling and the story of atmospheric CO2 measurements. *Analytical Chemistry* 82: 7865 –70.

Roach, W. J., Simard, S. W., Defrenne, C. E., et al. 2020. Carbon storage, productivity and biodiversity of mature Douglas-fir forests across a climate gradient in British Columbia. (In prep.)

Simard, S. W. 2013. Practicing mindful silviculture in our changing climate. *Silviculture Magazine* Fall 2013: 6 –8.

———. 2015. Designing successful forest renewal practices for our changing climate. Natural Sciences and Engineering Council of Canada, Strategic Project Grant. (Proposal for the Mother Tree Project.)

Simard, S. W., Martin, K., Vyse, A., and Larson, B. 2013. Meta-networks of fungi, fauna and flora as agents of complex adaptive systems. Chapter 7 in *Managing World Forests as Complex Adaptive Systems: Building Resilience to the Challenge of Global Change*, ed. K. Puettmann, C. Messier, and K. D. Coates. New York: Routledge, 133 –64.

[나의 숲이 간직한 이야기]

수잔 시마드 선생님이 『어머니 나무를 찾아서』 집필을 마친 2019년, 영어판이 출간된 2021년 이후 감염병 대유행, 기후 위기, 전쟁 등의 변화가 또다시 지구를 휩쓸었다. 이 책을 번역하며 떠오른 질문들과 함께 한국어판 출간에 앞서 서면 인터뷰를 통해 최근의 범지구적 격변에 대한 시마드 선생님의 생각을 들어 보았다.

김다히 감염병 확산과 장기화로 인해 인간과 자연의 소통 양상이 상당히 변화했다. 1회용품 사용이 폭증했고 버려지는 마스크 수도 어마어마하다. 획일적 조림지에서 고통당하는 나무들에게서 전 지구적 감염병을 경험하는 인류의 모습을 보았다면 비약일까? 신종 코로나 바이러스 확산이 생태계에 미친 가장 큰 영향은 무엇이라고 생각하시는지 궁금하다. 또 코로나19로 인해 선생님의 삶과 연구에 어떤 영향이 있었는지 말씀해 주시기 바란다.

수잔 시마드 코로나19는 전 지구적 변화가 초래한 현상이다. 인간이 숲을 침해하고 착취한 결과 야생 동물의 서식지가 이동했고 그로 인해 인간과 야생 동물이 밀접 접촉하게 되었다. 야생 동물이 코로나19 바이러스를 인간에게 전파한 잠재적 매개체였다는 근거도 있다. 실제로 그랬다면, 감염병은 인간이 아닌 생물 종의 고통이 인류에게 어떤 피드백을 주고 있는지 보여 주는 좋은 사례이다. 나무도 마찬가지로 지구의 변화 때문에 무수한 스트레스에 시달리며 감염, 병충해, 건강 상태 악화, 사망률 증가로 고통당하고 있다. 내가 살고 있는 캐나다 서부 지역은 기후 변화, 부실한 산림 관리로 인한 충해 발생으로 엄청난 산림 손실을 겪고 있다. 지난 10년간 거의 매년 여름마다 산불 연기 때문에 인류의 생활 환경이 악화되었다. 내 연구 현장 일부도 산불과 좀벌레 때문에 파괴되었고, 현장 작업 중 연구팀이 여러 차례 산불을 피해야 했다.

김다히 「서문」에서 이 책은 "나무가 우리를 구원하는" 방법에 대한 실마리를 제공하는 책이라고 말씀하셨다. 기후 위기의 시대, 나무는 어떻게 인간을 용서하고 구원할까?

수잔 시마드 숲은 육지 생물권 탄소 저장량 중 거의 80퍼센트, 생명 종 중 약 80퍼센트를 품고 있으며, 캐나다의 담수 중 80퍼센트를 공급한다. 이산화탄소를 처분하고 생명 종을 위한 서식지를 제공하며 공기와 물을 정화하는 숲은 지구의 생명권 균형을 유지하기 위한 핵심 생태계이다. 숲은 복잡 적응계(complex adaptive system)이므로 재생과 자기 조직화를 할 수 있고, 숲에는 회복력이 있다. 건강한 토양과 생식 능력이라는 기본적 유산이 남아 있는 한, 숲이 인간의 착취로부터 회복할 수 있음을 의미한다. 하지만 우리는 오래된 숲에 대한 착취를 멈추고 토양을 황폐화하지 말아야 한다. 그래야만 숲이 회복력을 발휘하여 지구상에서 건강한 삶을 지속하기 위해 우리가 필요로 하는 생태적 서비스를 제공할 수 있을 것이다.

김다히 책을 읽으며 알게 된 나무와 인간의 비슷한 점은 충격적이면서도 매우 흥미로웠다. 구체적으로 어떤 지혜를 어머니 나무가 후손 나무에게 물려주는지, 사람들처럼 나무 개체들도 개성을 발휘하는지도 궁금하다. '나의 나무'라 부를 수 있는 나무가 있으셨는지, 나무들과 개인적 관계를 맺은 특별한 경험 이야기를 나눠주시기를 부탁드린다.

수잔 시마드 어머니 나무는 자손에게 유전적 유산을 물려주고 생태계를 안정시키는 능력으로 새로운 세대에게 건강한 서식지를 제공한다. 나무 한 그루 한 그루는 개개인과 같아서 나름의 구조를 갖고 있고, 생태계에서 제 나름의 역할을 한다. 우리 집 뒷마당에는 오래된 단풍나무가 있는데 가지가 위층 공부방 창문까지 뻗어 있다. 단풍나무의 큰 가지에 그네가 있어 딸들이 어릴 때 매일 타고 놀았다. 우리 동네의 다람쥐, 새, 곰도 거기서 놀았다. 매일 내가 일하는 동안 나무는 나를 건강하고 행복하게 해 주는 그늘, 향기, 소리를 주었다. '나의 나무'를 고르라면 나는 내가 거의 매일 찾아갈 수 있고, 내게 생명을 주고, 내 아이들을 즐거운 환경에서 기를 수 있도록 도움을 준 데 감사할 수 있는 나무를 선택할 것이다.

김다히 "왜 이제야 (모든 생명체가 서로에게 복잡하게 기대고 있다는) 선주민들의 생각을 믿게 되었는지" 질문하신 조카 에피소드가 인상적이다. 책에서 말씀하신 숲 사람의 DNA가 자녀들, 조카들 안에서 어떻게 활약하고 있는지 궁금하다.

수잔 시마드 내 딸들과 조카들은 모두 숲의 아이들이다. 그들은 숲에 대해 배우고 숲을 즐기며 살아 왔다. 모두 숲과 인류가 함께 건강한 삶을 누릴 수 있도록 항상 애쓰고 있다. 아이들이 지닌 숲에 대한 존중, 숲과 맺은 유대와 호혜 관계는 자신의 건강한 삶은 물론 지역 사회와 숲의 건강에 기여할 수 있는 능력의 근원이 되어 주었다.

김다히 이 책에서 우리는 저자의 인생을 따라가다 과학적 발견을, 과학의 발전을 따라가다 저자의 인생을 엿보게 된다. 나를 포함해 한국의 많은 여성 과학자들도 출산과 육아, 의미 있는 연구, 사람다운 삶이 공존, 지속할 수 있는지를 고민하고 있다. "목소리가 들릴 때까지" 버틸 수 있도록 지탱해 준 힘은 무엇이었는지 궁금하다.

수잔 시마드 여성은 많은 책임을 짊어지고 있지만 경력을 쌓는 동시에 가족을 부양하는 데 필요한 지원을 항상 받을 수 있는 것은 아니다. 건강을 유지하고 자신과 가족을 위해 살 수 있도록 우리 자신이, 또 다른 사람들이 우리에 대해 품은 기대치에 적정선을 긋는 것이 중요하다. 이런 개인적 경계가 없다면 스트레스와 과로로 인해 병이 들고 만다. 여성이 성공할 수 있도록 자신과 서로를 위해 힘을 모아야 한다. 나는 가족과 나 자신을 우선 순위에 놓았기에 계속 버틸 수 있었다. 매우 힘들었고, 늘 그렇게 할 수 있었던 것도 아니지만 숲과 인류의 건강을 지키겠다는 큰 목표가 있었기에 계속해 나갈 수 있었다.

김다히 「감사의 글」에서 제자들, 대학원생들의 이름을 전부 남긴 것도 감동적이다. 이제 어머니 나무 프로젝트 참여자들의 어머니 나무가 되셨는데 어머니 나무로서 후대에 물려주고 싶은 유산이 있다면?

수잔 시마드 서로를 존중하고, 또 우리의 숲과 모든 생물을 존중하고, 그들이 우리를 돌보듯이 그들을 돌보고, 모든 인간 및 비인간, 지역 사회와 깊은 관계를 발전시키고 지켜 나가는 일의 중요성이야말로 학생들에게 물려줄 수 있는 최고의 유산일 것이다.

김다히 과학의 여정에 함께한 많은 분의 근황도 궁금하다. 가장 특별했던 공동 작업 이야기를 부탁드린다.

수잔 시마드 나와 같이 연구한 분들은 대개 잘 지내신다. 안부를 물어 주어 고맙게 생각한다. 가장 중요한 공동 연구자는 연구 경력 내내 함께 일한 내 절친한 친구 진이다. 서로에 대한 깊은 존중과 배려 덕분에 우리가 함께 세계 최고 규모의 자연적 기후 변화 실험 중 하나인 어머니 나무 프로젝트를 구축할 수 있었다.

김다히 우리나라에서 소위 노쇠한 나무들이 탄소를 잘 흡수하지 못하므로 주기적으로 새 나무로 교체해야 한다는 주장이 있었다. 탄소 중립 측면을 고려하면 가장 탄소를 효율적으로 저장하는 숲을 다시 길러내기 위한 최선의 방법은 무엇일까?

수잔 시마드 탄소는 숲의 나무, 식물, 나무 조각, 숲 바닥, 뿌리, 무기질 흙에 저장되어 있다. 오래된 숲에서 탄소 중 50~90퍼센트가 지하에 저장되는데, 생태계의 유형에 따라 정확한 수치에는 차이가 있다. 이와 같은 지하 저장고에 저장된 탄소의 총량은 브리티시 컬럼비아 연안 조림지 대비 오래된 숲에서 약 4배 더 많다. 노숙림을 벌채하면 생태계 탄소 중 거의 70퍼센트가 나무와 숲 바닥 탄소 저장고에서 대기와 목재 제품(목재 제품의 평균 수명은 25년이다.)으로 유실된다는 것이 밝혀졌다. 유실된 탄소 저장량을 회복하려면 수백, 수천 년이 걸릴 것이다. 조림지는 오래된 숲보다 훨씬 단순하고 생명 종의 수도, 생태적 유산도 훨씬 빈약하다. 그래서 오래된 숲만큼 많은 탄소를 처분할 수도, 저장할 수 없다.

오래된 나무가 어린 나무만큼 많은 탄소를 흡수하지 못한다는 잘못된 믿음은 어린 잎 1그램의 광합성 속도가 더 빠르다는 연구 결과에 근거한다. 잎의 질소 함량과 방어 비용이 더 낮기 때문이다. 하지만 오래된 숲에 비해 어린 숲의 총 엽량(葉量)이 훨씬 적고 엽량 전체를 고려하면 오래된 숲속 잎의 생물량(바이오매스)이 훨씬 많기 때문에 숲 생태계 전체가 흡수하는 이산화탄소의 양은 오래된 숲이 훨씬 많다. 또 오래된 숲을 어린 숲으로 대체하면 지상과 지하 탄소 저장고에서 탄소가 즉시 손실된다. 이러한 요소들을 감안하면 오래된 숲을 어린 조림지로 대체하자는 주장은 전혀 말이 되지 않는다.

김다히 학자로서의 정점에 오르셨을 때 개인적, 건강상의 어려움을 겪으셨고 그 일들을 극복하며 정밀하고 환원적인 과학 너머까지 아우르는 큰 그림을 그리신 것으로 알고 있다. 많이 바쁘신 중에도 이 모든 일을 해내신 것을 존경한다. 저술 중인 다음 책도 있으신지 궁금하다. 『어머니 나무를 찾아서』의 영화화는 어떻게 진행되고 있는지도 말씀 부탁드린다.

어머니 나무를 찾아서

수잔 시마드   지금은 두 번째 책을 쓰고 있다. 잠정적인 제목은 『어머니 나무 지키기』이다. 영화는 아직 초기 단계이지만 계속 진행 중이다.

인터뷰를 마치며

엄마 노릇에 지쳐 가던 즈음 이 책을 만났다. 어미로 사는 일은 모순의 연속이었다. 나 없이 한순간도 못 살아낼 연약한 존재를 지키겠다며 날을 세워도 보았고, 나 없이도 마뜩하게 살아내어 보라며 아이의 등을 떠밀어도 보았다. 이쯤이면 누구든 너끈히 돌볼 수 있다며 달뜨기도 하였고, 내 것 하나 능히 돌볼 힘조차 없는 자신에게 실망하기도 했다.

　하루가 바쁘게 바뀌는 마음을 추스르는 데는 자연만 한 것이 없다고 한다. 화면 속 자연은 고요함과 평안함의 상징 같았다. 무지한 도시 동물의 눈이었을까, 언젠가 집 뒤뜰에 사슴과 너구리가 찾아와 심어 둔 토마토를 파헤치고 대변만 남긴 채 홀연히 사라졌다. 깊은 숲은 고요해서 더욱 두려웠다. 낮에도 어둑하고 축축하고 인적이 없었다. 곰이 산다고들 했고, 도로에서 사슴 떼를 마주치면 하릴없이 기다리는 수밖에 없었다. 하늘인지 천장인지 모를 곳에서 이름 모를 벌레가 머리 위로 떨어졌다. 숲 바닥에는 옷을 입어도 다리가 간지러울 만큼 긴 풀이 돋아 있었고 밤새 수염이 긴 요정이 엉덩이를 걸고 쉬어 가지 않았을까 싶은 버섯도 지천이었다. 손을 타지 않은 자연에는 인간의 손길을 허락하지 않는 거대한 힘이 있는 것 같다.

　고고히 외따로 서 있는 나무는 세상 풍파를 제 몸으로 맞으며 홀로 버텨 온 줄로만 알았다. 얽히고설킨 데서 벗어나고 싶다는 욕망은 인간의 전유물인 것 같았다. 늘 초연해 보이는 나무들도 좋은 날과 궂은 날을 살아내며 자신, 친족, 마을을 살리려 돌봄에 힘쓴다. 때와 필요에 따라 나누고, 연을 맺고, 기댈 곳, 나에게 기댈 이를 찾는 나무의 삶은 우리의 삶과도 닮았다. 나와 사뭇 다른 이들을 곁에 두고 나누지 않으면 풀 수 없을 수수께끼가 너무나 많다.

이메일로, 화상 통화로 끊임없이 더 많은 이야기를 들려주십사 보채도 늘 선뜻 반겨 주신 수잔 시마드 선생님이 참 고맙다. 끈기 있게 작은 것을 놓치지 않으며 큰 이야기를 들려 준 어머니 나무, 시마드 선생님의 건강과 행복을 빈다. 지구 환경이 나날이 거세게 변해 가 자연의 이야기를 존중하는 용기가 더없이 중요해질 미래에도 우리에게 나무와 숲과 자연의 이야기들을 꾸준히 전해 주시면 좋겠다. 분야 전문가의 눈으로 글을 살펴 주시고 식물 이름을 바르게 옮길 수 있도록 아낌없는 도움 주신 분들께도 감사드린다. 변함없이 따뜻하고 정교한 손길로 인연들을 굳건하게 지켜 준 (주)사이언스북스 편집부 식구들, 돌봄만큼 값지고 또 구차한 일이 또 있을까 싶은 때 견디고 발을 뗄 힘을 북돋아 준 나라는 나무의 숲, 가족에게 고마운 마음을 전한다.

김다히

557

찾아보기

찾아보기

어머니 나무를 찾아서

어머니 나무를 찾아서

어머니 나무를 찾아서

옮긴이 김다히

연세 대학교에서 영어영문학과 불어불문학을 전공하고 같은 대학원에서 영어학 석사 학위를, 미국 오하이오 주립 대학교에서 언어학 박사 학위를 받았다. 한국 과학 기술원, 연세 대학교, 한양 대학교, 충북 대학교, 경북 대학교, 국민 대학교에서 인간 말소리의 과학, 영어 교육, 난독증, 문해 교육에 대해 강의했다. 옮긴 책으로 『스타 토크』, 『개의 작동 원리』 등이 있다.

어머니 나무를 찾아서

1판 1쇄 펴냄 2023년 11월 17일
1판 2쇄 펴냄 2024년 5월 8일

지은이 수잔 시마드
옮긴이 김다히
펴낸이 박상준
펴낸곳 ㈜사이언스북스

출판등록 1997. 3. 24 (제16-1444호)
(06027) 서울시 강남구 도산대로1길 62
대표전화 515-2000   팩시밀리 515-2007
편집부 517-4263   팩시밀리 514-2329
www.sciencebooks.co.kr

ISBN 979-11-92908-05-2 03400